U0160963

生物信息学

宋晓峰　姜　伟　刘晶晶　编著

科学出版社
北　京

内 容 简 介

生物信息学作为一门新兴交叉学科，主要采用计算机、数学和信息科学的理论、方法及技术，以系统的观点来研究分子生物系统的信息存储、传递与组织规律，解释生命的遗传信息。本书的主要内容包括：分子生物学及生物组学基础知识、常用分子生物信息数据库、生物信息学中的数学基础、基因组信息分析、转录组信息分析、蛋白质组信息分析、分子系统进化分析、基因功能研究、生物分子网络分析等。

本书可作为高年级本科生或研究生的“生物信息学”课程教材，也可作为生命科学工作者或计算机应用技术工作者的参考书。

图书在版编目(CIP)数据

生物信息学/宋晓峰，姜伟，刘晶晶编著. —北京：科学出版社，2020.11
ISBN 978-7-03-066750-2

Ⅰ. ①生… Ⅱ. ①宋…②姜…③刘… Ⅲ. ①生物信息论 Ⅳ. ①Q811.4

中国版本图书馆 CIP 数据核字(2020)第 218271 号

责任编辑：余 江 / 责任校对：杨 赛
责任印制：赵 博 / 封面设计：迷底书装

科 学 出 版 社 出版
北京东黄城根北街 16 号
邮政编码：100717
http://www.sciencep.com
天津市新科印刷有限公司印刷
科学出版社发行 各地新华书店经销
*
2020 年 11 月第 一 版 开本：787×1092 1/16
2024 年 12 月第五次印刷 印张：17 3/4
字数：432 000

定价：69. 80 元
(如有印装质量问题，我社负责调换)

前　言

随着新一代测序技术的飞速发展，以及人类基因组计划的完成和精准医学计划的全面实施，生物大分子数据呈现爆炸式增长。如何有效地对这些数据进行存储、分析和解释是当前生物医学领域必不可少的重要研究内容之一。生物信息学作为一门新兴的交叉学科，整合了数学、统计学、计算机科学、工程学、生物学和医学等学科的知识，形成了独特的理论框架和方法体系，取得了许多令人瞩目的成果，是生物医学领域发展最为快速的学科之一。当前，人工智能在大数据分析领域获得了广泛的应用和巨大的成功，我国已将人工智能的发展提高到了国家战略的高度，这也为生物信息学的发展提供了重要的机遇。在此背景下，作者编写了本书，主要介绍基因组学、转录组学、蛋白质组学、功能组学和网络生物学等生物信息学的主要研究内容，以及其中涉及的基本理论、经典算法、分析策略和数据资源等。

本书作者具有十余年的生物信息学研究和教学经历，在为本科生和研究生开设该课程的过程中，通过总结教学经验，结合科研工作积累，并参阅了大量的国内外最新研究成果，撰写了本书初稿，并在教学过程中试用和完善，最终形成了本书。本书强调对基本理论、算法和工具的介绍，既可作为生物医学工程专业本科生的“生物信息学”课程教材，也可作为生物医学相关领域的学生和研究人员的参考书。

宋晓峰教授负责组织本书的编著工作，并编写第1～6章和第8章；姜伟教授编写第9、10章；刘晶晶老师编写第7章。东南大学孙啸教授审阅了本书初稿，在此表示衷心的感谢！许多研究生也参与了本书的编写和校对工作，一并表示衷心的感谢！

生物信息学是一门新兴的交叉学科，并且研究方向非常广泛，由于作者能力有限，书中难免存在不足之处，恳切希望广大读者和学术同仁不吝赐教，批评指正。

作　者

2019年12月

目　　录

第1章　引　　言

近年来，随着高通量生物实验技术的大量涌现和人类基因组计划的完成，生命科学领域积累了大量的生物学数据，如何挖掘出其所蕴藏的生物学基本规律成为生命科学领域研究的焦点。同时，随着信息技术的迅速发展，计算机计算能力的提高，采用计算手段在系统水平识别、推导、建模和模拟生物中各种分子、通路和细胞之间的关系，进而在系统水平构建生物知识和规律的网状谱图成为可能。生物信息学是在生命科学和信息科学大发展的背景下产生的一门新兴交叉学科，主要从系统层次和分子水平研究组成生物体的核酸、蛋白质等生物大分子单元，基因调控网络，生物分子进化等。其针对细胞以及个体的生长、发育、疾病、衰老等生命科学中的主要问题开展研究，寻找生命过程的基本规律，并建立相应的系统理论模型，进而利用这些模型指导生命科学的实验研究，促进生命科学的发展。

生物信息学改变了生命科学“只见树木，不见森林”的传统研究方法，旨在从系统水平研究和理解生物系统。当然，这种生物系统不是简单的基因、蛋白质的堆积和罗列，更重要的是它们之间的相互关系及其网络特性。这就像一架飞机，不仅要了解各个独立部件的性能，还要了解由这些部件是如何构成飞机的。类似地，需要把生物系统内不同性质的分子构成要素（基因、RNA、蛋白质以及其他生物大分子等）整合在一起进行研究，研究基因、RNA、蛋白质和其他生物大分子之间生物化学的交互作用及其调控网络，期望最终能够建立整个生物系统的可理解模型。

生物信息学也把生命科学带入了数字化时代，我们知道，DNA 序列是由 A、T、C、G 所组成的一维序列。因此，由一段 DNA 序列组成的基因就像计算机的机器码一样是数字化的，只不过其是四进制的数字化序列。生物系统网络的信息从本质上说也是数字化的，如控制基因表达的转录因子结合位点等信息是核苷酸序列。此外，生物系统中的信息是按照一定的层次流动的：DNA→RNA→蛋白质→蛋白质相互作用网络→细胞→器官→个体→群体，等等。每个层次的信息（多组学）都对人们理解生物系统的运行提供有意义的视角。同时，控制生命活动的调控网络就像一个控制电路，不仅仅要了解每个电路单元（电阻、电容、集成块等），更重要的是理解整个电路的信息控制流程。因此，生物信息学的重要任务之一就是要尽可能地获得每个层次的信息并将它们进行多组学整合，从而理解整个生命系统运行的信息控制流程。所以，信息技术和人工智能的研究方法、思路以及手段在生物信息学领域大有作为。

生物信息学这门交叉学科虽然发展历史不长，但它注定会对生命科学基础研究、应用研究产生潜在的巨大影响，改变我们对复杂生物调控系统的理解和思维方式，生物信息技术成为今后生命科学研究的主要方法。

1.1　人类基因组计划对生命科学的影响

随着人类基因组计划（human genome project，HGP）在 2003 年的完成，破译人类及多种模式生物的遗传密码已经成为生命科学领域的重要研究内容。人类基因组计划和各种模式生物测序计划所产生的海量基因组信息，亟待人们去破解和挖掘其隐含的生物学信息。分析这些信息是生命科学研究必不可少的重要内容，从而也促成了生物信息学的产生与发展。

1985 年 5 月，美国能源部提出了“人类基因组计划”草案，于 1986 年 3 月正式宣布实施，1990 年 10 月 1 日正式启动美国国会批准的“人类基因组计划”，计划在 15 年内投入 30 亿美元以上的资金进行人类基因组的测序与分析，其目的在于阐明人类基因组 30 亿核苷酸序列，破译人类全部遗传信息。随着 HGP 产生海量数据，运用计算机管理数据、分析数据及应用数据势在必行。人类基因组计划在测序过程中产生的海量数据更是离不开超级计算机，需要利用高性能计算机来“拼接”测序仪产生的序列片段，最终产生人们所需的全套基因组序列数据。在后续的数据分析过程中，更需科学家运用数学、计算机科学和生物学的各种工具，来阐明和理解基因组学获得的大量序列数据中所包含的生物学意义。

人类基因组计划和随后大量出现的各种高通量生物学实验技术，把生命科学研究带入了系统科学的时代。系统生物学和生物信息学使生命科学由描述式的学科转变为定量和理论化的学科，已在生命科学基础研究、临床医学研究、药物开发等方面发挥很大的作用。目前世界上已经有多家制药企业组建了以生物信息学技术为基础的新药研发机构。

作为人类基因组计划的发起人之一，美国科学家莱罗伊·胡德（Leroy Hood）也是生物信息学的创始人之一。他认为生物信息学和人类基因组计划有着密切的联系。生物信息学正是在基因组学、蛋白质组学等新兴学科发展的基础上孕育起来的。反过来，生物信息学也进一步促进了后基因组时代生命科学的发展。

人类基因组计划给生命科学研究带来了两个巨大的变化，一是高通量测序技术越来越离不开信息技术的帮助，测序产生的序列片段需要高性能计算机的计算与拼接，其第一次将信息技术带入生命科学领域；二是高通量实验技术使得人们能够从基因组、蛋白质组层面，即从整体上研究生物体，孕育了系统生物学。这使得生命科学的研究跳脱出传统的单基因单蛋白的研究方式，进入了一个新的计算系统生物学研究领域，从而进一步带动了生命科学新的研究方法。

1.2 生物信息学的定义和研究内容

生物信息学是将 DNA、RNA、蛋白质等生物大分子以及它们彼此之间的交互作用等信息加以整合，并据此建立数学模型，以期能够理解和掌握生物体所有基因、蛋白质与组织之间的关系及生命运行的规律。

生物信息学的研究首先是取得一个生物细胞的基因组、转录组或蛋白质组信息，进一步整合 DNA、RNA 及蛋白质相互作用及其调控网络方面的信息，然后研究开发出能描述系统结构和行为的数学模型，最后借此模型系统，可以进一步研究这个生物系统的功能。因此，生物信息学是多学科交叉合作的研究领域，共同针对一个生命现象进行研究。

从系统层次研究生命现象是生物科学研究的主要目的，分子生物学虽然揭示了生命现象的诸多事实，如基因的序列以及蛋白质的结构及功能等，但其还不足以揭示整个生物系统的特性。再者，尽管高通量定量实验技术有着突飞猛进的发展，但其所获得的直观实验结果也不能使人深入理解复杂生物系统的功能。因此，整合生物实验技术和计算技术的计算系统生物学才能担当重任。基因组学、蛋白质组学和转录组学等各种组学研究中的高通量实验方法为系统生物学发展提供大量的生物学数据，生物信息学通过处理数据、构建模型和理论分析，为人们深入理解和掌握复杂生物系统的运行规律提供帮助。

生物信息学主要在高通量的组学实验所提供的数据之上，研究基因组学、转录组学、蛋白质组学、代谢组学、相互作用组学和表型组学等诸多组学，进而辨识出系统的结构，研究实体系统（如生物个体、器官、组织和细胞）的建模与仿真、生化代谢途径的动态分析、各种信号转导途径的相互作用、基因调控网络以及疾病的分子机制等。通过计算建模和理论分析，为生物系统运行规律的阐明和各种生物学问题的定量预测提供强有力的基础。序列分析、数据库建设与挖掘、蛋白质结构预测、代谢网络分析、基因表达调控网络、信号转导途径、蛋白质相互作用网络以及生物系统疾病的分子机制分析等方面是目前生物信息学研究的主要内容。

1.3 生物信息学研究方法

生物信息学研究方法主要涉及高通量的组学实验技术方法，如基因芯片、蛋白质芯片、基因测序技术、质谱技术、酵母双杂交技术等，其中基因测序技术目前已经成为生命科学研究的重要基础技术之一。此外，生物信息学更多涉及数学建模和计算方法。

1.3.1 基因测序技术

1. Sanger 测序技术

Sanger 测序技术是第一代测序技术，由 Frederick Sanger 于 1977 年开发，它是使用最广泛的测序方法，已有大约 40 年的历史，现已成为基因检测的金标准。在 2001 年基于 Sanger 测序，人们首次完成了人类基因组图谱。最近，Sanger 测序已经被更高通量的下一代测序（next-generation sequencing，NGS）技术所取代，特别是对于大规模的自动化基因组分析。然而，Sanger 方法仍然广泛用于小规模项目，并用于验证下一代测序的结果。

Sanger 测序法采用的是直接测序法，在体外 DNA 复制期间通过 DNA 聚合酶选择性地掺入链终止双脱氧核苷三磷酸(dideoxyribonucleoside triphosphate，ddNTP)。每一次进行 DNA 测序时，将模板、引物和 4 种含有不同放射性同位素标记的核苷酸的 ddNTP(ddATP、ddCTP、ddGTP 和 ddTTP)分别与 DNA 聚合酶混合形成长短不一的片段。当 ddNTP 附着于延伸序列时，碱基将根据相关核苷酸发荧光。A 由绿色荧光表示，红色表示 T，黑色表示 G，蓝色表示 C。由于脱氧核苷三磷酸（dNTP）和 ddNTP 具有相等的连接序列的机会，在进行聚合反应的时候，有可能结合上 ddNTP 且终止反应，也有可能结合上 dNTP 正常反应，直到结合上 ddNTP 终止反应，因此每个序列将以不同的长度终止。反应结束生成长短不一的含有荧光标记的 DNA 片段混合物，不同的荧光代表不同的碱基。用于读取序列的自动化机器内的激光器检测到被转化为“峰值”的荧光强度，根据不同的荧光强度会产生不同的峰，检测其荧光强度就可实现测序。

2. 第二代测序

目前市场上主流的第二代测序平台是美国 Illumina 公司 Solexa 基因组分析平台，其测序原理为边合成边测序（sequencing by synthesis，SBS）技术，基本步骤分为三步：①建库；②生成簇；③扩增及测序。即首先待测序列在建库的时候，两端需连接上接头（adapter）序列，建库之后可以把我们的样品变性为单链，样品放入测序流动槽（Flowcell）中就开始进行边合成边测序了，其原理为桥式 PCR。Flowcell 表面上有很多寡核苷酸序列，可以与接头序列进行杂交互补，形成一座 DNA 单链“桥”，随即双链变性为单链，多次扩增后形成正反链同时存在的 DNA 簇。与此同时在碱基延伸过程中，向 Flowcell 内添加具有不同荧光基团的 dNTP，而且每个循环中只有一个碱基能够被添加到新合成的序列上，也就是说每次只能发出代表一个碱基的荧光信号，之后通过分析荧光信号，就可以得到各个序列信息了。

边合成边测序应用广泛，有着极大的优势，如测序读长短，一般小于 150bp；二代测序虽然不如一代准确，但是便宜许多，可以通过标签（index）并行测序多个样品，极大降低了测序成本；具有高通量性，可以一次性对几十万到几百万条 DNA 分子进行并行序列测定。

测序模板固定在专用的流动细胞表面，其目的是使 DNA 容易与酶相结合。模板扩增可在近距离（直径小于或等于 1μm）复制多达 1000 个相同的模板分子。由于这一过程不涉及光刻、机械定位或将珠子放入孔中，因此可达到每平方厘米 1000 万个单分子簇的密度。

边合成边测序（sequencing by synthesis，SBS）技术使用 4 个荧光标记的核苷酸对流动细胞表面的数千万个簇进行并行测序。在每个测序周期中，在核酸链上添加一个标记为脱氧核苷三磷酸（dNTP）的单链。核苷酸标签是聚合的终止物，所以在每次 dNTP 掺入后，通过荧光成像来识别碱基，然后酶切以允许下一个核苷酸的掺入。由于所有 4 个可逆的末端结合的 dNTP（A、C、T、G）都是以单个、独立的分子形式存在的，因此自然竞争将合并偏差降到最低。最终的结果是高精度的碱基对测序，消除了序列上下文特定的错误，支持跨基因组的碱基调用，包括重复序列区域和均聚物。

Illumina 测序方法是建立在大量并行序列读取的基础上的。采用深度抽样和均匀覆盖的方法来达成共识，并确保对确定遗传差异有很高的信心。这种测序技术在每一次测序时只允许掺入一种脱氧核苷三磷酸，这样的操作就使能否准确测量同聚物长度这个问题得到解决，但读长短（200～500bp）也让其应用有所局限。

3. 第三代测序

测序技术经过第一代、第二代的发展，读长从第一代测序的近 1000bp，降到了第二代测序的几百 bp，通量和速度大幅提升，而第三代测序的发展思路在于保持第二代测序的速度和通量优势，同时弥补其读长较短的劣势。第三代测序以 PacBio 公司的单分子实时（single-molecule real-time，SMRT）测序和 Oxford Nanopore Technologies 的纳米孔单分子测序技术为代表。与前两代测序技术相比，第三代测序技术可提供更长的读长和更快的运行速度，它们最大的特点就是单分子测序，而且真正实现了对每一条 DNA 分子的单独测序，但也会受较低的通量和较高的错误率的困扰。

（1）SMRT 测序

单分子实时（SMRT）测序原理也是边合成边测序，在进行相应的测序时需借助 SMRT 芯片。SMRT 芯片是一种带有很多零模波导（zero-mode waveguide，ZMW）孔的厚度为 100nm 的金属片。PacBio 测序时利用 SMRTbell 对序列信息进行捕获，该模板呈封闭单链结构，通过将发夹接头连接到目标双链 DNA（dsDNA）分子的两端而产生。当 SMRTbell 加载到单分子测序的芯片上，SMRTbell 进入零模波导孔中，在这里就可以进行光的检测。每个聚合酶固定在零模波导孔的底部，可以结合 SMRTbell 的发夹接头并开始复制。将产生荧光发射光谱的 4 个荧光标记核苷酸以及 DNA 聚合酶和待测序列添加到 ZMW 孔的底部，进行合成反应。当碱基被聚合酶结合时，会产生识别碱基的荧光，根据荧光的种类就可以判断 dNTP 的种类。所以当 DNA 合成时，检测来自 DNA 聚合酶掺入的磷酸连接核苷酸的信号，就可以实现实时 DNA 测序，这就是单分子实时测序的原理。

由于 PacBio 测序是实时进行的，每个碱基通过的时间不一样，可以比较所有碱基之间的测序时间，来检测序列是否存在碱基修饰情况，即如果序列中存在碱基修饰，会与聚合酶发生作用，时间相应延长，荧光强度相邻两峰之间的距离会增大，例如，可以检测是否存在甲基化等修饰情况。

（2）Nanopore 测序

Sanger 测序被认为是第一代测序方法，基于扩增的大规模并行测序是第二代测序技术，单分子测序是第三代。经过发展，DNA 测序技术现已进入第三代单分子纳米孔测序技术时代，如 Oxford Nanopore Technologies 开发的纳米孔单分子测序技术。

新型纳米孔测序法（nanopore sequencing）在测序时，每个碱基在通过小通道（纳米孔）进行 DNA 转运时可以产生不同的离子电流，那么就有可能区分不同的核苷酸，从而实现测序。孔通常在生物膜或固态膜中，该膜将包含导电电解质的两个隔室分隔开，将电极浸入每个隔室中，产生的电场使溶液中的电解质离子通过电泳移动通过孔，从而产生离子电流信号。当孔被阻塞时，由于生物分子的通过，电流也被阻塞，可以通过分析阻断的幅度和持续时间来确定目标分子的物理和化学性质。在测序中，每个核苷酸以不同的方式阻断通道，从而产生不同的阻断幅度和持续时间，该信息被转换成 DNA 序列信息。

目前，Nanopore 测序的特点是单分子测序，测序读长长（超过 150kb），测序速度快，测序数据被实时监控。总之，第三代测序读长比第二代测序长，非常适合高质量的复杂基因组组装，在组装时可以节省内存和时间，也降低了组装成本。但是，第三代测序也存在几个缺陷，第三代测序的单读长的错误率偏高，为了降低错误率需要重复测序，测序成本相应也增加了。

1.3.2 数学建模和计算方法

数据挖掘和模拟分析在计算系统生物学中成为两个主要的分析方法。数据挖掘是从各高通量生物实验平台所产生的大量数据和信息中提取出隐含的生物学规律并形成假说。模拟分析是用计算机模拟真实生物系统运行，从而去验证自己或前人所形成的假说，并对体内、体外生物学实验的结果进行预测，最终形成可用于生命科学研究和预测的模拟系统，一方面可为生命科学研究节省人力物力，另一方面也可用于指导生命科学的研究和发展。

数据挖掘在生物信息学领域被广泛应用，诸如基因内含子和外显子剪切位点的预测、转录因子结合位点的预测以及由序列预测蛋白质二级乃至三级结构等方面均采用了数据挖掘技术方法。这些方法包括统计分析、启发式分析、隐马尔可夫模型、支持向量机、神经网络等多种计算智能方法，甚至还包括一些基于语言学的算法。

采用计算机模拟技术可对生物系统动力学进行模拟分析，首先采用数学建模方法来定量描述系统各元素之间的相互作用，建立状态变量的动态演化模型，利用数学方法对模型进行求解，挖掘数学模型所反映生物系统的动态演化性质，进而预测生物系统的动态演化结果。通过预测生物系统的动力学行为来验证生物假说的有效性。

首先将生物系统模型与实验观察结果进行详细的比较，若不相符，则说明我们对生物系统的理解还不全面，假说有待修正；若相符，则可利用所建立的生物系统模型指导我们进一步的研究，进而深入理解生命现象。尽管在生物系统模拟分析方面有许多待解决的问题，但计算模型和分析仍能够为我们提供诸如细胞周期、代谢网络以及生物回路等多方面的生物学信息。

近年来，已有一些科学家尝试开发一些系统生物学的建模语言和平台，如系统生物学标记语言 SBML（systems biology markup language），可参见网页 http://www.sbml.org，以及 CellML（http://www.cellml.org）。这些系统生物学软件平台为计算系统生物学领域建立了一个开发标准和开放式的软件平台，以便于建模和分析。这些建模工具为 KEGG 等数据库的深入应用提供了帮助。

传统的数据挖掘等信息学方法已在基因组分析和模拟分析等方面发挥着作用，目前乃至将来仍会发挥重要的作用。随着软件的完善和计算能力的提高，再加上高通量生物实验技术的快速发展，我们能够建立更多反映生物体内在规律的合理的生物学模型，从而进一步推动生命科学的发展。

第 2 章　分子生物学及生物组学基础知识

生物体在繁殖发育、生老病死的过程中，无不存在着信息的存储、流动、利用、传递和控制。生物大分子是这些信息的主要载体，因此，分子生物学知识成为生物信息学家必备的基础知识。分子生物学是研究核酸、蛋白质等生物大分子的序列、结构、功能和相互关系的科学，其是从分子水平上研究生命活动的规律。

2.1　遗传物质及遗传信息

繁殖是生物的一个主要特征，通过繁殖使得物种得以延续，细胞中的脱氧核糖核酸（deoxyribonucleic acid，DNA）是主要的遗传物质，DNA 携带着遗传信息，通过复制，将遗传信息传递给下一代，使得物种得以繁衍。

1. 核苷酸与核酸

核苷酸（nucleotide）是核糖核酸（RNA）及脱氧核糖核酸（DNA）的基本组成单位，是体内合成核酸的前体，是一类由嘌呤碱或嘧啶碱、核糖或脱氧核糖以及磷酸三种物质组成的化合物。核酸主要分布于生物体内细胞核及胞质中，参与生物遗传、生长、发育等基本生命活动。

在 DNA 分子中有四种不同的碱基：鸟嘌呤（G）、腺嘌呤（A）、胸腺嘧啶（T）和胞嘧啶（C）。每种碱基与磷酸基团和脱氧核糖结合形成核苷酸。两个核苷酸之间通过磷酸二酯键相互连接，多个核苷酸相互连接形成长的多聚核苷酸链。多聚核苷酸链的形成是有方向的，人们一般用数字（1～5）标明脱氧核糖的 5 个碳原子。当新的核苷酸连接到多聚核苷酸链时，其 5′端的磷酸基团与链的 3′端的脱氧核糖相结合，因此核苷酸链的一端是 5′碳，另一端是未结合的 3′碳。这种方向性是非常重要的，我们读取基因序列时应从 5′端到 3′端，这样才能正确理解其内容。就像我们现在阅读书本时，从左到右阅读才能读懂内容。

2. 多聚核苷酸的结构特征

1）主链是相间出现的磷酸戊糖残基通过共价键连接的。

2）各种碱基排在主链外侧。

3）磷酸二酯键在主链中取向相同，从 5′到 3′。

4）线性结构有 3′端和 5′端，即在 3′位置上缺乏核苷酸残基，5′端即在 5′位置上缺乏核苷酸残基。3′端为游离的羟基，5′端为游离的磷酸基。

我们知道，DNA 分子所隐含的遗传信息是来自其特定的核苷酸排列顺序，核苷酸排列结构如图 2-1 所示。因此我们可以用碱基序列，即四个碱基字符来表示 DNA 长链分子。

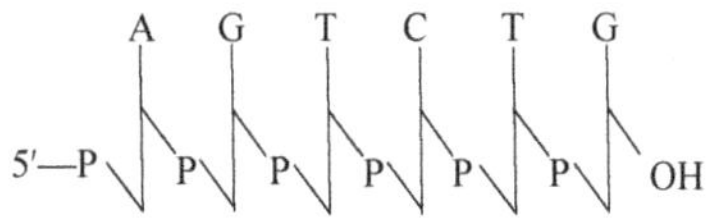

A　G　T　C　T　G

5′—P　P　P　P　P　P　OH

图 2-1　核苷酸排列结构示意

RNA 分子不含胸腺嘧啶（T），而是含尿嘧啶（U）。且 DNA 分子中的糖为脱氧核糖，而 RNA 分子中的糖为核糖。RNA 分子也是一类重要的遗传物质，参与遗传信息传递与表达的各个过程。

3. 核苷酸的生物学功能

1）核苷酸是核酸的基本组成单位。

2）核苷酸是生物体各种生物化学成分代谢转换过程的能量货币，如 ADP、ATP 中的高能磷酸键的水解能释放出大量的能量，供机体代谢需要。

3）核苷酸是多种酶的辅助因子的组成成分。

4）一些核苷酸是细胞通信的媒介，是第二信使，如 cAMP、ppGpp。

4. DNA 的结构

DNA 的碱基（A、T、C、G）顺序本身就是遗传信息存储的分子形式，类似于自然语言或机器语言。生物界物种的多样性即隐含于 DNA 分子中四种核苷酸千变万化的不同排列组合之中。同一物种不同组织 DNA 碱基组成基本相同；不同物种 DNA 碱基组成基本不同；任何 DNA 嘌呤碱基总数等于嘧啶碱基总数。一个物种的 DNA 碱基组成不会因个体的年龄、营养状态和环境改变而改变。

DNA 双螺旋结构模型由 Watson 和 Crick 于 1953 年建立，他们因此而获得诺贝尔奖。该模型建立的依据是：已有的核酸化学结构知识；Chargaff 发现的碱基配对规律；Wilkins 和 Franklin 的 DNA 的 X 射线衍射结果。

双螺旋模型的重要特征：两条链反向平行，围绕同一中心轴缠绕，均为右手螺旋；碱基位于螺旋内侧，磷酸和戊糖在外侧，彼此通过 3′, 5′-磷酸二酯键相连接，碱基平面与轴垂直，糖环平面与轴平行，由于碱基配对，形成一大沟和一小沟；螺旋每旋转一周由 10.5 个核苷酸组成，每圈螺距为 3.4nm，相邻碱基之间的距离为 0.34nm，每两个核苷酸之间的夹角为 36°，平均的螺旋直径为 2nm；两条链依靠碱基之间的氢键连在一起，A＝T，G≡C；碱基在一条链上的排列顺序反映生物的遗传信息，但两条链之间遵循碱基互补配对原则。

DNA 的基本功能是以碱基排列顺序的形式记载遗传信息，并作为基因复制和转录的模板。它是生命遗传的物质基础，也是个体生命活动的信息基础。基因从结构上定义，是指 DNA 分子中的特定区段，其中的碱基排列顺序决定了基因的功能。

DNA 的双螺旋结构模型揭示了 DNA 作为遗传物质的稳定性特征，最有价值的是确认了碱基互补配对原则，这是 DNA 复制、转录和反转录的分子基础，亦是遗传信息传递和表达的分子基础。该模型的提出是 20 世纪生命科学的重大突破之一，它奠定了生物化学和分子生物学乃至整个生命科学飞速发展的基石。

5. RNA 及其结构与功能

RNA 碱基组成：腺嘌呤（A）、鸟嘌呤（G）、胞嘧啶（C）和尿嘧啶（U）。RNA 总的结构特点是：稀有碱基较多；稳定性较差，易水解；多为单链结构，少数局部形成螺旋；分子较小。RNA 分子主要有信使 RNA（mRNA）、转移 RNA（tRNA）、核糖体 RNA（rRNA），还有新近发现的 microRNA、长链非编码 RNA（lncRNA）、环形 RNA 等。

基因组 DNA 的基因序列首先通过转录为 mRNA，并进而翻译为蛋白质，发挥生物学功能，mRNA 在其中起信息传递作用。在细胞中转录产物除了 mRNA，还有许多非编码 RNA，其中有些起一定的调控作用。因此，细胞中丰富的 RNA，如 microRNA、lncRNA、siRNA、rRNA 和 tRNA，在蛋白质的生物合成中发挥重要作用，如基因表达调控方面等。各种 RNA 分子参与 mRNA 剪接、表达调控等生物学过程。

（1）mRNA

我们把细胞中将 DNA 遗传信息携带到核糖体上的 RNA 称为 mRNA，其占总 RNA 的 3%～5%，主要有：①单顺反子 mRNA。只为一条肽链编码的 mRNA 称为单顺反子 mRNA，真核生物中主要是这种 mRNA。②多顺反子 mRNA。为两条及以上不同肽链编码的 mRNA 称为多顺反子 mRNA，原核生物中主要是这种 mRNA。

（2）tRNA

tRNA 是以游离状态存在于细胞质中，把氨基酸转运到与核糖体结合的 mRNA 上，能结合特定的氨基酸，并能识别 mRNA 上该氨基酸的密码子，将该氨基酸转运到正在合成的蛋白质多肽链上的 RNA 分子。tRNA 占 RNA 总量的 15%。一种氨基酸至少对应一种 tRNA。其二级结构是三叶草形结构，三级结构是倒 L 形结构。

（3）rRNA

rRNA 约占细胞 RNA 总量的 80%，是细胞质中核糖体的组分，与核糖体蛋白质一起构成核糖体。核糖体是蛋白质合成的场所，由大小两个亚基组成。

（4）microRNA

microRNA（简写：miRNA）是长度为 17～24 个核苷酸的内源、单链、非编码小 RNA，广泛存在于真核生物中，本身不具有可读框（open reading frame）。miRNA 表达具有组织特异性和时序性特点，即特定的 miRNA 只在生物发育的特定阶段以及特定的组织细胞中表达。成熟 miRNA 通过作用于相应的靶 mRNA 的 3′ UTR 从而下调基因的表达，已有研究表明，人类三分之一的基因受到 miRNA 的调控，miRNA 分子成为基因调控网络中的核心成员。

（5）lncRNA

长链非编码 RNA（lncRNA）最早在小鼠全长 cDNA 文库的大规模测序中被发现。随着新一代高通量测序技术的发展，越来越多的 lncRNA 被发现。研究发现 lncRNA 在不同组织和发育阶段的表达具有特异性，表明 lncRNA 有着特定的生物学功能。lncRNA 作为一类转录本长度超过 200nt 的 RNA 分子，广泛参与染色体沉默、基因组印记、染色质修饰、转录调控等多种重要的生物学过程。虽然目前关于 lncRNA 功能的研究已经有很多，但目前还有很多关键科学问题没有解决，随着对 lncRNA 研究越来越深入，更多 lncRNA 调控模式将会被发现。

（6）环形 RNA

人们自从在类病毒中利用电镜观察到环形 RNA 分子的存在，又陆续在真核细胞中发现了多个环形 RNA 分子。环形 RNA 分子通过反向剪接模式使得外显子或部分内含子反向首尾连接形成闭环结构，不具有 5′端帽子和 3′端 poly(A)尾巴，通常被认为是非编码 RNA。近年来通过转录组测序和相关生物信息学识别软件，人们已经在人类、小鼠等众多物种中发现大量表达的环形 RNA 分子。部分环形 RNA 分子可通过特异性结合 miRNA 调控靶基因表达来发挥生物学功能，但大量环形 RNA 分子功能还有待进一步研究。

2.2 分子生物学基本技术

2.2.1 分子杂交技术

核苷酸通过碱基互补配对形成稳定的杂合双链 DNA 分子的过程称为杂交。因为杂交过程是高度特异性的，所以可根据所用已知序列的探针进行靶序列的检测。

核酸分子杂交具有很高的灵敏度和特异性，因而该技术在分子生物学领域中已广泛地应用于致病基因的筛选、基因组中特定基因序列的定性定量检测和疾病的诊断等方面。其不仅广泛地应用于分子生物学领域中，而且应用于临床诊断上。根据核酸的性质，核酸探针可分为 DNA 探针和 RNA 探针；根据是否使用放射性标记物，可分为放射性标记探针和非放射性标记探针；根据是否存在互补链，可分为单链探针和双链探针。分子生物学研究中，最常用的即为双链 DNA 探针，它广泛应用于基因的鉴定、临床诊断等方面。

例如，基因组研究中常用的 DNA 印迹（Southern blot）和 RNA 印迹（Northern blot）技术就是利用了分子杂交技术。Southern blot 是由英国分子生物学家 E. M. Southern 发明的，是一种从琼脂糖凝胶上把变性的 DNA 转移到硝酸纤维素（NC）膜上的技术，在膜上的 DNA 可与 DNA 探针杂交而检出 DNA 的量。

Northern blot 是一种从琼脂糖凝胶中把 RNA 转移到 NC 膜上的技术，在膜上的 RNA 可与 DNA 探针杂交而检出 RNA 的量。综上所述，核酸杂交的分子基础是 DNA 的变性和复性原理。

2.2.2 凝胶电泳

带电物质在电场中向相反电极移动的现象称电泳。DNA 分子带负电荷，来源于其磷酸骨架。因其电荷密度均一，DNA 分子所带电荷与分子量成正比。在无支持物的自由电场中，平均质量的牵引力相同，因此 DNA 分子无论大小都具有相同的迁移率，在 pH 8.0 的电泳缓冲液中，DNA 由阴极端泳向阳极端。而在凝胶电泳中，DNA 分子的移动不再是自由的，受到凝胶支架的阻碍，凝胶孔隙起着分子筛的作用。小分子颗粒小，可从较小的孔中穿行，而大分子则必须绕道经大孔隙通过，因而迁移速度减慢。这样调节凝胶的浓度，便可将不同大小的 DNA 分子分离开。凝胶电泳是分离、鉴定、纯化 DNA 片段的简便而快速的方法。

凝胶电泳（gel electrophoresis）是一大类很重要、很基础的分子生物学实验技术，根据生物分子的大小、形状、等电点等特性的不同而进行分离鉴定。除了用于分析，凝胶电泳通常也可用于生物分子制备和提纯，例如，在采用质谱（MS）、聚合酶链反应（PCR）或者免疫印迹检测之前部分提纯生物分子。

根据电泳支持介质的不同，凝胶电泳常分为琼脂糖凝胶电泳（agarose gel electrophoresis）和聚丙烯酰胺凝胶电泳（PAGE）。核酸分子通常使用琼脂糖凝胶电泳或聚丙烯酰胺凝胶电泳。蛋白质分子通常在加入十二烷基硫酸钠的聚丙烯酰胺凝胶中进行电泳（SDS-PAGE）。

此外，蛋白质分子的凝胶电泳分析还可根据等电点进行二维凝胶电泳。二维凝胶电泳的基本原理是第一向按照蛋白质的等电点不同，采用等电聚焦分离，第二向则按分子量不同，采用 SDS-PAGE 分离，把多种蛋白质复杂混合物中的蛋白质在二维平面上分开。近年来经过改进，二维凝胶电泳已成为蛋白质组学研究中最有价值和前途的研究方法。

2.2.3 DNA 聚合酶链反应

聚合酶链反应（polymerase chain reaction，PCR），又称为体外 DNA 扩增技术。在 1985 年由美国 Cetus 公司的 Kary Mullis 发明，该方法可将微量 DNA 片段在体外扩增 100 万倍以上。

PCR 具有敏感度和特异性高、产率高、重复性好以及快速简便等诸多优点，在微生物学、考古学、法医学及体育等领域获得广泛应用，目前已经成为生物化学和分子生物学实验室常规的实验技术，其大大简化了传统分子克隆技术，从而较为容易地对目的基因进行分析和鉴定。

PCR 是体外酶促扩增特异 DNA 片段的一种高效方法，由高温变性、低温退火及适温延伸等几个反应步骤组成一个扩增周期，循环进行扩增，使目的 DNA 片段得以迅速扩增，达到可以观察研究的程度。PCR 技术不仅可用于基因分离、克隆和核酸序列分析等基础性研究，还可用于疾病诊断。

其基本原理是以拟扩增的 DNA 分子片段为模板，以一对分别与模板 5′端和 3′端互补的寡核苷酸片段为引物，在 DNA 聚合酶的作用下，按照半保留复制的机制，沿着模板链延伸直至完成新的 DNA 分子合成，重复这一过程，即可使目的 DNA 片段得到迅速扩增。

扩增的特异性取决于引物与模板 DNA 的特异结合，基本反应步骤分三步。

1）变性（denaturation）：加热使模板 DNA 双链间的氢键断裂，进而形成两条单链。

2）退火（复性）（annealing）：突然降温后模板 DNA 与引物按碱基互补配对原则互补结合。

3）延伸（extension）：将反应温度调节到聚合酶最适宜的温度，在 DNA 聚合酶、4 种 dNTP 及镁离子等存在的条件下，从引物的 3′端开始，结合单核苷酸，形成与模板链互补的新 DNA 分子链。

上述步骤为一个循环，每经过上述一个循环，样本中 DNA 量增加一倍，新形成的链又成为下一次循环的模板，经过 25～40 个循环后 DNA 可扩增 10^6～10^9 倍。

2.3　基因与基因组学

1. 基因

基因（gene）是具有特定遗传功能的 DNA 序列片段，不同排列顺序的 DNA 片段构成特定的功能单位，基因主要是由 DNA 构成的，是控制生物性状的基本遗传单位。基因位于染色体上，并在染色体上呈线性排列。基因不仅可以使遗传信息得到表达，还可以通过复制把遗传信息传递给下一代，使遗传信息反映到蛋白质分子三维结构上，使后代表现出与亲代相似的性状。

要揭开生命的奥秘，就需要从系统水平研究基因的存在、基因的结构与功能、基因之间的相互关系。通过对每一个基因的测定，人们将能够找到治疗和预防许多疾病的新方法，如癌症以及心血管疾病等。如果人们掌握了所有基因的详细情况，诸如核苷酸分布、基因的功能等，那么关于人类生长、发育、衰老等的分子机理等方面的秘密都将随之揭开，人类就将容易攻克癌症、心血管疾病等多种慢性疾病和传染病。

目前人们估计人类基因组有 3 万多个基因。人类基因组计划的完成，使得人类首次从分子层次阐明了人类基因组 30 亿个碱基对的序列，人们可以从全基因组角度重新审视人类自我。

2. 基因组学

在生物学中，一个生物体的基因组是指包含在该生物的 DNA（部分病毒是 RNA）中的全部遗传信息。基因组包括编码基因和非编码 DNA。一个生物体的基因组是指一套染色体中的完整的 DNA 序列。例如，生物个体体细胞由两套染色体组成，其中一套 DNA 序列就是该物种的基因组。“基因组”可以指整套核 DNA，也可以指包含自己 DNA 序列的细胞器基因组，如线粒体基因组或叶绿体基因组。对相关物种全部基因组的研究通常被称为基因组学（genomics）。

基因组学涉及基因测序以及基因组功能分析等多方面的内容。基因组学提供基因组信息以及相关基因组测序数据，试图解决生物、医学和生物工程领域的重大科学问题。基因组学还能为临床一些重大疾病的诊断、治疗提供基础性的理论指导。

基因组学最早于 1986 年由美国科学家 Thomas Roderick 所提出，指对所有基因进行基因组作图（包括遗传图谱、物理图谱、转录本图谱等）、DNA 序列分析和基因功能分析的一门学科。因此，基因组学研究包括两方面的内容：以全基因组测序为主要内容的结构基因组学（structural genomics）和以基因功能鉴定为内容的功能基因组学（functional genomics），有时又被称为后基因组学（post-genomics）研究，目前已经成为生物信息学与系统生物学研究的重要内容。

结构基因组学以基因组测序为主要研究内容，基因组测序技术目前已普遍应用于生物学研究的诸多领域，许多生命科学问题都能够借助高通量测序技术进行解决。最近几年新测序技术及手段还在不断涌现，如 454 基因组测序仪、Illumina 测序仪、SOLiD 测序仪、Polonator 测序仪以及 HeliScope 单分子测序仪。所有这些新型测序仪都采用新一代测序技术。新一代 DNA 测序技术有助于人们以更低成本更深入、更全面地分析基因组、转录组，以及蛋白质之间交互作用的各种数据信息。测序技术将会成为一项广泛使用的常规实验手段，为生物医学研究带来巨大的变革。

功能基因组学（functional genomics）又称为后基因组学（post-genomics）。它利用结构基因组学所提供的测序数据信息，开发应用新的实验技术和方法，在基因组或系统水平上全面研究和分析基因的功能。功能基因组学使得生物学研究从对单一基因或蛋白质的研究转向对多个基因或蛋白质同时进行系统性的研究，从整体水平研究基因及其产物在不同时间、空间、条件下的结构与功能关系及生命活动规律。这标志着人们从基因组静态碱基序列的研究转而进入基因组动态的生物学功能研究。功能基因组学研究内容包括基因功能发现、基因表达分析及调控网络分析等。

2.4 蛋白质的结构与功能

蛋白质是人类生命活动最重要的物质基础，是生物体的基本构件，是生命活动的主要执行者。有人称蛋白质为“生命的载体”，是生命的第一要素。蛋白质执行的任务种类繁多且变化多端。例如，结构蛋白在生物体中起支撑作用，蛋白酶在生物体中起生物催化作用，等等。因此，蛋白质的结构对其在生命体中的功能起决定作用，只有深入了解蛋白质结构，才能透彻了解蛋白质的功能。

1. 氨基酸的分子组成

组成蛋白质的主要元素有碳、氢、氧、氮和硫等，某些蛋白质还含有少量的磷、铁、锌、碘等元素。各种蛋白质的含氮量基本接近，平均为 16%。因此，可通过测定样品中的含氮量推算出样品中蛋白质的量。

氨基酸多是无色晶体，熔点一般在 200～300℃，比相应的羧酸和胺高。多数的氨基酸难溶于有机溶剂而可溶于水，溶解度大小与溶液的 pH 密切相关。除甘氨酸外，α-氨基酸都有旋光性。一些氨基酸具有鲜味。

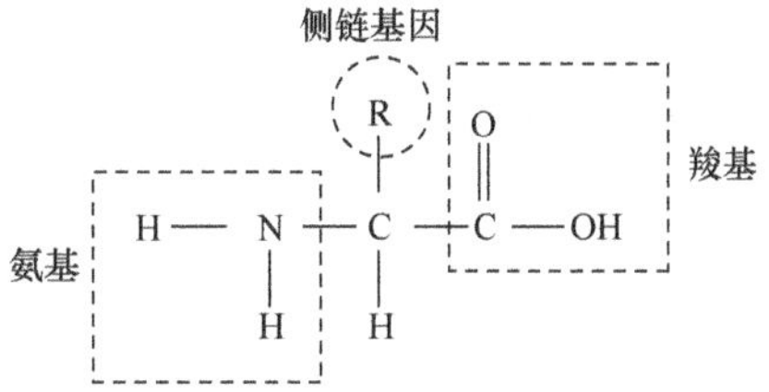

氨基酸是蛋白质的基本结构单元，自然界中氨基酸的种类较多，参与组成蛋白质的主要氨基酸有 20 种。氨基酸通式如图 2-2 所示。其中 R 代表侧链基团，与侧链相连的中心碳原子称为 α 碳原子。

侧链基因
R
O
羧基
H— N — C — C — OH
氨基
H H

图 2-2 氨基酸通式

由上述通式可见，各种氨基酸的区别在于侧链 R 基团的不同，R 基团的特异性使不同氨基酸显示出不同的理化性质，进而决定了氨基酸在蛋白质分子的空间结构中可能的位置。20 种氨基酸的英文缩写及简写见表 2-1。

表 2-1 20 种氨基酸的英文缩写、简写与等电点

氨基酸名称	英文缩写	简写	等电点	氨基酸名称	英文缩写	简写	等电点
甘氨酸	Gly	G	5.97	丝氨酸	Ser	S	5.68
丙氨酸	Ala	A	6.00	苏氨酸	Thr	T	6.16
缬氨酸	Val	V	5.96	天冬酰胺	Asn	N	5.41
异亮氨酸	Ile	I	6.02	谷氨酰胺	Gln	Q	5.65
亮氨酸	Leu	L	5.98	酪氨酸	Tyr	Y	5.68
苯丙氨酸	Phe	F	5.48	组氨酸	His	H	7.59
脯氨酸	Pro	P	6.30	天冬氨酸	Asp	D	2.77
甲硫氨酸	Met	M	5.74	谷氨酸	Glu	E	3.22
色氨酸	Trp	W	5.89	赖氨酸	Lys	K	9.74
半胱氨酸	Cys	C	5.05	精氨酸	Arg	R	10.76

2. 氨基酸的分类与性质

20 种氨基酸按照侧链物理化学性质的不同，可以分成不同类别。氨基酸的分类主要受其亲/疏水性、极性、体积等理化性质的影响。蛋白质结构复杂，只能根据形状、组成、生理作用、溶解度分类。

1）具有非极性或疏水性侧链的氨基酸，在水中的溶解度较极性氨基酸小，其疏水程度随着脂肪族侧链的长度增加而增大。疏水性氨基酸主要包括丙氨酸（A）、异亮氨酸（I）、亮氨酸（L）、脯氨酸（P）、缬氨酸（V）、苯丙氨酸（F）、色氨酸（W）和甲硫氨酸（M）。

2）带有极性、亲水性侧链的中性氨基酸，极性基团（处在疏水氨基酸和带电荷的氨基酸之间）能够与适合的分子如水形成氢键。极性氨基酸主要包括丝氨酸（S）、苏氨酸（T）、半胱氨酸（C）、天冬酰胺（N）、谷氨酰胺（Q）、组氨酸（H）和酪氨酸（Y）。

3）具有带正电荷侧链（在 pH 接近中性时）的氨基酸包括赖氨酸（K）、精氨酸（R）和组氨酸（H）。

4）带有负电荷侧链的氨基酸（在 pH 接近中性时）包括天冬氨酸（D）和谷氨酸（E）。

若按照酸碱性来分类，则可分为酸性氨基酸、碱性氨基酸和中性氨基酸。当氨基酸中氨基数小于羧基数，则为酸性氨基酸，主要包括天冬氨酸、谷氨酸；当氨基酸中氨基数大于羧基数，则为碱性氨基酸，主要包括赖氨酸、精氨酸、组氨酸；当氨基酸中氨基数等于羧基数，则为中性氨基酸。

人体必需氨基酸主要包括赖氨酸、色氨酸、苯丙氨酸、苏氨酸、亮氨酸、甲硫氨酸、异亮氨酸和缬氨酸。

3. 氨基酸的两性性质和等电点

氨基酸分子中含有氨基和羧基，可与酸反应生成铵盐，又可与碱反应生成羧酸盐，因此氨基酸具有酸、碱两性性质。

氨基酸的等电点是指在一定 pH 的溶液中，氨基酸解离成阳离子和阴离子的趋势及程度相同，所带净电荷为零，呈电中性，此时溶液的 pH 称为该氨基酸的等电点。也就是指某一氨基酸处于净电荷为零状态时溶液的 pH，用 pI 表示。中性氨基酸的羧基解离程度大于氨基，故其偏酸，pI 略小于 7.0；酸性氨基酸的羧基解离程度较大，pI 明显小于 7.0；碱性氨基酸的氨基解离程度明显大于羧基，故其 pI 大于 7.0。20 种氨基酸的等电点见表 2-1。

4. 遗传密码

蛋白质在细胞内的生物合成是根据 mRNA 链上每三个核苷酸决定一个氨基酸的三联体密码规则合成特定氨基酸顺序的多肽链，遗传密码表如表 2-2 所示。

表 2-2　遗传密码表

首位核苷酸（5′端）	中位核苷酸				末位核苷酸（3′端）
	U	C	A	G	
U	UUU 苯丙氨酸	UCU 丝氨酸	UAU 酪氨酸	UGU 半胱氨酸	U
	UUC 苯丙氨酸	UCC 丝氨酸	UAC 酪氨酸	UGC 半胱氨酸	C
	UUA 亮氨酸	UCA 丝氨酸	UAA 终止密码	UGA 终止密码	A
	UUG 亮氨酸	UCG 丝氨酸	UAG 终止密码	UGG 色氨酸	G
C	CUU 亮氨酸	CCU 脯氨酸	CAU 组氨酸	CGU 精氨酸	U
	CUC 亮氨酸	CCC 脯氨酸	CAC 组氨酸	CGC 精氨酸	C
	CUA 亮氨酸	CCA 脯氨酸	CAA 谷氨酰胺	CGA 精氨酸	A
	CUG 亮氨酸	CCG 脯氨酸	CAG 谷氨酰胺	CGG 精氨酸	G

续表

首位核苷酸（5′端）	中位核苷酸				末位核苷酸（3′端）
	U	C	A	G	
A	AUU 异亮氨酸	ACU 苏氨酸	AAU 天冬酰胺	AGU 丝氨酸	U
	AUC 异亮氨酸	ACC 苏氨酸	AAC 天冬酰胺	AGC 丝氨酸	C
	AUA 异亮氨酸	ACA 苏氨酸	AAA 赖氨酸	AGA 精氨酸	A
	AUG 甲硫氨酸（起始密码）	ACG 苏氨酸	AAG 赖氨酸	AGG 精氨酸	G
G	GUU 缬氨酸	GCU 丙氨酸	GAU 天冬酰胺	GGU 甘氨酸	U
	GUC 缬氨酸	GCC 丙氨酸	GAC 天冬酰胺	GGC 甘氨酸	C
	GUA 缬氨酸	GCA 丙氨酸	GAA 谷氨酸	GGA 甘氨酸	A
	GUG 缬氨酸	GCG 丙氨酸	GAG 谷氨酸	GGG 甘氨酸	G

遗传密码子具有以下基本特点。

1）每三个核苷酸组成的三联体（triplet）密码子决定一种氨基酸。

2）两种密码子之间无任何核苷酸或其他成分加以分离，即密码子无逗号。

3）密码子具有方向性，例如，AUC 是 Ile 的密码子，A 为 5′端碱基，C 为 3′端碱基。因此密码也具有方向性，即 mRNA 从 5′端到 3′端的核苷酸排列顺序就决定了多肽链 N 端到 C 端的氨基酸排列顺序。

4）密码子具有简并性（degeneracy），一种氨基酸有几个密码子，或者几个密码子代表一种氨基酸的现象称为密码子的简并性。大部分氨基酸有两个以上密码子（Met 和 Trp 只有一个密码子），例如，Arg 有 6 个密码子。

5）总共有 64 个密码子，其中 AUG 是起始密码子，是肽链合成的起始信号，但其也是 Met 的密码子。UAA、UAG 和 UGA 为终止密码子，其不编码任何氨基酸，也被称为无义密码子。

6）密码子具有通用性，不论是原核生物、真核生物还是病毒，密码子的含义基本相同。

5. 蛋白质的结构

蛋白质分子是由许多氨基酸通过肽键相连而形成的生物大分子。人体内具有功能的蛋白质都具有一定的有序三维结构，每种蛋白质都有一定的氨基酸百分组成及氨基酸排列顺序，以及肽链空间的特定排布位置。蛋白质分子由约 20 种氨基酸以肽键连接成肽链，这种由肽键连接成的肽链称为蛋白质的一级结构。各种蛋白质肽链的长度不同，肽链中氨基酸的不同组成和排列顺序决定了肽链的空间构象。肽链在空间折叠成为特定的空间结构，包括二级结构、三级结构以及四级结构。四级结构是指有的蛋白质由多条肽链组成，每条肽链为一个亚基，亚基之间又有特定的空间关系。所以蛋白质分子均具有特定复杂的空间结构。由一条肽链形成的蛋白质只有一级、二级和三级结构，由两条或两条以上肽链形成的蛋白质具有四级结构。一般认为，蛋白质的一级结构决定二级结构，二级结构决定三级结构。

1）蛋白质一级结构：是指蛋白质分子中氨基酸的排列顺序。一级结构的主要化学键是肽键，有些蛋白质还包含二硫键，它是由两个半胱氨酸的巯基脱氢氧化而成。蛋白质一级结构如图 2-3 所示。

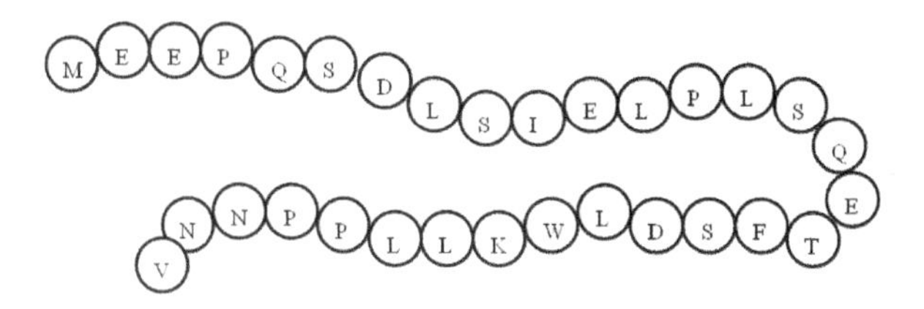

图 2-3　蛋白质一级结构

2）蛋白质二级结构：是指蛋白质分子中某一段肽链的局部空间结构，也就是该段肽链主链骨架原子的相对空间位置，与氨基酸残基侧链构象无关。蛋白质二级结构如图 2-4 所示，主要的化学键为氢键。蛋白质二级结构的主要形式有 α 螺旋、β 折叠、β 转角，以及无规卷曲。

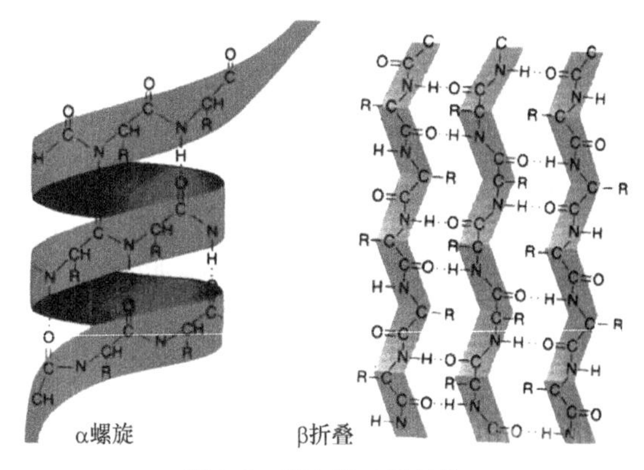

图 2-4　蛋白质二级结构

3）蛋白质三级结构：是指整条肽链中全部氨基酸残基在空间中的相对位置，也就是整条肽链中所有原子在三维空间的排列位置。蛋白质三级结构如图 2-5 所示，其形成和稳定主要靠离子键（盐键）、疏水作用、氢键和范德瓦耳斯力等。

图 2-5　蛋白质三级结构

4）结构域：蛋白质三级结构常可分成一个和数个球状或纤维状的区域，折叠得较为紧密，行使各自不同的生物学功能，被称为结构域。一种蛋白质可以有多个结构域，结构域自身是折叠紧密的，但结构域与结构域之间较为松散。常形成裂隙或洞穴，裂隙内有许多非极性氨基酸残基，大多是疏水的，不允许水分子进入，但可以容纳蛋白质的辅基或酶的底物分子等。蛋白质的活性部位或变构结构部位多位于裂隙或洞穴处。由于结构域之间连接较为柔韧，每个结构域可有较大幅度的相对运动，使裂隙或洞穴开放或关闭，以便于蛋白质分子与其他生物大分子之间的相互作用，因此，这些裂隙或洞穴部位往往是蛋白质活性中心所在的部位。

6. 蛋白质的功能

蛋白质的生物学功能在很大程度上取决于其空间结构构象，特定的构象决定了其特定的生物学功能。蛋白质结构的研究是蛋白质功能研究的基础。蛋白质分子只有处于特定的三维空间结构才能获得特定的生物学活性。

蛋白质的三维空间结构若有破坏，蛋白质生物活性就可能会丧失。因为其特定的结构允许它们结合特定的配体分子。例如，血红蛋白和肌红蛋白与氧的结合、酶和它的底物分子的结合、激素与受体的结合等。因此，揭示蛋白质的空间结构，已成为生物信息学与系统生物学领域重要的研究热点，也是蛋白质组学的基本内容。对于蛋白质空间结构的了解，将有助于对蛋白质功能的研究。

蛋白质具有重要的生物学功能。

1）作为生物催化剂：酶作为生物体内化学反应的生物催化剂，对维持细胞正常生理状态起着重要作用。常见的酶有蛋白酶、激酶等。

2）代谢调节作用：胰岛素作为一种蛋白质，可调控生物体内的糖代谢过程。

3）免疫保护作用：抗体是高度专一的蛋白质，能够识别病毒、细菌和其他有机体的细胞等，对保护生物体自身起重要作用。

4）物质的转运和存储：生物体内很多小分子和离子是由专一蛋白质来运载的，如血红蛋白运载氧。

5）运动与支持作用：蛋白质是肌肉的主要成分，肌肉的收缩运动通过蛋白丝的滑动来进行；结构蛋白具有保护和支持生物体的作用，如胶原蛋白是肌腱、软骨等的主要构成成分。

6）参与细胞间信息传递：受体蛋白接收和传递调节信号。

2.5　生物学中心法则

20 世纪四五十年代运用 X 射线衍射技术得到了脱氧核糖核酸（DNA）分子三维空间结构，阐明了生物遗传的分子基础，揭示了生命活动的本质。尽管自然界中生物物种的种类繁多，生命现象繁杂多样，但是各种生命现象在分子层次的基本原理却是高度一致的。从原核生物到真核生物，基本组成物质都是核酸和蛋白质。

核酸是生物遗传信息的携带者，规划着生命的蓝图。蛋白质则是生命活动的主要承担者或执行者。蛋白质是一种生物大分子，是由约 20 种氨基酸以肽键连接而形成多肽链。每一种蛋白质分子都有自己特有的氨基酸排列顺序，由这种氨基酸排列顺序决定了其特定的空间

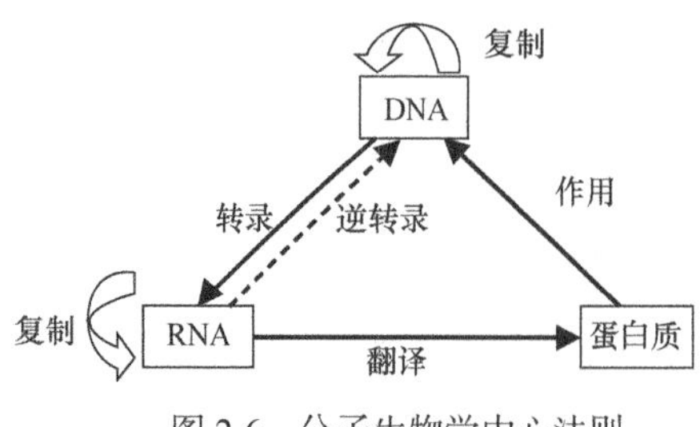

图 2-6　分子生物学中心法则

结构，蛋白质只有处于特定的三维空间结构，才能获得特定的生物学活性。

经过近半个世纪的发展，科学家总结出了分子生物学中心法则（central dogma of molecular biology），揭示了生命遗传信息传递的方向和途径。分子生物学中心法则的简单表达如图 2-6 所示。

分子生物学中心法则的主要内容如下。

1）DNA 是自身复制的模板，通过复制作用完成遗传信息的代代相传。

2）DNA 通过转录机制将遗传信息传递给中间物质 RNA。

3）RNA 在细胞内通过翻译作用将遗传信息表达成蛋白质。

分子生物学中心法则揭示了生物遗传信息的流向，即由 DNA 到 RNA 再到蛋白质的传递方向，反映了 DNA、RNA 和蛋白质之间的相互关系。

随着分子生物学的进展，中心法则的地位也开始动摇。根据分子生物学的中心法则，遗传信息是从 DNA 传递到 RNA，然后再从 RNA 流向蛋白质。显然，RNA 是负责 DNA 和蛋白质之间信息流通的中间媒介。自中心法则确定之后，RNA 一直被视为一种非常重要的中间媒介分子。然而，在 21 世纪初期，一些全新的 RNA 分子（lncRNA 和 miRNA）的发现打破了人们对 RNA 的常规认识。基因组内还存在着一套与蛋白质平行的调节基因表达的 RNA 控制系统。miRNA 的调控方式有两种：如果 miRNA 与其靶标 mRNA 序列的碱基配对是完全的或接近于完全的，将导致 mRNA 的降解；如果这种碱基配对是不完全的，则会阻碍核糖体与 mRNA 的结合，抑制 mRNA 翻译成蛋白质。

2.6　蛋白质组学

我们知道，生命现象的发生往往是多元的、复杂的，涉及诸多蛋白质。其相互作用参与交织成生物学网络，在执行生物学功能时蛋白质的表现也是多种多样和动态变化的。因此，要对生命现象的复杂性有全面和深入的认识，必须从整体、动态、网络的水平上对蛋白质进行研究。因此在 20 世纪 90 年代中期，在国际上生物学领域诞生了一门新的学科——蛋白质组学（proteomics），它以细胞内全部蛋白质的序列、结构、功能及其活动规律为研究对象，是系统生物学的重要组成部分。

蛋白质几乎参与了所有的生物学功能，对蛋白质结构和功能的研究将会阐明生物体在正常生理或病理条件下的变化机制。蛋白质翻译后修饰、蛋白质间相互作用以及蛋白质结构构象等生物的基础科学问题，依赖于对蛋白质的直接研究来获得解决。由于蛋白质结构和功能的可变性及多样性，蛋白质的研究远比核酸研究要复杂和困难得多。蛋白质组学的研究方法将出现多种技术并存，以及各种方法间的整合和互补。目前，蛋白质组学实验研究技术主要包括：质谱技术、蛋白质芯片技术、双向凝胶电泳、酵母双杂交技术、蛋白质数据库技术等。

质谱技术是目前蛋白质组学研究中主要的高通量实验研究技术。它通过测定蛋白质的肽段质量来鉴定蛋白质，以及进行翻译后修饰分析、寻找生物标记物与疾病的早期诊断等。当前，蛋白质组学研究的核心技术就是双向凝胶电泳和质谱技术，即首先通过双向凝胶电泳将蛋白质分离，然后将目的蛋白质从胶上切割下来，利用质谱对目的蛋白质逐一进行鉴定。针对传统双向凝胶电泳过程烦琐、结果不稳定和低灵敏度等缺点，目前二维色谱新方法已经出现，如二维液相色谱（2D-LC）、二维毛细管电泳（2D-CE）、液相色谱-毛细管电泳（LC-CE）等新型蛋白质分离技术。此外，还有科学家开发质谱鸟枪法（shot-gun）、毛细管电泳-质谱联用（CE-MS）等新策略直接鉴定全蛋白质组混合酶解产物。随着对大规模蛋白质相互作用研究的重视，除了酵母双杂交技术，发展高通量和高精度的蛋白质相互作用检测技术也是未来蛋白质组学研究的热点。此外，蛋白质芯片技术发展也非常迅速，并已在临床诊断中得到一定应用。

蛋白质序列和结构数据库是蛋白质组学研究的基础性工作。欧洲生物信息研究所的 UniProt（http://www.uniprot.org）是目前世界上最大、蛋白质信息最全的蛋白质组权威数据库，其整合了 PIR、SWISS-PROT 和 TrEMBL 三个数据库。此外，还有蛋白质结构数据库 PDB（http://www.pdb.org）等。生物信息学的发展已给蛋白质组学研究提供了更方便有效的计算机分析软件。

国际上蛋白质组学研究进展十分迅速，在基础理论和实验技术方法上都获得很大进展和完善。许多物种蛋白质组数据库已经建立，在基础研究方面，蛋白质组学研究技术已被应用到生命科学的各个领域，从原核生物到真核生物等多个物种，蛋白质组学研究技术还应用于信号转导、细胞分化、蛋白质主动性降解、翻译后修饰、蛋白质折叠等多个生命现象的研究。在今后，蛋白质组学的研究领域会更加广泛，其也将成为寻找疾病分子标记物和药物靶标的主要研究方法，为疾病的诊断和治疗提供可靠的研究手段。

2.7　转 录 组 学

转录组是指细胞内从基因组中被转录出来的所有 RNA 分子的总和，包括 mRNA、rRNA、tRNA 和非编码 RNA 等。相同的基因在不同的生物细胞内或者不同生理状态下转录产物是不同的。因此，为了研究纷繁复杂的生命现象，转录组的研究迅速受到科学家的关注。转录组学（transcriptomics）是研究细胞在某一功能状态下所有 DNA 转录的 RNA 分子的类型与功能的学科，是系统生物学的重要组成部分。

以 DNA 为模板合成 RNA 分子的转录过程是基因表达的第一步，也是进行基因表达调控的关键环节。转录组就是 DNA 转录后的所有 RNA 分子的总称。与基因组静态、稳定的特点不同，转录组是一个复杂而动态的统一体，其在不同的发育阶段和不同组织细胞中种类及功能有很大的不同。人类基因组包含 30 多亿个碱基对，有 60%～80%的 DNA 都可转录成 RNA 分子，但其中只有 2%左右，约 3 万个基因转录成 mRNA 分子作为翻译成蛋白质的模板，转录后的 mRNA 能被翻译生成蛋白质的也只占整个转录组的 40%左右。

通过转录组学的研究可了解在不同条件下基因表达的信息，并据此推断相关基因的功能，揭示特定条件下基因表达的调控作用机制。因此通过转录组学的研究，可以揭示许多生物学功能或疾病发生发展的分子机制。

目前转录组学研究的主要实验技术方法有生物芯片技术和转录组测序技术，即

RNA-seq，生物芯片技术包括 cDNA 芯片和寡核苷酸芯片，以及基于序列分析的基因表达系列分析（SAGE）。1991 年在 DNA 印迹（Southern blot）基础上，Affymetrix 公司开发出了世界上第一块寡核苷酸芯片，此后，基因芯片成为功能基因组学研究中主要的技术手段。但是基因芯片无法同时大量地分析组织或细胞内基因组表达的情况。

RNA-seq 是近年来发展转录组学研究的一项最新技术，其以第二代测序技术为基础，分析特定组织或细胞类型中基因组表达水平和差异性。其特点是能够快速高效地、近乎完整地获得基因表达差异性信息。RNA-seq 可以定量分析基因表达状况，在正常组织和疾病组织等差异基因表达谱研究中，RNA-seq 能够获得完整的转录组图谱，从中发现新基因及其功能，进而了解其作用机制和生物通路等方面的信息。当然，RNA-seq 需要借助后续下游生物信息学分析软件的进一步分析完成转录组的研究。

2.8 代 谢 组 学

代谢组学（metabolomics）是对生物体内所有代谢物进行定量分析，并寻找代谢物与生理或病理变化之间关系的学科，是系统生物学的重要组成部分。其是继基因组学、转录组学和蛋白质组学之后发展起来的一门新学科。其更为准确的定义为：代谢组学是关于定量描述生物内源性代谢物质的整体及其对内因和外因变化应答规律的一门科学。

DNA、mRNA 以及蛋白质为生命过程提供物质基础，基因组学、转录组学和蛋白质组学分别从基因、RNA 分子和蛋白质层面研究生命现象，而细胞内许多生命活动实际上是发生在代谢层面的，如细胞信号转导、能量传递等都是受代谢物所调控的。而代谢物所反映的是已经发生了的生物学事件。因此，代谢组学是除基因组学、转录组学和蛋白质组学外，对一个生物系统进行全面认识的重要一部分。代谢组学正是研究代谢组（metabolome）——在某一时刻细胞内所有代谢物集合的一门学科。代谢组学已经广泛地应用到了包括分子病理学、药物研发、功能基因组学等许多重要领域。

其主要任务包括：①对生物内源性代谢物的整体及其动态变化规律的检测；②确定此代谢物的变化规律与生物学通路和生物过程的有机联系。

先进的代谢物检测分析技术结合模式识别和专家系统等智能计算分析方法是代谢组学研究的基本方法。其涉及的主要实验技术包括气相色谱、气相色谱-质谱联用（GC-MS）、高效液相色谱、毛细管电泳等分析分离技术，以及质谱、核磁共振等重要检测技术。

生物信息学与系统生物学通过整合基因组学、蛋白质组学、转录组学、代谢组学等多组学的信息，从而对生物体进行全景式的描绘和研究，进而探索生命的奥秘。生物信息学已经成为生命科学研究的重要内容和手段。

第 3 章　常用分子生物信息数据库

随着科学技术的发展，生物大分子序列和结构测定技术自动化程度越来越高，计算机的计算能力和存储能力越来越强大，国际上从事大规模分子生物学项目的各个实验室每天产生的数据超过万兆字节，因此有必要通过建立专门的数据库管理这些海量数据，同时为全球从事生物医学研究的科研工作者提供一个可以共享的科研数据平台。此外，计算机网络的快速发展以及互联网的普及为分子生物信息数据库的有效利用开辟了广阔前景。由各实验室所得到的数据，可以很方便地通过计算机网络直接送往国际数据库中心（如将核酸序列提交给美国国家生物技术信息中心(NCBI)等），科研人员也可以通过互联网检索数据。

目前，国际上已联合建立起许多公共的生物大分子数据库，如核酸数据库、蛋白质数据库、生物大分子结构数据库等诸多生物信息学数据库。这些数据库由国际上专门的学术研究机构建立和维护，他们负责收集、组织、管理和发布这些生物大分子数据库，并提供数据检索和分析工具，向生物医学研究人员提供大量有用的信息。

分子生物信息数据库种类繁多，大体上可以分为 4 个大类，即基因组数据库、核酸和蛋白质一级序列数据库、生物大分子（主要是核酸、蛋白质等）三维空间结构数据库，以及以上述 3 类数据库和文献资料为基础构建的二级数据库。基因组数据库来自基因组作图，序列数据库来自基因序列测定，结构数据库来自 X 射线衍射和核磁共振等的结构测定。这些数据库是分子生物信息学的基本数据资源，通常称为基本数据库、初始数据库，也称一级数据库。根据生命科学不同研究领域的实际需要，对基因组图谱、核酸和蛋白质序列、蛋白质结构以及文献等数据进行分析、归纳、整理、注释，构建具有特殊生物学意义和专门用途的二级数据库，是数据库开发的另一个有效途径。近年来，世界各国的生物学家和计算机科学家合作，已经开发了数百个二级生物信息学数据库和综合数据库，也称专业数据库。

3.1　核酸序列数据库

3.1.1　GenBank 数据库

随着 DNA 测序技术飞速发展，人类获得的核酸序列呈现爆炸式增长，截至 2019 年 12 月，GenBank 数据库 235.0 版中共收录 2.4 亿多条核酸序列。核酸序列数据库是分子生物信息数据库的重要组成部分。世界上主要有三大核酸序列数据库，分别是 NCBI 的 GenBank、欧洲分子生物学实验室的 EMBL 和日本遗传研究所的 DDBJ。这 3 个数据库的数据基本一致，定期互相更新，但其序列格式有所区别。这些数据库的数据主要来自众多学术研究机构的研究结果和科学文献。

下面主要以 GenBank 为例来介绍核酸序列数据库的使用。GenBank 的网址为 http://www.ncbi.nlm.nih.gov/genbank，该数据库主页面如图 3-1 所示。

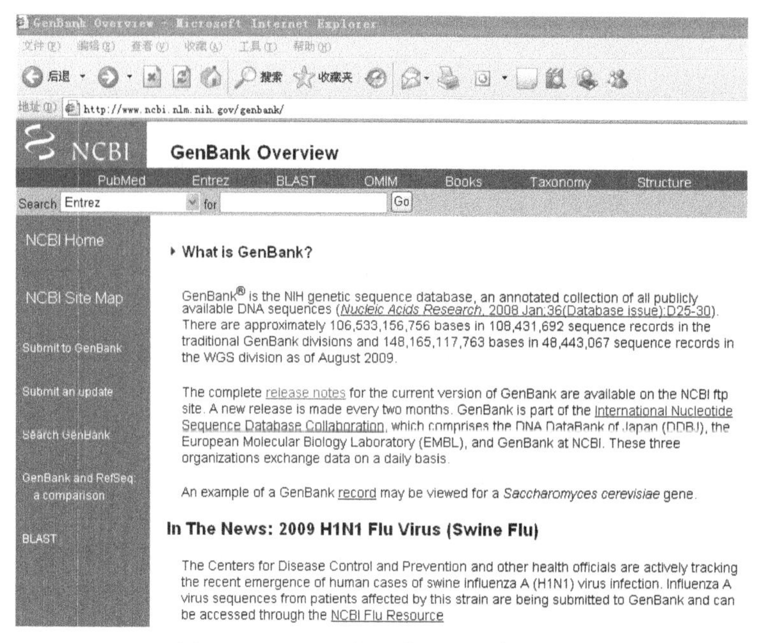

图 3-1　GenBank 核酸序列数据库主页面

GenBank 数据库包含了 2.6 万多个物种的核酸序列，其数据主要来源于世界各地研究机构递交的序列和大规模基因组测序计划。每一个递交的序列都会由 NCBI 工作人员给予一个登录号。用户检索时可通过 NCBI 的检索系统 Entrez 进行。Entrez 整合了主要的 DNA 和蛋白质序列数据库，还有分类、基因组、蛋白质结构、结构域信息，以及生物医学文献（PubMed）等。通过 Entrez 系统检索，可同时获得检索条目的多方面信息，非常方便。

同时，用户还可通过 BLAST 检索数据库中的相似序列。另外，完整的 GenBank 数据库每两个月发布一次。用户可通过 FTP 下载到本地使用。

一个数据库记录（entry）一般由两部分组成：原始序列数据和描述这些数据的生物学信息注释（annotation）。注释中包含的信息与相应的序列数据一样具有重要的应用价值。每个序列注释信息包括序列名称、来源、生物种类、参考文献、序列，还有一个“feature”表，列出生物相关信息，主要包括编码区域、相应的蛋白编码序列（按照密码表翻译的）、转录单元、重复区，以及突变和修饰位点等。我们以检索甲型流感 H1N1 病毒 *HA* 基因的序列为例进行说明，如下所示：

```
Influenza A virus (A/swine/IL/25399-2/2010(H1N1)) segment 4 hemagglutinin (HA) gene, complete cds

GenBank: HQ291537.1


LOCUS        HQ291537      1701 bp    cRNA     linear    VRL 05-OCT-2010
DEFINITION   Influenza A virus (A/swine/IL/25399-2/2010(H1N1)) segment 4
             hemagglutinin (HA) gene, complete cds.
ACCESSION    HQ291537
```

```
VERSION       HQ291537.1   GI:307940683
DBLINK        Project: 37813
KEYWORDS      .
SOURCE        Influenza A virus (A/swine/IL/25399-2/2010(H1N1))
ORGANISM      Influenza A virus (A/swine/IL/25399-2/2010(H1N1))
              Viruses; ssRNA negative-strand viruses; Orthomyxoviridae;
              Influenzavirus A.
REFERENCE     1  (bases 1 to 1701)
AUTHORS       Koster,L. and Gramer,M.
TITLE         Direct Submission
JOURNAL       Submitted (23-SEP-2010) Diagnostic Virology Laboratory, National
              Veterinary Services Laboratories, 1920 Dayton Road, Ames, IA 50010,
              USA
FEATURES               Location/Qualifiers
  source           1..1701
                   /organism="Influenza A virus
                   (A/swine/IL/25399-2/2010(H1N1))"
                   /mol_type="viral cRNA"
                   /strain="A/swine/IL/25399-2/2010"
                   /serotype="H1N1"
                   /isolation_source="nasal swab"
                   /host="swine"
                   /db_xref="taxon:889319"
                   /segment="4"
                   /country="USA"
                   /collection_date="18-May-2010"
                   /note="lineage: swl"
  gene             1..1701
                   /gene="HA"
  CDS              1..1701
```

```
                     /gene="HA"
                     /codon_start=1
                     /product="hemagglutinin"
                     /protein_id="ADN95952.1"
                     /db_xref="GI:307940684"
     /translation="MKAILVVLLYTFATANADTLCIGYHANNSTDTVDTVLEKNVTVT
HSVNLLEDKHNGKLCKLRGVAPLHLGKCNIAGWILGNPECESLSTASSWSYIVETSSS
DNGTCYPGDFIDYEELREQLSSVSSFERFEIFPKTSSWPNHDSNKGVTAACPHAGAKS
FYKNLIWLVKKGNSYPXLSKSYINDKGKEVLVLWGIHHPSTSADQQSLYQNADAYVFV
GTSRYSKKFKPEIAIRPKVRDQEGRMNYYWTLVEPGDKITFEATGNLVVPRYAFAMER
NAGSGIIISDTPVHDCNTTCQTPKGAINTSLPFQNIHPITIGKCPKYVKSTKLRLATG
LRNVPSIQSRGLFGAIAGFIEGGWTGMVDGWYGYHHQNEQGSGYAADLKSTQNAIDKI
TNKVNSVIEKMNTQFTAVGKEFNHLEKRIENLNKKVDDGFLDIWTYNAELLVLLENER
TLDYHDSNVKNLYEKVRSQLKNNAKEIGNGCFEFYHKCDNTCMESVKNGTYDYPKYSE
EAKLNREEIDGVKLESTRIYQILAIYSTVASSLVLVVSLGAISFWMCSNGSLQCRICI"
ORIGIN
        1 atgaaggcaa tactagtagt tctgctatat acatttgcaa ccgcaaatgc agacacatta
       61 tgtataggtt atcatgcgaa caattcaaca gacactgtag acacagtact agaaaagaat
      121 gtaacagtaa cacactctgt taaccttcta gaagacaagc ataacgggaa actatgcaaa
      181 ctaagagggg tagccccatt gcatttgggt aaatgtaaca ttgctggctg gatcctggga
      241 aatccagagt gtgaatcact ctccacagca agctcatggt cctacattgt ggaaacatct
```

```
 301 agttcagaca atggaacgtg ttacccagga gatttcatcg attatgagga gctaagagag
 361 caattgagct cagtgtcatc atttgaaagg tttgagatat tccccaagac aagttcatgg
 421 cccaatcatg actcgaacaa aggtgtaacg gcagcatgtc ctcatgctgg agcaaaaagc
 481 ttctacaaaa atttaatatg gctagttaaa aaaggaaatt catacccaar gctcagcaaa
 541 tcctacatta atgataaagg gaaagaagtc ctcgtgctat ggggcattca ccatccatct
 601 actagtgctg accaacaaag tctctatcag aatgcagatg catatgtttt tgtgggaaca
 661 tcaagataca gcaagaagtt caagccggaa atagcaataa gacccaaagt gagggatcaa
 721 gaagggagaa tgaactatta ctggacacta gtagagccgg gagacaaaat aacattcgaa
 781 gcaactggaa atttagtggt accgagatat gcattcgcaa tggaaagaaa tgctggatct
 841 ggtattatca tttcagatac accagtccac gattgcaata caacttgtca gacacccaag
 901 ggtgctataa acaccagcct cccatttcag aatatacatc cgatcacaat tggaaaatgt
 961 ccaaaatatg taaaaagcac aaaattgaga ctggccacag gattgaggaa tgtcccgtct
1021 attcaatcta gaggcctatt tggggccatt gccggtttca ttgaaggggg gtggacaggg
1081 atggtagatg gatggtacgg ttatcaccat caaaatgagc aggggtcagg atatgcagcc
1141 gacctgaaga gcacacagaa tgccattgac aagattacta acaaagtaaa ttctgttatt
1201 gaaaagatga atacacagtt cacagcagta ggtaaagagt tcaaccacct ggaaaaaaga
1261 atagagaatt taaataaaaa agttgatgat ggtttcctgg acatttggac ttacaatgcc
1321 gaactgttgg ttctattgga aaatgaaaga actttggact accacgattc aaatgtgaag
1381 aacttatatg aaaaggtaag aagccagtta aaaaacaatg ccaaggaaat tggaaacggc
1441 tgctttgaat tttaccacaa atgcgataac acgtgcatgg aaagtgtcaa aaatgggact
1501 tatgactacc caaaatactc agaggaagca aaattaaaca gagaagaaat agatggggta
1561 aagctagaat caacaaggat ttaccagatt ttggcgatct attcaactgt cgccagttca
1621 ttggtactgg tagtctccct gggggcaatc agtttctgga tgtgctctaa tgggtctcta
1681 cagtgtagaa tatgtattta a
//
```

从数据库的数据格式来看，大多数据库都以文本方式存储数据以及数据描述信息，所以使用任何文本浏览软件都可以对这些数据库进行查阅。

GenBank 数据库的基本单位是序列条目，包括碱基（A、T、C、G）排列顺序和注释两部分。序列条目由字段组成，每个字段由标识符起始，后面为该字段的具体说明。有些字段又分若干子字段，以次标识符或特性表说明符开始。GenBank 序列条目以标识符“LOCUS”开始，可理解为序列的代号或识别符，实际表示序列名称。标识符还包括说明、编号、关键词、种属来源、学名、文献、特性表、碱基组成，最后以双斜杠“//”作本序列条目结束标记。

GenBank 数据库的标识符以完整的英文单词表示，主标识符从第一列开始，次标识符从第三列开始，特性表说明符从第五列开始，等等。在 GenBank 数据库中每个字段的字数不超过 80 个字符，若该字段的内容一行中写不下，可以在下一行继续。

每一个 GenBank 条目序列都有唯一一个识别号、登录号，并一直保持不变。每一版本的 DNA 序列都会赋予一个 NCBI 识别号，也就是 Gi 号，放置在登录号之后。若此序列是第一次提交到数据库，则登录号后的版本号为“******.1”，例如：

```
ACCESSION   HQ291537
VERSION     HQ291537.1   GI:307940683
```

序列代码“ACCESSION”具有唯一性和永久性，在文献中引用时，应以代码为准，而不是以序列名称为准。已经完成全基因组序列测定的细菌等基因组在数据库中分成几十个或几百个条目存放，以便于管理和使用。例如，大肠杆菌基因组的 4639221 个碱基分成 400 个条目存放，每个条目都有一个唯一的编码。若此条序列今后发生变化，数据库系统会重新赋予一个新的 Gi 号，版本号则依次增加，如“******.2”、“******.3”等。此基因核酸序列相应的蛋白质序列也会有一个 id 号，如 protein_id="ADN95952.1"，Gi 识别号为 GI:307940684。

此外，GenBank 还包括了大量与序列直接相关的注释信息，这些信息为数据库的使用和二次开发提供了基础。这些注释信息位于其他注释信息和序列之间，称序列特征表（feature table）。GenBank 的特征表以标识符“FEATURE”引导。序列特征表详细描述该序列的各种特性，包括蛋白编码区以及翻译所得的氨基酸序列、外显子和内含子位置、转录单位、突变单位、修饰单位、重复序列等信息，以及与蛋白质数据库 SwissProt 和分类学数据库 Taxonomy 等其他数据库的交叉索引编号。GenBank 序列数据库中序列条目的大小相差较大，有的只有几个或几十个碱基，而有的则有几十万个碱基。

此外，GenBank 还提供了专门针对流感病毒的核酸序列数据库，该数据库主界面如图 3-2 所示，其链接为 http://www.ncbi.nlm.nih.gov/genomes/FLU/SwineFlu.html。

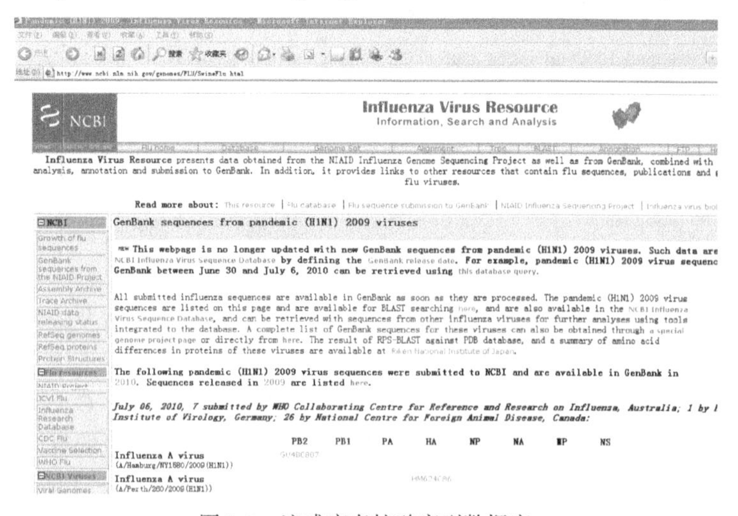

图 3-2　流感病毒核酸序列数据库

图 3-3 为流感病毒核酸序列数据库的检索界面，以检索 H1N1 甲流病毒 *HA* 基因的核酸序列为例。可选择：A 型流感；宿主为人；来源于中国；HA 蛋白；H1N1 亚型；全长序列；2009 年全年的序列。

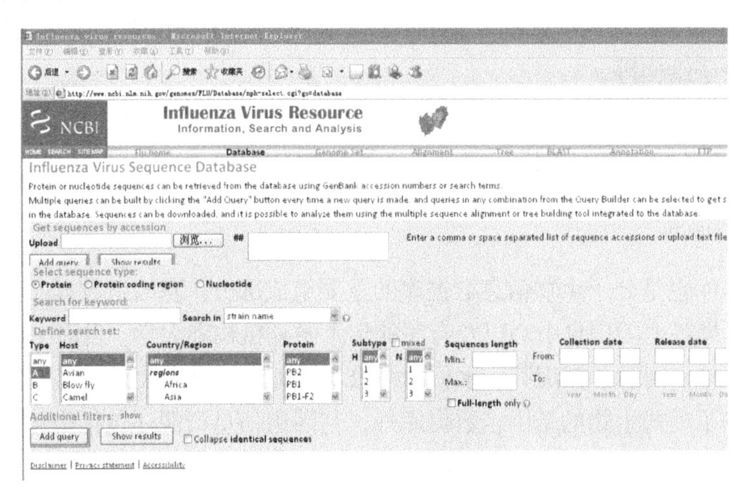

图 3-3　流感病毒核酸序列数据库检索界面

检索结果如图 3-4 所示。共检索到 73 条符合条件的序列，接着用户可按 Download 按钮下载其 Fasta 格式的序列文件到本地机，进行下一步的序列分析，如 ClusterW 序列比对、进化树构建，以及适应性进化的计算分析（详见第 8 章）。也可在线进行多序列比对（multiple sequence alignment）和建树分析。

NCBI
Influenza Virus Resource
Information, Search and Analysis
Database
Influenza Virus Sequence Database
Query show　Add your own sequences　Do multiple alignment　Download　Protein (FASTA)　Customize FASTA defline
73 nucleotide sequences after collapsing (73 total)

Accession	Length	Host	Segment	Subtype	Country	Date	Virus name
GQ225373	1701	Human	4 (HA)	H1N1	China	2009/05/15	Influenza A virus (A/Beijing/01/2009(H1N1))
GQ183617	1728	Human	4 (HA)	H1N1	China	2009/05/16	Influenza A virus (A/Beijing/01/2009(H1N1))
GQ183625	1726	Human	4 (HA)	H1N1	China	2009/05/16	Influenza A virus (A/Beijing/02/2009(H1N1))
GQ225381	1701	Human	4 (HA)	H1N1	China	2009/05/20	Influenza A virus (A/Beijing/3/2009(H1N1))
CY048942	295	Human	4 (HA)	H1N1	China	2009/10	Influenza A virus (A/Beijing/341/2009(H1N1))
CY048952	280	Human	4 (HA)	H1N1	China	2009/10	Influenza A virus (A/Beijing/346/2009(H1N1))
GQ232093	1701	Human	4 (HA)	H1N1	China	2009/05/23	Influenza A virus (A/Beijing/4/2009(H1N1))
GQ223408	1701	Human	4 (HA)	H1N1	China	2009/05/21	Influenza A virus (A/Beijing/501/2009(H1N1))
GQ290106	1701	Human	4 (HA)	H1N1	China	2009/05/20	Influenza A virus (A/Beijing/502/2009(H1N1))
CY053338	1724	Human	4 (HA)	H1N1	China	2009/11	Influenza A virus (A/Beijing/718/2009(H1N1))
CY053348	1722	Human	4 (HA)	H1N1	China	2009/11	Influenza A virus (A/Beijing/720/2009(H1N1))
CY053353	1721	Human	4 (HA)	H1N1	China	2009/11	Influenza A virus (A/Beijing/721/2009(H1N1))
GQ457519	1701	Human	4 (HA)	H1N1	China	2009/06/29	Influenza A virus (A/Changsha/78/2009(H1N1))
GU057010	1701	Human	4 (HA)	H1N1	China	2009/07/26	Influenza A virus (A/Chengdu/03/2009(H1N1))
GU057011	1701	Human	4 (HA)	H1N1	China	2009/07/26	Influenza A virus (A/Chengdu/04/2009(H1N1))
GU057012	1701	Human	4 (HA)	H1N1	China	2009/07/26	Influenza A virus (A/Chengdu/06/2009(H1N1))

图 3-4　流感病毒核酸序列数据库检索结果

此外，NCBI 还提供诸多其他数据库，分别介绍如下。

Genome：即基因组数据库，提供了多种基因组、染色体、Contig 序列图谱以及一体化基因物理图谱。

Structures：即结构数据库或称分子模型数据库（MMDB），包含来自 X 线晶体学和三维结构的实验数据。MMDB 的数据从 PDB（Protein Data Bank）获得。NCBI 已经将结构数据交叉链接到书目信息、序列数据库和 NCBI 的 Taxonomy 中，运用 NCBI 的 3D 结构浏览器或其他浏览器，可以很容易地获得生物大分子的分子结构间相互作用的图像。

Taxonomy：即生物学门类数据库，可以按生物学门类进行检索，或浏览其核苷酸序列、蛋白质序列、分子结构等。

NCBI 还提供了其他数据库，包括在线人类孟德尔遗传（OMIM）、人类基因序列集成（UniGene）、人类基因组基因图谱（GMHG）等数据库。

3.1.2 基因组数据库

基因组数据库也是分子生物信息数据库的重要组成部分。基因组数据库内容丰富、格式不一，分布在世界各地的信息中心以及有关的学术研究机构和大学。目前主要有人类基因组数据库，以及小鼠、河豚、拟南芥、水稻、线虫、果蝇、酵母、大肠杆菌等各种模式生物基因组数据库。除了模式生物的基因组数据库外，基因组信息资源还包括染色体、基因突变、遗传疾病、分类学、比较基因组、基因表达和调控等各种数据库。下面介绍几个重要的基因组数据库。

人类基因组数据库：目前 NCBI 专门提供了人类基因组数据库。可通过 Entrez（基因组的一个软件组成部分）来显示一个或多个用共同标记或基因名字互相比对（align）过的图谱，以及用相同序列进行比较过的序列图谱。在人类基因组数据和搜索技巧文件中有关于 20 种序列，细胞遗传、遗传连锁、放射杂交和其他的图谱。人类基因组数据库还提供以下一些资源信息。

1）OMIM：在线人类孟德尔遗传数据库，提供人类基因和遗传失调的信息。

2）RefSeq：提供 NCBI 数据库的参考序列校正的、非冗余的集合，包括基因组 DNA contigs、已知基因的 mRNA 和蛋白质。

3）UniGene：被整理成簇的表达序列标签（EST）和全长 mRNA 序列，每一个代表一种特定的已知人类基因，有定位图、表达信息及同其他资源的交叉参考。

4）dbSNP：单核苷酸多态性数据库，包括 SNP、小范围的插入/缺失、多态重复单元和微卫星变异。

NCBI 的人类基因组数据库网址为 http://www.ncbi.nlm.nih.gov/genome/guide/human。

酵母基因组数据库（SGD）：该数据库是已经完成基因组全序列测定的啤酒酵母基因组数据库资源，包括啤酒酵母的分子生物学及遗传学等大量信息。通过网络可以访问该数据库的全基因组信息资源，包括基因及其产物，一些突变体的表型，以及各种相关的注释信息。SGD 将各种功能集成在一起，生物学家可通过该数据库进行序列的同源性搜索，对基因序列进行分析，注册酵母基因名称，查看基因组的各类图谱，显示蛋白质分子的三维结构，其网址为 http://www.yeastgenome.org。

此外，还有小鼠基因组数据库 MGI（http://www.informatics.jax.org）、果蝇基因组数据库 FlyBase（http://flybase.org）、线虫基因组数据库 WormBase（http://www.wormbase.org）等多个模式生物基因组数据库。

3.2　蛋白质数据库

3.2.1　蛋白质序列数据库

最早的蛋白质序列数据库是 PIR，于 1984 年由美国生物医学基金会建立。随后欧洲生物信息学中心（EBI）和瑞士生物信息学研究所（Swiss Institute of Bioinformatics，SIB）合作共同建设了 Swiss-Prot。2002 年由 SIB、EBI、PIR 共同发起组建了蛋白质数据库 UniProt。目前常用的蛋白质序列数据库就是 UniProt(http://www.uniprot.org)。UniProt 是由 Swiss- Prot、TrEMBL 和 PIR 三者联合组成的蛋白质数据库。其中，TrEMBL 是指由 DNA 映射得到的蛋白质数据库，主要是从 GenBank/EMBL/DDBJ 核酸数据库中根据编码序列翻译而得到的蛋白质序列。该数据库首页如图 3-5 所示。

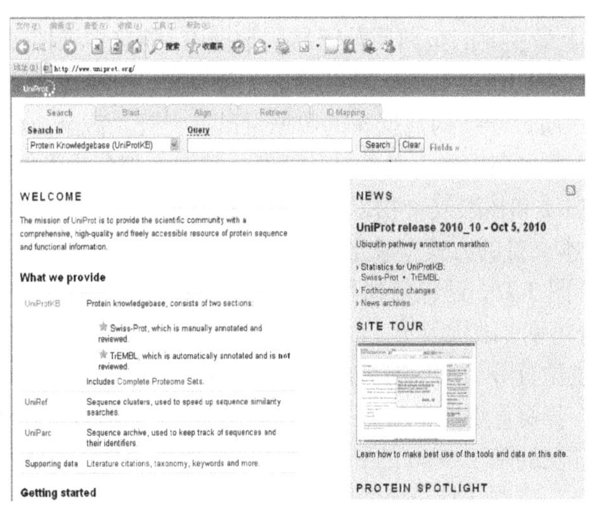

图 3-5　UniProt 数据库首页

UniProt 是一个集中收录蛋白质信息资源，并能与其他资源相互链接的数据库，也是目前为止收录蛋白质序列信息最广泛、功能注释最全面的一个蛋白质数据库。该数据库旨在为从事现代生物学研究的科研人员提供有关蛋白质序列及其相关功能方面的广泛的、高质量的并可免费使用的国际共享数据。

UniProt 数据库由 UniProt 知识库（UniProtKB）、UniProt 档案（UniParc）、UniProt 参考资料库（UniRef）以及 UniProt 元基因组学与环境微生物序列数据库（UniMES）构成。UniProt Knowledgebase（UniProtKB）是蛋白质序列、功能、分类、交叉引用等信息存取中心；UniProt Non-redundant Reference（UniRef）数据库将密切相关的蛋白质序列组合到一条记录中，以便提高搜索速度。目前，根据序列相似程度形成 3 个子库，即 UniRef100、UniRef90 和 UniRef50；UniProt Archive（UniParc）是一个资源库，记录所有蛋白质序列的历史。用户可以通过文本查询数据库，利用 BLAST 程序搜索数据库，也可以直接通过 FTP 下载数据。

3.2.2　蛋白质结构数据库

蛋白质结构数据可以提供很多关于蛋白质的结构、功能、作用机制、进化等方面的信息，是生物信息学与计算系统生物学研究中重要的基础数据。目前，国际上主要的蛋白质结构数据库是 PDB，数据库首页如图 3-6 所示，其网址为 http://www.pdb.org。

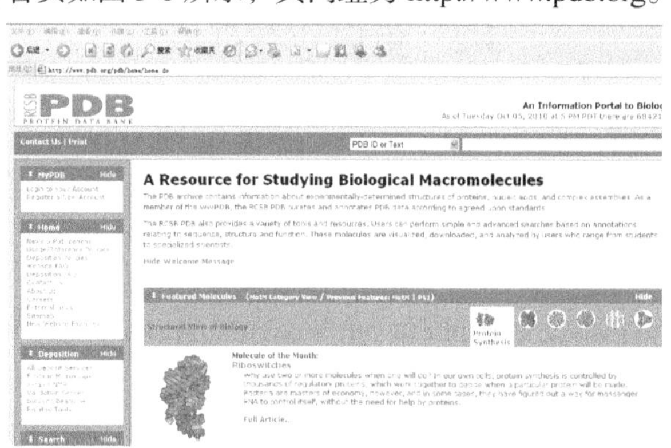

图 3-6　PDB 数据库首页

PDB 是目前国际上最主要的蛋白质分子结构数据库。随着多维核磁共振溶液构象测定等生物大分子结构测定技术的发展和测定精度的进一步提高，一些难以结晶的蛋白质分子的结构测定成为可能。蛋白质分子结构数据库的数据量迅速上升。截至 2019 年 12 月统计，PDB 数据库中已经有 16.59 万多套生物大分子结构文件，其中大部分为蛋白质，包括多肽和病毒，此外，还有核酸、蛋白质和核酸复合物以及少量多糖分子。

PDB 数据库以文本文件的方式存放生物大分子的结构数据，每个分子各用一个独立的文件。除了原子坐标外（图 3-7），还包括物种来源、化合物名称，以及相关科学文献等基本注释信息。此外，还给出分辨率、结构因子、温度系数、蛋白质主链数目、配体分子式、金属离子、二级结构信息、二硫键位置等与结构有关的数据。PDB 数据库以文本文件格式存放，因此可用文字编辑软件查看。若要直观地了解分子的空间结构，可采用多款软件，如 RasMol、Cn3D 软件等。还有 RCSB 开发的基于 Web 的 PDB 数据库概要显示系统，只列出主要信息。用户如需进一步了解详细信息，或查询其他蛋白质结构信息资源，可点击该页面左侧窗口中的按钮，其具有分析和图形显示功能。PDB 文档的详细说明见 http://www.pdb.org 首页 tools-file format。

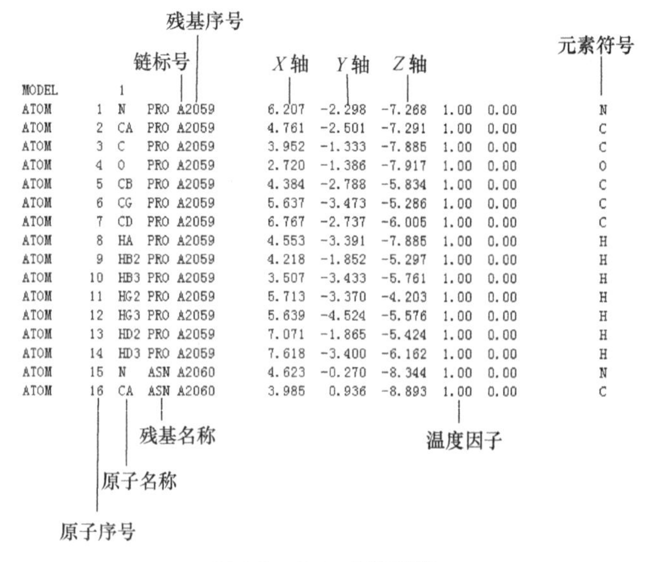

图 3-7　PDB 文档说明

3.2.3　蛋白质组学综合数据库

ExPASy（expert protein analysis system）由瑞士生物信息学研究所维护，提供从序列（Swiss-Prot）到结构（Swiss-Model），以及 2D-PAGE 等蛋白质组学相关的全套数据服务。其是数个数据库的集合，主要专注于蛋白质分子和蛋白质组学研究，其网址为 http://www.expasy.ch。

ExPASy 数据库主要包括 UniProt、蛋白质家族和结构域数据库 PROSITE、二维和三维聚丙烯酰胺凝胶电泳数据库 SWISS-2DPAGE/SWISS-3DPAGE、蛋白质结构数据库 SWISS-Model，以及酶学数据库 ENZYME 等，各数据库之间还建立交叉索引。ExPASy 提供的分析工具有相似搜索、模式搜索、一级结构分析、二级结构预测等，此外还提供一些软件工具，用于存取和显示数据库系统中的数据，分析蛋白质序列，处理有关蛋白质的实验数据。ExPASy 数据库首页如图 3-8 所示。

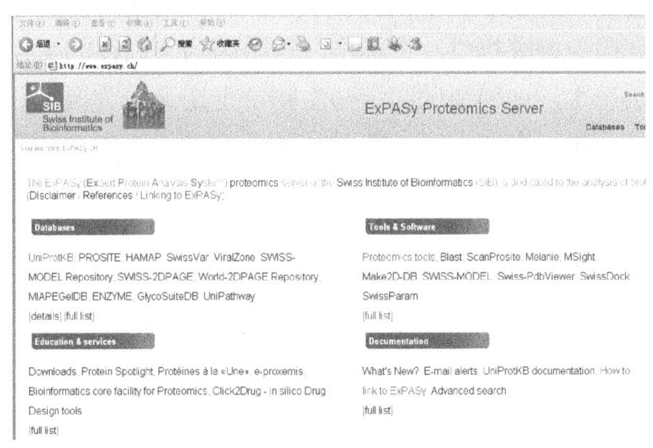

图 3-8　ExPASy 数据库首页

ExPASy Proteomics tools 是一个 ExPASy 汇总的蛋白质组学在线实用分析工具包，涉及蛋白质分类、蛋白质翻译、蛋白质结构预测、序列相似检索、序列比对等，这个工具包一直都在更新，其中有一小部分工具是 ExPASy 自己开发和维护的，共分成 14 大类，以下是分类列表：

1）Protein identification and characterization

2）Other proteomics tools

3）DNA -> Protein

4）Similarity searches

5）Pattern and profile searches

6）Post-translational modification prediction

7）Topology prediction

8）Primary structure analysis

9）Secondary structure prediction

10）Tertiary structure analysis/prediction

11）Sequence alignment

12）Phylogenetic analysis

13）Biological text analysis

14）Statistical tools

3.3 其他生物分子数据库

除了上述介绍的关于核酸和蛋白质分子信息的基本数据以外，国际上许多研究机构和大学根据生物医学研究的需要，整理了现有的实验结果和文献资料，建立了许多实用的数据库，下面简单介绍几个在计算系统生物学中常用的数据库。

3.3.1 基因本体数据库 GO

基因本体数据库 GO（gene ontology）是由基因本体学联盟开发的，旨在建立关于基因和蛋白质的生物学描述以及生物学知识的标准词汇，为将来实现各种与基因蛋白质相关数据的统一、数据转换、数据挖掘等提供一个标准。这是因为，以往的生物学家浪费了太多的时间和精力在搜寻生物信息上。这种情况归结为生物学上定义较为混乱，不仅精确的计算机无法搜寻到这些生物信息，而且生物学定义随时间和人为多重因素而随机改变，即使是完全由人手工处理也无法完成。因此，基因本体数据库 GO 正是为了使得各种数据库中基因产物的功能描述相一致而建立的。

GO 的三层结构包括分子生物学功能、生物化学途径和细胞组件。GO 利用这三层网络结构对基因进行分类、定义和注释。基因本体数据库 GO 首页如图 3-9 所示，其网址为 http://www.geneontology.org。

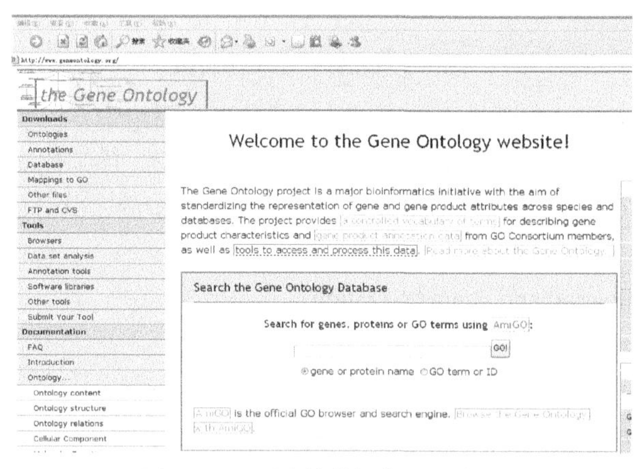

图 3-9　基因本体数据库 GO 首页

GO 的应用前景很广阔，可用来整合来自不同生物的蛋白质组的信息；判定蛋白质结构域的功能；寻找疾病中异常表达的基因功能；预测疾病相关的基因；分析发育中具有相同表达模式的基因；建立自动从文献中获取基因功能信息的工具；等等。

3.3.2 miRNA 数据库 miRBase

miRBase 数据库是一个提供包括 miRNA 序列数据、注释、靶标基因预测等信息的数据库，是国际上存储 miRNA 信息最主要的公共数据库之一。miRBase 提供较为方便的网络查询服务，允许用户使用关键词或序列在线搜索已知的 miRNA 和靶标基因信息，数据库首页如图 3-10 所示，其网址为 http://www.mirbase.org。2018 年 12 月 miRBase 升级至 22.1 版。发夹前体序列升至 38589 条，序列涵盖大约 271 个物种。

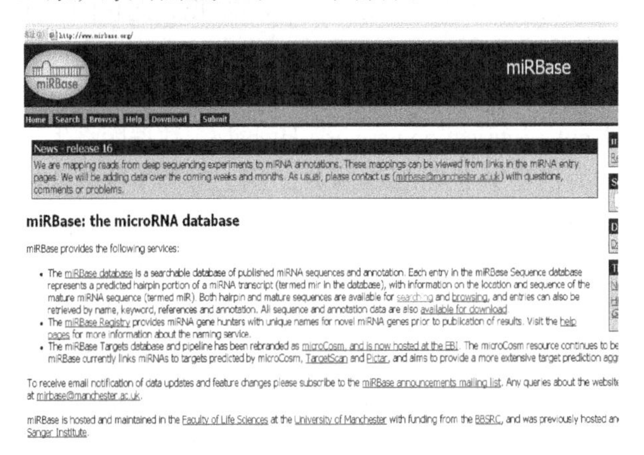

图 3-10　miRBase 数据库首页

3.3.3　全基因组及代谢途径数据库 KEGG

KEGG 是一套关于基因组、代谢途径的在线数据库。其系统分析基因功能，并联系基因信息和相关功能信息；通过对细胞内已知生物学过程的计算处理和将现有的基因功能解释标准化，对基因的功能进行系统化的分析。KEGG 还可通过生物通路数据库 PATHWAY 将基因组中的一系列基因用一个细胞内的分子相互作用的网络连接起来，如一个通路或一个复合物，通过它们来展现更高一级的生物所特有的功能。KEGG 包含 16 个独立的数据库，大致可分成三大类：系统信息数据库（PATHWAY、BRITE、MODULE、DISEASE、DRUG、EDRUG 6 个）、基因组数据库（ORTHOLOGY、GENOME、GENES、SSDB 4 个）、化学信息数据库（COMPOUND、GLYCAN、REACTION、RPAIR、RCLASS、ENZYME 6 个），其中常用的主要是基因数据库（GENES database）、通路数据库（PATHWAY database）、序列相似性数据库（SSDB）、蛋白质互作关系数据库（BRITE）等。KEGG 数据库首页如图 3-11 所示，其网址为 http://www.genome.jp/kegg。

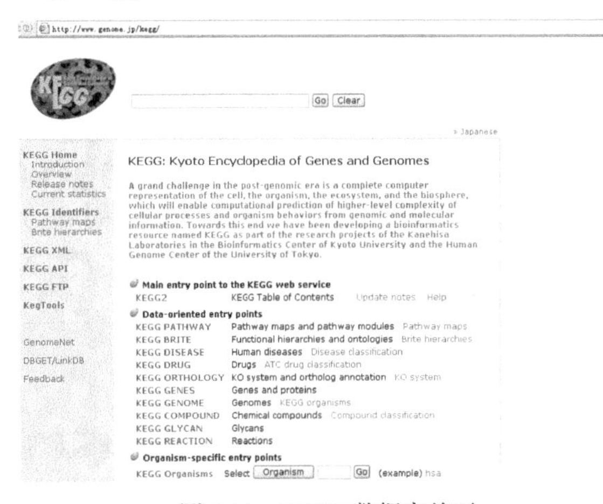

图 3-11　KEGG 数据库首页

3.3.4 蛋白质相互作用相关数据库

随着蛋白质相互作用高通量实验技术的发展，产生了大量的蛋白质相互作用的数据。科学家应用最新的信息技术收集、归纳、整理这些海量数据，把它们构建成数据库，并和其他的基因组信息、蛋白质信息、注释信息进行整合，为实验生物学家提供了十分方便的数据检索和分析服务。以下介绍 3 个比较重要的蛋白质相互作用数据库。

BIND（the biomolecular interaction network database）数据库将生物分子之间的相互联系分成了三大类，第一类为相互作用（interaction），第二类为生物复合物（complex），第三类为生物学通路（pathway）。它采用 ASN、XML、Java 等信息技术管理数据，整合了 GO 注释信息，为用户提供了浏览、查询、BLAST 搜索、下载、上传等十分方便的服务。BIND 的数据来源包括期刊提交、科研人员提交、文献提取、其他蛋白质相互作用数据库导入等。

DIP（database of interacting proteins）数据库（http://dip.doe-mbi.ucla.edu）专门存放经实验确定的蛋白质相互作用数据，收集经实验验证的来自文献的蛋白质相互作用数据，以及蛋白质复合物的数据。数据要经过人工审核和采用计算方法自动验证后加入数据库。DIP 是目前常用的蛋白质-蛋白质相互作用相关数据库，DIP 涵盖果蝇、鼠、人等多个物种，提供多种查询方式，如蛋白质名称、物种等。也可基于序列相似性搜索查询和基于基序（motif）搜索查询。DIP 数据库首页如图 3-12 所示，其网址为 http://dip.doe-mbi.ucla.edu/dip/Main.cgi。

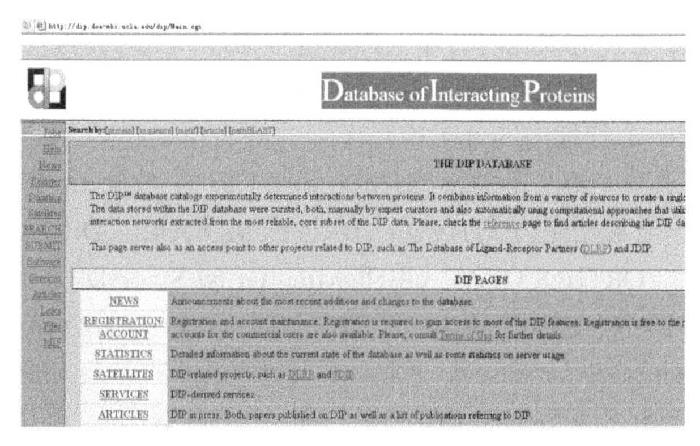

图 3-12　DIP 数据库首页

与 BIND、DIP 数据库不同，STRING 数据库（https://string-db.org）不仅存储经实验确定的蛋白质相互作用数据，还存放预测得到的蛋白质相互作用数据，并对各种预测方法得到的结果准确性给出了相应的权重，这对于研究采用经典实验方法无法研究的蛋白质功能具有非常重要的意义。STRING 数据库的数据来源有 4 种：一是高通量实验技术产生的蛋白质相互作用数据；二是由保守的基因共表达数据推导出的蛋白质功能相关关系；三是经文献搜索得到的蛋白质相互作用数据；四是根据基因组中基因的上下文关系预测得到的蛋白质相互作用数据。

3.3.5 人类遗传数据库

OMIM（online mendelian inheritance in man）是关于人类基因和遗传疾病的数据库，由约翰霍普金斯大学开发和构建。该数据库收集了已知的人类基因以及由这些基因的突变或者缺失导致的遗传性疾病。OMIM 提供服务的主要对象是医师、遗传疾病研究人员、生物医学专业研究生或高年级学生。在 OMIM 数据库中，可按基因搜索数据库，也可按遗传疾病搜索数据库。OMIM 的网络服务器位于 NCBI，每条记录引用的参考资料都有到 Entrez 系统的链接，使用方便。查询程序根据输入到检索窗口的一个或几个词条执行简单的查询，查询结果返回含有该词条的文档列表，用户可以在列表中选择一个或更多的记录查看 OMIM 数据的全文。记录含有各种信息，如基因名称、疾病的名称、对疾病的描述（包括临床、生物化学、细胞遗传学特征）、遗传模式上的信息、临床医学说明等，还有参考文献。用户也可以选择特定的染色体，浏览染色体上相关的基因及相关疾病信息。

此外，随着生物信息学与计算系统生物学的发展，以及各种高通量实验技术的出现，国际上许多研究机构也相继建立了多个生物信息学数据库，包括信号转导数据库 SPAD、单核苷酸多态性数据库、泛素及其蛋白酶数据库、限制性内切酶和甲基化酶数据库 Rebase（http://rebase.neb.com/rebase/rebase.html）、CpG 岛数据库（http://bioinfo2.ugr.es/CpGislands）等。

第 4 章　生物信息学中的数学基础

生物信息学是典型的多学科交叉科学，其综合运用生物、数学、物理、化学、计算机及网络技术等手段，对生命科学领域日益涌现的 DNA、蛋白质等生物大分子序列及结构信息进行收集、存储、处理、分析和解释，来阐明和理解这些海量数据隐含的生物学意义。其中，数学和计算机技术在系统生物学研究中占有很大比重，如概率与数理统计、随机过程理论、最优化理论、计算机网络编程技术等在系统生物学中应用广泛。

数学能够抽象表现和描述真实世界某些现象、特征和状况。数学模型能定量地描述生命物质运动和信息传递的过程，一个复杂的生物学问题借助数学模型能转变成一个数学问题，通过对数学模型的逻辑推理和求解，能够获得有关研究对象隐含的生物学意义，以期揭示生命现象的本质。

生命科学中存在大量未知的科学问题，而概率与数理统计是各学科领域进行科学研究重要的工具之一。因此，生物信息学涉及的数学基础主要包括：概率论与随机过程理论（如隐马尔可夫模型）、多元统计分析、智能计算方法，以及各种优化方法（包括动态规划）等。

4.1　概率论与随机过程理论

生命现象常常以大量、重复的形式出现，又受到多种外界环境和内在因素的各种随机干扰。因此，概率论和统计学是生物学研究经常使用的理论及方法。例如，在 DNA 序列中，可将其看成由四面体的 DNA 骰子产生的一个随机序列（图 4-1）。编码部分与非编码部分在 4 种核苷酸的取值频率上有所不同，人们可据此来识别编码基因和非编码区域。

图 4-1　四面体的 DNA 骰子用以产生 DNA 序列

4.1.1　基本概念

1. 概率（probability）

概率是表征随机事件发生可能性大小的度量，是事件本身所固有的一种属性。例如，对于随机抛硬币的事件而言，出现正面的概率为 0.5，出现反面的概率也为 0.5。

2. 随机变量

有些变量在每次观察前不可能事先确定其取值，但经过大量观察后，其取值又有一定的规律性，这种变量称为随机变量（random variable）。例如，抛硬币出现正面的概率为 0.5，若抛 100 次后，则出现正面的次数 X 是随机变量。随机变量可用来描述随机现象，研究随机事件的概率特性（统计规律）就转变成研究随机变量的概率特性。随机变量是数量形式，便于用其他的数学知识描述，因此，随机变量成为随机现象与其他数学知识间的桥梁。

3. 概率密度函数和概率分布函数

概率密度函数是描述随机变量在某一个确定的取值点附近所输出值的可能性的函数。而随机变量的取值落在某个区域之内的概率则是概率密度函数在这个区域上的积分，这个积分就是概率分布函数。

4. 数学期望和方差

若 X 为离散型随机变量，其概率分布为 $p(X=x_k)=p_k(k=1,2,\cdots,n)$，则随机变量 X 的数学期望为

$$E(X)=x_1p_1+x_2p_2+\cdots+x_kp_k+\cdots+x_np_n=\sum x_kp_k$$

若 X 为连续型随机变量，其概率密度为 $f(x)$，则 X 的数学期望为

$$E(X)=\int_{-\infty}^{\infty}xf(x)\mathrm{d}x$$

数学期望反映了随机变量的统计平均性质，代表随机变量取值的一般水平或集中的位置。

方差是函数 $[X-E(X)]^2$ 的期望，因此，离散型、连续型随机变量的方差可统一写为 $D(X)=E[X-E(X)]^2$，表示 X 的取值偏离期望值 $E(X)$ 的程度，代表随机变量取值的分散性。

5. 正态分布

正态分布是一种重要的连续型随机变量的概率分布。生物现象中许多变量是服从或近似服从正态分布的。在实际应用中，许多统计分析方法以正态分布为基础。此外，还有不少随机变量的概率分布在一定条件下以正态分布为其极限分布。

设随机变量 X 的概率密度为

$$p(x)=\frac{1}{\sigma\sqrt{2\pi}}\mathrm{e}^{-\frac{(x-\mu)^2}{2\sigma^2}},\quad -\infty<x<+\infty$$

其中，$-\infty<\mu<+\infty,\sigma<0$，均为常数。称 X 服从参数为 μ、σ 的正态分布，记为 $X\sim N(\mu,\sigma^2)$，μ 为均值，σ 为方差。

4.1.2 隐马尔可夫模型

隐马尔可夫模型（hidden Markov model，HMM）是一种概率论模型，已经在生物信息学领域获得广泛应用。例如，我们可将 DNA 序列采用 HMM 表示，由 A、T、C、G 四个字母构造出一个离散随机的过程（马尔可夫链）。可用此模型去验证另一 DNA 序列是否属于该物种。此外，隐马尔可夫模型还在真核基因剪接位点信号识别、信号肽识别、核小体定位识别等问题应用中获得成功。

1. 马尔可夫链

一个具有有限多个状态的离散随机过程 X，$X=\{X^1,X^2,\cdots,X^t\}$，即状态链。其中各个时刻系统状态具有 n 个变量 $x_1,x_2,\cdots,x_n$。在任意时刻，这条链处于一个特殊状态：

$$P(X^{t+1}\mid X^0,X^1,\cdots,X^t)=P(X^{t+1}\mid X^t)$$

上式表示，系统未来的状态紧紧依赖于当前的状态，一条（一阶）马尔可夫链完全取决于初始概率 $P(X^0)$ 和状态转移概率 $P(X^{t+1} \mid X^t)$。

例：采用马尔可夫链模型识别一段核苷酸序列为 CpG 岛。CpG 岛是长度在几百个核苷酸的特殊 DNA 序列，其中 CG 核苷酸对出现的频率非常高。CpG 岛是 DNA 甲基化发生的主要区域，具有重要的生物学意义。

为便于理解，我们以“赌博问题”为例来说明马尔可夫链的含义。

在赌场中，庄家经常使用两种硬币，一种为公平的硬币，正反面概率均等，一种为作假的硬币，正反面概率不等，假设正面概率为 0.75，反面为 0.25。假如给定一个硬币的抛掷序列，玩家如何知道庄家使用的是作假的硬币还是公平的硬币呢？一个直觉是，假如发现很多次都是正面，那庄家很可能使用的是作假硬币；假如正反面出现的概率是均等的，那很可能庄家使用的是公平硬币。从概率论的角度，如何分析这个问题呢？

首先，根据硬币抛掷序列，我们猜想庄家是使用公平硬币还是使用作假硬币。对于公平硬币，正反面的概率相等，即 $p^F(0) = p^F(1) = 0.5$；对于作假硬币，反面的概率为 $p^U(0) = 0.25$，正面为 $p^U(1) = 0.75$，若抛掷序列为 $x = x_1, x_2, \cdots, x_n$，那么，庄家使用公平硬币的概率为

$$P^F(x) = \prod_{i=1}^{n} p^F(x_i) = \frac{1}{2^n} \tag{4-1}$$

庄家使用作假硬币的概率为

$$P^U(x) = \prod_{i=1}^{n} p^U(x_i) = \left(\frac{1}{4^{n-k}}\right)\left(\frac{3^k}{4^k}\right) = \frac{3^k}{4^n} \tag{4-2}$$

其中，k 为抛掷序列中正面出现的次数。

根据抛掷序列，按照上述两式计算的结果，若 $P^F(x) > P^U(x)$，那么，庄家使用的是公平硬币；若 $P^F(x) < P^U(x)$，那么，庄家使用的是作假硬币。

当 $k = \dfrac{n}{\log_2 3}$ 时，$P^F(x) = P^U(x)$，因此，若 $k < \dfrac{n}{\log_2 3}$，庄家使用的是公平硬币；若 $k > \dfrac{n}{\log_2 3}$，庄家使用的是作假硬币。

我们可以定义以下对数差异比率（log-odds ratio）来判断庄家使用的是公平硬币还是作假硬币：

$$\log_2 \frac{P^F(x)}{P^U(x)} = \sum_{i=1}^{n} \log_2 \frac{p^F(x_i)}{p^U(x_i)} = n - k\log_2 3 \tag{4-3}$$

接下来，我们再分析一下 CpG 岛识别问题，对于给定的一段核苷酸序列，定义字符转换概率为 $p_{i-1,i}$，整个序列的发生概率为

$$P(x) = p(x_1)\prod_{i=1}^{n} p_{i-1,i} \tag{4-4}$$

为了便于处理，我们可以添加两个虚拟的“起始”和“结束”状态，同时序列长度加 2，则式(4-4)为

$$P(x)=\prod_{i=0}^{n+1} p_{i-1,i} \tag{4-5}$$

令 $p_{i-1,i}^{+}$ 为 CpG 岛内的字符转换概率，$p_{i-1,i}^{-}$ 为 CpG 岛外的字符转换概率，则对数差异比率得分为

$$\text{Score}(x)=\lg\frac{p^{+}(x)}{p^{-}(x)}=\sum_{i=0}^{n+1}\lg\frac{p_{i-1,i}^{+}}{p_{i-1,i}^{-}} \tag{4-6}$$

式（4-6）值越大，则 x 越可能是 CpG 岛。因此，采用上述方法可以判定一段序列是否为 CpG 岛。

我们再来看“赌博问题”，前面适用于庄家不更换硬币的情况，但为了获得更大利益，庄家在赌博中经常更换硬币，那么玩家如何知道庄家在哪个时间点使用了什么硬币呢？当然你可以沿着抛掷序列滑动一个窗口，并计算每一个窗口的对数差异比率。

同样，在实际中经常需要在一段长序列中寻找一段 CpG 岛区域，我们也可以沿着 DNA 序列滑动一个窗口，计算每一个窗口的对数差异比率。但是，如何确定窗口宽度是个难点，窗口宽度过大，小的 CpG 岛可能找不到，窗口宽度过小，又难以找到长的 CpG 岛。因此，我们需要考虑使用隐马尔可夫模型。

2. 隐马尔可夫问题和求解算法

隐马尔可夫模型（HMM）由两个序列构成，一个是不可观察的状态变化序列，另一个是由该隐含的状态所产生的可观察符号序列。在整个系统过程中，HMM 做出两个决策：下一步是什么状态，在此状态下将出现什么符号。其重要特征是，在任何一步，观察者都能看到系统所发出的符号，却不知道系统处在哪个状态，隐马尔可夫模型由此而来。我们的目标是通过分析发出符号的序列来推测系统可能的状态。

一个 HMM 是一个三元组 $\boldsymbol{M}=(A,S,P)$，其中，A 是字母表，S 是有限状态集合，P 是概率集合（一个是状态转移概率，一个是字符释放概率）。

状态转移概率 T_{kl} 表示从状态 k 转换到状态 l 的概率；字符释放概率 $E_k(a)$ 表示在状态 k 下释放出字符 a 的概率。

我们仍以“赌博问题”为例说明玩家如何知道庄家在哪个时间点使用了什么硬币。其 HMM 有一个三元组 $\boldsymbol{M}=(A,S,P)$ 定义，A 为发出字符的字母表 $A=\{0,1\}$（0, 1 分别对应正面和反面），S 为一个有限状态（隐性的）集合 $S=\{\mathrm{F},\mathrm{U}\}$（F, U 分别对应公平硬币和作假硬币），$P$ 为概率集合，由状态转移矩阵 $\boldsymbol{T}=(\boldsymbol{t}_{kl})$ 和符号发出矩阵 $\boldsymbol{E}=(\boldsymbol{e}_k(a))$ 组成，如图 4-2 所示，给定

$$\boldsymbol{t}_{\mathrm{FF}}=\boldsymbol{t}_{\mathrm{UU}}=0.9,\quad \boldsymbol{t}_{\mathrm{FU}}=\boldsymbol{t}_{\mathrm{UF}}=0.1$$

$$\boldsymbol{e}_{\mathrm{F}}(0)=0.5,\quad \boldsymbol{e}_{\mathrm{F}}(1)=0.5,\quad \boldsymbol{e}_{\mathrm{U}}(0)=0.25,\quad \boldsymbol{e}_{\mathrm{U}}(1)=0.75$$

如果庄家在最初三次和最后三次抛掷中使用了公平硬币，其他五次使用作假的硬币，则其相应的路径为 $\pi=\mathrm{FFFUUUUUFFF}$，路径中包含了两次状态转移，第一次是第三步以后从“公平硬币”换为“作假硬币”，第二次为第八步以后从“作假硬币”换为“公平硬币”，这两次的状态转移概率均为 0.1，而其他的状态转移概率为 0.9。若抛掷的序列是 01011101001，那么每次投掷中符号发出情况、系统状态以及由此产生的概率、状态转移概率见表 4-1。

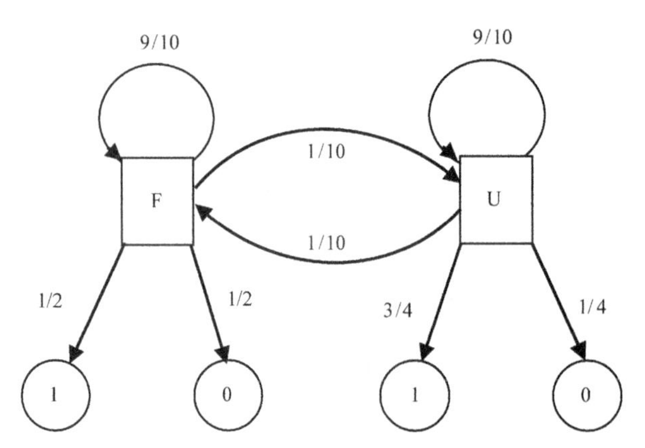

图 4-2　“赌博问题”的隐马尔可夫模型

表 4-1　“赌博问题”的隐马尔可夫模型列表

x	0	1	0	1	1	1	0	1	0	0	1
π	F	F	F	U	U	U	U	U	F	F	F
$P(x_i \mid \pi_i)$	0.5	0.5	0.5	0.75	0.75	0.75	0.25	0.75	0.5	0.5	0.5
$P(\pi_{i-1}-\pi_i)$	0.5	0.9	0.9	0.1	0.9	0.9	0.9	0.9	0.1	0.9	0.9

我们假定一开始庄家使用两种硬币是等可能的，则通过路径 π 产生的概率计算如下：

$$(0.5\times0.5)(0.5\times0.9)(0.5\times0.9)(0.75\times0.1)(0.75\times0.9)(0.75\times0.9)(0.25\times0.9)(0.75\times0.9)$$
$$(0.5\times0.1)(0.5\times0.9)(0.5\times0.9)=2.66\times10^{-6}$$

在上述例子中，我们假设已知路径 π 和可观察的符号序列。然而在实际中，系统状态常常是隐含的，我们往往不知道具体路径 π，能知道的只是可观察的符号序列 $x=01011101001$。那么路径 $\pi=$ FFFUUUUUFFF 是不是对 x 的最好解释？如何求得一个最优的路径使得出现符号序列的可能性最大呢？这就是隐马尔可夫模型（HMM）的解码问题。这一问题的求解方法为 Viterbi 算法。

（1）Viterbi 算法

此算法核心部分是采用动态规划算法（见 4.3 节），给定一个字符序列 $X=(x_1,x_2,\cdots,x_n)$，以 $p_k(i)$ 表示序列前缀 $(x_1,x_2,\cdots,x_i)$ 终止于状态 $k(k\in S,1<i<n)$ 的最可能路径的概率。其算法过程如下。

1）初始化

$$p_0(0)=1$$
$$对于任意k\neq0,\quad p_k(0)=0 \tag{4-7}$$

2）对于每个 $i=0,1,\cdots,n-1$ 及每个 $l\in S$，按照下式进行递归计算：

$$p_l(i+1)=e_l(i+1)\max\{p_k(i)t_{kl}\} \tag{4-8}$$

3）计算序列 X 结束于状态“end”最可能的路径的概率，即 $p(X\mid\pi^*)$ 的值

$$p(X \mid \pi^*) = \max\{p_k(n)t_{k,\text{end}}\} \tag{4-9}$$

在正向递归计算过程中，注意要保留所经过的路径的指针，在计算完成后，根据指针可重构最优路径 π^* 。

由于在前述递归计算过程中大量使用乘法，在计算机有限精度下会产生误差和溢出。因此，可考虑使用对数计算，使得乘法计算变为加法运算。对式(4-7)、式(4-8)和式(4-9)按对数形式改写如下：

$$p_0(0) = 0$$

$$\text{对于任意} k \neq 0, \quad p_k(0) = -\infty \tag{4-10}$$

$$p_l(i+1) = \lg e_l(i+1) + \max\{p_k(i) + \lg(t_{kl})\} \tag{4-11}$$

$$p(X \mid \pi^*) = \max\{p_k(n) + \lg(t_{k,\text{end}})\} \tag{4-12}$$

（2）前向算法和后向算法

在实际中，我们往往也关心在某个时间点 i 处于状态 k 的概率 $p(x_i \mid \pi_i = k)$ ，例如，在“赌博问题”中玩家更关心在一个特定时间点庄家使用作假硬币的概率是多少。这一问题的求解可采用前向算法和后向算法。

因此要考虑这样一个问题：既然有多条路径可以产生序列 X，那么模型 M 产生序列 X 总的可能性有多大？模型 M 产生序列 X 的概率记为 $P(X \mid M)$ 。

令 $f_k(i)$ 为前向概率，即释放前缀 $(x_1, x_2, \cdots, x_i)$ 后到达状态 $\pi_i = k$ 的概率。前向算法计算过程如下：

1）初始化

$$f_0(0) = 1$$

$$\text{对于任意} k \neq 0, \quad f_k(0) = 0 \tag{4-13}$$

2）递归计算

$$f_l(i+1) = e_l(i+1)\sum\{f_k(i)t_{kl}\} \tag{4-14}$$

3）最后计算

$$p(X \mid M) = \sum\{f_k(n)t_{k,\text{end}}\} \tag{4-15}$$

令 $b_k(i)$ 为后向概率，即状态 $\pi_i = k$ 后释放后缀 $(x_1, x_2, \cdots, x_i)$ 的概率。后向算法计算过程如下：

1）初始化

$$b_{\text{end}}(n+1) = 1$$

$$\text{对于任意} k, \quad b_k(n) = t_{k,\text{end}} \tag{4-16}$$

2）递归计算

$$b_l(i) = \sum e_l(i+1)b_k(i+1)t_{kl} \tag{4-17}$$

3）最后计算

$$p(X \mid M) = \sum e_l(1)t_{0,l}b_l(1) \tag{4-18}$$

利用前向和后向概率，就可以计算出 $p(x_i | \pi_i = k)$ ，根据条件概率的定义，可得

$$p(x_i | \pi_i = k) = \frac{P(X, \pi_i)}{P(X | M)} = \frac{f_k(i) b_k(i)}{P(X | M)} \tag{4-19}$$

4.2 多元统计分析

鉴于生物学领域诸多问题的复杂性、多元性，多元统计分析在生物信息学领域应用广泛。多元统计的各种矩阵运算体现多种生物实体与多个性状指标的结合，在相互联系的水平上综合统计出生命活动的特点和规律性。

生物信息学中常用的多元统计分析方法有主成分分析、偏最小二乘回归、聚类分析、判别分析等。生物信息学家常常把多种方法结合使用，以期达到更好的综合分析效果。

4.2.1 主成分分析

当面对许多实际生物学问题时，往往需要从不同的角度（数学上称之为变量）去考虑，然而这些变量具有一定的相关性，造成了信息的交叉重叠，对问题研究造成不必要的重复，从而使结果变得不可靠。在对生物学问题进行数学分析时，往往不需要对多个指标逐一进行分析，只需找到最主要的几个变量即可对整体进行评估，因此可使用主成分分析方法。

主成分分析（principal component analysis，PCA）将多指标转化为少数几个综合指标，全部综合指标所反映的样本的总信息等于原变量的总信息。信息量的多少用变量的方差表示。其基本原理是应用降维的思想，即利用线性变换，将一组相关变量转变为不相关变量，按方差递减的顺序依次排列。在保证总方差不变的前提下，最大的方差便是第一主成分 P_1 。第二主成分不应包括第一主成分的信息，即 $\text{cov}(P_1, P_2) = 0$ 。其他的主成分以此类推，均保证与其他成分不相关。原则上选取的主成分个数不能超过 6 个，包含原变量 80%以上的信息即可。

设有 N 个样本，对每个样本观测 p 项指标：$X_1, X_2, X_3, \cdots, X_p$ 。因此，我们得到 $n \times p$ 阶的原始数据，其中 $\boldsymbol{X} = \begin{pmatrix} x_{11} & x_{12} & \cdots & x_{1p} \\ x_{21} & x_{22} & \cdots & x_{2p} \\ \vdots & \vdots & & \vdots \\ x_{n1} & x_{n2} & \cdots & x_{np} \end{pmatrix}$ 。

PCA 算法过程如下。

1）数据标准化。

先使指标的量纲相同，对数据做如下处理：

$$x_{ij}^* = \frac{x_{ij} - \overline{x}_j}{s_j}, \qquad i = 1, 2, \cdots, n; \quad j = 1, 2, \cdots, p \tag{4-20}$$

其中，$\overline{x}_j$ 是第 j 列的期望均值，s_j 是第 j 列的方差。

2）计算相关系数矩阵 $\boldsymbol{R}_{p \times p}$ 。

3）求出相应的特征值和特征向量。

利用$|\lambda \boldsymbol{I}-\boldsymbol{R}|=0$，求出各特征值$\lambda_1 \geqslant \lambda_2 \geqslant \cdots \geqslant \lambda_p$，及其对应的正交化单位特征向量$\boldsymbol{\alpha}_i=(a_{i1},a_{i2},\cdots,a_{ip})^{\mathrm{T}}$，其中$\boldsymbol{I}$表示原始数据矩阵，$p$为阶数。

4）计算方差贡献率，选择主成分。

在已经确定的p项指标中，选择m个主成分。用方差贡献率解释主成分所反映的信息量的大小。m的取值由方差的累积贡献率决定。

p_i的方差贡献率

$$t_i=\frac{\lambda_i}{\sum_{k=1}^{p}\lambda_k} \tag{4-21}$$

前m个主成分的累积方差贡献率

$$T_i=\frac{\sum_{i=1}^{m}\lambda_i}{\sum_{k=1}^{p}\lambda_k} \tag{4-22}$$

当累积方差贡献率≥80%时，即可确定主成分的个数m。

4.2.2　偏最小二乘回归

主成分回归所选用的隐变量是原自变量的主成分，它们相互无关，使正则方程组的系数矩阵$\boldsymbol{Z}^{\mathrm{T}}\boldsymbol{Z}$成为对角矩阵，为回归系数的求解和分析带来了很多方便。又因为已把接近于零的特征根所对应的主成分舍去，从而消除了原有变量间的复共线关系，也就消除了使最小二乘回归性能变差的根源。

但是，这些主成分是单纯地从原有变量的样本数据矩阵$\boldsymbol{X}$中提取的，并未考虑到与因变量y之间的关系。被保留的主成分，就累计方差而言，确实反映了原自变量所包含信息的绝大部分。但是，从与因变量的相关关系来看，那些主成分并不一定包含足够多的信息，而这正是回归分析所要着重考虑的。从这方面来看，主成分回归有可能失之偏颇。

偏最小二乘回归（partial least square regression，PLS）算法是采用 PLS 成分作为隐变量（Joreskog et al.，1982；Geladi et al.，1986；Berger et al.，2000；Alsberg et al.，1998），然后对隐变量进行回归分析的方法。PLS 成分是从原有自变量的样本数据矩阵$\boldsymbol{X}$中提取的相互正交的成分，它们既保留尽量多的与因变量的相关性，又保留了较多的方差，从而在消除原有自变量复共线性的同时，使建立的回归模型仍能充分地反映出自变量与因变量之间的相关关系。正是由于偏最小二乘回归具有这种良好的性能，其在很多学科领域得到广泛应用。

在偏最小二乘回归算法中，选定参加回归的隐变量个数非常重要，其中隐变量为 PLS 成分。如果所选的 PLS 成分太少，显然不足以反映因变量的变化；如果所选的 PLS 成分很多，也并未对所建的模型有利。例如，一些成分的方差很小，即包含复共线性，将影响模型的稳定。同时，当引入的变量增多时，往往会使残差方差，即均方差增大。因此过多引入隐变量也是不可取的。PLS 成分的筛选，有以下几种常见的方法。

1）可以运用各 PLS 成分的回归能力τ来决定取舍。设第i个 PLS 成分t_i的回归能力为τ_i，则其回归能力份额定义为

$$\vartheta_i = \frac{\tau_i}{\sum_{j=1}^{i} \tau_j} \tag{4-23}$$

它反映了前i个 PLS 成分所具有的回归总能力中第i个 PLS 成分t_i所占的份额，可以作为选择 PLS 成分的依据。选择一个相对小的正数$\vartheta_{\min}$作为回归能力份额临界值，当

$$\vartheta_m \geqslant \vartheta_{\min} > \vartheta_{m+1} \tag{4-24}$$

即从第$m+1$个 PLS 成分起，其后各 PLS 成分的回归能力份额都小于回归能力份额临界值$\vartheta_{\min}$，它们的回归建模能力已十分微弱，则可以舍弃不计，因此选择前m个 PLS 成分作为隐变量进行回归分析。

2）通过判断前i个 PLS 成分作为隐变量回归时残差矩阵$\boldsymbol{Y}_{i+1}$中剩余的信息量来筛选成分。残差矩阵$\boldsymbol{Y}_{i+1}$的信息量定义为

$$\kappa_i = \|\boldsymbol{Y}_{i+1}\| \tag{4-25}$$

即残差矩阵$\boldsymbol{Y}_{i+1}$的模。当$\|\boldsymbol{Y}_{i+1}\|$足够小时，表明这些 PLS 成分已较好地反映出因变量的变化。因此可以设定一个相对小的正数$\kappa_{\min}$作为判据临界值，当

$$\kappa_m \geqslant \kappa_{\min} > \kappa_{m+1} \tag{4-26}$$

选择前m个 PLS 成分作为隐变量进行回归。

3）通过判断当以前i个 PLS 成分作为隐变量回归时，自变量和因变量之间的协方差尚有多大百分比ϕ_i未被提取出来，来决定 PLS 成分的取舍。自变量和因变量之间的协方差尚未被提取的百分比ϕ_i定义为

$$\phi_i = 100\frac{\mathrm{tr}(\boldsymbol{X}_{i+1}^{\mathrm{T}}\boldsymbol{Y}_{i+1}\boldsymbol{Y}_{i+1}^{\mathrm{T}}\boldsymbol{X}_{i+1})}{\mathrm{tr}(\boldsymbol{X}^{\mathrm{T}}\boldsymbol{Y}\boldsymbol{Y}^{\mathrm{T}}\boldsymbol{X})} \tag{4-27}$$

因此同样可以设定一个相当小的正数$\phi_{\min}$作为判据临界值，当

$$\phi_m \geqslant \phi_{\min} > \phi_{m+1} \tag{4-28}$$

选择前m个 PLS 成分作为隐变量进行回归。

4）可以采用留一（leave-one-out）法交叉验证来确定隐变量的个数，具体的操作如下。

① 确定隐变量的个数m。

当确定隐变量个数后，偏最小二乘回归模型也就确定了。设取前m个 PLS 成分形成隐变量，则回归模型为

$$\boldsymbol{Y} = \boldsymbol{T}\boldsymbol{V}^{\mathrm{T}} + \boldsymbol{Y}_{m+1} = \boldsymbol{X}\boldsymbol{W}\boldsymbol{V}^{\mathrm{T}} + \boldsymbol{Y}_{m+1} \tag{4-29}$$

其中，$\boldsymbol{W}$是$p\times m$维转置矩阵，$\boldsymbol{V}$是$q\times m$维回归系数矩阵，$\boldsymbol{Y}_{m+1}$是$n\times q$维残差矩阵。通常用$\boldsymbol{E}$来表示$\boldsymbol{Y}_{m+1}$。因此在计算出$\boldsymbol{W}$与$\boldsymbol{V}$后，q个因变量的预报值（回归值）可用如下的回归方程计算：

$$\hat{\boldsymbol{y}} = \boldsymbol{x}\boldsymbol{W}\boldsymbol{V}^{\mathrm{T}} \tag{4-30}$$

② 采用留一法进行交叉验证。

a）将样本的第k个模式分割出来作为验证模式，其余的$n-1$个模式形成建模样本。

b）取隐变量个数为 m，对建模样本进行偏最小二乘回归，形成回归模型，模型的表达式为式(4-29)。

c）用建好的回归模型对验证模式进行预测，得其回归值为 $\hat{y}_k$。

d）计算回归值 $\hat{y}_k$ 与实验值 y_k 之间的误差平方和

$$e_k^{(m)} = (\hat{y}_k - y_k)(\hat{y}_k - y_k)^{\mathrm{T}}$$

e）当 k 从 1 取到 n 时，即每一个模式都有一次被分割出来作为校验模式，$n-1$ 次作为建模模式，则可以求得每一个模式的回归值和实验值之间的误差平方和 $e_k^{(m)}$ $(k=1,2,\cdots,n)$。

f）求得隐变量个数为 m 时，总误差平方和

$$E^{(m)} = \sum_{k=1}^{n} e_k^{(m)}$$

③ 当 m 从 1 取到 p 时，可以求得不同隐变量个数的总误差平方和 $E^{(m)}$ $(m=1,2,\cdots,p)$。其中总误差平方和最小所对应的隐变量个数为最佳隐变量个数。

偏最小二乘回归也可以采用 1986 年由 P. Geladi 和 B. R. Kowalski 等提出的非线性迭代偏最小二乘算法（NIPALS），它在分解自变量数据矩阵 $\boldsymbol{X}$ 的同时，也在分解因变量数据矩阵 $\boldsymbol{Y}$，并设法使 $\boldsymbol{X}$ 中提取的成分尽可能靠近 $\boldsymbol{Y}$ 中成分，亦即使它们的相关性尽量大，其中从 $\boldsymbol{X}$ 中提取的成分就是 PLS 成分。其算法步骤说明如下，其中 $\boldsymbol{s}_0$ 为用于存放中间数据的 n 维向量，h 为整型计数器，δ_1、δ_2 和 δ_3 是三个由用户给定的任意小正数，以规定精度。

a）算法开始，分别将自变量数据矩阵和因变量数据矩阵送入 $\boldsymbol{X}$ 和 $\boldsymbol{Y}$ 中，计数器 h 置为 1：$1 \Rightarrow \boldsymbol{h}$。

b）任选矩阵 $\boldsymbol{Y}$ 的一列向量 $\boldsymbol{y}_i$ 送入 $\boldsymbol{s}_0$ 内：$\boldsymbol{s}_0 = \boldsymbol{y}_i$。

以下步骤是对矩阵 $\boldsymbol{X}$ 进行处理。

c）将矩阵 $\boldsymbol{X}$ 投影于列向量 $\boldsymbol{s}_0$ 上：$\dfrac{\boldsymbol{X}^{\mathrm{T}}\boldsymbol{s}_0}{\boldsymbol{s}_0^{\mathrm{T}}\boldsymbol{s}_0} \Rightarrow \boldsymbol{u}_h$。

d）将向量 $\boldsymbol{u}_h$ 归一化：$\dfrac{\boldsymbol{u}_h}{\|\boldsymbol{u}_h\|} \Rightarrow \boldsymbol{u}_h$。

e）将矩阵 $\boldsymbol{X}$ 投影于行向量 $\boldsymbol{u}_h^{\mathrm{T}}$ 上：$\dfrac{\boldsymbol{X}\boldsymbol{u}_h}{\boldsymbol{u}_h^{\mathrm{T}}\boldsymbol{u}_h} \Rightarrow \boldsymbol{t}_h$。

以下步骤是对矩阵 $\boldsymbol{Y}$ 进行处理。

f）将矩阵 $\boldsymbol{Y}$ 投影于行向量 $\boldsymbol{t}_h^{\mathrm{T}}$ 上：$\dfrac{\boldsymbol{Y}^{\mathrm{T}}\boldsymbol{t}_h}{\boldsymbol{t}_h^{\mathrm{T}}\boldsymbol{t}_h} \Rightarrow \boldsymbol{v}_h$。

g）将向量 $\boldsymbol{v}_h$ 归一化：$\dfrac{\boldsymbol{v}_h}{\|\boldsymbol{v}_h\|} \Rightarrow \boldsymbol{d}_h$。

h）将矩阵 $\boldsymbol{Y}$ 投影于行向量 $\boldsymbol{d}_h^{\mathrm{T}}$ 上：$\dfrac{\boldsymbol{Y}\boldsymbol{d}_h}{\boldsymbol{d}_h^{\mathrm{T}}\boldsymbol{d}_h} \Rightarrow \boldsymbol{s}_h$。

i）检验列向量 $\boldsymbol{s}_0$ 是否收敛：$\|\boldsymbol{s}_0 - \boldsymbol{s}_h\| \geqslant \delta_1$？

若是，则 $\boldsymbol{s}_h \Rightarrow \boldsymbol{s}_0$，算法转回至 c）继续执行；若否，则至此已求出自变量数据矩阵的第 h 个 PLS 成分 $\boldsymbol{t}_h$，然后算法继续往下执行 j）。

以下是对矩阵 $\boldsymbol{X}$ 和 $\boldsymbol{Y}$ 进行分解。

j）计算矩阵 $\boldsymbol{X}$ 的载荷向量 $\boldsymbol{c}_h$：$\dfrac{\boldsymbol{X}^{\mathrm{T}}\boldsymbol{t}_h}{\boldsymbol{t}_h^{\mathrm{T}}\boldsymbol{t}_h} \Rightarrow \boldsymbol{c}_h$。

k）计算转置矩阵的第 h 列矢量 $\boldsymbol{w}_h$：若 $h=1$，则 $\boldsymbol{w}_1=\boldsymbol{u}_1$；否则 $\boldsymbol{w}_h=\boldsymbol{u}_h-\boldsymbol{w}_{h-1}(\boldsymbol{c}_{h-1}^{\mathrm{T}}\boldsymbol{u}_h)$。

l）从数据矩阵 $\boldsymbol{X}$ 中除去第 h 个 PLS 成分：$\boldsymbol{X}-\boldsymbol{t}_h\boldsymbol{c}_h^{\mathrm{T}} \Rightarrow \boldsymbol{X}$。

m）从数据矩阵 $\boldsymbol{Y}$ 中除去第 h 个 PLS 成分的回归项：$\boldsymbol{Y}-\boldsymbol{t}_h\boldsymbol{v}_h^{\mathrm{T}} \Rightarrow \boldsymbol{Y}$。

n）检验矩阵 $\boldsymbol{Y}$ 中剩余的信息量：$\kappa_h=\|\boldsymbol{Y}\| \geqslant \delta_2$？

若是，算法继续往下执行 o）；若否，算法转到 p）。

o）检验数据矩阵 $\boldsymbol{X}$ 中有意义的信息是否已全部被提取：$\|\boldsymbol{X}\| \geqslant \delta_3$？

若是，算法转回至 b）；若否，算法转到 p）。

p）算法结束。

采用以上的算法就可以求出偏最小二乘回归的转置矩阵 $\boldsymbol{W}$ 和回归系数矩阵 $\boldsymbol{V}$，其中 $\boldsymbol{W}$ 的各列为以上算法中的 $\boldsymbol{w}_h$，$\boldsymbol{V}$ 的各列为以上算法中的 $\boldsymbol{v}_h$。求得转置矩阵 $\boldsymbol{W}$ 和回归系数矩阵 $\boldsymbol{V}$ 也就求得偏最小二乘回归模型(式(4-30))。

4.2.3 聚类分析

聚类分析（clustering analysis）是一种多元统计分析方法。根据“物以类聚”的原理，将一些观察对象依据某些特征加以分类。分类结果是同一类中的个体有较大的相似性，不同类的个体差异较大。其能合理地按各自的特性来进行分类，是在没有任何模式可供参考情况下进行的分类分析。

在聚类分析中反映样本或变量间关系亲疏程度的统计量称为聚类统计量。常用的聚类统计量有距离和相似系数。距离用于对样本的聚类。将一个样本看作 P 维空间的一点，并在空间定义距离，距离较近的点归为一类，距离较远的点归为不同的类。距离可分为点间距离和类间距离。

距离的种类很多，其中欧氏距离在聚类分析中用得最广，它的计算公式如下：

$$d_{i,j}=\sqrt{\sum_{k=1}^{p}(x_{ik}-x_{jk})^2} \tag{4-31}$$

（注意：求距离前需要对指标进行标准化。）其中，x_{ik} 表示第 i 个样本的第 k 个指标的观测值；x_{jk} 表示第 j 个样本的第 k 个指标的观测值；$d_{i,j}$ 表示第 i 个样本与第 j 个样本之间的欧氏距离。若 $d_{i,j}$ 越小，那么第 i 与第 j 两个样本之间的性质就越接近。性质接近的样本就可以划为一类。

确定样本之间距离之后，就可对样本进行分类。分类的方法很多，主要有 k-均值聚类法、系统聚类法、模糊聚类法等。本小节只介绍系统聚类法，其是聚类分析中应用最广泛的一种方法。

首先令 n 个样本每个自成一类，然后每次将具有最小距离的两类合并成一类，合并后重新计算类与类之间的距离，这个过程一直持续到所有样品归为一类为止。分类结果可以画成一张直观的聚类谱系图。

应用系统聚类法进行聚类分析的步骤如下。

1）初始化，确定待分类的样本的指标；收集数据，对数据进行变换处理（如标准化或规格化）；使各个样本自成一类，即 n 个样品一共有 n 类。

2）计算各类之间的距离，得到一个距离对称矩阵，将距离最近的两个类合并成一类。

3）并类后，如果类的个数大于 1，那么重新计算各类之间的距离，继续合并类，直至所有样品归为一类为止。

4）最后画出系统聚类谱系图，按不同的分类原则或分类标准，得出不同的分类结果。

4.2.4　判别分析

判别分析（discriminant analysis）与聚类分析不同，是在样本分类确定的情况下，根据某一未知样本的特征值判别其类别归属。其基本原理是，利用已掌握的各种信息，建立一个判别函数，并确定判别函数的待定系数，据此对新的样本点进行分类判别。

线性判别函数的一般形式是

$$Y = a_1X_1 + a_2X_2 + \cdots + a_nX_n \tag{4-32}$$

其中，Y 是判别值；$X_1, X_2, \cdots, X_n$ 是反映未知样本特征的变量；$a_1, a_2, \cdots, a_n$ 是各变量的系数（判别系数）。判别分析的方法很多，大致上分为两类，一类以距离为判别准则，另一类以概率为判别准则，最基本的有距离判别法、Fisher 判别法、Bayes 判别法等。

Fisher 判别法是一种需要先进行投影的距离判别法，使多维问题转化为一维问题处理。选择一个适当的投影轴，使所有的样本点都投影到该轴上，得到投影值。投影之后，再根据距离远近来得到判别准则，从而对未知样本进行判断。选择的投影轴必须满足：使每一类内的投影值的类内离差尽可能小，而不同类间投影值的类间离差尽可能大。Fisher 判别法对样本的分布和方差齐性没有要求。

4.3　动 态 规 划

动态规划（dynamic programming）是最优化理论的一个重要内容，是求解多阶段决策问题的最优化方法。在 20 世纪 50 年代初，R. E. Bellman 等在研究多阶段决策过程的优化问题时，把多阶段复杂过程转化为一系列易于求解的单阶段优化问题，逐个优化求解，最后求得整个过程的最优解。这就是动态规划。

动态规划在工业管理、最优控制以及经济社会等方面得到了广泛的应用。例如，资源分配、设备排布、最短路线、物流管理等问题，用动态规划方法求解均较为方便。

但是，需要注意的是，动态规划是求解问题的一种策略，是考察问题的一种途径，而不是一种特殊算法，其没有标准的数学表达式和明确定义的解题方法。因此，在实际中需要对具体问题进行具体分析。

动态规划虽然比较难于理解、非常抽象，但是却又十分重要，其在生物信息学领域中应用广泛，其中用得最多的方面是 DNA 序列或蛋白质序列的两两比对。动态规划是最基础的算法，需要认真掌握。

动态规划的基本原理中存在递推的思想，以及各种数学原理（加法原理、乘法原理等）。

其实质是分治思想和解决冗余，因此它与分治法和贪心法类似，它们都是将问题的实例分解为更小的、相似的子问题。

动态规划法所针对的问题有一个显著的特征，即它所对应的子问题树中的子问题呈现大量的重复。动态规划法的关键就在于，对于重复出现的子问题，只在第一次遇到时加以求解，并把答案保存起来，以后再遇到时可直接引用，不必重新求解。

为了便于理解，下面以最短路线问题（shortest path problem）求解来说明动态规划的基本思想。

图 4-3 中，共有 A、B、C、D、E、F、G、H、I、J、K 11 个节点，节点之间的路径距离已在图中标出，求起点到终点的最短距离。

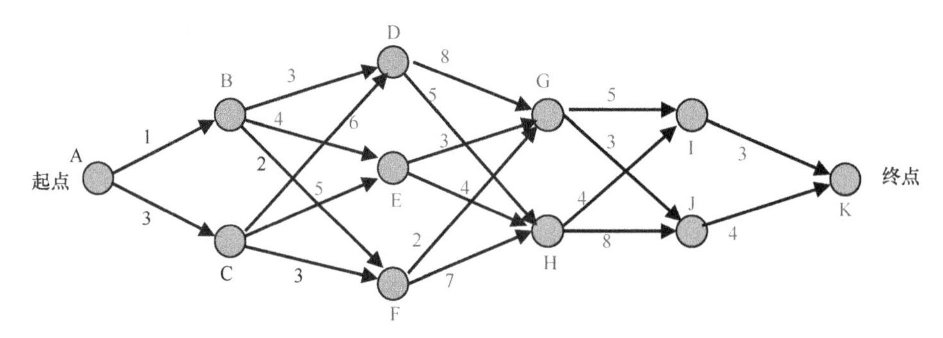

图 4-3 最短路线问题（一）

对于这样一类最短路线问题，阶段按过程的演变划分，状态由各段的初始位置确定，决策为从各个状态出发的走向，即有 $x_{k+1}=u_k(x_k)$，阶段指标为相邻两段状态间的距离 $d_k(x_k, u_k(x_k))$，指标函数为阶段指标之和，最优值函数 $f_k(x_k)$ 是由 x_k 出发到终点的最短距离（或最小费用），基本方程为

$$f_k(x_k)=\min_{u_k(x_k)}(d_k(x_k,u_k(x_k))+f_{k+1}(x_{k+1})), \quad k=n,\cdots,1$$

$$f_{n+1}(x_{n+1})=0$$

利用上述模型可以算出此例的最短路线为 A-B-F-G-J-K，相应的最短距离为 12，如图 4-4 所示。

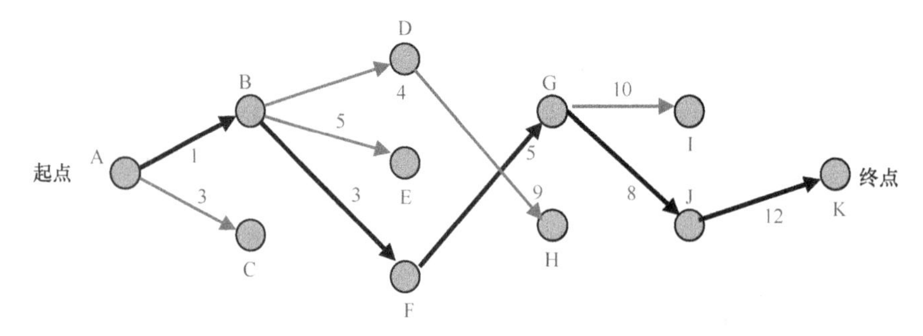

图 4-4 最短路线问题（二）

4.4　智能计算方法

4.4.1　支持向量机

自 1995 年 Vapnik 等提出统计学习理论（statistical learning theory，SLT）后，基于 SLT 理论的支持向量机（support vector machine，SVM）技术日渐成为国际机器学习和人工智能界的一个研究热点。SVM 用于模式分类和回归估计时显示出前所未有的优良性能。SVM 算法拥有完备的数学理论基础，是一种在高维空间表示复杂函数依赖关系的高效通用手段，它是根据结构风险最小化原则来提高学习机泛化能力，即由有限训练样本取得的决策规则对独立的测试集仍能够取得小误差的一种方法。支持向量机训练算法是一个凸二次优化问题，能够保证训练结果为全局最优解。这些特点表明支持向量机是一种优秀的机器学习算法。相对于其他学习理论（包括神经网络），SVM 有着明显的优越性，能有效避免经典学习方法中过学习、维数灾难、局部极小等问题。同时支持向量机具有数学形式简单、几何解释直观、全局最优、学习速度快、泛化能力优良、适合处理高维数据等特点，因而可以有效地用于许多分类和回归问题中，特别是在生物医学研究领域应用最为广泛。

SVM 最初来自对数据分类问题的处理，以两值线性可分情况为例，假定已知观测数据

$$(\boldsymbol{x}_1, y_1), \cdots, (\boldsymbol{x}_l, y_l), \boldsymbol{x} \in R^n, \quad y \in \{+1, -1\}$$

可以被一个超平面 $(\boldsymbol{w} \cdot \boldsymbol{x}) - b = 0$ 分开，SVM 寻求的是这样一个分割平面：使得训练数据集中的点距离这一分类面尽量远，亦即使其两侧的空白区域尽量大。数学描述如下。

在满足

$$y_i((\boldsymbol{w} \cdot \boldsymbol{x}_i) - b) \geqslant 1, \quad i = 1, \cdots, l \tag{4-33}$$

条件下，求解下面的二次规划问题：

$$\varPhi(\boldsymbol{w}) = \frac{1}{2}(\boldsymbol{w} \cdot \boldsymbol{w}) \tag{4-34}$$

该优化问题的解可通过求解拉格朗日函数的鞍点得出，利用对偶性原理，经过推导转化为求解如下泛函的优化问题：

$$\begin{aligned} \max \quad & W(\boldsymbol{\alpha}) = \sum_{i=1}^{l} \alpha_i - \frac{1}{2} \sum_{i,j=1}^{l} \alpha_i \alpha_j y_i y_j (\boldsymbol{x}_i \cdot \boldsymbol{x}_j) \\ \text{s.t.} \quad & \alpha_i \geqslant 0, \quad i = 1, \cdots, l \\ & \sum_{i=1}^{l} \alpha_i y_i = 0 \end{aligned} \tag{4-35}$$

设 $\alpha_0 = (\alpha_1^0, \cdots, \alpha_l^0)$ 为上面二次优化问题的解，则最优超平面中的向量 $\boldsymbol{w}_0$ 的模为

$$\|\boldsymbol{w}_0\|^2 = 2W(\alpha_0) = \sum_{\text{S.V.}} \alpha_i^0 \alpha_j^0 (\boldsymbol{x}_i \cdot \boldsymbol{x}_j) y_i y_j \tag{4-36}$$

最后得到的分类规则函数为

$$f(\boldsymbol{x})=\operatorname{sgn}\left(\sum_{\text{S.V.}} y_i\alpha_i^0(\boldsymbol{x}_i\cdot\boldsymbol{x})-b_0\right) \tag{4-37}$$

其中，$\boldsymbol{x}_i$ 是支持向量，α_i^0 是对应的拉格朗日系数，b_0 是常数（可由 $\boldsymbol{w}_0$ 和两类中任一对支持向量求得）。

在线性不可分的情况下，在式(4-33)中增加一松弛变量 $\xi_i \geqslant 0$ ，成为

$$y_i[(\boldsymbol{w}\cdot\boldsymbol{x}_i)-b]-1+\xi_i \geqslant 0, \quad i=1,\cdots,l \tag{4-38}$$

综合考虑了最小化错分样本数和最优推广能力，则目标函数改为

$$\Phi(\boldsymbol{w},\zeta)=\frac{1}{2}(\boldsymbol{w}\cdot\boldsymbol{w})+C\left(\sum_{i=1}^{l}\xi_i\right) \tag{4-39}$$

其中，$C>0$ 为一常数，用以控制对错分数据点的惩罚程度。则求解在两值线性不可分情况下的广义最优分类面，就是求解在式(4-38)约束条件下，式(4-39)的二次优化问题。最终转化为与两值线性可分情况下相同的问题，即根据求拉格朗日函数的鞍点转化为求解原问题的对偶问题式(4-40)，只是约束条件 $\alpha_i \geqslant 0, i=1,\cdots,l$ 改为 $0 \leqslant \alpha_i \leqslant C$，$i$=1, ⋯, l 。

对于非线性的分类问题，通过引入核函数，将原空间的数据通过非线性变换映射到一高维特征空间，在这一空间求解广义线性最优分类面。定义不同的核函数，则对应不同的算法，较为常用的核函数如下。

1）多项式核函数 $K(\boldsymbol{x},\boldsymbol{x}_i)=((\boldsymbol{x}\cdot\boldsymbol{x}_i)+1)^d$ 。

2）径向基核函数 $K(\boldsymbol{x},\boldsymbol{x}_i)=\exp\left(-\dfrac{\|\boldsymbol{x}-\boldsymbol{x}_i\|^2}{\sigma^2}\right)$。

3）sigmoid 核函数 $K(\boldsymbol{x},\boldsymbol{x}_i)=S(v(\boldsymbol{x}\cdot\boldsymbol{x}_i)+c)$ 。

因此，在广义最优分类面求解中引入核函数 $K(\boldsymbol{x},\boldsymbol{x}_i)$ 就可以实现某一非线性变换后的线性分类，上面几种情况可统一为求解如下的二次优化问题：

$$\begin{aligned}
&\max \quad W(\boldsymbol{\alpha})=\sum_{i=1}^{l}\alpha_i-\frac{1}{2}\sum_{i,j=1}^{l}\alpha_i\alpha_j y_i y_j K(\boldsymbol{x}_i\cdot\boldsymbol{x}_j)\\
&\text{s.t.} \quad 0\leqslant\alpha_i\leqslant c, \quad i=1,\cdots,l\\
&\qquad \sum_{i=1}^{l}\alpha_i y_i=0
\end{aligned} \tag{4-40}$$

其中，α_i 为与每个数据点对应的拉格朗日乘子，式(4-40)存在唯一解，其解中只有一少部分 α_i 不为零，其对应的数据点就是支持向量，则其广义最优分类面决策函数为

$$f(\boldsymbol{x})=\operatorname{sgn}\left(\sum_{\text{S.V.}} y_i\alpha_i K(\boldsymbol{x}_i,\boldsymbol{x})+b\right) \tag{4-41}$$

可见 SVM 中最核心、关键的问题也就是求取拉格朗日乘子 α_i 的二次规划问题。当观测数据数量不多时，应用传统的二次规划方法（主要有内点法、有效集法、Wolfe 算法、拉格朗日鞍点法、应用 K-T 条件的线性规划法等）可很方便地求得式(4-37)。可是在样本数比较多时，求解比较麻烦，计算占用较多资源，这也是 SVM 难以得到广泛应用的原因之一。为

了寻求更为有效的算法，人们研究了多种算法来进一步改善 SVM 学习算法，这些算法主要包括早期的分块算法（chunking algorithm）、分解算法（decomposition algorithm），以及近期由 Joachim 等提出的 SVMlight 算法、John C. Platt 开发的 SMO（sequential minimal optimization）算法、O. L. Mangasarian 提出的 SOR（successive overrelaxation）算法、LSVM（Lagrangian support vector machine）算法、ASVM（active set strategy support vector machine）算法和 SSVM（smooth support vector machine）算法。这些算法的提出进一步推动了支持向量机的应用，使以前无法解决的问题得到有效解决。

由麻省理工学院（MIT）的 John C. Platt 在 1998 年提出的 SMO 算法（Platt，1998），是目前快速求解 SVM 中 QP 问题的一个较好的方法，它不需要通常的 QP 求解模块嵌入其中。SMO 算法是将问题分解为一系列最小规模的 QP 问题，即每次迭代步只处理含两个拉格朗日乘子的 QP 问题，是 Osuna 算法的一种特殊情况。

通过式(4-40)可以看到 SVM 中的二次规划问题比较特殊，其约束中一个是超立方体约束，另一个是超线性约束。因此从约束入手来求解含两个拉格朗日乘子的 QP 问题，知道拉格朗日乘子 α_1 、α_2 被定义在(0, C)的二维正方形空间中，同时又在 $\alpha_1 \pm \alpha_2 = \gamma$ 所确定的对角线上，根据这一特点，可得到 α_1 、α_2 的求解范围。

不失一般性，α_2 的范围如下：

当 $y_1 \neq y_2$ 时，

$$L = \max(0, \alpha_2^{\text{old}} - \alpha_1^{\text{old}}), \quad H = \min(C, C + \alpha_2^{\text{old}} - \alpha_1^{\text{old}}) \tag{4-42}$$

当 $y_1 = y_2$ 时，

$$L = \max(0, \alpha_1^{\text{old}} + \alpha_2^{\text{old}} - C), \quad H = \min(C, \alpha_1^{\text{old}} + \alpha_2^{\text{old}}) \tag{4-43}$$

根据以上约束，将目标函数化为 α_2 的函数：

$$\begin{aligned} W(\alpha) = &\frac{1}{2}(2k(x_1,x_2) - k(x_1,x_1) - k(x_2,x_2))\alpha_2^2 \\ &+ (y_2(E_1^{\text{old}} - E_2^{\text{old}}) - \eta\alpha_2^{\text{old}})\alpha_2 + \text{const} \end{aligned} \tag{4-44}$$

令 $\eta = 2k(x_1,x_2) - k(x_1,x_1) - k(x_2,x_2)$ ，则关于 α_2 的一次和二次导数分别为

$$\frac{\mathrm{d}W}{\mathrm{d}\alpha_2} = \eta\alpha_2 + (y_2(E_1^{\text{old}} - E_2^{\text{old}}) - \eta\alpha_2^{\text{old}}) \tag{4-45}$$

$$\frac{\mathrm{d}^2W}{\mathrm{d}\alpha_2^2} = \eta \tag{4-46}$$

令一阶导数为零，则得本次求解问题的最优点，即

$$\alpha_2^{\text{new}} = \alpha_2^{\text{old}} - \frac{y_2(E_1 - E_2)}{\eta}$$

其中，$E_i = f^{\text{old}}(\boldsymbol{x}_i) - y_i$ ，为训练误差。

那么，在式(4-42)、式(4-43)约束下，则

$$\alpha_2^{\text{new,clipped}} = \begin{cases} H, & \text{if } \alpha_2^{\text{new}} \geqslant H \\ \alpha_2^{\text{new}}, & \text{if } L < \alpha_2^{\text{new}} < H \\ L, & \text{if } \alpha_2^{\text{new}} \leqslant L \end{cases} \tag{4-47}$$

令 $s = y_1 y_2$，则

$$\alpha_1^{\text{new}} = \alpha_1^{\text{old}} + s(\alpha_2^{\text{old}} - \alpha_2^{\text{new,clipped}}) \tag{4-48}$$

至此，得到了本次迭代满足 K-T 条件的两个拉格朗日乘子。

因此，SMO 算法步骤可归结如下。

1）给定满足超立方体约束和超线性约束的拉格朗日乘子初值，一般取 $\alpha_i = 0$。

2）应用启发式方法循环计算整个训练数据的 K-T 条件，找到违反 K-T 条件的数据点对应的拉格朗日乘子，将其作为两个拟优化的拉格朗日乘子之一。

3）第二个拉格朗日乘子的挑选根据最大优化步数来定，即满足 $\max|E_1 - E_2|$ 的数据点对应的拉格朗日乘子。至此，拉格朗日乘子 α_1、α_2 挑选完毕，在保持其余拉格朗日乘子不变情况下，形成一最小规模的二次规划问题（只含两个拉格朗日乘子）。

4）检查是否找到违反 K-T 条件的拉格朗日乘子，若是，则进行下一步；若否，则得到整个问题的最优解，转 6）。

5）求解上述最小化规模的二次优化问题，得到一对新的 α_1^{new}、α_2^{new}，和其余的拉格朗日乘子一起均满足 K-T 条件，返回 2）。

6）根据式(4-41)得到最优分类规则函数。

4.4.2 随机森林方法

随机森林（random forest，RF）方法是由 Leo Breiman 于 2001 年首次提出的，是一种组合分类器方法（Breiman，2001），构成 RF 的基本算法是决策树。决策树是一种由结点和有向边组成的层次结构，树中包含 3 种结点：根结点、内部结点、终结点。决策树只有一个根结点，是全体训练数据集合。树中的每个内部结点是一个分类问题，它将到达该结点处的样本按某个特定的属性分块。每个叶结点是带有分类标签的数据集合。从决策树的根结点到叶结点的一条路径就形成一个判别规则。决策树算法采用自顶向下的贪婪算法，每个内部结点选择分类结果最好的属性，将到达该结点的数据分成 2 块或者更多块，继续这个过程，直至这棵树能准确地分类全部训练数据。决策树算法的核心问题是选择较优的分类属性。

随机森林方法是一种操作方便、结果可靠的分类器，在不增加原样本集的情况下通过 bootstrap 选择样本子集构建一组分量分类器，然后利用投票机制综合分量分类器的结果得到最终分类结果。在构建分量分类器时，未被选中的样本组成袋外（out-of-bag，OOB）数据集，用袋外数据进行测试，最终得到袋外误差（out-of-bag error，OOB Err）。

应用随机森林方法时需要对数据进行预处理，其适用于小样本问题（变量数目远大于样本数目），分类结果较为稳定。

随机森林算法步骤如下。

1）从全体训练样本中随机且有放回地抽取 N 个样本（一般 N 为训练样本总数目的 2/3），剩余的 1/3 样本组成袋外数据集。重复 M 次这样的抽样过程就可以分别得到 M 棵决策树的学习样本。

2）在选择每个结点的分类特征时，并不对所有特征进行比较，而是从样本的 F 个特征中随机选择 f 个特征进行分析（一般 $f=\sqrt{F}$ ）。

3）构建出含有 M 棵树的随机森林 $\text{Mtrees}=\{T_1(X),\cdots,T_M(X)\}$，其中 $X=(x_1,x_2,\cdots,x_f)$ 是一个含有 f 个特征 N 个样本的数据集。

4）含有 f 个特征的训练样本集为 $T_j(X)=\{(x_i,y_i),\cdots,(x_N,y_N)\}$，其中 $x_i(i=1,\cdots,N)$ 是 f 个条件特征，y_i 是决策特征（ $y_i=0$ 或 $y_i=1$，分别表示正、负样本），j 是第 j 棵树。第 j 棵树 $\hat{Y}_j=T_j(X)$，$\hat{Y}_j$ 为第 j 棵树中 N 个训练样本的预测结果。则构建的随机森林为 $\text{Mforests}=\{\hat{Y}_1=T_1(X),\cdots,\hat{Y}_M=T_M(X)\}$。最终可以对 M 棵树进行累加求平均得到最终的预测结果 $\hat{Y}$。

5）生成 Prox 矩阵。首先，对于样本数为 N 的训练集生成一个 $N\times N$ 的零元矩阵，记作 $\boldsymbol{P}=\{p_{ij},i,j=1,\cdots,N\}$；对于任意两个样本 x_i 和 x_j，若它们出现在所建树的同一个叶节点上，即 $y_i=y_j$，则 $p'_{ij}=p_{ij}+1$；重复上述过程至 M 棵树全部建好，得到 M 个 Prox 矩阵；对它们进行归一化处理 $p'_{ij}=p_{ij}/M$，得到 M 个归一化的 Prox 矩阵。最后求出 M 个 Prox 矩阵的均值 $\bar{\boldsymbol{P}}=(1/M)\sum_{i=1}^{M}[P_i]$，即最终的 Prox 矩阵。

6）特征提取。将第 5）步得到的 Prox 矩阵进行如下变换，得到标准化后的 cv 矩阵：

$$\text{cv}(i,j)=\frac{1}{2}(\text{Prox}(i,j)-\text{Prox}(i,-)-\text{Prox}(-,j)+\text{Prox}(-,-)) \tag{4-49}$$

其中，$\text{Prox}(-,j)$ 是第一坐标的平均值，$\text{Prox}(i,-)$ 是第二坐标的平均值，$\text{Prox}(-,-)$ 是两个坐标的平均值。设 cv 矩阵的特征值为 $\lambda(k)$，且按照从大到小的顺序排列，其对应的特征向量为 $\boldsymbol{v}_k(i)$，则向量 $\boldsymbol{x}(i)$ 可表示为

$$\boldsymbol{x}(i)=(\sqrt{\lambda_1}\boldsymbol{v}_1(i),\sqrt{\lambda_2}\boldsymbol{v}_2(i),\cdots,\sqrt{\lambda_k}\boldsymbol{v}_k(i)) \tag{4-50}$$

其中，$\lambda(k)\boldsymbol{v}_k(i)$ 可以作为第 k 维的变换尺度。最后选取一定的阈值进行特征的选取。

7）模型评估。利用 OOB 数据进行检测，将 OOB 数据作为测试样本和训练样本导入 M 棵树组成的森林中，最终训练样本和测试样本将会被分到树的不同节点上，即得到 $\hat{Y}^{\text{OOB}}(X_i)$，则

$$\text{ER}=1/M_{\text{OOB}}\sum_{i=1}^{M_{\text{OOB}}}I(\hat{Y}^{\text{OOB}}(X_i)\neq Y_i) \tag{4-51}$$

其中，$I(*)$ 表示指数函数。

4.4.3　多样性增量二次判别算法

给定一个生物信息学的两分类问题，假设一类是正样本，另一类为负样本，根据已有的知识或经验，可以从不同侧面对待测样本提取多组特征信息。首先，将样本的特征分为若干组，一般来说，一组特征不是用样品本身就能表示清楚，而必须通过与大量标准样品的比较来确定，即由样品特征的多样性分布 $D(X)$ 和标准样品特征的多样性分布 $D(S)$ 的比较来确定。

$\boldsymbol{X}_k^l$ 表示第 l 个样本第 $k(k=1,2,\cdots,r)$ 组特征的特征向量，该向量的第 i 个元素为 $n_{ki}^l(i=1,2,\cdots,d)$，则这组特征的多样性增量定义为

$$D_k(\boldsymbol{X}_k^l)=D(n_{k1}^l,n_{k2}^l,\cdots,n_{kd}^l)=N_k^l\log_2 N_k^l-\sum_{i=1}^{s}n_{ki}^l\log_2 n_{ki}^l \tag{4-52}$$

其中，$N_k^l=\sum_{i=1}^{d}n_{ki}^l$。

s 个标准正样本 G_1（训练正集）的这组特征的多样性增量定义为

$$D_k(S_k)=D(m_{k1},m_{k2},\cdots,m_{kd})=M_k\log_2 M_k-\sum_{i=1}^{s}m_{ki}\log_2 m_{ki} \tag{4-53}$$

其中，$M_k=\sum_{i=1}^{d}m_{ki}$，$m_{ki}=\sum_{l=1}^{s}n_{ki}^l$。

两者的多样性增量 $D(X_k^l+S_k)$ 可由源 $\{n_{k1}^l+m_{k1},n_{k2}^l+m_{k2},\cdots,n_{kd}^l+m_{kd}\}$ 类似地定义。则待测样本与标准正样本之间的第 k 组特征的多样性增量定义为

$$ID_k(X_k^l,S_k)=D_k(X_k^l+S_k)-D_k(X_k^l)-D_k(S_k) \tag{4-54}$$

类似地，可以定义出待测样本与标准负样本 G_2 之间的第 k 组特征的多样性增量。多样性增量 $ID_k(X_k^l,S_k)$ 是生物相似性关系的定量表示，它体现了待测样本与标准样本的相似程度，$ID_k(X_k^l,S_k)$ 越小，说明待测样本与标准样本越相似。

在应用中为使正集和负集有效地分开，在选择样品特征时，要注意正集样品的 ID 和负集样品的 ID 的取值尽量不同。

1. *ID* 参数选取

记窗口长度为 L，以泛素化位点残基（K）为中心，向 N 端和 C 端分别截取长为 L 的片段构成一个长度为 $2\times L+1$ 的待测子序列。对于位于蛋白质序列两端的泛素化位点，这时窗口中的有些位置可能为空，此时使用未知残基 X 将空位补齐。

针对泛素化位点预测问题中数据量小且子序列短的特点，计算多样性增量的特征向量的维数不宜过高，所以选取的 ID 参数如下所示。

1）反映序列组分特征的参数。选取了子序列中单个残基出现的频次，构成一个 21 维的特征向量 $\boldsymbol{X}_1$。$\boldsymbol{X}_1$ 分别与正集和负集标准向量按照式(4-54)计算多样性增量，得 ID_1、ID_2。

2）反映序列位点保守性的特征参数。选取了−4～−1 和+1～+4 共 8 个残基（以泛素化位点为 0 参考位置），构成一个 21×8 = 168 维的特征向量 $\boldsymbol{X}_2$。$\boldsymbol{X}_2$ 分别与正集和负集标准向量按照式(4-54)计算多样性增量，得 ID_3、ID_4。

3）由 ID_1、ID_2、ID_3、ID_4 组成一个 4 维二次判别向量 $\boldsymbol{R}(ID_1,ID_2,ID_3,ID_4)$ 作为待测样本的分类参数。

2. 二次判别分析法

对于需要组合多种类型的生物信息学复杂分类问题，2003 年 Zhang 等首次提出将多样性指标与二次判别结合的 IDQD 算法，并成功运用于基因剪切位点的预测。

对于任一测试样本，将 r 个多样性增量构成一个 r 维的判别向量 $\boldsymbol{R}(ID_1,ID_2,\cdots,ID_r)$，则

预测其归属的二次判别函数为

$$\xi = \ln\frac{p}{q} - \frac{\delta_1 - \delta_2}{2} - \frac{1}{2}\frac{\left|\sum_1\right|}{\left|\sum_2\right|}, \quad \delta_i = (R-\mu_i)^{\mathrm{T}}\sum_i{}^{-1}(R-\mu_i), \quad i=1,2 \tag{4-55}$$

其中，i 表示类别，即 $i=1$ 表示泛素化位点，$i=2$ 表示非泛素化位点；p 为训练正集的样本总数；q 为训练负集的样本总数；δ_i 是 R 与 μ_i 之间的马氏距离；μ_i 是训练集中 r 维向量的平均；$\sum_i$ 是训练集的 $r\times r$ 维协方差矩阵，$\left|\sum_i\right|$ 是矩阵 $\sum_i$ 的行列式值。式(4-55)由 Bayes 理论导出，这里 ξ 是正负集后验概率比的自然对数。如果特征选得合适，正负样本集可能在 ξ 空间的 $\xi_0=0$ 附近分得很开。不过由于正负集样本数的有限性，并且其都可能对正态分布有偏离，两个集合在 ξ 空间的分界点不一定是 0，最佳分界值要由经验确定。如果 $\xi>\xi_0$，则待测序列被识别为真，否则识别为假。

4.4.4 贝叶斯算法

在生物大数据的挖掘与分析中，最重要的机器学习算法莫过于贝叶斯算法。在大数据环境下，贝叶斯算法具有灵活有效的建模方式，是一种高精度的快速算法。贝叶斯算法可分为贝叶斯分类算法和贝叶斯回归算法两种方法。本小节将主要介绍贝叶斯分类算法。在学习之前，需要了解一些基本概念和定理。

1. 基本概念

边缘概率（又称先验概率）：某个事件发生的概率，与其他事件无关。例如，A 的边缘概率表示为 $P(A)$，B 的边缘概率表示为 $P(B)$。在贝叶斯定理中，事件 B 发生之前，我们对事件 A 的发生有一个基本的概率判断，称为 A 的先验概率，用 $P(A)$ 表示。

联合概率：表示两个事件共同发生的概率。A 与 B 的联合概率表示为 $P(A\cap B)$ 或者 $P(A,B)$。

条件概率（又称后验概率）：事件 A 在另外一个事件 B 已经发生条件下的发生概率。条件概率表示为 $P(A|B)$，读作“在 B 条件下 A 的概率”。类似地，事件 A 发生之后，事件 B 的发生概率称为 B 的后验概率，用 $P(B|A)$ 表示，读作“在 A 条件下 B 的概率”。

2. 贝叶斯定理

贝叶斯算法的理论基础是贝叶斯定理，并基于条件独立假设。贝叶斯定理由英国数学家贝叶斯（Thomas Bayes）提出，其公式为

$$P(A|B) = P(B|A)P(A)/P(B)$$

其中，A 和 B 是事件，$P(A|B)$ 是事件 A 在另外一个事件 B 已经发生条件下的发生概率，称为“在 B 条件下 A 的概率”。类似地，$P(B|A)$ 为“在 A 条件下 B 的概率”。

这个公式看似简单，实际背后却隐含着非常深刻的原理，是一种归纳推理方法，经过不断完善，最终形成了一种有影响的统计学派——贝叶斯统计学。相对于经典统计学（频率统计），贝叶斯定理允许使用已有的一些先验知识来帮助我们调整计算相关事件发生的概率。

这个定理也特别符合人的认知过程：在日常生活中，人们总是在不断观察正在发生的事件，把观察到的现象用某种假说来解释，然后不断根据新的观察现象去调整假说成立的可能性。正因为贝叶斯定理与我们人类的思维方法十分贴近，其已经成为目前最流行的“大数据”

机器学习的核心定理。

下面举两个例子来解释贝叶斯定理。

（1）日常生活中的例子

一所高校里面有 80%的国内学生，20%的国外学生。国内学生是黑头发，国外学生则一半是黑头发一半是金色头发。有了这些信息之后我们可以容易地计算“随机选取一个学生，他（她）是黑头发的概率和金色头发的概率”，这个就是前面说的“正向概率”的计算。然而，假设你走在校园中，迎面走来一个黑头发的学生，你能够推断出他（她）是国内学生的概率吗?

我们来计算一下。

假设学校里面人的总数是 N，于是我们得到了 N*P(国内学生)*P(黑头发|国内学生)个黑头发的国内学生，其中 P(国内学生)是国内学生的概率 = 80%，可简单理解为国内学生的比例；P(黑头发|国内学生)是条件概率，即在“国内学生”这个条件下黑头发的概率，这里是100%，因为所有国内学生都是黑头发。

20%的国外学生里面又有一半（50%）是黑头发的，于是我们又得到了 N*P(国外学生)*P(黑头发|国外学生)个黑头发的国外学生。加起来一共是 N*P(国内学生)*P(黑头发|国内学生)+ N*P(国外学生)*P(黑头发|国外学生)个黑头发的，其中有 N*P(国内学生)*P(黑头发|国内学生)个国内学生。两者一比就是你要求的答案。

$$
\begin{aligned}
& P(\text{国内学生}|\text{黑头发}) \\
&= N * P(\text{国内学生}) * P(\text{黑头发}|\text{国内学生}) \\
&\quad / (N * P(\text{国内学生}) * P(\text{黑头发}|\text{国内学生}) + N * P(\text{国外学生}) * P(\text{黑头发}|\text{国外学生})) \\
&= P(\text{国内学生}) * P(\text{黑头发}|\text{国内学生}) \\
&\quad / (P(\text{国内学生}) * P(\text{黑头发}|\text{国内学生}) + P(\text{国外学生}) * P(\text{黑头发}|\text{国外学生})) \\
&= 0.8 * 1.0 / (0.8 * 1.0 + 0.2 * 0.5) = 0.8 / 0.9 = 0.889
\end{aligned}
$$

我们假设用事件 A 代表国内学生，事件 B 代表黑头发，A^则表示国外学生，B^则表示金色头发。那么求解的问题，“黑头发”这个条件下国内学生的概率是多大，就可写作求解 $P(A|B)$。根据贝叶斯定理，

$$P(A|B) = P(B|A)P(A) / P(B) = P(A)P(B|A) / P(B)$$

其中

$$P(A) = 0.8, \quad P(B|A) = 1.0, \quad P(B) = P(A)P(B|A) + P(A^{\wedge})P(B|A^{\wedge}) = 0.9$$

因此，$P(A|B) = 0.8 / 0.9 = 0.889$。

我们知道贝叶斯定理是：后验概率 = 前验概率*调整因子，这里后验概率就是 $P(A|B)$，前验概率是 $P(A)$，调整因子为 $P(B|A)/P(B)$。

贝叶斯定理可由证据的积累来推测一个事件发生的概率，当要预测一个事件，我们首先根据已有经验和知识推断一个先验概率，然后在新证据不断积累的情况下调整这个概率。因此，在日常生活中可用贝叶斯定理解决方方面面的问题。

（2）专业的例子

每个医学检测方法都存在假阳性和假阴性。所谓假阳性，就是没病但检测结果显示有病。

假阴性正好相反，有病但检测结果正常。

假设某一地区肺癌的发病率是 0.001，即 1000 人中会有 1 个人得病。现采用一种试剂来检测患者是否得肺癌，这种检测方法的敏感性是 99%，特异性是 95%。如果在患者确实得肺癌的情况下，它有 99%的可能呈现阳性；但是这种检测方法的误报率是 5%，即在患者没有得肺癌的情况下，它有 5%的可能呈现阳性。现有一个患者的检验结果为阳性，请问他确实得肺癌的可能性有多大？

计算如下。

假设患者患肺癌记为事件 A，检测结果为阳性记为事件 B，那么我们求解的问题就是 $P(A|B)$，即患者的检验结果为阳性，确实得病的概率。

已知这一地区肺癌的发病率是 0.001，即 $P(A)=0.001$，用检测方法可检验患者是否得病，敏感性是 0.99，即在患者确实得肺癌的情况下（A），有 99%的可能呈现阳性（B），也就是 $P(B|A)=0.99$。检测方法的特异性是 95%，即在患者没有得肺癌的情况下，有 5%的可能呈现阳性。我们将患病记为事件 A，那么没有患病就是事件 A 的反面，记为 $A^{\wedge}$，所以“假阳性率”就是 $P(B|A^{\wedge})=5\%$。

应用贝叶斯定理，先求先验概率，疾病的发病率 $P(A)=0.001$，调整因子 $P(B|A)/P(B)$，其中，$P(B|A)$ 表示在患者确实得病的情况下（A），检测方法呈现阳性的概率，从已知条件中我们知道 $P(B|A)=0.99$。此外根据全概率公式，可以求得 $P(B)=0.05$。

最后根据贝叶斯定理，我们得到了一个惊人的结果，$P(A|B)$ 等于 1.98%。也就是说，虽然筛查的正确性都到 99%以上了，但通过体检正确判断得病的概率也只有 1.98%。

3. 贝叶斯分类算法

贝叶斯分类以贝叶斯定理为基础，是一类分类算法的总称，这类算法统称为贝叶斯分类。而朴素贝叶斯分类是贝叶斯分类中最简单，也最常见的一种分类方法。

朴素贝叶斯（naive Bayes，NB）分类算法可以与决策树和神经网络分类算法相媲美，该算法能运用到大型数据库中，而且方法简单、分类准确率高、速度快。

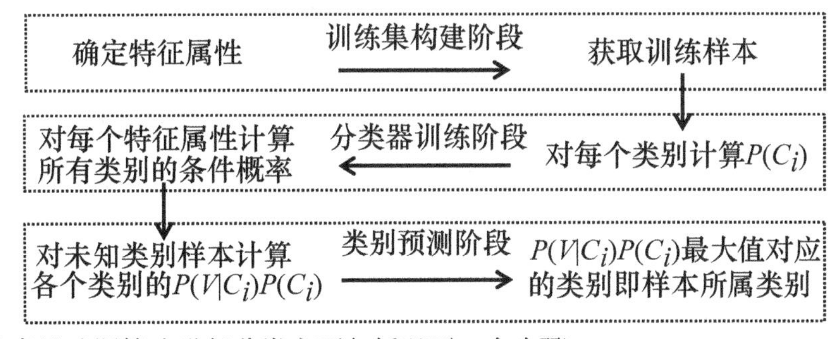

利用朴素贝叶斯算法进行分类主要包括以下 3 个步骤。

1）训练集构建。根据具体情况和先验知识，确定特征属性。然后，对样本数据进行特征提取和特征筛选，构建训练集。特征属性的选取及样本数据的质量对后续分类过程将有重要影响。

2）分类器训练。计算训练集中每个类别出现的频率以及每个类别下不同特征属性的条件概率，并记录结果。这一步将由程序自动计算完成，输入的是训练集的特征属性和样本标签，输出的是朴素贝叶斯分类器。

3）类别预测。提取未知样本的特征属性，将其输入分类器中，得到朴素贝叶斯分类器对该样本属于哪一类别的预测。特征提取过程需人工完成，预测结果则通过程序自动计算得到。

朴素贝叶斯分类，其核心思想是通过推导在待分类项出现的条件下，出现概率最大的类别，即是待分类项所属类别。

朴素贝叶斯分类的工作流程如下。

1）设 S 是一个训练样本集合，该集合中每个样本的类别已知。每个样本用一个 n 维特征向量 $\boldsymbol{V}=\{v_1,v_2,\cdots,v_n\}$ 表示。

2）假设 S 中有 m 个类别 $(C_1,C_2,\cdots,C_m)$，若 $P(C_i|\boldsymbol{V})>P(C_j|\boldsymbol{V})(1\leqslant j\leqslant m, j\neq i)$，则可判定 $\boldsymbol{V}$ 属于 C_j 类。由此，分类问题变为推导最大后验概率 $P(C_i|\boldsymbol{V})$ 的问题，根据贝叶斯定理，

$$P(C_i|\boldsymbol{V})=\frac{P(\boldsymbol{V}|C_i)P(C_i)}{P(\boldsymbol{V})}$$

其中，$P(\boldsymbol{V})$ 对所有类别 $C_i(1\leqslant i\leqslant m)$ 是一个常量，因此只需最大化 $P(\boldsymbol{V}|C_i)P(C_i)$。

3）若样本 $\boldsymbol{V}$ 的特征过多，则计算 $P(\boldsymbol{V}|C_i)$ 的运算量将很大。为了降低计算成本，引入新的假设：不同特征之间彼此相互独立。由此得

$$P(\boldsymbol{V}|C_i)=\prod_{k=1}^{n}P(V_k|C_i)=P(V_1|C_i)\times(V_2|C_i)\times\cdots\times(V_n|C_i)$$

4）若 v_k 所属的特征 F_K 为类型特征（如颜色、性别等），则 $P(v_k|C_i)$ 是 C_i 类别内 F_K 特征的值为 v_k 的样本数量除以 C_i 类别内总的样本数；而若 v_k 所属的特征 F_K 为连续性特征（如降水量、温度等），则假定连续性特征值服从高斯分布（均值为 μ，标准差为 σ），即

$$P(v_k|C_i)=g(v,\mu,\sigma)=\frac{1}{\sqrt{2\pi}\sigma}\mathrm{e}^{\frac{-(v-\mu)^2}{2\sigma^2}}$$

5）为了预测新样本 $\boldsymbol{V}$ 的类别，计算各个类别下的 $P(\boldsymbol{V}|C_i)P(C_i)$，其中使得 $P(\boldsymbol{V}|C_i)P(C_i)$ 值最大的类 C_i 将被判定为新样本所属的类别。

由于朴素贝叶斯算法假设在给定类别下不同特征间彼此相互独立（即互不相关），如果实际应用中该假设不成立，则其分类准确率会下降。因此，为降低假设的独立性，出现了许多改进的贝叶斯分类算法，如树形朴素贝叶斯（TAN）算法、半朴素贝叶斯算法、贝叶斯网络等。

4.5 计算结果评估

在生物信息学研究中建立的各种模型，需要采用一定的方法进行评估，以确保所建模型的可靠性。在生物信息学研究中，一种常用的建模方法是，首先收集所研究对象的正样本序列和负样本序列，将这些序列混合在一起，构成两个集合，一个为训练集，用于建立可识别的数学模型；另一个作为测试集，用于检验所建模型的正确性。接着，对这些序列的生物学特征进行统计分析，找到一些具有明显区分度的特征作为向量维数。

4.5.1 特征区分度的检验

特征区分度的检验常用 t 检验（t-test）、方差分析（ANOVA）和 F 值检验。

1. t 检验

t 检验是比较两统计变量的均值是否具有显著性差别最常用的方法。其前提是统计变量呈正态分布，两组方差不会明显不同，可以通过观察数据的分布或进行正态性检验估计数据的正态假设。方差齐性的假设可进行 F 检验。

t 检验中的 p 值是接受两统计变量均值存在差异这个假设可能犯错的概率。在统计学上，当两组观察对象总体中的确不存在差别时，这个概率与我们拒绝了该假设有关。

正确理解 p 值与差别有无统计学意义，p 值越小，不是说明实际差别越大，而是说越有理由拒绝 H0，越有理由说明两者有差异，差别有无统计学意义和有无专业上的实际意义并不完全相同。

t 检验法，就是在显著性检验时利用 t 分布进行概率计算的检验方法。

$$t = \frac{\overline{x} - \mu_0}{S / \sqrt{n}} \tag{4-56}$$

其中

$$\overline{x} = \frac{\sum x}{n}, \quad S = \sqrt{\frac{\sum x^2 - (\sum x)^2 / n}{n-1}}$$

$p = 6.6047 \times 10^{-5}$ 很小，表示原假设（认为两个样本均值相等）不可信，即两个样本的均值相差很大。

例：假设有正负样本的一维特征数据如表 4-2 所示，样本数为 10，利用 t 检验计算这一特征数据是否具有显著性差异。

表 4-2　某一问题的一维特征数据

正样本 x	0.1096	−0.0394	−0.0426	0.2924	−0.0148	0.2689	−0.0578	0.0710	0.0528	0.2770
负样本 y	0.0612	−0.0386	−0.0153	−0.093	−0.0464	−0.0244	−0.0724	−0.0256	−0.0325	−0.0552

采用 matlab 函数 ttest2()可对表 4-2 中数据作 t 检验。

$[h, p]$ =　ttest2(x, y);

运行结果：

$t = 2.724$

$h = 1$（表示两个样本均值不同）

$p = 0.0139$（接受两统计变量存在差异假设可能犯错的概率）

2. 方差分析

方差分析（analysis of variance，ANOVA）用于两个及两个以上样本均数差别的显著性检验。方差分析由英国统计学家 R. A. Fisher 首先提出。其可用于两个及两个以上样本均数间的比较，以及分析两个及两个以上因素间的交互作用。

与 t-test 相同，方差分析也是用于检验样本均数的一种方法。t-test 比较的是两个样本均数的差异显著性。当检验多个样本均数时，当然可以采用 t-test 进行两两的比较。但是，犯错概率会增加，例如，采用 *t*-test 比较三组样本之间的均数差异，需要进行三次 *t*-test，犯第一类错误的概率为 $0.05 \times 3 = 0.15$。因此，采用方差分析可有效地控制第一类错误。

由于受多种因素影响，研究对象的数据会呈现波动。这由两种原因引起：一种是不可控的随机因素，另一种是研究中施加的对结果形成影响的可控因素。假设两组样本来自不同的总体，个体之间的差异构成组内变异；两组平均数与总平均数的差异为组间变异；全部观测值与总平均数的差异为总变异。那么要检验两组样本是否具有显著性差异，可通过检验一个统计量（*F* 统计量）来说明，*F* 统计量大，说明组间方差是主要方差来源，因子影响显著，两组样本具有显著性差异；*F* 统计量小，说明随机误差是主要的方差来源，因子的影响不显著，两组样本不具有显著性差异。

$$F = \frac{\text{组间均方差}}{\text{组内均方差}} \tag{4-57}$$

F 统计量服从 *F* 分布，如图 4-5 所示。

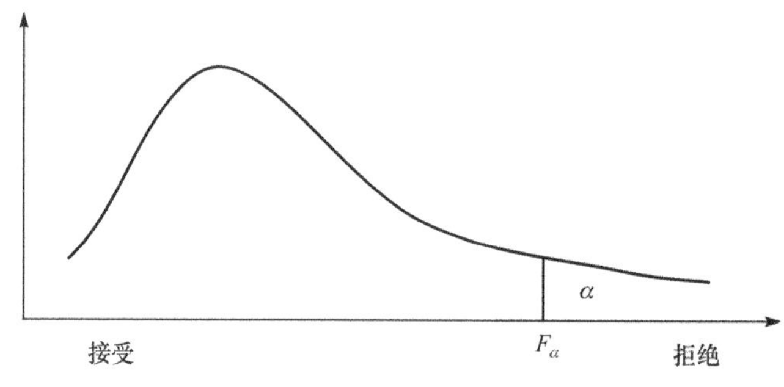

图 4-5　*F* 统计量分布

方差分析返回原假设的概率值 *P*，如果 *P* 值小于 0.05，认为差异性显著，方差分析表中 *F* 的大小反映了两个标准差之间的差异，*F* 越大，且超出了某个临界值，两者差异越大，表明组间变异远大于组内变异，此时接受“各总体的均数不相等”的假设，意味着二者的差异不仅是抽样误差导致的，更意味着其来自不同的总体。

3. *F* 值检验

F 值（*F*-value）是一个均值和标准差综合性指标（Golub et al.，1999），在生物信息学研究中，对于特征筛选，*F* 值是既简单又被广泛使用的一种方法。*F* 值越大，表示该特征对于正负样本的区分度越大，一般某个特征的 *F* 值大于 0.1 就认为该特征具有较好的区分度。*F* 值的定义如下：

$$F(x_i) = \left| \frac{\mu_i^+ - \mu_i^-}{\sigma_i^+ + \sigma_i^-} \right| \tag{4-58}$$

其中，μ_i^+、μ_i^- 分别表示正样本和负样本第 i 个特征值的平均值，σ_i^+、σ_i^- 分别表示正样本和负样本第 i 个特征值的标准方差。

如表 4-2 中数据，$\mu_i^+ = 0.0917$，$\mu_i^- = -0.0342$，$\sigma_i^+ = 0.1403$，$\sigma_i^- = 0.0410$，则可计算 *F* 值为 0.6944，*F* 值较大（大于 0.1）表示该特征的区分度较大。

4.5.2　特征子集筛选

对生物学建模问题，经常会搜集许多反映生物学问题的几百维，甚至上千维的特征（feature），但是有些特征对模型构成的贡献并不大，为了选择最能反映生物学问题的特征子集，往往在建模之前，要进行特征选择。从模式识别的角度看，特征选择的主要方法有 filter 方法和 wrapper 方法。下面分别进行介绍。

1. filter 方法

filter 方法首先对每个特征依据样本数据构建一个评估因子来评估其区分能力，接着按照特征评估因子大小进行排序，选择给定阈值之上的特征子集进行建模，而将阈值之下的特征子集舍去。这里关键的是特征评估因子的确定，经常使用的有以下一些评估因子（Inza et al., 2004）。

1）F 值，见式(4-58)。

2）t-score：

$$t(X_i)=\frac{|\mu_1-\mu_2|}{\sqrt{(n_1\sigma_1^2+n_2\sigma_2^2)/(n_1+n_2)}} \tag{4-59}$$

3）F-score：

$$F(i)=\frac{(\overline{x}_i^{(+)}-\overline{x}_i)^2+(\overline{x}_i^{(-)}-\overline{x}_i)^2}{\frac{1}{n_+-1}\sum_{k=1}^{n_+}(\overline{x}_{k,i}^{(+)}-\overline{x}_i^{(+)})^2+\frac{1}{n_--1}\sum_{k=1}^{n_-}(\overline{x}_{k,i}^{(-)}-\overline{x}_i^{(-)})^2} \tag{4-60}$$

4）其他评估因子，如香农熵、欧氏距离等，详见文献（Inza et al., 2004）。

上述的一些评估因子在如图 4-6 所示的情况下，不能很好地评估特征的区分能力。尽管如此，filter 方法仍为生物信息学领域特征子集选择的主要方法，能够解决大部分问题，其主要建模计算步骤如下。

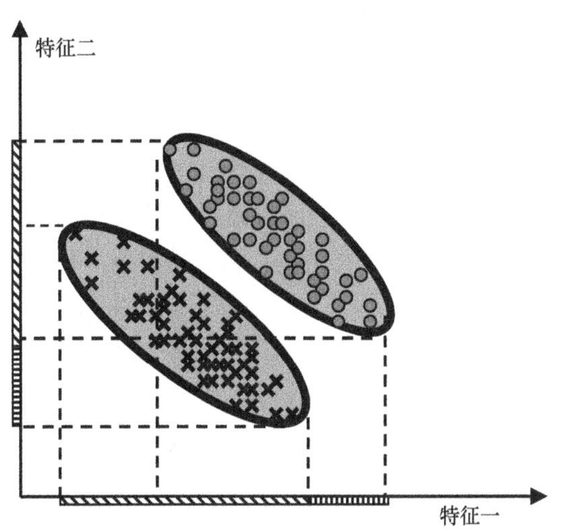

图 4-6　F-score 无法很好地评估特征的特例

1）计算每个特征的评估因子。

2）人为设定一些阈值来区分高因子和低因子特征。

3）对每一个给定的阈值，进行以下步骤：

① 去掉低于阈值的特征子集。

② 随机选择样本集，将其分为训练集和测试集。

③ 针对训练集，采用合适的建模方法（如支持向量机）建模，并在测试集上测试模型的精度。

④ 重复上述步骤多次（如5次或10次），计算平均测试精度或错误率。

4）选择最低错误率相对应的阈值。

5）选择对应阈值的最小特征子集，并采用合适的建模方法建模。

上述 filter 方法是单变量的特征选择方法。

2. wrapper 方法

wrapper 方法是多元的特征选择方法，其不仅仅依赖于特征本身，而且依赖于分类算法本身。通常分为逐步向前选择方法和逐步向后选择方法，这里主要介绍一种逐步向后选择方法——递归特征筛减法（recursive feature elimination，RFE）（Guyon et al.，2002）。

以 SVM-RFE 为例，其算法步骤如下。

1）给定训练样本，以及初始化特征子集列表 $S=[1,2,\cdots,n]$。

2）将训练样本限定在最优子集内 $X=X_0(0:S)$。

3）训练 SVM 分类器。

4）计算特征子集的权重向量。

5）计算排序阈值。

6）选择低于阈值的特征子集。

7）更新特征子集列表。

8）去掉低于阈值的特征子集。

9）输出最优特征子集列表。

4.5.3 模型性能的评估

我们用统计分析或智能计算方法进行生物学问题的建模，常用的就是分类建模，以图4-7为例进行说明，不管采用哪种方法，最终是寻找到一个分类判别函数，使得图中分别以“●”和“▲”代表的“阳性样本”和“阴性样本”两类尽量分开，当然不同的方法求得的分类判别函数不同，其模型的推广能力也不同。如何有效地评估模型的性能？在实践中，我们经常借鉴生物医学中的评估方法，即采用“敏感性”和“特异性”的指标对模型性能进行评估。

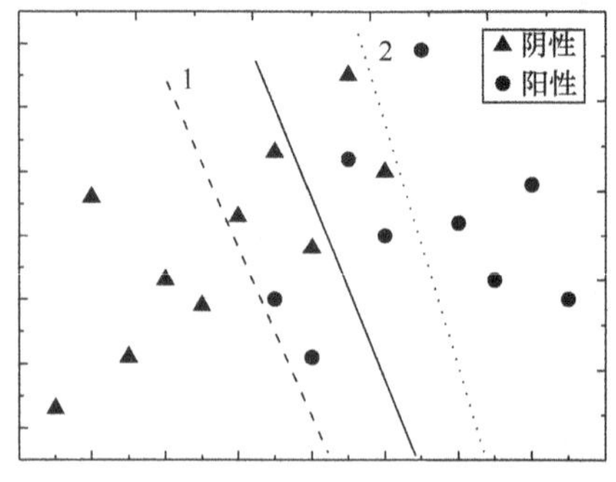

图 4-7 样本分布情况（1-特异性，2-敏感性）

1. 敏感性和特异性

敏感性（sensitivity）通常用来评估模型对阳性样本的识别能力；特异性（specificity）通常用来评估模型对阴性样本的识别能力。在实践中，大多数模型不可能把所有的阳性样本全部识别出来，也不可能把所有的阴性样本全部识别出来，通常会犯一些错误。原来是阳性样本，模型也正确识别出来的部分记为 T_p；原来是阴性样本，模型也正确识别出来的部分记为 T_n；原来是阳性样本，模型判为阴性样本的部分记为 F_n；原来是阴性样本，模型判为阳性样本的部分记为 F_p。如表 4-3 所示。

为什么会出现上述情况呢？那是因为“阳性样本”和“阴性样本”的概率分布存在重叠的情况，无论人们采用什么方法，总存在不可正确识别的部分，如图 4-8 所示。

表 4-3　模型对样本的识别能力评估

	正	误
阳性	T_p	F_n
阴性	T_n	F_p

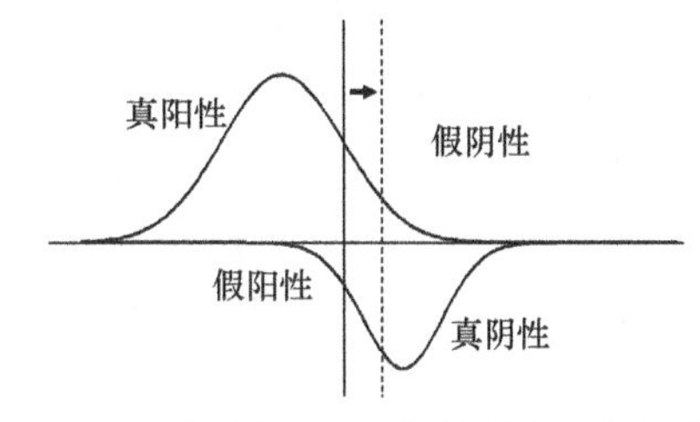

图 4-8　“阳性样本”和“阴性样本”的概率分布

“敏感性”(S_e)和“特异性”(S_p)指标通常按照下式进行计算：

$$S_e = \frac{T_p}{T_p + F_n} \tag{4-61}$$

$$S_p = \frac{T_n}{T_n + F_p} \tag{4-62}$$

有时人们还采用“阳性正确率”（A_p）和“阴性正确率”（A_n）指标来评估模型性能。

$$A_p = \frac{T_p}{T_p + F_p} \tag{4-63}$$

$$A_n = \frac{T_n}{T_n + F_n} \tag{4-64}$$

此外，对于一个模型的识别准确性，还可按照下式进行综合评价：

$$\mathrm{AC} = \frac{S_e + S_p}{2} \tag{4-65}$$

$$\mathrm{ACC} = \frac{T_p + T_n}{T_p + F_n + T_n + F_p} \tag{4-66}$$

另外一个综合指标为马氏相关系数（Matthews correlation coefficient），计算公式为

$$\mathrm{MCC} = \frac{T_p \times T_n - F_n \times F_p}{\sqrt{(T_p + F_n)\times(T_n + F_p)\times(T_p + F_p)\times(T_n + F_n)}} \tag{4-67}$$

2. 阈值设定（临界判定值的确定）

在生物医学问题中，确定一项“有病”和“无病”的特征指标的值是非常重要的。类似地，在生物信息学中，“阳性样本”和“阴性样本”的临界判定值（记为 s）的确定同样重要。例如，在支持向量机建模中，临界判定值通常选为“0”，$f(x)>0$ 即为“阳性样本”，$f(x)<0$ 即为“阴性样本”，随着临界判定值 s 的变化，模型的敏感性和特异性也会发生变化，模型性能出现很大的变化，有时模型会恶化以致不能使用。为了全面地反映模型的性能，考虑采用 ROC 曲线。

3. ROC 曲线

“敏感性”和“特异性”指标只能单一地反映模型的性能，而 ROC 曲线可以反映敏感性和特异性连续变量的综合性指标。当用包含正负两个数据集的测试样本对一个模型的执行效率进行检测时，分别在不同阈值下获取 S_e 和 S_p，然后以假阳性率（$1-S_p$）为横坐标，真阳性率（S_e）为纵坐标绘制出的曲线，称为接受者操作特性曲线（receiver operating characteristic curve），简称 ROC 曲线，如图 4-9 所示。目前 ROC 曲线法被认为是一个评估模型性能的可靠方法，ROC 曲线下的面积（AUC）反映了模型的性能，曲线下方与 X 轴围成的面积越大，即越接近 1，表示性能越好，如果模型是完美的，那么 ROC 曲线下的面积 AUC = 1。如果模型是个简单的随机猜测模型，那么它的 AUC = 0.5。一般认为面积在 0.5～0.7 表示模型的可靠性较低，在 0.7～0.9 为中等，在 0.9 以上较高。如果一个模型好于另一个模型，则它的曲线下方面积相对较大。

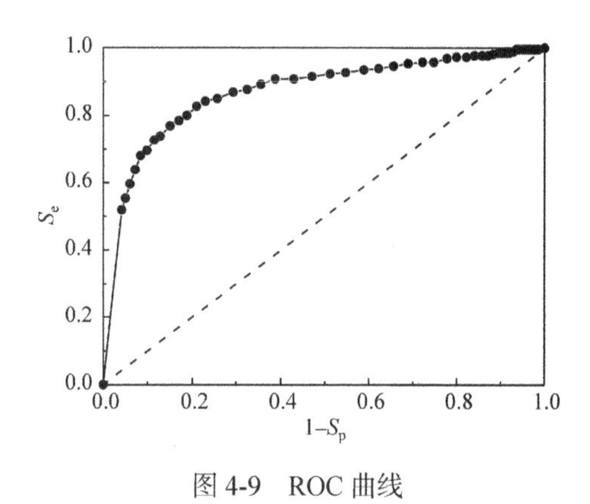

图 4-9　ROC 曲线

4. 模型预测结果的可靠性评估

（1）预测可靠性评估

预测可靠性和 ROC 曲线类似，预测可靠性是衡量所建模型性能的一个量化标准。预测结果准确率（prediction precision，PP）的定义如下：

$$\mathrm{PP}=\begin{cases}\dfrac{T_p}{T_p+F_p} & (s>0)\\[2ex] \dfrac{T_n}{T_n+F_n} & (s\leqslant 0)\end{cases} \tag{4-68}$$

其中，s 是模型预测结果值。当 $s>0$ 时，PP 表示预测得到的正样本中确实为正样本的所占的比例，而当 $s \leqslant 0$ 时，PP 表示预测得到的负样本中确实为负样本的所占的比例。一般认为 PP < 0.8，可靠性较低；0.8 ⩽ PP < 0.9，可靠性处于中等；PP ⩾ 0.9，可靠性较高。如图 4-10 所示（Zhang et al.，2010），当模型预测结果值 $s > 0.8$ 时，PP > 0.9，即认为可靠性高；当模型预测结果值 s 处于 0.4 与 0.8 之间时，0.8 < PP < 0.9，认为可靠性中等；当模型预测结果值 $s < 0.4$ 时，PP > 0.8，即认为可靠性较低。

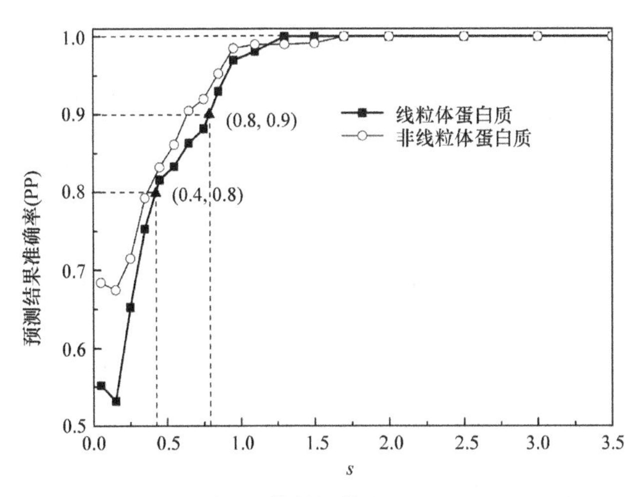

图 4-10 预测结果可靠性评估（Zhang et al.，2010）

（2）预测可靠性指数

预测可靠性指数（reliability index，RI）是由 Rost 和 Sander 提出的，可反映预测结果可靠性的高低。一般来说，对于不同的输入序列数据，其结果的准确性差异很大，RI 就可以用来评估预测结果的有效性。这一评估方法随后被生物信息学研究人员广泛采用。

按照 Rost 给出的公式，RI 值被规整到 0 与 9 之间。不同的建模方法，会给出不同的计算公式，这里提供一个 Rost 等（1993）给出的公式(4-69)，读者可视情况给出不同的公式，原则就是将结果值与临界判定值之间的距离规整到 0 与 9 之间。式(4-70)是孙之荣教授在文献（Hua et al.，2001）中给出的公式。

$$\mathrm{RI} = \mathrm{INT}(10 \times (\mathrm{out}_{\max} - \mathrm{out}_{\mathrm{next}})) \tag{4-69}$$

$$\mathrm{RI}=\begin{cases} 0, & \text{if} \quad \mathrm{distance}(I) > 0.2 \\ \mathrm{INT}\left(\dfrac{\mathrm{distance}(I)}{0.2}\right), & \text{if} \quad 0.2 \leqslant \mathrm{distance}(I) > 1.8 \\ 9, & \text{if} \quad \mathrm{distance}(I) > 1.8 \end{cases} \tag{4-70}$$

第 5 章　基因组信息分析

随着人类基因组计划的完成，目前已经有相当多物种的基因组测序完成，为人们全面破解生物体包括人类自身的遗传和生老病死之谜提供了可能。生物生长发育的控制信息包含于基因组序列信息中，后基因组时代的主要任务就是进行基因组信息分析，使人类从根本上掌握遗传信息的编码、传递和表达的规律，有助于人类深入理解许多遗传性疾病以及癌症的致病机理，为临床诊断、药物研发提供理论依据。

5.1　原核基因组结构及功能分析

5.1.1　原核基因组的特点

1）不具备明显的核结构，染色体经高度折叠、盘绕聚集在一起，形成致密的类核，即 DNA 的集中区，称拟核（nucleoid）。

2）原核生物基因组一般比真核生物基因组小得多，且由一个单一的呈环状的 DNA 分子所组成。其只有一个复制起点，一个基因组就是一个复制子。*E. coli* 的基因组大小约为酵母的 2/5。

3）可读框较长。DNA 序列 3 个连续的碱基编码一个氨基酸，由 4 种核苷酸组成一个三联体，一共有 64 种不同的组合。其中有三个密码子（UAA、UAG、UGA）作为终止密码子行使终止翻译的功能。且我们知道，大部分原核生物蛋白质的序列长度大于 60 个氨基酸。若终止密码子出现在非编码核酸序列中，大约每 21 个密码子出现一次（3/64），因此，不包含终止密码子且有较多三联密码子的一段序列被称为可读框（open reading frame，ORF）。ORF 本身表明该区域可能为一个编码区。我们可从统计学角度计算一下，假设所有密码子在随机的序列中是以相同频率出现的，则不含终止密码子且长度为 N 个密码子的 DNA 序列出现的概率为 $p=(61/64)^N$。设显著性为 0.05，即 $p=(61/64)^N=0.05$，则 N 等于 60，表示典型长度的 ORF 中密码子数目。目前，许多原核生物基因预测的算法大都依赖于该规则。

4）简单的基因结构。原核生物的基因大多数是连续基因，不含内含子；基因组结构紧密。重复序列和非编码序列很少。越简单的生物，其基因数目越接近用 DNA 分子量所估计的基因数。如 MS2 和 λ 噬菌体，它们每一个基因的平均碱基对数目大约是 1300。如果扣除基因中的不编码功能区，如附着点 attP、复制起点、黏着末端、启动区、操纵基因等，几乎就没有不编码的序列了。这点与真核生物明显不同，真核生物不编码序列可占基因组的 90% 以上。

5）原核基因组中的基因密度非常高，且功能密切相关的基因高度集中，越简单的生物，集中程度越高。细菌和古细菌的基因组数据表明，其中 85%～88%的核酸序列与基因的编码直接相关。例如，在 *E. coli* 中总共有 4288 个基因，平均编码长度为 950bp，而基因之间的平均间隔长度只有 118bp。而这种基因集中现象在真核生物中是极少见的。

5.1.2 原核生物基因识别方法

开发原核基因组的基因识别算法是基因组信息分析的主要目标。与真核生物基因预测的研究相比，原核生物基因预测的研究开展得较早。其基因预测方法和结果为人类基因组计划和模式生物基因组计划做出很大贡献。

在原核生物基因组中，基因一般具有特定而容易识别的启动子序列（信号），如 TATA 盒和转录因子。与此同时，编码蛋白质的 DNA 序列构成一个连续的可读框，其长度为数百个到数千个碱基对。此外，原核生物的蛋白质编码基因还具有其他一些统计学的显著特征。这使得对原核生物的基因预测准确度相对较高。

1. 最长 ORF 法

将每条链按 6 个可读框全部翻译出来，然后找出所有可能的不间断可读框，只要找出序列中最长的 ORF，就能相当准确地预测出基因。最长 ORF 法发现基因的一般过程如下。

1）获取目标序列，或通过 GenBank 或 EMBL 等数据库查找目标序列。

2）利用相应工具，如 ORF Finder，查找 ORF 并将目标序列翻译成蛋白质序列。

3）利用 BLAST 进行 ORF 核苷酸序列和 ORF 翻译的蛋白质序列搜索。

4）进行目标序列与搜索得到的相似序列的全局比对（global alignment），加深对目标序列的认识。

5）进行多序列比对（multiple sequence alignment），获得比对区段的基因家族信息。

6）分别在 Prosite、BLOCK、Motif 数据库中进行轮廓（profile）、模块（block）、基序（motif）检索。

7）利用 PredictProtein（EMBL）、NNPREDICT（University of California）等预测目标序列的蛋白质二级结构。

8）获取相关蛋白质的功能信息。

为了解目标序列的功能，收集与目标序列结构相似蛋白质的功能信息非常必要，可利用 PubMed 进行搜索。

2. 在 NCBI 上的工具 ORF Finder

NCBI 提供了在 DNA 序列中寻找 ORF 的开放工具，如图 5-1 所示，网址为 https://www.ncbi.nlm.nih.gov/orffinder。

3. Z 曲线方法

DNA 序列的 Z 曲线可视化方法由我国张春霆院士提出，我们发现蛋白质编码序列和非编码序列的 Z 曲线的三维及多维空间特征完全不同，可利用这一特点对其进行识别。这是一项全新的、基于几何学的方法，识别准确率高而伪正率较低，尤其是对于高 GC 含量的微生物基因组表现优秀。此外，它还具有参数少、运行速度快，同样适用于大、小各种基因组等优点。

4. 常见的原核基因识别软件

1）NCBI（网址为 https://www.ncbi.nlm.nih.gov/orffinder）。

2）GeneMark（网址为 http://opal.biology.gatech.edu/GeneMark）。

3）UCSC（网址为 http://genome.ucsc.edu）。

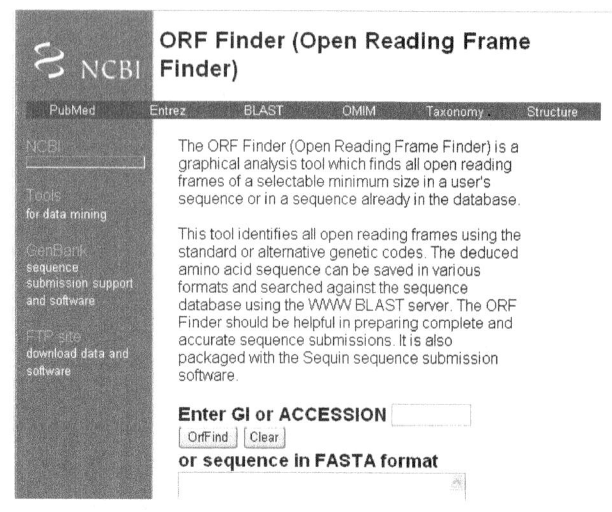

图 5-1 NCBI 中的 ORF Finder 工具

5.2 真核基因组结构及功能分析

5.2.1 真核基因组的特点

真核基因组的规模远远大于原核基因组，具有复杂而多变的基因结构，使得识别真核基因的方法完全不同于识别原核基因。

1. 核基因组与细胞质基因组

真核生物基因组分核基因组与细胞质基因组，体细胞核基因组是双份的（二倍体，diploid）；细胞质基因组可有许多拷贝。真核细胞基因转录产物为单顺反子，一个结构基因经过转录和翻译生成一个 mRNA 分子和一条多肽链。基因组 DNA 在形成染色体时发生了高度的压缩，其中核小体（nucleosome）的形成使 DNA 压缩 6～7 倍，从核小体到形成 30nm 螺线管纤维（solenoidal fiber）又使 DNA 压缩了 6 倍，30nm 螺线管纤维再缠绕在一个由某些非组蛋白构成的中心轴（central axis）骨架上形成螺线管纤维环（loop）再一次使 DNA 压缩，最后，从螺线管纤维环到包装形成染色体是 DNA 压缩程度最高的阶段，因此染色体形成后 DNA 总共被压缩了 8100 多倍。

线粒体 DNA（mitochondrial DNA，mtDNA）为双链环状超螺旋分子，类似于质粒 DNA，分子量小，大多在$(1\sim200)\times10^6$，如人类 mtDNA 仅由 16569bp 组成。mtDNA 的复制属于半保留复制，由线粒体 DNA 聚合酶催化完成。线粒体基因组主要编码与生物氧化有关的一些蛋白质和酶，线粒体本身的一些蛋白质基因也可以在线粒体内独立地进行表达。

近几年的研究发现，哺乳动物 mtDNA 的遗传密码与通用的遗传密码有以下区别：在线粒体密码翻译系统中有 4 个终止密码子（UAA、UAG、AGA、AGG）。

2. 基因组规模

原核生物的基因组基本上是单倍体，而真核基因组是二倍体。真核基因组比原核基因组大得多，大肠杆菌基因组约 4×10^6bp，哺乳类基因组在 10^9bp 数量级，比细菌大千倍；大肠杆菌约有 4000 个基因，人则约有 10 万个基因。

3. 巨大的非编码序列

原核基因组的大部分序列都为基因编码序列，而核酸杂交等实验表明：哺乳类基因组中仅约 10%的序列为蛋白质、rRNA、tRNA 等的编码序列，其余约 90%的序列功能至今还不清楚。

4. 复杂的基因结构

原核生物的基因中编码蛋白质的序列绝大多数是连续的，而真核生物中编码蛋白质的基因绝大多数是不连续的（图 5-2），即有外显子（exon）和内含子（intron），转录后需经剪接（splicing）去除内含子，才能翻译获得完整的蛋白质，这就增加了基因表达调控的环节。

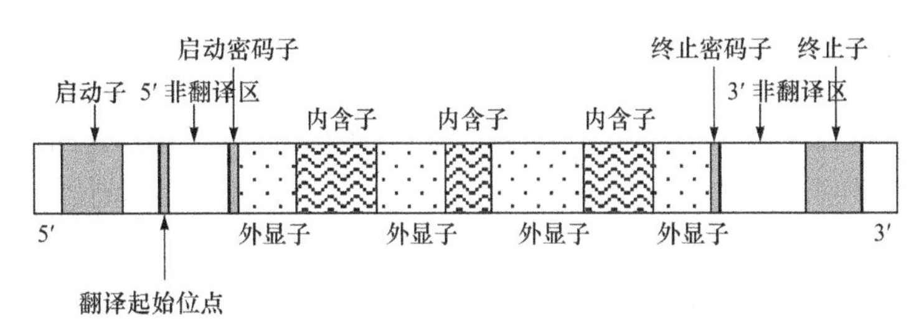

图 5-2　真核生物基因结构

5. 可变剪接

可变剪接是指一个 mRNA 前体通过选择不同的剪接位点，组合产生不同的 mRNA 剪接异构体，以此来调控基因表达和产生蛋白质组的多样性。

可变剪接所产生的多个转录异构体将在细胞和组织不同的分化发育阶段有着各自特异的表达和功能。同时，通过可变剪接机制提高蛋白质组的多样性，也是生物体从静态简单的基因组表现为生命现象复杂多样性的一个重要机制，赋予了生物系统精确处理复杂生物信息的能力和适应性。

6. 复杂的基因表达调控方式

从 DNA 到蛋白质的过程叫基因表达（gene expression），这个过程的各种调节作用即为基因表达调控。基因表达调控方式复杂多样，主要表现在以下几个方面：①转录水平调控；②转录后调控；③翻译水平调控。要了解生物体的生长发育规律及其形态结构特征，以及生物学功能，就必须掌握基因表达调控机制和作用方式，进而摸清基因表达调控的时间和空间规律。

真核生物的转录调控远比原核生物复杂得多，在基因表达过程中，一些靶基因可被多个转录因子调控，同时，多个转录因子也可调控一个靶基因，这些转录因子和靶基因之间形成一个复杂转录调控网络。对此人们的认识还很有限。

染色质的结构以及核小体中组蛋白的稳定性等方面均对转录调控具有重要的影响。DNA 局部结构的变化（如双螺旋结构的局部去超螺旋或松弛、DNA 从右旋变为左旋等）均可导致结构基因暴露，RNA 聚合酶发生作用，转录因子与启动区 DNA 的结合，导致基因转录。此外，组蛋白乙酰化和泛素化等修饰，均可导致核小体不稳定或解体，进而影响基因的转录。

真核生物基因的转录后调控：基因转录成 mRNA 后，在细胞质中，各种具有调控作用的非编码 RNA（如 microRNA）均可通过降解靶 mRNA 和抑制其翻译而进行调控。

翻译水平上的调控：细胞通过蛋白质合成起始速率的调控、mRNA 的识别和激素等外界因素的影响等方面对基因在翻译水平上进行调控。

5.2.2　基因组序列分析

生物基因组通过长期的进化，形成了特定的组织结构和信息结构，不是简单的核苷酸的随机排列，其所隐含的遗传语言今后将是研究人员关注的焦点。此外，真核生物基因组中大量存在的非编码区（常常被称为 junk DNA）并非没有任何功能的垃圾序列，从进化的角度来说，其一定隐含着一定的生物学功能，其通常被认为与基因在四维时空的表达调控有关，因此，破解非编码区的隐含信息也将是未来人们研究的热点。

基因组信息分析包含以下一些内容。

1）解读序列，识别与基因调控相关的特殊序列信号，如转录剪切位点、启动子、翻译起始位点等，以及识别和确定基因的位置及结构。绝大部分基因表达调控信息隐含在基因编码区的上游，其序列组成上具有一定的信息学特征，可通过分析这些特征来识别基因以及调控信息。

2）基因功能的预测，包括基因编码蛋白的亚细胞定位，序列同源性和进化的分析，核小体定位与功能的分析，等等。

3）不同物种相关基因组之间进化水平的比较分析，目前，随着各物种全基因组序列数据越来越多，对各物种全基因组从不同进化水平上进行比较研究将能更有效地揭示基因在生命活动中的地位和作用，解释整个生命系统的组成和作用方式。

5.3　基因组组装

随着测序技术的发展，越来越多的物种进行了测序，这些测序的读长被用于组装或者其他相关的研究。基因组组装就是在染色体被片段化之后，那些片段被测序，然后将所得的序列组合在一起拼接成基因组序列。基因组的很多后续分析依赖于其是否正确组装，所以基因组组装对于后续分析十分重要，是生物信息学领域的核心问题。随着测序技术的进步，基因组组装问题显得尤为重要。基因组组装的应用十分广泛，不仅可以用于组装一个生物的基因组序列，还可用于基因表达分析、个体间基因体差异比对、基因层面的疾病研究等。如果你研究的物种没有参考基因序列，就无从找到该生物的基因，从而进行基因的相关功能分析，然后开展下游的群体遗传、结构差异等一系列非常有趣的研究。因此，准确的基因组组装对生物信息学研究非常重要。

5.3.1　测序读段比对基因组

对测序得到的读段（reads）进行质量控制预处理，需过滤掉低质量的 reads，使用比对软件将过滤后的 reads 直接比对到参考基因组或者转录组，得到 reads 的基因组定位信息。然而，在这一过程中面临着许多问题：①reads 来源于剪接后的转录组序列，但由于参考转录组信息不完善，当前研究通常是将 reads 比对到参考基因组，而不是参考转录组。这种现象可能导致一些位于剪接区域的 reads 比对不准确。②由于测序错误引起的碱基插入、缺失、错配等现象使得 reads 比对更加复杂，影响比对结果的准确性。③在序列比对过程中，一个 read 可能比对到基因组的多个位置。因此，read 的比对通常允许适当错配（如允许 2 个错配）和结构差异（如可变剪接），并要求唯一匹配。

目前比对软件有多种，如 Bowtie、SOAP 和 TopHat，较为常用的是 TopHat。它是一种基于 Bowtie 的 RNA-seq 数据分析工具，能够快速比对 RNA-seq reads，并且可以发现外显子之间的剪接事件。简单来说，TopHat 一开始先利用 Bowtie 将序列与已知参考基因组进行比对，从而确定一个 reads “覆盖区域（coverage islands）” 的外显子集合。TopHat 利用这个外显子集合和 GT-AG 剪切原则构建一个跨外显子剪切的参考序列集合，然后再将之前未比对上的 reads 重新比对，从而获得所有跨外显子剪接区的 reads 定位。最终 TopHat 结果文件以 SAM 格式输出，用于后续分析。

1. BWT 算法原理

Burrows-Wheeler 变换（Burrows-Wheeler transform，BWT）是 1994 年由 Burrows 和 Wheeler 发明的，是一种针对许多重复字符的块排序压缩算法，将原来的文本转换为一个相似的文本，转换后使得相同的字符位置连续或者相邻，之后可以使用其他技术进行文本压缩。BWA 和 Bowtie 是 BWT 中最著名的序列比对软件，将序列快速地比对到基因组中去。

（1）Burrows-Wheeler 变换过程

首先，给定一个字符串 “GENOME”，然后在字符串最后加个 “$” 作为标识符，定义这个添加的标识符比任一字符都要小，即 A 最大，Z 最小，$排在 Z 后面，然后将字符串按字典顺序进行移位，移位之后的字符串都不相同。具体的步骤如表 5-1 所示，即首先输入一个字符串，BWT 算法第一步就是将字符串按位向左移一位，如 GENOME$按位左移之后就变成了 ENOME$G，如此循环，长度为 n 的字符串就会得到 n 个字符串子集。其次，把这 n 个字符串子集按照字典顺序排序，首先看第一位的字母，如$最小，所以$GENOME 排在首位，如遇第一位字母相同的就看第二位的大小，以此类推，就会得到重新排过序的字符串子集。最后，排序序列中的最后一列就是最终的输出结果，因此，原来的字符串 “GENOME$” 就转换为了 “EMG$OEN”，即该字符串就是经过 BWT 算法编码的最终结果。

表 5-1　Burrows-Wheeler 变换过程步骤表

BWT 变换过程				
1. 输入	2. 循环移位	3. 排序	4. 最后一列	5. BWT 输出
	0 GENOME$	6 $GENOME	6 $GENOM**E**	
	1 ENOME$G	5 E$GENOM	5 E$GENO**M**	
	2 NOME$GE	1 ENOME$G	1 ENOME$**G**	
GENOME$	3 OME$GEN	0 GENOME$	0 GENOME**$**	EMG$OEN
	4 ME$GENO	4 ME$GENO	4 ME$GEN**O**	
	5 E$GENOM	2 NOME$GE	2 NOME$G**E**	
	6 $GENOME	3 OME$GEN	3 OME$GE**N**	

（2）Burrows-Wheeler 变换的还原过程

基于上述的 BWT 过程，以字符串“GENOME”为例，我们得到了变换结果“EMG$OEN”。

其还原过程见图 5-3。

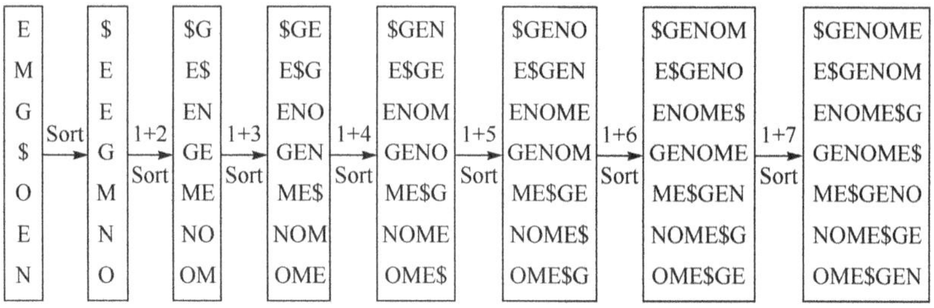

E		$		$G		$GE		$GEN		$GENO		$GENOM		$GENOME
M		E		E$		E$G		E$GE		E$GEN		E$GENO		E$GENOM
G		E		EN		ENO		ENOM		ENOME		ENOME$		ENOME$G
$	Sort →	G	1+2 Sort →	GE	1+3 Sort →	GEN	1+4 Sort →	GENO	1+5 Sort →	GENOM	1+6 Sort →	GENOME	1+7 Sort →	GENOME$
O		M		ME		ME$		ME$G		ME$GE		ME$GEN		ME$GENO
E		N		NO		NOM		NOME		NOME$		NOME$G		NOME$GE
N		O		OM		OME		OME$		OME$G		OME$GE		OME$GEN

图 5-3　Burrows-Wheeler 变换的还原过程

经过六次排序与组合，还原出了原有的字符串，即“GENOME”。

2. 几种比对工具

（1）BWA

BWA（Burrows-Wheeler Aligner）由三个算法组成，即 BWA-backtrack、BWA-SW 和 BWA-MEM。第一个算法是针对 Illumina 测序 reads 最多 100bp 的算法，后面两个主要是针对从 70bp 到 1Mbp 的更长序列。对于 70～100bp 的 Illumina 读长，BWA-MEM 也具有比 BWA-backtrack 更好的性能。BWA 软件使用时需要参考序列的 fasta 格式文件和一个需要处理的 fastq 格式文件。运行结束生成一个 sam 文件，后续可以用 samtools 进行处理。

1）BWA 下载及安装。

下载地址为 https://sourceforge.net/projects/bio-bwa。

```
tar jxvf bwa-0.7.15.tar.bz2
cd bwa-0.7.15
make
```

2）BWA 使用步骤。

在使用 BWA 进行比对前，首先是使用 BWA 对参考基因组构建索引，即根据 reference genome data（如 reference.fa）建立相应的 Index。

```
Usage:    bwa index [options] <in.fasta>
Options:  -a STR    BWT construction algorithm: bwtsw or is [auto]
          -p STR    prefix of the index [same as fasta name]
          -b INT    block size for the bwtsw algorithm （effective with -a bwtsw）[10000000]
          -6        index files named as <in.fasta>.64.* instead of <in.fasta>.*
```

-a 选择构建索引的算法，-p 输出文件的前缀，例如，对 hg38.fa 建索引，那么输出文件前缀可写 hg38。

索引构建完成后，就可以开始真正的比对过程了。对应三种不同的算法，BWA 有不同的子命令调用。BWA-backtrack 算法对应的子命令为 aln/samse/sampe，该算法下又对应着单端或双端数据用法的差别。bwasw 用于 BWA-SW 算法，mem 用于 BWA-MEM 算法。

BWA-backtrack 算法单端数据用法如下：

```
bwa aln ref.fa reads.fq > aln_sa.sai
bwa samse ref.fa aln_sa.sai reads.fq > aln-se.sam
```

BWA-backtrack 算法双端数据用法如下：

```
bwa aln ref.fa read1.fq > aln1_sa.sai
bwa aln ref.fa read2.fq > aln2_sa.sai
bwa sampe ref.fa aln_sa1.sai aln_sa2.sai read1.fq read2.fq > aln-pe.sam
```

BWA-SW 算法对应的子命令为 bwasw，基本用法如下：

```
bwa bwasw ref.fa reads.fq > aln-se.sam
bwa bwasw ref.fa read1.fq read2.fq > aln-pe.sam
```

BWA-MEM 算法对应的子命令为 mem，基本用法如下：

```
bwa mem ref.fa reads.fq > aln-se.sam
bwa mem ref.fa read1.fq read2.fq > aln-pe.sam
```

（2）Bowtie

Bowtie 是一个超快的、存储高效的短序列片段比对程序。它能够以每小时处理 2500 万个 35bp reads 的速度，将短的 DNA 序列片段（reads）比对到人类基因组上。在使用这个工具前，需要用 build 命令对 fasta 文件建立索引。详细内容参考 Bowtie 官网手册 http://bowtie-bio.sourceforge.net/manual.shtml。

```
对参考序列构建索引
bowtie2-build genome.fa index
用法：
bowtie2 [options]* -x <index> {-1 <m1> -2 <m2> | -U <r> | --interleaved <i> | -b <bam>} [-S <sam>]
```

-x　由 bowtie2-build 所生成的索引文件的前缀，需要指定路径及其共用文件名。

-1　使用 trimmomatic 质控后与 read2 配对（paired）的 read1。可以为多个文件，并用逗号分开；多个文件必须和 -2 <m2> 中制定的文件一一对应。

-2　使用 trimmomatic 质控后与 read1 配对的 read2。

-U　使用 trimmomatic 质控后未配对（unpaired）的 reads。可以为多个文件，并用逗号分开，测序文件中的 reads 的长度可以不一样。

-S　所生成的 SAM 格式的文件前缀。默认是输入到标准输出。

-q　输入的文件为 fastq 格式文件，此项为默认值。

-f　输入的文件为 fasta 格式文件。

-5/--trim5 <int>　剪掉 5′端<int>长度的碱基，再用于比对。

-3/--trim3 <int>　剪掉 3′端<int>长度的碱基，再用于比对。

--phred33　输入的碱基质量等于 ASCII+33。

5.3.2　基因组组装算法

基因组组装方法可以分为两类：基因组引导法（genome-guided）和基因组独立法（genome-independent）。基因组引导法也称为基于参考基因组的转录组组装（reference-based transcriptome assembly），即基于 reads 的基因组定位，将重叠的 reads 拼接成转录本片段，并利用位于剪接区域的 reads 进行转录本结构的刻画，接着利用基因的已知注释信息对重构的转录本进行校正，进而完成组装。基因组独立法也称从头组装（*de novo* assembly），运用图论的思想，基于 reads 之间的序列比对构建出德布鲁因图（de Bruijn graph），并根据图中的路径和 reads 的丰度确定转录本的结构，从而完成基因组的组装。基因组从头组装算法主要分为两类：基于读长之间的重叠序列（overlapped sequence）进行拼接的 OLC（overlap-layout-consensus）拼接方法和基于德布鲁因图（de Bruijn graph）的方法。第一种适用于一代测序产生长片段序列，可以称之为字符串图。第二种是目前二代测序组装基因组的工具的核心基础，此方法使用数学图论中德布鲁因图的概念，先将每个测序片段拆解成 *k*-mer（一个字串中所有长度为 *k* 的可能字串子集合）。接着从这些 *k*-mer 重叠的区段建构出德布鲁因图，再利用算法解出德布鲁因图的结构并取得组装结果。此方法虽不如 OLC 法直观，但在计算机演算需求上较 OLC 法小，故通常被用于量大而片段短的读长（如 Illumina 的测序结果）的组装。

1. 基于 OLC 算法的基因组组装

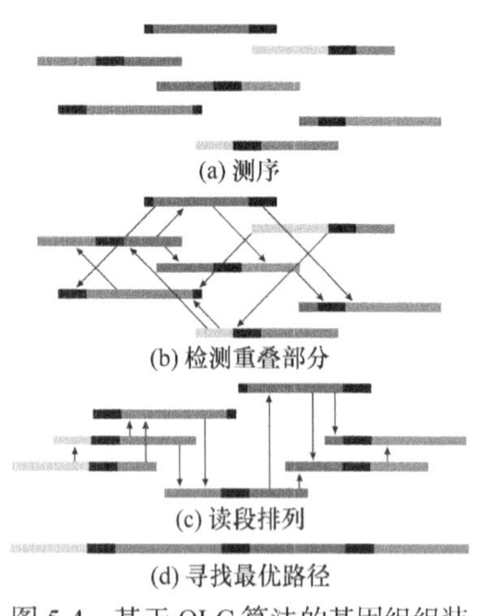

图 5-4　基于 OLC 算法的基因组组装（Vollmers et al.，2017）

基于重叠序列相连的基因组组装，简单来说就是先找出序列所有的读长，相互比对，找到重叠的读长片段，然后构建长的连续的 contigs，最后再将 contigs 组在一起形成 scaffolds。

OLC 算法常用于处理读长较大的测序数据，如 PacBio 数据的组装。基于 overlap 的基因组组装，主要分为三步（图 5-4）：首先我们得到测序之后所有的 reads，然后根据这些 reads 之间重叠的信息进行两两之间的比对，最终找到所有 reads 之间的 overlap。一般在比对之前为了减少计算量会将读长建立索引。这里需要设定最小重叠长度，如果两个 reads 的最小重叠长度低于一定阈值，那么可以认为两段序列顺序性较差。然后对这些具有 overlap 的 reads 进行排列，形成重叠群，即 contigs。contigs 进一步排列，生成多个较长的 scaffold。最后在重叠群中寻找一条最优路径，并获得与路径对应的序列，即 consensus。通过 consensus 的多序列比对算法，就可以获得最终的基因组序列。

2. 基于 de Bruijn 图的基因组组装

在组装时，由于序列读长的限制，直接采用 overlap 进行组装的算法效果并不好，为了提升组装效果，基于 *k*-mer 的算法流行了起来。

柯尼斯堡（Königsberg）建在普雷格尔河（Pregel river）的河岸上，将小镇切成四个独立的陆地，居民可通过七座不同的桥梁进入。柯尼斯堡七桥问题（图 5-5）是一种经典数学难题，根据民间传说，出现了一个问题，即一个公民是否可以以这样的方式在城镇中散步，即每座桥都可以不重复、不遗漏地穿过一次。

1735 年，瑞士数学家莱昂哈德 · 欧拉（Leonhard Euler）提出了此问题的解决方案，认为不可能这样走。基于这个七桥问题，大数学家欧拉是把它转化一个“一笔画”问题，也就是“欧拉循环”。他注意到这个问题可以用数学上的图的语言来描述，他以点代表城中被河水分隔的四个区域，并以边代表连接各个区域的桥。这样，一个实际的问题就转化为一个几何图形能否一笔画出的问题了。在做进一步的讨论之前，我们需要介绍一些和图有关的知识：在一个图中，点的度就是交会在这个点的边的个数。如果我们说一个图是一个连通图，也就是说这个图中的任两点一定存在一个路径相连。我们把与奇数条边相连的节点叫作奇点，把与偶数条边相连的点称为偶点。由此，我们得到了一个欧拉定理：①凡是由偶点组成的连通图，一定可以一笔画成；画时可以任意一偶点为起点，最后一定能以这个点为终点画完此图。②凡是只有两个奇点（其余均为偶点）的连通图，一定可以一笔画完；画时必须以一个奇点为起点，另一个奇点为终点。③其余情况的图，都不能一笔画出。一个图若有欧拉循环，这个图一定是一个连通图，它一定符合这个欧拉定理。

现在回到七桥问题，我们可以将七桥问题转换成 de Bruijn 图（图 5-6），七座桥看成是七条边，分别为 a、b、c、d、e、f、g，七座桥将陆地分为了四块，分别看作四个节点 A、B、C、D。每个节点的度就是相应的节点相连的边数，我们可以看出，节点 A 的度是 5，B、C、D 三个节点的度都是 3，所以 A、B、C、D 四个节点的度都是奇数，从欧拉循环的充要条件我们可以得出结论：这个七桥问题不具有欧拉循环，所以不可能一次性走过七座桥且每座桥只走一次。欧拉关于柯尼斯堡问题的思想标志着一个新的数学领域的开始，即图论，我们也可以将其称为网络理论。

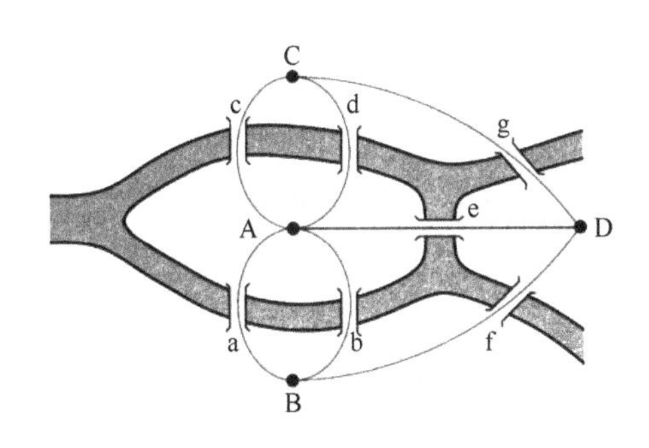

图 5-5 柯尼斯堡七桥

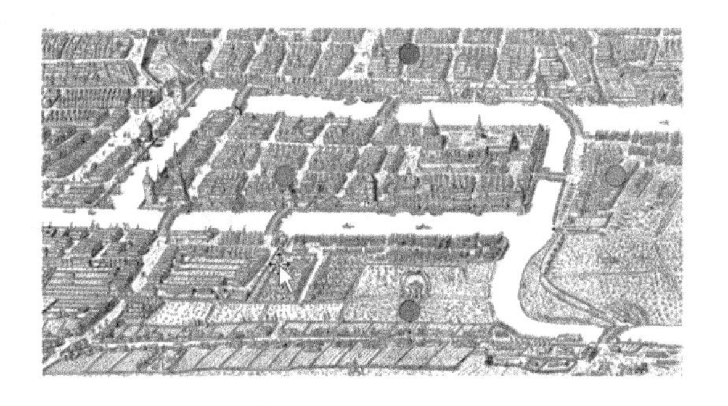

图 5-6 de Bruijn 图

德布鲁因图（de Bruijn graph，DBG）算法是目前常用的二代测序拼接算法。de Bruijn 图由节点和边组成，节点由 *k*-mers 组成，节点之间要想形成边就需要是两个 *k*-mers 存在 *k*–1 个完全匹配。*k*-mer 是一段固定长度的序列，这个长度是自己定义的，也就是我们常说的 *k*-mer

大小。

有了 de Bruijn 图，如何应用于基因组组装呢？首先要将基因组序列变成 de Bruijn 图，节点用 *k*-mer 的 *k*–1 表示，边用 *k*-mer 来表示，这样就能把基因组序列转换为 de Bruijn 图。从这个图中如果能找到欧拉循环的话，即从一个节点出发，走完所有的边并且每条边只走一次，而边就是所有的 *k*-mers，就意味着走完一个欧拉循环就可以将所有的 *k*-mers 连起来，就代表基因组可以组装起来。

DBG 法详细的步骤如图 5-7 所示，序列数据由两个 reads 表示，read1 和 read2。首先是序列 *k*-mer 化，对需要测序的片段等大小拆分，即将 reads 逐个碱基切分为长度为 *k* 的子序列。例如，我们的 *k* 取 3，对于两个序列来说，从第一个碱基开始，采用滑动窗口的形式（步长为 1），依次提取 3bp 的序列，这些子序列就是 *k*-mer，那么序列就会被拆分成若干个子序列。其次就是 de Bruijn 图的构建，我们将 *k*-mer 得到的子序列作为图的节点，如果两个节点有 *k*–1 个共同重叠子集，就把两个节点连接在一起，这样一定程度上已经能够展现出序列的顺序信息了。

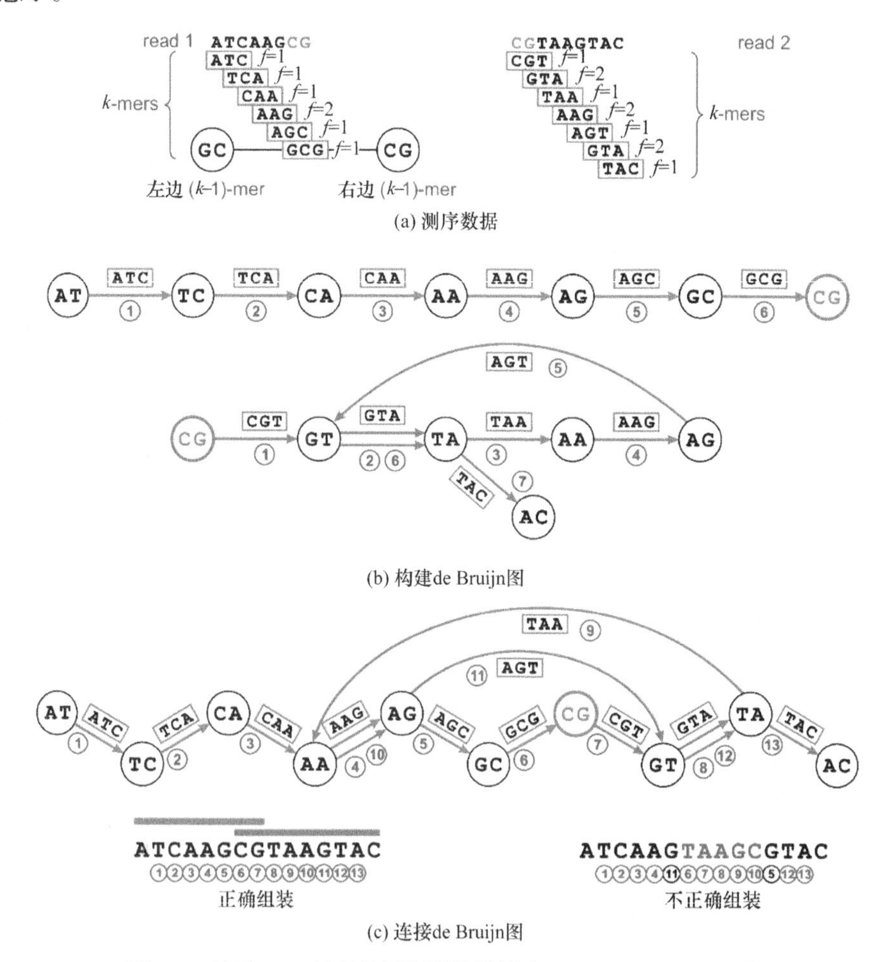

(a) 测序数据

(b) 构建de Bruijn图

(c) 连接de Bruijn图

图 5-7　基于 DBG 法的基因组组装示例（Vollmers et al.，2017）

该算法和OLC类似，不同之处在于，这个算法将已经非常短的读长再分割成更多个 *k*-mer 短序列（*k* 小于读长序列的长度），节点是 *k*-mer 序列，*k*-mer 和 *k*-mer 必须仅有一个碱基差异才能相连，相邻的 k-mer 序列通过（k–1）个碱基连接到一起（即每次只移动一个位置），通过 k–1 的 overlap 关系，构建 DBG 图，通过寻找欧拉路径得到 contig 序列，从算法的角度极大地简化了组装的难度，降低内存消耗。基于 DBG 算法的基因组组装适用于读长比较短的测序数据，如二代测序数据。而该算法的缺点就是难以对重复序列区域进行分析，更依赖于建库。

5.4　DNA 序列调控元件（模体或基序）识别

在基因组序列分析中一项很重要的工作内容是在 DNA 序列中寻找其功能特有的某种基序，如转录因子 DNA 结合位点的识别，其实就是识别基因上游区域一些较短的 DNA 序列（调控元件），通过这些调控元件调节和影响 DNA 的转录。

DNA 基序（DNA motif）是指序列或结构中维持其特有功能的局部保守区域，一组具有相同分子功能或结构性质的多条同源序列中共有的一段序列模式。此外，在蛋白质、RNA 以及调控网络中也存在基序。

在生物信息学研究领域，关于模体或基序，存在三种类型：序列基序、结构基序和网络基序。本节将主要讨论序列基序的识别和分析，其他两种将另外讨论。

5.4.1　基序的表示

1. 共有序列

共有序列（consensus sequence）是描述 DNA 序列中功能位点的最常用方法，通过多序列比对，就可以发现有相似功能的序列基序，其描述了功能位点在每个位置上核苷酸的进化保守性，共有序列表明哪些位置的核苷酸是保守的，哪些是可变的。共有序列可采用 IUPAC 码组成的字符串表示，也可采用正则表达式表示。

IUPAC 码表示方法：DNA 序列是由 4 个字母表示的，而 DNA 基序的某一位置不可能保守到只有一个碱基，因此需要扩展字母表，共有序列的模式可用通配符表（如 IUPAC 码，见表 5-2）中的字符组成的单一字符串来表示。

表 5-2　IUPAC 码

code	description
A	Adenine
C	Cytosine
G	Guanine
T	Thymine
U	Uracil
R	Purine（A or G）
Y	Pyrimidine（C, T, or U）
M	C or A
K	T, U, or G
W	T, U, or A
S	C or G

续表

code	description
B	C, T, U, or G（not A）
D	A, T, U, or G（not C）
H	A, T, U, or C（not G）
V	A, C, or G（not T, not U）
N	Any base（A, C, G, T, or U）

正则表达式表示方法：正则表达式常用于字符串处理、表单验证等场合，实用高效。目前，许多程序语言（如 Perl、Java 等）均支持正则表达式（表 5-3）。

例如：A[CT]N{A}，A 表示在这个位置总是 A，[CT]代表 C 或者 T，N 代表任意碱基，{A}表示除了 A 的任意碱基。Y 代表任意的嘧啶碱基，R 代表任意的嘌呤碱基。

方括号[ ]表示可选字母；例如，GAT[TA]AG 表示“GATTAG or GATAAG”（采用 IUPAC 码表示则为 GATWAG）。

大括号表示其之前的字母重复其括号内的次数。例如，G{8}表示“GGGGGGGG”；[CG]{6} 表示“C 或 G 连续 6 次”。

“|”表示隔开的两个字符串可选。例如，CACGTTTT|CACGTGGG 表示“CACGTGGG”或者“CACGTTTT”。

表 5-3 酶识别序列模式的两种表示方法

酶	识别模式	
	IUPAC 码	正则表达式
*Eco*RI	GAATTC	GAATTC
*Bam*HI	GGATCC	GGATCC
*Hin*dII	GTYRAC	GT[CT]{1}[GA]{1}AC
*Ama*87I	CYCGRG	C[CT]{1}CG[GA]{1}G
*Asp*700I	GAANNNNTTC	GAA[ACGT]{4}TTC

2. 位置特异性打分矩阵

位置特异性打分矩阵（position-specific scoring matrice，PSSM），又称 PWM（position weight matrix），也称为 PSWM（position-specific weight matrix），是一种描述序列特征的统计图谱方法，对于 DNA 序列，PSSM 模型为 $4\times n$，4 代表碱基种类，n 代表模式序列长度。矩阵的行表示 4 种碱基，列表示模式序列的各个位置，其中的元素为对应碱基在对应位置上出现的概率打分。PSSM 大多数情况下采用“差异对数分数”（log-odd score）进行打分，其元素计算公式为

$$W_{ij} = \lg(f_{ij} / P_i) \tag{5-1}$$

其中，f_{ij} 为模式序列碱基 i 在位置 j 出现的频数；P_i 为模式序列在给定分布模型下的背景频数。

需要注意的是，在实际应用中，我们进行多序列比对的序列数目是有限的，有些碱基在

某些位置上可能不出现，矩阵元素为 0，但并不代表该碱基真的不出现，而是由于我们观察了解不完善造成的。为了避免这种情况，建模时通常引入伪计数（pseudo count），记为 k。则，校正频数 $f'_{ijj} = \dfrac{n_{ij} + k / A}{\sum n_{ij} + k}$（$A$ 为碱基数目 4）。

实例分析

计数矩阵：

	1	2	3	4	5	6	7	8	9	10	11	12
A	1	3	2	0	8	0	0	0	0	0	1	2
T	4	1	0	0	0	0	0	8	3	2	2	2
C	2	2	3	8	0	8	0	0	0	2	0	2
G	1	2	3	0	0	0	8	0	5	4	5	2
Sum	8	8	8	8	8	8	8	8	8	8	8	8

频数矩阵：

	1	2	3	4	5	6	7	8	9	10	11	12
A	0.13	0.38	0.25	0.00	**1.00**	0.00	0.00	0.00	0.00	0.00	0.13	0.25
T	0.50	0.13	0.00	0.00	0.00	0.00	0.00	**1.00**	0.38	0.25	0.25	0.25
C	0.25	0.25	**0.38**	**1.00**	0.00	**1.00**	0.00	0.00	0.00	0.25	0.00	0.25
G	0.13	0.25	**0.38**	0.00	0.00	0.00	**1.00**	0.00	**0.63**	**0.50**	**0.63**	0.25
Sum	1.00	1.00	1.00	1.00	1.00	1.00	1.00	1.00	1.00	1.00	1.00	1.00

注：表中数值均四舍五入且保留两位小数得到。

校正频数矩阵：

	1	2	3	4	5	6	7	8	9	10	11	12
A	0.15	0.37	0.26	0.04	**0.93**	0.04	0.04	0.04	0.04	0.04	0.15	0.26
T	0.48	0.15	0.04	0.04	0.04	0.04	0.04	**0.93**	0.37	0.26	0.26	0.26
C	0.24	0.24	**0.35**	**0.91**	0.02	**0.91**	0.02	0.02	0.02	0.24	0.02	0.24
G	0.13	0.24	**0.35**	0.02	0.02	0.02	**0.91**	0.02	**0.58**	**0.46**	**0.58**	0.24
Sum	1.00	1.00	1.00	1.00	1.00	1.00	1.00	1.00	1.00	1.00	1.00	1.00

注：表中数值均四舍五入且保留两位小数得到。

打分矩阵：

	背景频数	1	2	3	4	5	6	7	8	9	10	11	12
A	0.325	−0.79	0.13	−0.23	−2.20	**1.05**	−2.20	−2.20	−2.20	−2.20	−2.20	−0.79	−0.23
T	0.325	**0.39**	−0.79	−2.20	−2.20	−2.20	−2.20	−2.20	**1.05**	0.13	−0.23	−0.23	−0.23
C	0.175	**0.32**	**0.32**	**0.70**	**1.65**	−2.20	**1.65**	−2.20	−2.20	−2.20	0.32	−2.20	**0.32**
G	0.175	−0.29	**0.32**	**0.70**	−2.20	−2.20	−2.20	**1.65**	−2.20	**1.19**	**0.97**	**1.19**	**0.32**
Sum	1.00	−0.37	−0.02	−1.03	−4.95	−5.55	−4.95	−4.95	−5.55	−3.08	−1.14	−2.03	0.18

注：表中数值均四舍五入且保留两位小数得到。

3. logo 模型

logo 模型是由 Stephens 等于 1990 年提出的，是对 RNA、DNA、蛋白质保守序列的一种图形化表示。其依据信息论知识，采用形象直观的图形表示方法来表示序列保守位点的特征。图 5-8 为外显子/内含子剪切位点的 logo 图例子。在 logo 模型中，每个位置上由出现在该位置上的所有碱基或氨基酸堆叠而成，碱基或氨基酸堆的总高度对应于该位置的总信息含量，而各碱基或氨基酸按照所含信息量的大小自上而下排列。每一位置上的信息含量可反映碱基或氨基酸的保守性，因此，logo 模型能够非常直观地反映序列各位置的保守程度以及哪些碱基或氨基酸起主要作用。

图 5-8　外显子/内含子剪切位点的 logo 图

Y 轴反映序列某一位置 i 的各个符号的信息量，由式(5-2)～式(5-4)给出。

对核酸序列：

$$R(i)=2-(H(i)+e(n)) \tag{5-2}$$

对氨基酸序列：

$$R(i)=\log_2(20)-(H(i)+e(n)) \tag{5-3}$$

上述两式又可统一写成（对核酸序列 N 为 4；氨基酸序列 N 为 20）

$$R(i)=\log_2 N-(H(i)+e(n)) \tag{5-4}$$

其中，$H(i)$ 表示位置 i 的信息熵，由式（5-5）给出：

$$H(i)=-\sum_{b=A}^{T} f(b,i)\log_2 f(b,i) \tag{5-5}$$

式(5-5)中，$f(b,i)$ 表示碱基或残基 b 在位置 i 的频数。

$e(n)$ 表示序列条数较少时的校正因子，n 为序列条数（Schneider et al.，1986）。

5.4.2　DNA 基序的识别方法

由于 DNA motif 在理解和认识基因表达调控方面具有重要作用，在生物信息学领域 DNA motif 的识别已成为基因组序列分析方面重要的内容。

目前，常用的 DNA motif 识别的方法主要分为以下三类。

1）基于词的穷举法（word-based enumeration method）。

2）基于概率模型的方法（probabilistic sequence model）。

3）基于系统发生的足迹法（phylogenetic footprinting）。

基于词的穷举法能够保证得到全局最优解，特别适合于真核生物中的短 DNA motif 的识别，算法效率相对较高。但也存在假阳性率高的问题。基于概率模型的方法需要利用位置权重矩阵（position weight matrix）来描述 motif 模型，其优点是需要较少的搜索参数，但依赖于调控区的概率模型，此模型对输入数据的变化较为敏感。基于概率模型的方法特别适合原核生物中大多数长 motif 的识别，原核生物中的 motif 大多比真核生物的长。但这些算法不能保证得到全局最优解，因为此类方法大多采用的是局部优化方法，如 Gibbs 采样法、期望最大化法和贪婪算法。基于系统发生的足迹法通过多序列比对发现进化中相对保守的具有特定功能的 motif，这是因为 DNA motif 在进化中应该相对保守，进化速度要慢于其他没有功能的非编码序列，因此预测 DNA motif 就是搜索同源基因在多个物种中对应基因间序列上保守的 motif。

类似于自然语言，基因组序列常常被人们看作一种其语法和句法还未知的遗传语言，通过所构建的词典，可识别 DNA 序列中的调控元件，MobyDick 算法就是这样一种算法，是由 Bussemaker 等在 2000 年提出的。

真核生物中的调控序列常常存在于一组共调控基因的上游区域，这些 motif 通常被一些随机字符所间隔开。这些随机字符足够分散，被视为随机背景序列。下面以自然语言为例进行说明。

下面这段话来自美国浪漫主义小说家赫尔曼 · 麦尔维尔（1819—1891）的代表作《白鲸》（*Moby Dick*）：

Call me Ishmael. Some years ago-never mind how long precisely-having little or no money in my purse, and nothing particular to interest to me on shore, I thought I would sail about a little…

callmeishmaelsomeyearsagonevermindhowlongpreciselyhavinglittleornomoneyinmypurseandnothingparticulartointeresttomeonshoreithoughtiwouldsailaboutalittle…

callabajamebjklmbbishmaelijnefbsomehynyearscidsdjsagooljhgneverqwsdefmindyhdsdshowrmsdrlongasdsaddswpreciselyiuuooljkhavingbgbgbhjulittledfdorererenoawawaeqmoneyyliopllijkinlopihnmbmyhuioplkjpursetgbvfrandujmknothingqaxszwparticularplmktoasdlkjbhgninteresttozxcvbnmmecsdxvfonahashorerfvbgtfgtviuhnjmthoughtwerwiililikwouldlkjhpoiusailiujkmnaboutasevagrrsdflittle…

通过上述一段英文文字来模拟一段 DNA 序列，第一段是来自小说 *Moby Dick* 的一段话；第二段是将第一段话去掉所有空格、标点符号，大写改小写而成的；第三段则是在第二段加入了随机的符号，作为背景序列。

首先，我们可以建立一个词典，该词典中包含一些我们设定的词，并具有一定的概率。那么序列数据可以看作从词典中以概率 p_w 随机抽取的单词 w 所串联组成的，没有任何语法和句法。单词 w 的长度可以任意长，典型的调控元件通常以长的单词出现而短的单词可看作背景序列。

给定序列 S 和一个包含单词 $w_i(i=1,\cdots,n)$ 的词典 $D(w,p_w)$，其中，p_w 为取词概率。则定义似然函数式(5-6)。

$$Z(S,p_w)=\sum_{p}\prod_{w}(p_w)^{N_w(p)} \tag{5-6}$$

其中，p 为按词典中单词分割序列 S 存在 p 种分割方法；$N_w(p)$ 为按照第 p 种分割方法，单词 w 在序列 S 中出现的次数。

例如，给定一个概率词典 $D(A,T,AT,p_A,p_T,p_{AT})$ 和序列 S：TATA，则按照给定词典，存在两种分割序列 S 的方法，即

p1：T.A.T.A

p2：T.AT.A

其中，“.”表示序列的分割符。则似然函数 $Z(TATA)=(p_A^2 p_T^2 + p_A\, p_T\, p_{AT})$。

最优 p_w 值则通过最大化式(5-7)求得

$$\max \quad Z(S,p_w)=\sum_p \prod_w (p_w)^{N_w(p)}$$
$$\text{Subject to:} \quad p_w \geqslant 0 \tag{5-7}$$
$$\sum_w p_w = 1$$

序列 S 的词典可通过以下步骤进行。

1）初始化词典，通常情况下以所有字母为单词构建一个词典开始。

2）拟合：对于给定的词典，通过最优化式(5-7)来计算最优 p_w。

3）增加新词：对现有词典中的词，统计计算复合词出现的概率，将概率高的一个复合词加入词典，返回 2），重新计算最优 p_w。

在 2）中，为了最大化似然函数 $Z(S,p_w)$，可通过定义“自由能” $F=-\ln Z/L$ 和“能量” $p_w=\exp(-E_w)$ 来计算，L 为序列长度。因此计算式(5-7)等价于最小化“自由能” $F=-\ln Z/L$。也就是，求解最优 p_w 通过下式进行：

$$p_w=\frac{\langle N_w\rangle}{\sum_{w'}\langle N_{w'}\rangle} \tag{5-8}$$

其中，$\langle N_w\rangle = p_w \frac{\partial}{\partial p_w}\ln Z$，为单词 w 在由 Z 定义的组合序列中出现的次数。采用类似动态规划的方法计算似然函数 Z 和其各阶导数（最多二阶），其计算复杂度为 $o(LDl)$，D 为词典容量大小，l 为词典中最长单词的长度，L 为序列长度。

在 3）统计长的复合词出现概率时，算法是基于现有词典中合并短单词的预测频率，例如，若现有词典为 $D(A,T,AT)$，那么长度为 3 的复合词“TAT”的期望频率就是“AT.A.T”、“T.A.T”和“T.AT”的频率之和。随后算法会检测由短单词合并（juxtaposition）而成的长复合词平均出现次数是否超出一定的统计显著性。

因为长复合词的统计显著性是基于短单词的概率，该算法不需要外部参考数据集来定义概率。合并（juxtaposition）法也会错失那些不是由词典中的短单词合并而成的单词。为了解决这个问题，该算法也设计了一个例程来穷举搜索一定范围内的高频率 motif，包括两个 IUPAC 码所代表的两个或更多碱基组成的 12 个子集，此外该算法还搜索由空格所隔开的两个短字串所组成的 motif。

经过上述三步所构建的词典，并不能保证人们可以用一种唯一的方式来“阅读”序列文本。因为这些序列文本被分解为单词是以一定的概率进行的，存在多种使序列文本分解为单词的方式。为了进行评估，该算法引入了质量因数 Q_w：

$$Q_w=\frac{\langle N_w\rangle}{M_w} \tag{5-9}$$

其中，M_w 为字符串 w 在序列 S 中任意地方匹配出现的次数；$\langle N_w\rangle$ 为序列 S 的所有 p 种分割方法中字符串 w 作为单词出现的平均次数。当 Q_w 接近为 1 时，则所有字符串 w 均是以单词在序列文本中出现。单词 w 可以很清晰地从背景序列中显现出来。例如：

Springisthebestseasontovisithere

其中，字符串“the”出现了两次，$M_{\text{"the"}}=2$；只有一次是作为单词出现，另一次为“visit”和“here”串联而成的，因此，$<N_w>=1$。则质量因数 $Q_w=\dfrac{<N_w>}{M_w}=\dfrac{1}{2}$。

MobyDick 算法的网址为 http://genome.ucsf.edu/mobydick（图 5-9）。

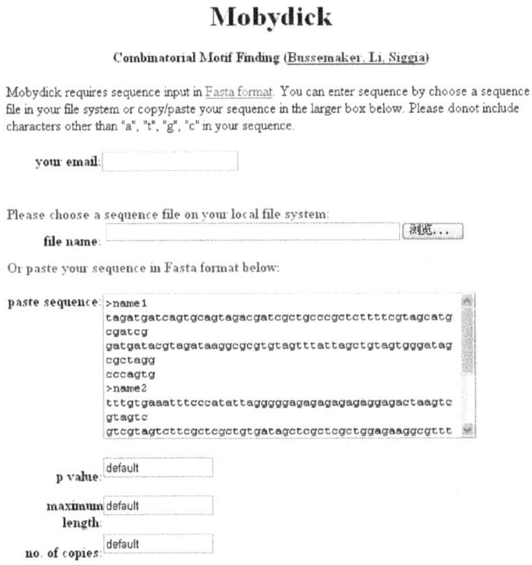

图 5-9　MobyDick 算法 web server 界面

MobyDick 算法提出后，华盛顿大学的 Wang 等（2005）又在此基础上提出了 WordSpy 算法，此算法具有以下几个特点：①不需要背景序列。②能够相对精确地确定高出现率单词，确定 motif 的确切长度。③将基因表达谱信息整合进模型中，以区分生物显著性 motif 和伪 motif。④能够在两组序列中寻找存在于一组序列中而另一组中不存在的 motif。

详细算法过程可见文献（Wang et al.，2005）。

WordSpy 算法网址为 http://cic.cs.wustl.edu/wordspy（图 5-10）。

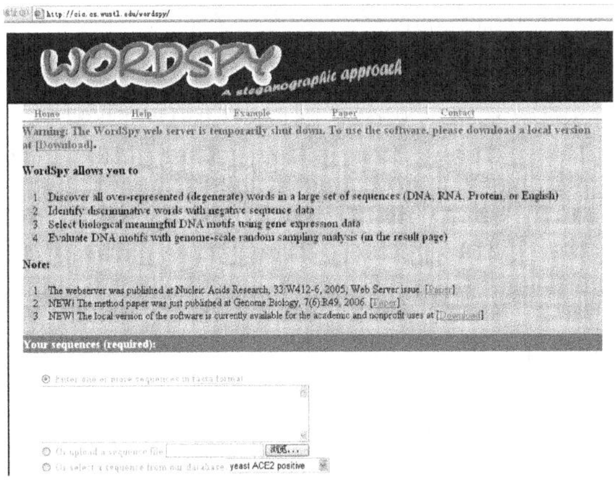

图 5-10　WordSpy 算法 web server 界面

5.5 基因组条形码构建与分析

随着各物种基因组数据量的增加和数据种类的增多，生物数据的可视化成为生物信息学重要的研究内容。生物基因组是由 A、G、C、T 四种核苷酸组成的，人们已发现基因组不同区域的定长核苷酸串基本一致，那么通过将一个基因组不同区域的所有定长核苷酸串的出现频率映射为不同颜色的图形方式，即生物条形码，可以非常直观地表现出以上特征。而且研究分析表明，同一个物种不同染色体的条形码互相比较相似，不同物种的染色体的条形码则有一定的差别，真核生物、原核生物、叶绿体和线粒体的条形码可以非常清晰地分隔开，这些特性大大提高超基因组学的分类研究，而在一个基因组的条形码中可能存在一些具有不同条形码的区域，研究表明，这些区域可能是通过水平转移基因从其他物种中得到的。这种 DNA 条形码技术的应用不仅可以将序列信息数字化，而且还将数字化的信息进一步显示为图像，使得 DNA 序列所包含的特征更直观和显而易见。

5.5.1 序列统计特征

序列统计特征是指运用数学和信息科学理论与方法，从错综复杂的基因组序列中，提取一些体现其本质的具有代表性的特征，如核酸频率统计特征等。它常应用于序列分析方面的研究，用来识别与基因相关的序列信号，如启动子、起始密码子，以及预测基因的编码区域，或预测外显子所在的区域等。

DNA 序列不是随机序列，核苷酸在序列中出现的频率、G+C 含量、同义密码子的选择、密码子使用偏性等一些序列统计量具有物种特异性。不同的序列其特征统计量完全不同，因此我们可以采用统计方法来提取整条 DNA 序列的特征，并进而构建 DNA 的条形码。

1. 单词频率（WF）

对一条特定的 DNA 序列，若用 k 表示所统计单词长度，则会有 4^k 个可能的单词组合，W_k 表示所有可能的长度为 k 的单词组合的集合，用 F_w 来表示单词 w 在序列中的相对频率：

$$F_w = \frac{n_w}{L} \tag{5-10}$$

其中，n_w 表示单词 w 在序列中出现的次数，L 为序列长度。

碱基单词频率特征能够捕捉特定核酸序列上存在的特征模式。人们已经发现不同生物物种的基因组序列具有不同的碱基单词频率。因此碱基单词频率已经被许多研究人员使用。Nussinov（1984）等对来自原核生物与真核生物的不同序列进行了二联碱基单词频率分析，研究不同 DNA 序列的组成异质性（compositional heterogeneity）。Karlin 和 Cardon（1994）对噬菌体、细菌和一些真核生物基因组序列不同碱基长度的单词频率（主要是二联、三联和四联碱基）进行了分析研究，发现其具有物种特异性。Dufraigne 等（2005）通过研究认为，单词越长，单词频率的特异性就越强。

2. 二联核苷酸相对丰度

二联核苷酸相对丰度（dinucleotide relative abundance，DRA）特征是 Karlin 和 Cardon（1994）提出的。其计算公式如下：

$$A_{ij}=\frac{p_{ij}}{p_i p_j} \tag{5-11}$$

其中，p_i 表示第 i 个核苷酸出现的频率；p_j 表示第 j 个核苷酸出现的频率；p_{ij} 表示第 i、j 个二联核苷酸出现的频率。对于各个核苷酸完全独立的随机序列来说，$p_{ij}=p_i p_j$，则 A_{ij} 值应为 1。因此 A_{ij} 值可作为该二联核苷酸在序列中偏性的估计。

3. 三联碱基的相对丰度

当然，类似二联核苷酸相对丰度，我们也可定义三联碱基的相对丰度（trinucleotide relative abundance，TRA），也就是 TRA 特征。公式定义如下：

$$A_{ijk}=\frac{p_{ijk}}{p_i p_j p_k} \tag{5-12}$$

与 DRA 类似，这里的 p_{ijk} 表示三联核苷酸出现的频率。

4. 碱基对的关联性

碱基对的关联性（base-base correlation，BBC）特征是由东南大学孙啸教授提出的，该特征是根据序列的互信息（mutual information）定义而来的。首先，序列的互信息计算公式如下：

$$I(k)=\sum_{i,j=1}^{4} p_{ij}(k)\cdot\log_2\left(\frac{p_{ij}(k)}{p_i p_j}\right) \tag{5-13}$$

其中，p_i 表示单个核苷酸 i 出现的频率；$p_{ij}(k)$ 表示被 k 个核苷酸分隔的一对核苷酸 i 和 j 出现的频率；当识别到核苷酸 i，得到相距 k 个核苷酸的核苷为 j 时产生的信息量（以比特为单位）。若是随机序列，四个核苷酸的出现各自独立，$p_{ij}(k)=p_i p_j$，则 $I(k)=0$；若序列中各核苷酸出现的概率均为 1/4，核苷酸的出现仅由前一个位置的核苷酸所决定，则 $I(k)=2$。若随着 k 的增加，$I(k)=2$ 逐步减少，说明 i 关于 j 的信息量逐渐减少，i 和 j 的互信息随着距离增大而减少。因此，定义碱基对的关联性，即 BBC 特征的计算公式如下：

$$\mathrm{BBC}(k)=\sum_{l=1}^{4} p_{ij}(l)\cdot\log_2\left(\frac{p_{ij}(l)}{p_i p_j}\right) \tag{5-14}$$

BBC(k)表示不同间隔的二核苷酸组合在 k 长度上的平均相关性，其反映了 DNA 序列的一种局部特征。

5. 相对同义密码子使用值

相对同义密码子使用值（RSCU）是由 Sharp 等（1986）首先提出并使用的，可反映同义密码子的使用情况。其定义如下：

$$\mathrm{RSCU}_{ij}=\frac{x_{ij}}{\frac{1}{n_i}\sum_{j=1}^{n_i} x_{ij}} \tag{5-15}$$

其中，x_{ij} 表示第 i 个氨基酸的第 j 个密码子在序列中出现的次数。简单来说，RSCU 反映的

是密码子使用的实际观察次数与密码子使用的期望次数的比值，即

$$\mathrm{RSCU}_{ij}=\frac{\mathrm{obs\_codon}}{\mathrm{exp\_codon}} \tag{5-16}$$

密码子 UGG 和 AUG 的 RSCU 值始终为 1，此外还有三个终止密码子，这样每条序列有 59 个变量，其中 41 个是独立的。

5.5.2 DNA 条形码的计算

DNA 条形码的计算一般分为以下几步（Zhou et al., 2008）。

1）对一个生物基因组序列，分片段，为了条形码的统一，我们统一将序列分成不连续的 n 个片段，其中每个片段的长度为 M。

2）在每个片段上统计出相应特征组合出现的频率，以 K 串特征为例，我们统计出每个片段上 $M[K]$种碱基组合出现的频率。

3）为了得到我们想要的条形码图，必须将统计得到的频率映射为相应的灰度值，这里我们采用的是 256 色的灰度图，按照频率高则灰度值大的原则，我们知道最后的条形码图若越黑，则对应的 K 串频率越低，若条形码越白，则对应的 K 串频率越高。

图 5-11 所示为基因 NC_007681 和 NC_003062 的 DNA 条形码。

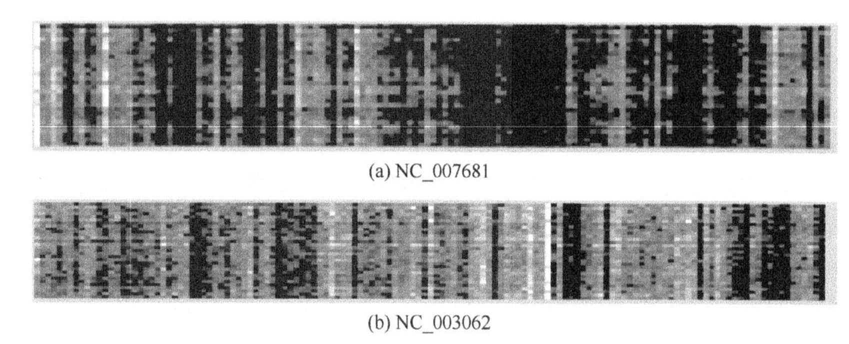

(a) NC_007681

(b) NC_003062

图 5-11　DNA 条形码

DNA 条形码的特点如下。

1）所有的基因组条形码在 K 联核苷酸上都有相对非常稳定的频率分布，产生的条形码的竖直带都有统一的灰度值。

2）在条形码的小部分片段上分布着一些明显不同的、异常的水平条纹，例如，图 5-11 中可以非常清晰地发现那些异常的水平条纹。

3）不同物种生成的条形码截然不同。

4）对于来自同一生物体的多条染色体来说，它们的条形码高度相似，但是都存在其各自的异常片段，因此，我们知道，条形码的相似性一般与基因组种族发生分析的远近成正比。

5.6　表观基因组学

表观基因组学是研究由非基因序列改变导致的基因组表达的一些变化，如 DNA 甲基化、组蛋白修饰以及核小体定位等。染色质的基本结构是核小体，染色质异常常引发组蛋白发生

突变，导致核小体不能正确定位，转录调控因子不能接近 DNA，从而影响基因的正常表达。作为表观基因组学研究的一个重要方向，核小体定位研究近年来随着 Chip-Seq 等高通量实验技术的发展而成为生物信息学研究的特点领域之一。核小体在基因组上的组装方式及其定位机制的研究，对于理解转录因子结合和转录调控机制等多种生物学过程具有十分重要的作用。

核小体是染色体的基本结构单位，由 DNA 和组蛋白构成。组蛋白共有 4 种，分别为 H2A、H2B、H3 和 H4，每种组蛋白各有两个分子，形成一个组蛋白八聚体，约 200bp 的 DNA 分子盘绕在组蛋白八聚体外面，形成了一个核小体。这时染色质的压缩比为 6 左右。染色体就是由一连串的核小体所组成的。当一连串核小体呈螺旋状排列构成纤丝状时，DNA 的压缩比约为 40。纤丝再进一步压缩后，成为常染色质的状态时，DNA 的压缩比约为 1000。有丝分裂时染色质进一步压缩为染色体，压缩比高达 1 万，只有伸展状态时长度的万分之一。核小体与染色体的基本结构如图 5-12 所示。

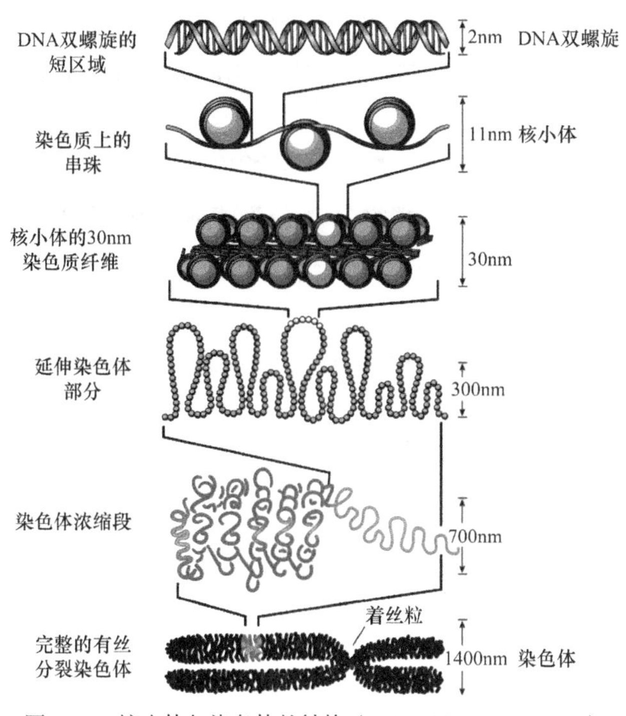

图 5-12　核小体与染色体的结构（Felsenfeld et al.，2003）

5.6.1　核小体定位的实验技术

1. 染色质免疫沉淀-芯片技术

染色质免疫沉淀-芯片（chromatin immunoprecipitation-chip，ChIP-chip）技术，它的基本原理是通过超声波将染色体打碎为一定长度范围内的染色质小片段，然后采用目的蛋白的特异性抗体沉淀此复合体，富集目的蛋白结合的 DNA 片段。对目的片段进行纯化，并通过芯片技术检测，获得蛋白质与 DNA 相互作用的信息。

ChIP-chip 技术有利于大规模研究 DNA 调控信息，目前 ChIP-chip 技术主要应用于两方面的研究：转录因子的结合和组蛋白的修饰。

2. 染色质免疫沉淀-测序（ChIP-Seq）技术

染色质免疫沉淀（chromatin immunoprecipitation，ChIP）技术，又称结合位点分析法，是研究体内蛋白质与 DNA 相互作用的主要实验技术，通常用于转录因子结合位点或组蛋白特异性修饰位点的研究。将 ChIP 与第二代测序技术相结合的 ChIP-Seq 技术，能够在全基因组范围内高效地检测与组蛋白、转录因子等相互作用的 DNA 区段。

ChIP-Seq 基本原理是：先使用 ChIP 将染色体同蛋白质结合，而后通过特定的酶将染色体中相邻核小体切开，使其成为 140～160bp 的小片段。通过染色质免疫共沉淀技术，富集目的蛋白的特异性结合 DNA 片段，并对其进行纯化与文库构建；然后对富集得到的 DNA 片段进行高通量测序。通过将测序获得的数百万条序列读段精确定位到基因组上，从而获得全基因组范围内与组蛋白、转录因子等互作的 DNA 区段信息。

许多物种的 ChIP-Seq 实验结果已经存在数据库中，网址为 http://www.broadinstitute.org/science/projects/epigenomics/chip-seq-data（图 5-13）。

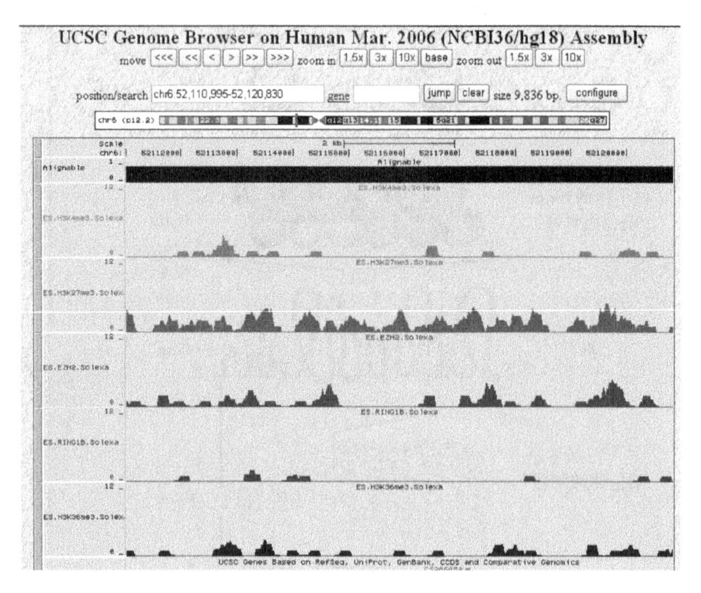

图 5-13　ChIP-Seq 数据库

5.6.2　与核小体定位相关的 DNA 序列信号

核小体定位是指在特定条件下 DNA 序列急剧弯曲并缠绕在组蛋白八聚体上。基因组的序列信息在一定程度上影响核小体的定位，不同碱基组成的 DNA 序列，其核小体形成能力的强弱差别很大。因此，相当多学者探讨了与核小体定位相关的 DNA 序列信号。

Segal 等（2006）利用数学分析方法揭示了 DNA 序列上每 10 个碱基出现的二核苷酸 AA/TT/TA 周期性信号有利于 DNA 片段剧烈弯曲（图 5-14），从而紧密缠绕在组蛋白周围形成高度致密的核小体，并利用概率模型获得被核小体包围的 DNA 序列，依此开发了一种算法，可用来预测整个染色体中的核小体的编码和定位方式。Segal 等（2006）同时发现，若去除这些二核苷酸 motif，此区域的核小体亲和力会降低。这些结果表明，二核苷酸 AA/TT/TA 周期性信号 motif 对序列形成核小体具有特异性。

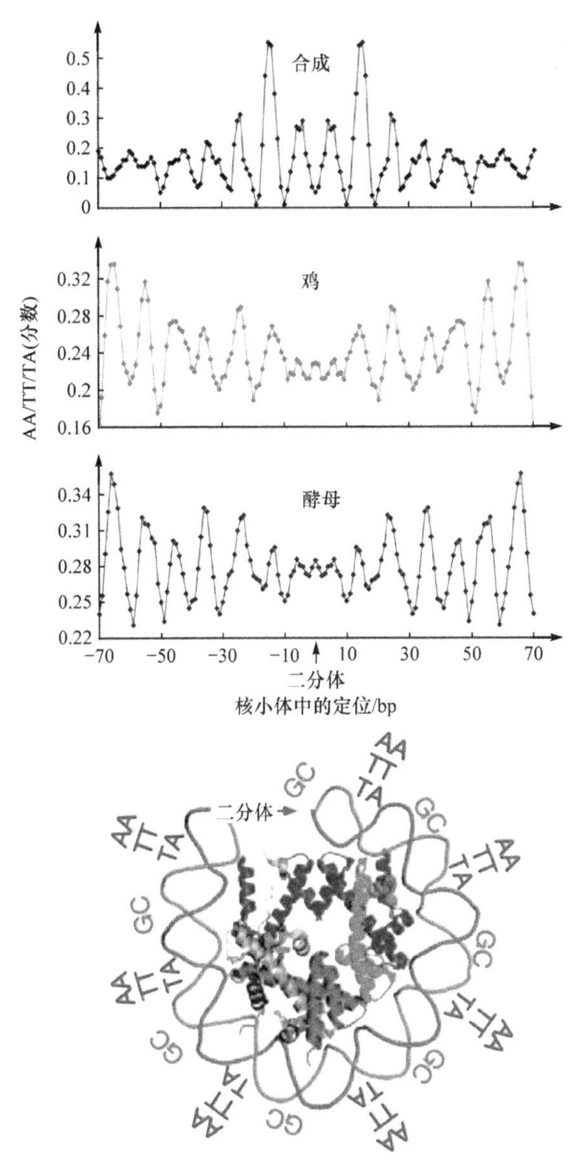

图 5-14　核小体 DNA 序列周期性（Segal et al.，2006）

东南大学孙啸及其同事，利用频率分析和小波分析，进一步研究发现，弱连接二核苷酸在核小体 DNA 序列的两端比在中间具有更小的结构周期（两端～10.4bp，中间～11.3bp），该周期特征对应的弯曲度特征为核小体 DNA 在两端比在中间具有更大的弯曲度（Liu et al.，2008）。

Widlund 等（1999）通过研究发现 CA 二联体对核小体定位有重要作用，同时具有基序“TATAAACGCC”的序列对组蛋白有高的亲和力，利于形成核小体。

Cacchione 等定义了 DNA 序列的弯曲度信号：

$$C = \nu^0 (n_2 - n_1)^{-1} \sum_{j=n_1}^{n_2} (\rho_j - i\tau_j) \exp\left(\frac{2\pi i j}{\nu^0}\right) \tag{5-17}$$

其中，C 的模为弯曲度，ν^0 为 DNA 的平均周期（10.4bp），ρ 和 τ 分别表征 16 种二核苷酸相对于 B-DNA 结构旋转和倾斜的程度，$n_2 - n_1$ 为计算时所取 DNA 片段的长度。

孙啸及其同事以 DNA 序列的弯曲度信号和核小体 DNA 的弯曲特征信号这两个信号进行卷积运算，卷积结果称为“弯曲度谱（curvature profile）”。若弯曲度信号中有一段信号与核小体 DNA 弯曲度特征信号相似，则在弯曲度谱的相应位置会出现一个波峰，依此便可预测核小体位置。

第 6 章　转录组信息分析

转录组是指某个物种或特定细胞在某一生理功能状态下细胞内 DNA 所有转录 RNA 产物的集合。包括 mRNA、核糖体 RNA、转运 RNA 及非编码 RNA（miRNA、lncRNA、circRNA）；狭义上指所有 mRNA 的集合。RNA 分子是细胞中主要的功能分子，理解每一种 RNA 分子在给定条件下某种细胞中的表达丰度和分子序列组成是生物学研究的主要内容。

最初高通量研究转录组的方法是采用 20 世纪 90 年代出现的基因芯片技术，基因芯片是采用基片上设计的荧光探针与 RNA 分子杂交的方法分析基因表达，由于需要事先知道基因组的序列信息来设计探针，此外背景噪声使得这一技术的敏感性和特异性较低，基因芯片技术的应用受到极大的限制。

2005 年出现的大规模平行测序技术，又称为“深度测序”或“下一代测序”（next generation sequencing，NGS）技术，使得生物学研究出现了革命性的变化。采用 NGS 技术针对 RNA 的 cDNA 测序，形成的 RNA-seq 技术已经成为研究基因表达和新 RNA 分子发现的关键技术之一。相比基因芯片技术，RNA-seq 具有背景噪声低、动态检测范围宽等特点，尤其可以检测未知基因或未知转录本的表达以及它们的序列。此外，由于知道了 RNA 的序列信息，可以进一步研究 RNA 剪接、RNA 编辑等生物学事件。

转录组是研究蛋白质组（即基因组表达翻译的整组蛋白质）的基础，而且转录组学的进展为研究遗传变异的功能影响提供了难得的机会。RNA-seq 等技术已成为转录组分析的最新技术，它利用了高通量的下一代测序技术，不同 mRNA 可能翻译成不同蛋白质，从而导致基因数量和蛋白质数量有着极大的差距，翻译成蛋白质的丰度和一些调控因子的调控相关，并与其翻译起始特征有着极大的联系。因此转录组的信息分析研究是蛋白质组研究的基础。

随着 PacBio 的单分子测序的发展，已经报道了越来越多的关于不同生物的转录组的研究，转录组信息分析的主要内容包括研究基因表达定量和差异表达、可变剪接、基因功能及其结构、预测新的转录本等。单分子测序技术已成为有利于全面基因组注释的技术，包括新基因/同工型、长链非编码 RNA 和融合转录本的鉴定。目前，转录组信息分析技术已经在基础研究、临床诊断和药物研发等多个领域被广泛应用，可用于更多的物种，以更好地解释基因组的编码信息，并促进生物学功能的研究。

6.1　转录组测序技术及分析流程

转录组测序（transcriptome sequencing）是利用高通量测序技术来获取某个物种转录本及基因序列，其是在基于 DNA 测序技术的实验平台上进行的，因此 cDNA 文库的构建是 RNA-seq 技术的首要一步。cDNA 文库需要综合考虑测序平台，RNA 分子的序列、大小、结构特征，以及丰度，而采用不同的构建方法。文库构建时需要考虑很多因素，例如，如何捕获需要的 RNA 分子；如何将 RNA 分子反转录成双链的一定长度的 cDNA 分子；如何在 cDNA 片段两端加接头序列以便于扩增和测序。

目前市场上主流的第二代测序平台是美国 Illumina 公司 Solexa 基因组分析平台，其测序原理为边合成边测序技术（Sequencing by synthesis，SBS），基本步骤分为三步：①建库；②生成簇；③扩增及测序。即首先待测序列在建库的时候，两端需连接上 adapter 序列，建库之后可以把我们的样品变性为单链，样品放入 Flowcell 中就开始进行边合成边测序了，其原理为桥式 PCR。Flowcell 表面上有很多的寡核苷酸序列，可以与接头序列进行杂交互补，形成一座 DNA 单链“桥”，随即双链变性为单链，多次扩增后形成正反链同时存在的 DNA 簇。与此同时在碱基延伸过程中，向 Flowcell 内添加具有不同荧光基团的 dNTP，而且每个循环中只有一个碱基能够被添加到新合成的序列上，也就是说每次只能发出代表一个碱基的荧光信号。之后通过分析荧光信号，就可以得到各个序列信息了。

由于在真核生物中，大多数的蛋白编码基因（mRNA）和长链非编码 RNA 都含有多聚腺苷尾巴（poly(A)），因此 poly(A)尾巴为研究总 RNA 的表达提供了技术上的方便。人们可以通过采用纤维素、磁珠包被 oligo-dT 分子来富集带 poly(A)的 RNA 分子。也可以通过采用 oligo-dT 引物进行反转录来富集带 poly(A)的 RNA 分子，使得富集和反转录一步完成。

转录组测序有时称为 RNA-seq，是高通量测序技术与计算分析方法结合，用于捕获和定量组织或细胞中总 RNA 提取物中存在的转录本。RNA-seq 可用于鉴定基因组内转录的基因，鉴定哪些基因在特定发育阶段是表达的，读取 reads 计数并且计算相对基因表达水平。RNA-seq 方法目前正在不断改进，主要是通过开发长读长的测序技术来提高转录本检测准确度，以及通过开发单细胞测序技术，以避免转录组研究中基因表达的多细胞或组织异质性。图 6-1 就是转录组测序分析的大致步骤。

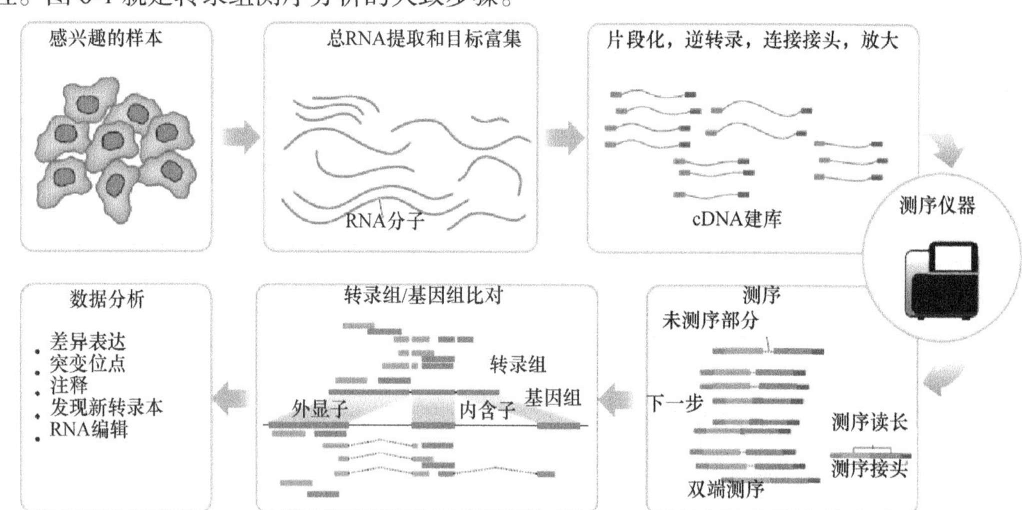

图 6-1　转录组测序分析步骤（Van den Berge et al.，2020）

1. RNA 的分离提取

转录组测序的第一步就是从生物样本中将 RNA 分离提取出来。为了确保转录组测序实验的成功，RNA 应当有足够的质量去产生序列文库。RNA 的质量通常使用安捷伦生物分析仪（Agilent bioanalyzer）来测量，该生物分析仪产生 1～10 的 RNA 完整性计数（RNA integrity number，RIN），其中 10 代表质量最高的样品，表示其降解最少。获取高质量 RNA

是进行很多分子实验（如反转录定量 PCR（RT-qPCR）、二代测序转录组分析、芯片分析、数字 PCR 等）的第一步，常常也是最重要的一步。安捷伦生物分析仪是一种功能强大的用于测定核酸的微流体毛细血管电泳系统及数据评价工具，它具有所需检测体积小和灵敏度高的优点，以凝胶图谱和电泳图谱展示 RNA 质量分析的结果，即使是轻微的降解也可轻易地被检测出来。RIN 使用凝胶电泳和 28S 与 18S 核糖体带的比率分析来估计样品的完整性。需要注意的是，RIN 测量是基于哺乳动物，具有异常核糖体比率的某些物种（如昆虫）可能会错误地产生较差的 RIN 数。低质量 RNA（RIN<6）可以显著影响测序结果（如不均匀的基因覆盖，3′-5′转录物偏倚等），进而会导致错误的生物学结论。因此，高质量的 RNA 对于转录组测序实验的成功至关重要。然而，在某些情况下可能无法获得高质量的 RNA 样本，如人体尸检样本或石蜡包埋组织，应仔细考虑 RNA 降解对测序结果的影响。

2. 文库准备

在 RNA 分离后，转录组测序的下一步是产生 RNA-seq 文库，其可以随 RNA 种类和 NGS 平台的变化而变化。测序文库的构建主要涉及分离所需的 RNA 分子、将 RNA 逆转录成 cDNA、片段化或扩增随机引发的 cDNA 分子以及连接测序接头。在这些基本步骤中，文库准备和实验设计有多种选择，必须根据研究人员的具体需求仔细制定。另外，特定类型 RNA 的检测准确性在很大程度上取决于文库构建的性质。尽管文库准备有几个基本步骤，但是可以对每个步骤进行操作，以增强对某些转录本的检测，同时限制对其他转录本的检测能力。

3. RNA 分子选择

（1）RNA 选择 poly(A)

在构建 RNA-seq 文库之前，必须选择合适的文库制备方案，该方案将富集或消耗特定 RNA 种类的总 RNA（total RNA）样本。total RNA 包括核糖体 RNA（rRNA）、前体信使 RNA（pre-mRNA）、mRNA 和各种非编码 RNA（ncRNA）。RNA 提取中需去除大量存在的 rRNA，而在大多数细胞类型中，RNA 分子多为 rRNA，通常占总细胞 RNA 的 95%以上，mRNA 为 1%～2%。如果在构建文库之前不去除 rRNA 转录物，它们将消耗大部分测序读长，降低序列覆盖的总体深度，从而限制其他 RNA 的检测，所以，有效去除 rRNA 对于成功的转录组分析至关重要。提取 mRNA 可选择用 ploy(A)选择性富集 mRNA 或删除 rRNA。Ploy(A)通过 RIN 来表示 mRNA 的比例，对于不能产生高质量和足够数量的材料则用删除 rRNA 来获得 mRNA。

全面了解每种方法的技术偏差和局限性对于选择最佳的文库制备方法至关重要。例如，如果只对编码 RNA 分子感兴趣，poly(A)文库是最好的选择；相反，对于非编码 RNA 以及未被转录后修饰的 pre-mRNA，核糖消耗文库是更合适的选择。此外，核苷酸消除方案之间存在适量差异，如 rRNA 去除效率和小基因的覆盖率差异，应在选择方法之前对其进行研究。

除了选择性地消耗特定种类的 RNA 外，还有一些新的方法来选择性地富集感兴趣的区域。这些方法包括基于 PCR 的方法、混合捕获、溶液内捕获和分子倒置探针。基于杂交的溶液捕获涉及从 DNA 模板寡核苷酸文库转录的一组生物素化的 RNA 诱饵，其含有对应于特定目的基因的序列。RNA 诱饵与 RNA-seq 文库组合，其中与诱饵互补的 RNA 序列杂交，并且使用链霉抗生物素蛋白包被的珠子回收有界复合物。现在，所得的 RNA-seq 文库富集了与诱饵相对应的序列，并且尽管去除了其他 RNA 种类，但仍然保留了其基因表达信息。

该方法使研究人员能够通过对更多样品中的选定区域进行测序来降低测序成本。

（2）小分子 RNA 选择

作为对上述文库制备方法的补充，已经开发了更具体的方案来选择性地靶向小分子 RNA，而小分子 RNA 是基因表达的关键调控因子。小分子 RNA 包括 microRNA（miRNA）、干扰小 RNA（siRNA）和 Piwi 相互作用 RNA（piRNA）。由于小分子 RNA 含量低，长度短（15～30nt），且缺乏聚腺苷酸化，因此通常首选单独的策略来分析这些 RNA。与 total RNA 分离类似，已经开发了市售的提取试剂盒以分离小分子 RNA。大多数试剂盒通过凝胶电泳的大小分馏分离小分子 RNA。小分子 RNA 的大小分馏需要在凝胶上进行 total RNA 电泳，切割 14～30 个核苷酸区域中的凝胶切片，并纯化凝胶切片。对于浓度较高的小分子 RNA，可以用乙醇沉淀法浓缩切除的凝胶片。凝胶电泳的另一种替代方法是使用硅自旋柱，它结合并从硅柱中滤出小分子 RNA。从 total RNA 中分离小分子 RNA 后，就可以利用 RNA 进行 cDNA 合成和引物连接。

4. cDNA 合成

所有 RNA-seq 的制备方法都是将 RNA 转化为 cDNA，所以在测序前，需要将样品中的所有 RNA 分子转化为 cDNA，执行这一步是因为大多数测序技术都需要 DNA 文库。通过不同的片段化方法（如超声波打碎），将提取的 RNA 打碎成 200~500bp 长度的片段。片段化以后的 RNA 被反转录成 cDNA，对 cDNA 片段进行末端修复和接头添加，并进行 PCR 扩增，进而得到 cDNA 测序文库。

用于 cDNA 合成的大多数方案产生均匀衍生自每条 cDNA 链的文库，因此代表亲本 mRNA 链及其互补序列。在这种常规方法中，原始 RNA 链的方向丢失。然而，链信息对于区分相反链上的重叠的转录本特别有价值，这对于发现新转录本是至关重要的。因此，为了区分转录本的链信息以便更加准确地获得基因的结构，可以构建链特异的 cDNA 文库。主要有两种方法：一是通过在 RNA 的 5′端和 3′端添加不同的接头，标记 RNA 的方向。但是，这种方法很费力并且导致 cDNA 分子的 5′端和 3′端的覆盖偏差。二是在 cDNA 第二条链合成时添加 dUTP 化学标记，降解被标记的 cDNA 链。

5. 选择测序平台测序

在设计 RNA-seq 实验时，由于实验目标的不同，测序平台的选择也很重要。目前，已有多个 NGS 平台投入商用，其他平台也在积极进行技术开发。大多数高通量测序平台使用的是一种边合成边测序的方法，并行地对数千万个簇序列进行测序。通常 NGS 平台可以分为基于整体（即对 DNA 分子的许多相同拷贝进行测序）或基于单分子（即对单个 DNA 分子进行测序）。这些测序技术和平台之间的差异可以影响测序数据的下游分析和解释。

近年来，测序行业一直由 Illumina 主导，Illumina 采用基于整体的合成测序方法。使用荧光标记的可逆终止核苷酸，DNA 分子被克隆扩增，同时固定在玻璃流通池的表面上。因为分子是克隆扩增的，所以这种方法提高了基因的相对 RNA 表达水平。为了消除潜在的 PCR 扩增偏差，需要 PCR 控制和一些特定步骤来对下游进行计算分析。基于组装的平台的一个主要优点是由单个错误匹配控制的低测序错误率（<1%）。低错误率对于 miRNA 的测序尤其重要，如果错误率太高，其相对较小的尺寸会导致错位或读长丢失。目前，Illumina HiSeq 平台是 RNA-seq 最常用的新一代测序技术，并为 NGS 设定了标准。该平台有两个流通池，每个流通池提供八个独立的通道，用于测序反应的发生。测序反应可能需要 1.5～12

天才能完成，具体取决于文库的总读长。

基于单分子的平台，如 PacBio，支持单分子实时（SMRT）测序。该方法使用 DNA 聚合酶和荧光标记的核苷酸进行不间断的模板合成。由于每个碱基被酶催化结合到正在扩增的 DNA 链中，因此零模波导纳米结构阵列实时检测到独特的荧光脉冲。SMRT 的优点是它不包含 PCR 扩增步骤，从而避免了扩增偏差，提高了整个转录组的均匀覆盖度。这种测序方法的另一个优点是能够产生平均长度为 4200～8500bp 的超长读长，这大大提高了对新转录本的检测效率。SMRT 的一个关键缺点是误差率很高（约 5%），其主要特征是插入和缺失；由于难以将错误读长比对到参考基因组上，高错误率导致错位和测序读长丢失。

选择测序平台的另一个重要考虑因素是转录组组装。转录组组装是将一组短读长序列转换为一组全长转录本所必需的。通常，较长的测序读长使得组装转录本以及鉴定剪接亚型更简单。PacBio 平台生成的极长读长非常适用于从头组装，其中读长没有与参考转录组进行比对。较长的读长将有助于准确地检测其他剪接异构体，而较短的读长可能无法发现这些异构体。由 Illumina 收购的 Moleculo 公司开发了长读长序列技术，能够产生 8500bp 的读长。虽然它尚未被广泛用于转录组测序，但长读长有助于转录组组装。最后，Illumina 开发了用于其台式机 MiSeq 的协议，以对稍长的读长(高达 350bp)进行排序。虽然比 PacBio 和 Moleculo 读长短得多，但较长的 MiSeq 读长，也可用于改善从头组装和参考转录组组装。

6. 基因组比对

转录组测序得到的海量读段数据，需要与参考基因组比对，目前主要的比对方法介绍如下。

（1）TopHat

TopHat 是一个基于 Bowtie 的 RNA-seq 数据分析工具，它使用 RNA-seq 的 reads 数据来寻找基因的剪接点（splice junction）。

TopHat 的主要用法：

```
tophat [options]* <index_base><reads1_1[,...,readsN_1]><reads1_2[,...,readsN_2]>
```

<index_base> 即 index 中的索引文件名（该文件先在 Bowtie 中建立索引）。先在当前目录中查找索引文件，然后查找当前运行 Bowtie 可执行文件所在目录下的 indexes 子目录，最后查找在自定义的环境变量 BOWTIE_INDEXES（或 BOWTIE2_INDEXES）中指定的目录。建议将要建立索引的基因组序列（reference，FASTA 文件）与 Bowtie 索引文件（index）存于同一目录中，并且名称为<index_base> .fa。如果不存在，TopHat 将从 Bowtie 索引文件中自动重建此 FASTA 文件。

<reads1_1[,...,readsN_1]> 包含 FASTQ 或 FASTA 格式的 reads 的文件，多文件可用逗号隔开。

<reads1_2[,...,readsN_2]> 包含 FASTQ 或 FASTA 格式的 reads 的文件，多文件可用逗号隔开。仅当用 TopHat 处理 paired-end reads 并且含有*_2 的文件时出现，保证文件 1 与文件 2 的顺序相同。

TopHat 的输出结果文件主要有 accepted_hits.bam、junctions.bed、insertions.bed、deletions.bed。accepted_hits.bam 是 reads 排序的结果以 bam 格式生成文件，是后面下游分析的输入文件。junctions.bed、insertions.bed 和 deletions.bed 这三个分别是 TopHat 处理的

junctions、插入和删除的结果。unmapped.bam 是没有比对（map）上的序列，align_summary.txt 可以查看 map 上的 reads 所占的比例。

（2）HISAT2

HISAT2 是 TopHat2/Bowtie2 的继任者，使用改进的 BWT 算法，实现了更快的速度和更少的资源占用。首先是要建立索引，建立索引的方法有两种，一种是在官网中下载，另一种是自己手动建立索引。人类和小鼠的索引有现成的，在 HISAT2 网官可以直接下载，自己可以选择相对应的版本。HISAT2 的网址为 https://ccb.jhu.edu/software/hisat2/manual.shtml。也可以利用已有的 FASTA 文件按照以下步骤自己建立索引。

```
extract_exons.py gencode.v26lift37.annotation.sorted.gtf > hg19.exons.gtf &

extract_splice_sites.py gencode.v26lift37.annotation.gtf > hg19.splice_sites.gtf &

hisat2-build --ss hg19.splice_sites.gtf --exon hg19.exons.gtf genome/hg19/hg19.fa hg19
```

hisat2 的主要用法：

```
hisat2 [options]* -x <hisat2-idx> {-1 <m1> -2 <m2> | -U <r> | --sra-acc <SRA accession number>} [-S <hit>]
```

主要参数：

-x <hisat2-idx>　参考基因组索引文件的前缀。

-1 <m1>　双端测序结果的第一个文件。若有多组数据，使用逗号将文件分隔。reads 的长度可以不一致。

-2 <m2>　双端测序结果的第二个文件。若有多组数据，使用逗号将文件分隔，并且文件顺序要和-1 参数对应。reads 的长度可以不一致。

-U <r>　单端数据文件。若有多组数据，使用逗号将文件分隔。可以和-1、-2 参数同时使用。reads 的长度可以不一致。

--sra-acc <SRA accession number>　输入 SRA 登录号，如 SRR353653、SRR353654。多组数据之间使用逗号分隔。HISAT 将自动下载并识别数据类型，进行比对。

-S <hit>　指定输出的 SAM 文件。

输入选项：

-q　输入文件为 FASTQ 格式。FASTQ 格式为默认参数。

-qseq　输入文件为 QSEQ 格式。

-f　输入文件为 FASTA 格式。

-r　输入文件中，每一行代表一条序列，没有序列名和测序质量等。选择此项时，--ignore-quals 参数也会被选择。

-c　此参数后是直接比对的序列，而不是包含序列的文件名。序列间用逗号隔开。选择此项时，--ignore-quals 参数也会被选择。

-s/–skip <int>　跳过输入文件中前条序列进行比对。

-u/–qupto<int>　只使用输入文件中前条序列进行比对，默认是没有限制。

-5/–trim5 <int>　比对前去除每条序列 5′端碱基。

-3/–trim3 <int>　比对前去除每条序列 3′端碱基。

–phred33　输入的 FASTQ 文件碱基质量值编码标准为 phred33，phred33 为默认参数。

–phred64　输入的 FASTQ 文件碱基质量值编码标准为 phred64。

–solexa-quals　将 Solexa 的碱基质量值编码标准转换为 phred。

–int-quals　输入文件中的碱基质量值为用空格分隔的数值，而不是 ASCII 码，如 40 30 30 40。

7. 转录组分析

除了测定基因表达水平，RNA-seq 还可用于发现新的基因结构、可变剪接的亚型和等位基因特异性表达（allele-specific expression，ASE）。此外，使用 RNA-seq 进行的基因表达遗传研究可发现 RNA-seq 在基因表达、剪接和 ASE 方面的遗传相关变异。

用于 RNA-seq 数据的常规途径包括生成 FASTQ 格式文件，其包含从 NGS 平台测序的读长，将这些读长与注释的参考基因组进行比对，以及基因的定量。虽然基本的测序分析工具比以往更容易获得，但 RNA-seq 分析提出了在其他基于测序的分析中未遇到的独特计算挑战，并且需要特别考虑表达数据中固有的偏差。

由于 RNA-seq 的许多读长的比对是跨剪接连接进行的，因此将 RNA-seq 数据比对到参考基因组更具挑战性。对于传统的读长比对映射算法，如 Bowtie 和 BWA，因为它们无法处理剪接的转录本，所以不推荐将 RNA-seq 读长映射到参考基因组。解决这一问题的另一种方法是用已知基因注释中获得的外显子-外显子剪接连接的序列来补充参考基因组。首选的策略是使用“剪接感知”比对工具来进行读长的比对，该比对工具可以识别跨外显子-内含子边界的读长与短插入的读长之间的区别。随着 RNA-seq 数据得到越来越广泛的应用，已经开发了许多专门用于转录组数据比对的剪接感知比对工具。比较常用的 RNA-seq 比对工具包括 GSNAP、MapSplice、RUM、STAR 和 TopHat。选择要使用的最佳比对工具取决于这些指标和 RNA-seq 研究的总体目标。

将 RNA-seq 比对到参考基因组之后，比对上的读长就可以组装成转录本。转录本组装的一个方法是从头组装（*de novo* assembly），其中使用参考基因组或注释组装相邻的转录序列。从短读长数据组装转录本是一项重大挑战，目前还没有一种方法可作为转录本组装的金标准。转录组的性质（如基因复杂性、多态性程度、选择性剪接、动态表达范围）、常见的技术挑战（如测序错误）以及生物信息学工作流的特征（如基因注释、异构体推断）都可能极大地影响转录组装质量。

转录组重建软件的一个常见下游特征是基因表达水平的估计。计算工具如 Cufflinks、FluxCapacitor 和 MISO，通过计算比对到全长转录本的读长的数目来进行表达定量。还有其他的表达定量方法，如 HTSeq，可以通过计算映射到外显子的读长的数量来表达定量而无须对转录本进行组装。为了准确估计基因表达量，必须对读长的数量进行标准化以校正系统误差，如文库片段大小、序列组成偏差和读长深度等。为了解释这些可变性来源，每千碱基转录物的读数每百万映射读数（reads per kilobase of transcript per million mapped reads，RPKM）度量标准化转录物的读数计数、基因长度和样品中映射读数的总数。对于双端测序，对转录物定量中的方差来源进行标准化的度量是每千碱基的转录每百万映射读数的片段（fragments per kilobase of transcript per million mapped reads，FPKM），其考虑了 RPKM 估计中的双端读长之间的依赖性。转录物定量的另一个技术挑战是将读长映射到多个转录本，所述转录物是具有多种同种型或旁系同源物的基因的结果。纠正这种“读长分配不确定性”的一种解决方案是排除所有不能唯一映射的读长。然而，这种策略对于缺乏独特外显子的基因来说远非理想。Cufflinks 和 MISO 使用的替代策略是构建可能性函数，该函数模拟测序实验并估计读数映射到特定同种型的最大可能性。

6.2 mRNA 信息分析

在转录组分析方面，RNA-seq 的出现对基因表达的定量分析和转录变体的研究贡献良多。在过去，基于微阵列芯片的技术占据主导，随着技术的发展，RNA-seq 逐渐成为主流。在定量分析中，研究者将 RNA 进行捕获并测序，并将测序数据与已知的参考基因组对齐、组装，并计算其表达量。其中，差异基因表达分析是十分重要的一步。通过寻找差异基因并探讨其内在的生物学意义，可以研究基因在各类不同的生物环境中发挥怎样的作用。

6.2.1 基因定量及标准化

转录组定量得到的基因表达矩阵是由简单计数得来的，因此称作原始计数（raw count）。但是，在衡量基因表达量时，不能直接用原始数据来进行分析。从测序过程可以看出，无论是建库时候的大小，还是不同转录本或者是基因的长度区别，都会给读段数带来差别，即单基因的读段数并非其表达量相关的唯一变量。一个基因越长，或是测序深度越大，都会使落在该区域内的读段数越大。因此，在进行基因表达量分析之前，必须要做更进一步的标准化操作。

在转录组测序中，衡量基因表达量的指标一般为 RPKM、FPKM 或 TPM。RPKM（reads per kilobase of transcript per million mapped reads），即每百万条比对上的 reads 中，对基因的每千个碱基（base）而言，比对到该区域的 reads 数。

$$\mathrm{RPKM} = (X / LN) \times 10^9$$

其中，X 为该基因的原始计数，L 为基因长度，N 为该样本的总 reads 数。

FPKM（fragments per kilobase of transcript per million mapped reads）与 RPKM 的计算方式十分相似，唯一的区别是，RPKM 针对的是单端测序，而 FPKM 针对的是双端测序。对于双端测序而言，比对到同一个片段（fragment）上的两个 reads 只会被计算为 1 个。

TPM（transcripts per million）与上面两种的计算方式不同，更多地考虑到转录本比例的问题。通过公式我们可以看到，TPM 先计算了各基因在长度比例下的 reads 数，并且将其相加起来作为该样本校正后的总 reads 数，这使得它可以应用于样本间的比较。

$$\mathrm{TPM} = (X / L) \times \left(1 \Big/ \sum_{i=1}^{n} \alpha_i / l_i \right) \times 10^6$$

6.2.2 差异基因表达计算

通过基因定量和标准化，我们可以得到转录本在数据分析中的表达量。研究这些表达量的差异是十分重要和基础的一步。在转录组相关研究里，研究的对象不一定按照基因去划分。但是为了方便说明，下面将统一用基因来作为示例。

在研究过程中，研究数据一般分为两组进行对照，寻找区别，从而探索其内含的生物学信息。为此，我们可以使用各类统计检验方法来检验差异性，分析不同条件下的表达差异是否具有显著性，比较常用的如 t 检验。检验是否差异表达的阈值一般为 $p<0.05$。根据数据量的大小，可以适当降低阈值以进行下一步分析。错误率（FDR）检验也常被引入，用于控制分析结果的假阳性。

在差异表达分析中，研究者也曾经使用泊松分布来进行统计检验。但是在实际研究过程中，人们发现，有时泊松分布并不能满足研究需要。被测数据可能并不符合正态分布，离散程度较大且方差大于均值。基于这些问题，使用负二项分布模型的 DESeq2 和 edgeR 应运而生，并在差异表达计算中广泛应用。这两种工具直接使用原始计数数据作为输入，无须进行标准化。

（1）DESeq2

DESeq2 是基于 R 语言环境的一种工具，使用起来十分方便。DESeq2 所用的广义线性模型如下：

$$K_{ij} \sim \mathrm{NB}(\mu_{ij}, \alpha_i)$$

$$\mu_{ij} = \delta_j q_{ij}$$

$$\log_2(q_{ij}) = x_j \beta_i$$

对基因 i、样本 j 来说，DESeq2 假设其 counts K_{ij} 服从具有基因特异性的参数 (μ_{ij}, α_i) 的负二项分布。其中，μ_{ij} 由样本特异性的量化因子（size factor，SF）δ_j 和与 fragments 的真实期望集合成正比的参数 q_{ij} 决定，而系数 β_i 则用于对输入矩阵 $\boldsymbol{X}$ 的每一行来做 $\log_2(\text{foldchange})$。离散参数 α_i 则用于衡量检测所得 count 与均值之间的方差，如下式所示。因此，我们所期望的 count 与均值之间的离散程度，取决于量化因子 δ_j 和参数 q_{ij}。

$$\mathrm{Var}(K_{ij}) = E[(K_{ij} - \mu_{ij})^2] = \mu_{ij} + \alpha_i \mu_{ij}^2$$

我们可以通过 Bioconductor 获取 DESeq2 的 package。Bioconductor 是一个基于 R 语言的开源环境，旨在为高通量基因组数据分析提供各式工具。3.5 版本及以上的 R，需要安装 BiocManager 来进行管理：

```
if （!requireNamespace（"BiocManager", quietly = TRUE））
install.packages（"BiocManager"）
BiocManager::install（"DESeq2"）
```

低版本的 R 可以通过 biocLite 来进行安装。

```
>source（"https://bioconductor.org/biocLite.R"）
>biocLite（"DESeq2"）
```

也可以通过 DESeq2 所在网页直接获取安装包来进行安装(http://www.bioconductor.org/packages/release/bioc/vignettes/DESeq2/inst/doc/DESeq2.html)。

然后我们可以加载该工具，进行下一步分析。DESeq2 要求输入数据为来自单端测序的 reads 或双端测序的 fragments 的整数值矩阵。输入数据主要分为两部分，一部分是作为 countData 的表达矩阵，一部分是作为 colData 的分组矩阵。在 countData 里，需要做差异表达的各样本的 Counts 以基因 id 为行名(rownames)，以样本名为列名(colnames)。在 colData 里，行名为样本名。注意，此时 colData 里的行名必须和 countData 里的列名顺序保持一致。在本节示例中，输入数据来自 Bioconductor 的“pasilla”包。该包的数据来自 Brooks 等（2010）发表的用于研究 *pasilla* 基因的 siRNA 敲除效应的 RNA-seq 数。*pasilla* 是一种在剪接体中与 mRNA 结合的基因，被认为具有参与剪接调控的作用。数据集包含 3 个基因敲除的生物复制，以及 4 个未处理对照组的生物复制。通过 RStudio 的可视化窗口，我们可以看到直接导入的数据并不能满足 DESeq2 的要求，因此要进行选择、重命名和排序（也可以通过“head”指令输出查看）。调整前后的数据预览如图 6-2 所示。

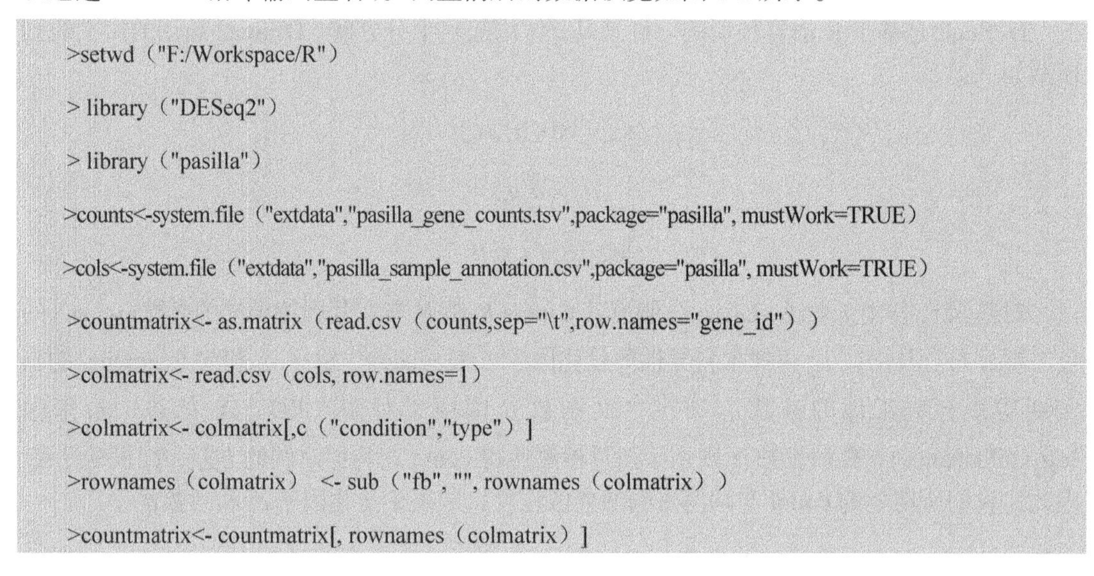

```
>setwd（"F:/Workspace/R"）
> library（"DESeq2"）
> library（"pasilla"）
>counts<-system.file（"extdata","pasilla_gene_counts.tsv",package="pasilla", mustWork=TRUE）
>cols<-system.file（"extdata","pasilla_sample_annotation.csv",package="pasilla", mustWork=TRUE）
>countmatrix<- as.matrix（read.csv（counts,sep="\t",row.names="gene_id"））
>colmatrix<- read.csv（cols, row.names=1）
>colmatrix<- colmatrix[,c（"condition","type"）]
>rownames（colmatrix） <- sub（"fb", "", rownames（colmatrix））
>countmatrix<- countmatrix[, rownames（colmatrix）]
```

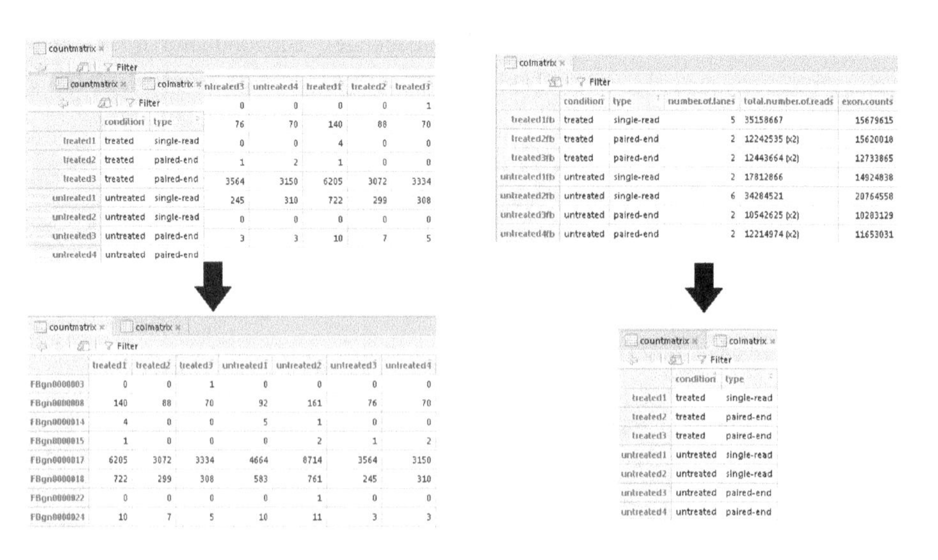

	condition	type
treated1	treated	single-read
treated2	treated	paired-end
treated3	treated	paired-end
untreated1	untreated	single-read
untreated2	untreated	single-read
untreated3	untreated	paired-end
untreated4	untreated	paired-end

ntreated3	untreated4	treated1	treated2	treated3
0	0	0	0	1
76	70	140	88	70
0	0	4	0	0
1	2	1	0	0
3564	3150	6205	3072	3334
245	310	722	299	308
0	0	0	0	0
3	3	10	7	5

	condition	type	number.of.lanes	total.number.of.reads	exon.counts
treated1fb	treated	single-read	5	35158667	15679615
treated2fb	treated	paired-end	2	12242535 (x2)	15620018
treated3fb	treated	paired-end	2	12443664 (x2)	12733865
untreated1fb	untreated	single-read	2	17812866	14924838
untreated2fb	untreated	single-read	6	34284521	20764558
untreated3fb	untreated	paired-end	2	10542625 (x2)	10283129
untreated4fb	untreated	paired-end	2	12214974 (x2)	11653031

	treated1	treated2	treated3	untreated1	untreated2	untreated3	untreated4
FBgn0000003	0	0	1	0	0	0	0
FBgn0000008	140	88	70	92	161	76	70
FBgn0000014	4	0	0	5	1	0	0
FBgn0000015	1	0	0	0	2	1	2
FBgn0000017	6205	3072	3334	4664	8714	3564	3150
FBgn0000018	722	299	308	583	761	245	310
FBgn0000022	0	0	0	0	1	0	0
FBgn0000024	10	7	5	10	11	3	3

	condition	type
treated1	treated	single-read
treated2	treated	paired-end
treated3	treated	paired-end
untreated1	untreated	single-read
untreated2	untreated	single-read
untreated3	untreated	paired-end
untreated4	untreated	paired-end

图 6-2　调整前后的数据预览（RStudio 界面下）

调整好数据后，我们可以开始构建 dds（DESeqDataSet）对象。

```
>dds<- DESeqDataSetFromMatrix（countmatrix, colmatrix, design= ~ condition）
>dds
class: DESeqDataSet
dim: 14599 7
metadata（1）: version
assays（1）: counts
rownames（14599）: FBgn0000003 FBgn0000008 ... FBgn0261574 FBgn0261575
rowData names（0）:
colnames（7）: treated1 treated2 ... untreated3 untreated4
colData names（2）: condition type
```

建立完对象后，我们可以开始分析结果。DESeq2 使用 DESeq 函数来进行分析，用“results”函数来生成结果表，使用“write.csv”函数写入文件并保存。在本示例中，阈值为校正后 *p* 值（*p*-value）小于 0.05。如果需要进一步了解，可以通过“?”+对象来查看官方文档。通过“head”函数，我们可以直观地看到按校正后 *p*-value 排序的前 6 行与 6 列数据；通过“summary”函数，可以对数据进行统计。例如，在该示例数据中，分析出 432 个上调基因与 406 个下调基因，并且没有离群值。

```
>dds<- DESeq（dds）
estimating size factors
estimating dispersions
gene-wise dispersion estimates
mean-dispersion relationship
final dispersion estimates
fitting model and testing
>resultsNames（dds）
[1] "Intercept"                              "condition_untreated_vs_treated"
> res<-results（dds, alpha=0.05）
> res = res[order（res$padj）,]
> head（res）
log2 fold change （MLE）: condition untreated vs treated
Wald test p-value: condition untreated vs treated
```

```
DataFrame with 6 rows and 6 columns
baseMean    log2FoldChange    lfcSE    stat    pvaluepadj
<numeric><numeric><numeric><numeric><numeric><numeric>
FBgn0039155  730.5958   4.619007   0.16872512  27.37593  5.307159e-165  4.543459e-161
FBgn0025111  1501.4105  -2.899863  0.12693550  -22.84517 1.632180e-115  6.986546e-112
FBgn0029167  3706.1165  2.197001   0.09701773  22.64535  1.550248e-113  4.423891e-110
FBgn0003360  4343.0354  3.179672   0.14352683  22.15385  9.576759e-109  2.049666e-105
FBgn0035085  638.2326   2.560409   0.13731558  18.64617  1.356618e-77   2.322802e-74
FBgn0039827  261.9162   4.162516   0.23258982  17.89638  1.258395e-71   1.795520e-68
> summary（res）
out of 12359 with nonzero total read count
adjusted p-value < 0.05
LFC > 0 （up）       : 432, 3.5%
LFC < 0 （down）     : 406, 3.3%
outliers [1]        : 1, 0.0081%
low counts [2]      : 3797, 31%
（mean count < 5）
[1] see 'cooksCutoff' argument of ?results
[2] see 'independentFiltering' argument of ?results
> write.csv（as.data.frame（res）,file="untreated_vs_treated.csv"）
```

DESeq2 具有独特的标准化方法，如果需要提取标准化后的数据进行其他分析，可以通过以下函数得到标准化后的表达量矩阵：

```
>rld<- rlogTransformation（dds）
> expr=assay（rld）
```

得到差异表达基因及表达量后，我们需要对其进行可视化，以便直观地研究和展示结果。DESeq2 内置了部分函数，可以进行简单作图，也可以通过结合“ggplot2”、“pheatmap”等 R 包来实现更多功能，其可视化如图 6-3～图 6-6 所示。

```
> hist（res$pvalue, br=25）
>plotMA（res, main="DESeq2", ylim=c（-2,2））
>plotCounts（dds, gene=row.names（resadj）[1], intgroup="condition"）
```

```
> legends <- as.data.frame（colData（dds）[,c（"condition","type"）]）
> x<-res[which（res$padj<0.05）[1:20],]
>pheatmap（assay（rld）[row.names（x）,],cluster_rows=FALSE,show_rownames=FALSE,cluster_cols=
FALSE, annotation_col=legends）
```

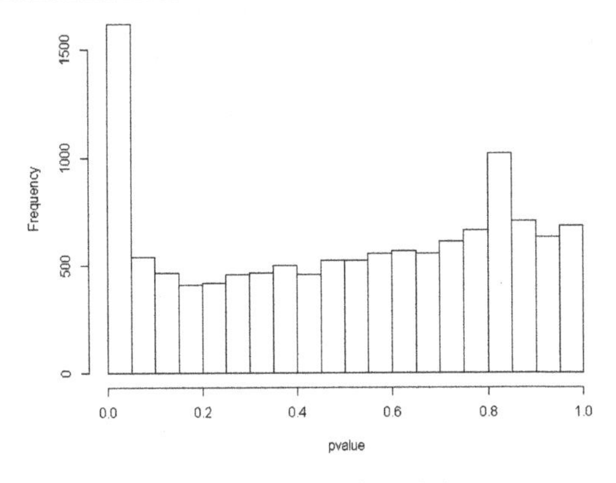

图 6-3　p-value 的直方分布图

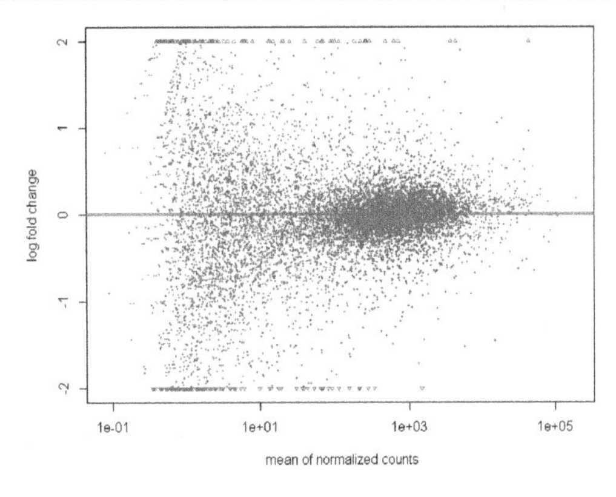

图 6-4　|log$_2$（foldchange）|<2 条件下的火山图

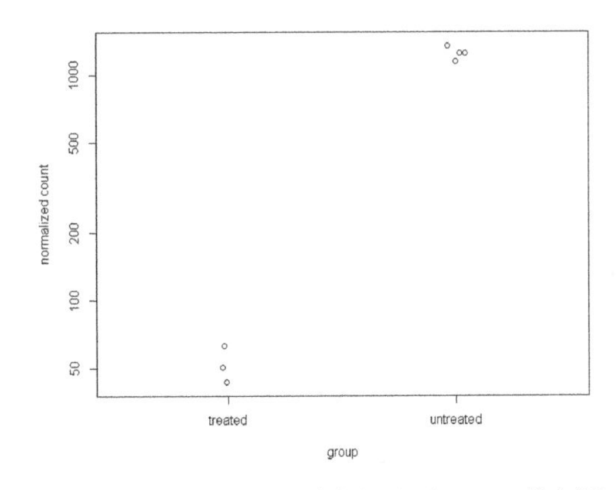

图 6-5　校正后 p-value 最小的基因 counts 分布图

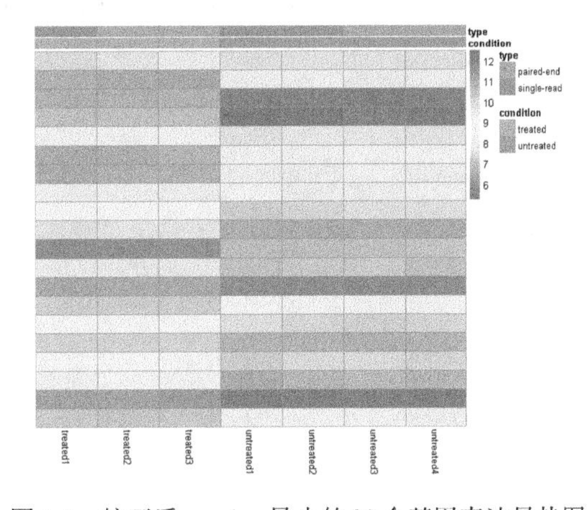

图 6-6　校正后 p-value 最小的 20 个基因表达量热图

（2）edgeR

edgeR 是一个用于分析转录组数据的差异表达的工具。除了 RNA-seq，edgeR 也可以应用于其他测序技术产生的原始计数数据，如 ChIP-seq、ATAC-seq、Bisulfite-seq、SAGE 和 CAGE。edgeR[2,3]使用加权条件似然（weighted condition likelihood）调节每个基因的离差估计值，使其趋向于所有基因的共同估计值，或趋向于表达强度相似的基因的局部估计值。同样地，edgeR 也假设数据服从如下的负二项分布模型。对基因 g、样本 i 来说，M_i 代表着文库规模，即总 Reads 数；φ_g 为离散参数；p_{gi} 则代表着在样本 i 所属的组 j 中基因 g 的相对丰度。由此，我们可以推导出均值与方差。

$$Y_{gi} = NB(M_i p_{gi}, \varphi_g)$$

$$\mu_{gi} = M_i p_{gi}$$

$$Var(Y_{gi}) == \mu_{gi} + \varphi_g \mu_{gi}^2$$

此外，edgeR 还引入了条件极大似然估计和经验贝叶斯方法来减小基因间不平衡分布带来的影响，并且使用类似于费希尔（Fisher）精确检验的方法来评估每个基因的差异表达。

同样，我们也要通过 Bioconductor 来获取 edgeR。edgeR 需要包含原始计数数据的 counts 矩阵或数据集（data.frame）作为输入数据，并且使用 DGEList 来作为储存数据的简单对象。同时，如果样本具有分组，在构建 DGEList 时也需要与“counts”矩阵列数目相同长度的一列“group”来进行标识。

```
>setwd（"F:/Workspace/R"）
> library（"edgeR"）
> library（"pasilla"）
>counts<-system.file（"extdata","pasilla_gene_counts.tsv",package="pasilla", mustWork=TRUE）
>countmatrix<- as.matrix（read.csv（counts,sep="\t",row.names="gene_id"））
>y<-DGEList （counts=countmatrix, group= c（"untreated", "untreated", "untreated", "untreated", "treated", "treated", "treated"））
> y
An object of class "DGEList"
$counts
              untreated1  untreated2  untreated3  untreated4  treated1  treated2  treated3
FBgn0000003            0           0           0           0         0         0         1
FBgn0000008           92         161          76          70       140        88        70
FBgn0000014            5           1           0           0         4         0         0
FBgn0000015            0           2           1           2         1         0         0
FBgn0000017         4664        8714        3564        3150      6205      3072      3334
14594 more rows ...

$samples
                group    lib.sizenorm.factors
untreated1  untreated  13972512           1
untreated2  untreated  21911438           1
untreated3  untreated  8358426            1
```

```
untreated4   untreated   9841335    1
treated1     treated     18670279   1
treated2     treated     9571826    1
treated3     treated     10343856   1
```

构建对象后的下一步是进行过滤。从生物学的角度来看，在所有样本中都低表达的基因不易具有生物学意义；从统计学角度来看，这些部分同样很难具有显著差异性，并且会增强离散性，影响后续统计检验。在过滤时，不应当简单地对 counts 设立阈值，而是应该使用基于序列的 CPM（counts per million）来避免由文库大小区别带来的偏差。edgeR 也提供了用于自动过滤的函数。“filterByExpr”函数默认选取最小的组的样本数作为基准，并在这个样本数内保留有足够表达计数的基因。在这个数据集中，最小的组具有三个样本，因此基准为至少在三个样本中有足够的表达（过滤操作随机，不考虑样本在各组的分布）。“PlotMDS”函数用于观测样本的聚类是否满足实际情况（图 6-7）。

```
> keep <- filterByExpr（y）
>y_keep<- y[keep, , keep.lib.sizes=FALSE]
>plotMDS（y_keep）
```

在进行过滤后，需要标准化各样本表达量。edgeR 推荐使用“calcNormFactors”函数，用 TMM 方法来进行标准化并计算 norm.factors。

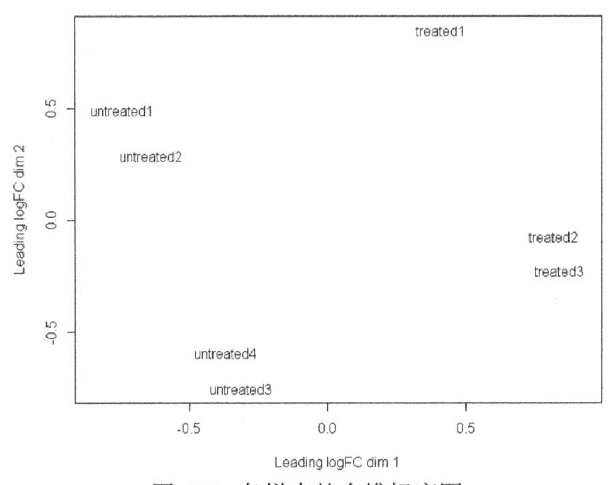

图 6-7 各样本的多维标度图

```
>y_keep<- calcNormFactors（y_keep）
>y_keep
An object of class "DGEList"
$counts
            untreated1  untreated2  untreated3  untreated4  treated1  treated2  treated3
```

```
FBgn0000008      92     161      76      70     140      88      70
FBgn0000017    4664    8714    3564    3150    6205    3072    3334
FBgn0000018     583     761     245     310     722     299     308
FBgn0000032    1446    1713     615     672    1698     696     757
FBgn0000037      15      25       9       5      20      14      17
7914 more rows ...

$samples
                  group     lib.sizenorm.factors
untreated1   untreated   13962958     1.0251335
untreated2   untreated   21893453     1.0055533
untreated3   untreated    8351891     0.9663494
untreated4   untreated    9834553     0.9475666
treated1       treated   18651915     1.0842237
treated2       treated    9564747     0.9840059
treated3       treated   10336064     0.9930106
```

接下来需要对数据进行离散度估计。edgeR 推荐使用“estimateDisp”函数来估计单因素实验的离散度。该函数采用了分位数调整条件最大似然（quantile-adjusted conditional maximum likelihood，qCML）方法，可以同时估计 qCML common 离散及 tagwise 离散。也可以通过“estimateCommonDisp”及“estimateTagwiseDisp”函数分别进行计算。在以下步骤中，同时对过滤并标准化后的数据及未处理过的数据进行了离散度估计，并通过“plotBCV”函数以图的形式展现（图 6-8、图 6-9）。

```
> group <- factor（c（"untreated","untreated","untreated","untreated","treated","treated","treated"））
> design <- model.matrix（~group）
>y_esy<- estimateDisp（y,design）
>y_es<- estimateDisp（y_keep,design）
>plotBCV（y_es）
>plotBCV（y_esy）
```

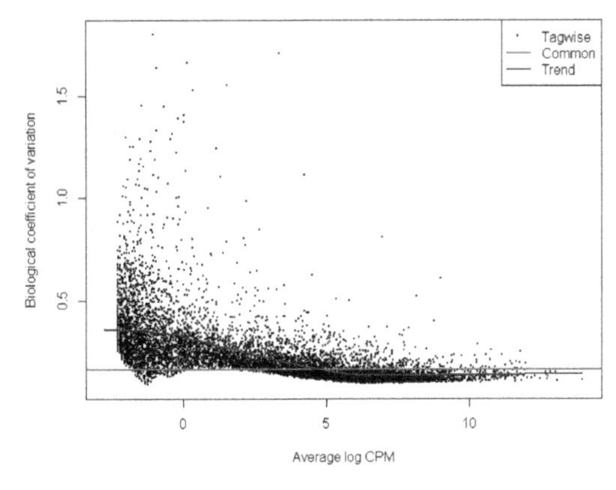

图 6-8　对处理后数据进行离散度估计

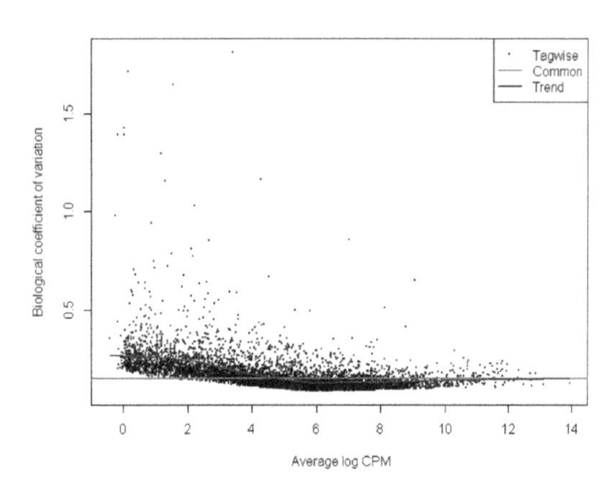

图 6-9　对处理前数据进行离散度估计

最后，我们可以使用似然比检验（likelihood ratio test）来对数据进行差异表达分析。“decideTests”函数默认选取 FDR 的阈值为 0.05。通过“summary”函数，我们可以看到，在给定检验条件下，差异表达的基因共有 883 个，其中 450 个表达量下调。“plotMD”函数则可以用于绘制火山图（图 6-10）。

```
>y_fit<- glmFit（y_es, design）
>y_lrt<- glmLRT（y_fit）
> top <- topTags（y_lrt）
> top
Coefficient:   groupuntreated
logFClogCPM      LR         PValue         FDR
FBgn0039155   4.609903    5.882320    807.8060   1.083707e-177    8.581874e-174
FBgn0025111   -2.907429   6.925429    494.8004   1.286186e-109    5.092654e-106
FBgn0003360   3.171221    8.451316    373.2476   3.673726e-83     9.697412e-80
FBgn0029167   2.189429    8.222828    346.9255   1.979987e-77     3.919879e-74
FBgn0035085   2.552019    5.685708    342.4428   1.874448e-76     2.968751e-73
FBgn0039827   4.148228    4.399320    339.7442   7.254077e-76     9.574173e-73
FBgn0034736   3.499620    4.189188    270.3837   9.360375e-61     1.058926e-57
FBgn0029896   2.437396    5.308109    237.7590   1.211567e-53     1.199300e-50
FBgn0000071   -2.684243   4.796685    209.4012   1.855743e-47     1.632848e-44
FBgn0034434   3.624455    3.215669    200.0864   1.999765e-45     1.583614e-42
> summary（decideTests（y_lrt））
groupuntreated
```

```
Down         450
NotSig      7036
Up           433
>plotMD（y_lrt）
```

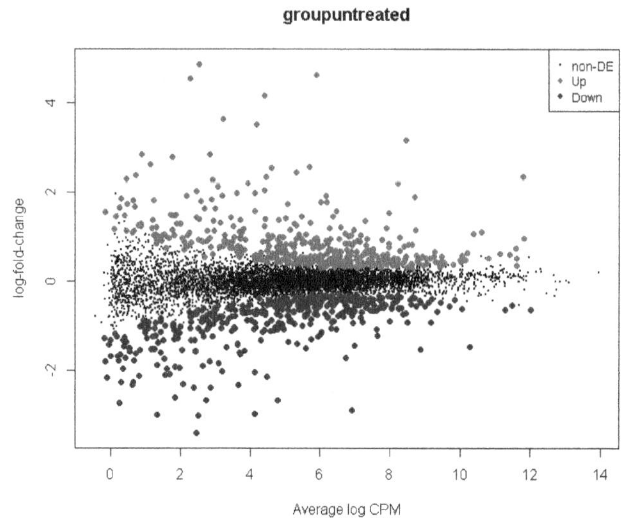

图 6-10 对数据进行似然比检验后的火山图

6.2.3 可变剪接事件识别

可变剪接是指 mRNA 前体以多种方式将外显子连接在一起，生成具有不同化学性质和生物功能的蛋白亚型的过程，即 pre-mRNA 利用不同的内含子去除方式可以获得各种成熟的 mRNA。由于可变剪接使一个基因产生多个 mRNA 转录本，不同 mRNA 可能翻译成不同蛋白质。可变剪接（AS）是一种基因调节机制，其以多种方式调节基因表达。现在已经确定，AS 在包括植物和人类在内的所有多细胞真核生物中普遍存在。通过可变剪接这种调节机制，一个基因能够产生多种转录本，从而产生多个蛋白产物，极大增加了蛋白质的多样性和基因组的蛋白编码能力。前体 mRNA 的可变剪接机制不仅能够增加基因表达的复杂性，还能增加蛋白质的多样性，并且它在细胞分化和生物体发育中起着重要作用。由于可变剪接使一个基因产生多个 mRNA 转录本，不同 mRNA 可能翻译成不同蛋白质，从而导致基因数量和蛋白质数量有着极大的差距。然而可变剪接的异常机制也能对生物造成影响，因此，深入理解可变剪接的作用机制，不仅有助于深入理解其基本的生物学原理，而且可以为各种疾病提供可能的解决方案。

可变剪接的类型主要分为 5 种（图 6-11），第一类是外显子跳跃型（exon skipping），发生跳跃的外显子和其两侧的内含子都被剪切掉，上游和下游的外显子被直接连在一起保留在剪切后的产物中。第二类是内含子保留型（intron retention），某一段核苷酸序列在一个剪切体中是外显子的一部分，而在与之对照的剪切体中却是内含子而被剪切掉。第三和第四类是可变 5′端或 3′端剪切（alternative 5′ ss splice or alternative 3′ ss splice，其中 5′ ss 称供体位点，3′ ss 称受体位点），和与它对照的另一个剪切体相比，发生剪切的位点在 5′端或 3′端不同。第五类是外显子互斥（mutual exclusive of exon）。

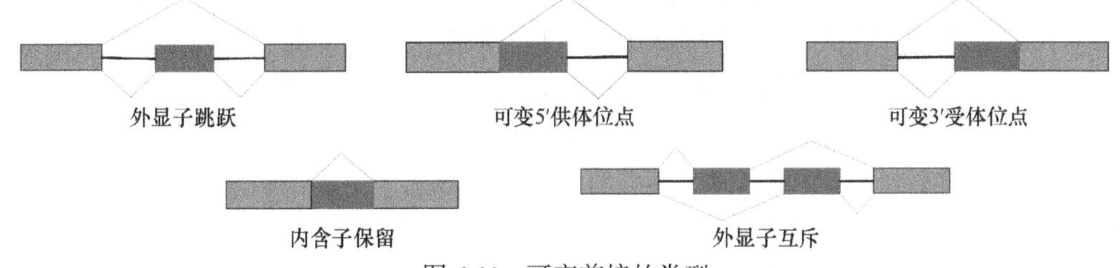

图 6-11　可变剪接的类型

可变剪接的识别关键在于定位剪接位点。在 RNA-seq 问世之前，对可变剪接的检测可利用表达序列标签和 RNA 芯片等方法。RNA 芯片可以结合剪接位点和外显子探针的信息，同时检测数以千计的剪接事件，但难以区分较为相似的剪接异构体。而 RNA-seq 能够直接测序并具有较好的覆盖度。因此，可以很好地弥补先前方法的不足而得以广泛应用。当前用于 RNA-seq 数据与基因组比对的软件依赖于已知的剪接点，无法识别新的剪接点。而 TopHat 是一种高效的读长比对算法，旨在将 RNA-seq 的读长与参考基因组比对，识别读长富集的区域来推测候选的剪接位点，而无须依赖已知的剪接位点。TopHat 的工作流程如图 6-12 所示。

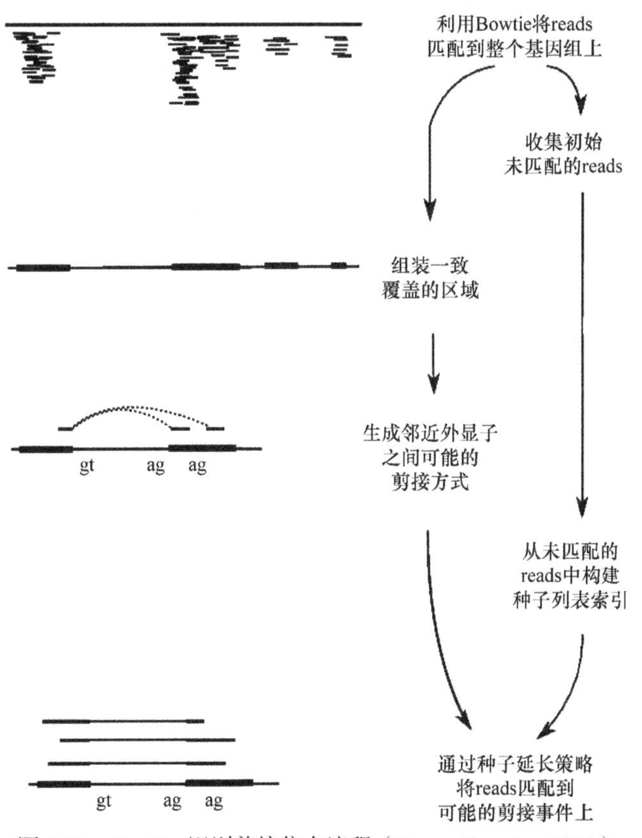

图 6-12　TopHat 识别剪接位点流程（Trapnell et al.，2009）

TopHat 通过在两个阶段将读长比对到参考基因组来找到剪接位点。在第一阶段，管道使用 Bowtie 将所有读长与已知的参考基因组进行比对，可以分为比对上的和没有比对上的 reads，所有未比对到基因组的读段都被称为"初始未匹配的 reads"(initially unmapped read) 或 IUM reads。然后，TopHat 使用 Maq 中的组装模块组装比对上的 reads，发现某块区域有较多的 reads，这些区域称为岛序列 (island sequence)，可能就是外显子候选序列。为了生成岛序列，TopHat 调用 Maq assemble 子命令 (带有-s 标志)。为了将读长映射到剪接点，需要将岛序列两端延长以使供体和受体位点在这段区域之中，延长距离默认为 45bp。然后 TopHat 遍历岛序列 (及其反向互补序列) 中的所有供体和受体位点。接下来，它考虑了这些位点的所有配对，这些配对可能在相邻岛之间两两组合，如果组合之中有 GT-AG 结构，那么这些组合就被认为是潜在的剪接方式。然后，对于每个拼接连接，TopHat 都使用种子延长策略搜索 IUM reads，以查找 IUM reads 所覆盖的潜在的剪接位点 (图 6-13)。

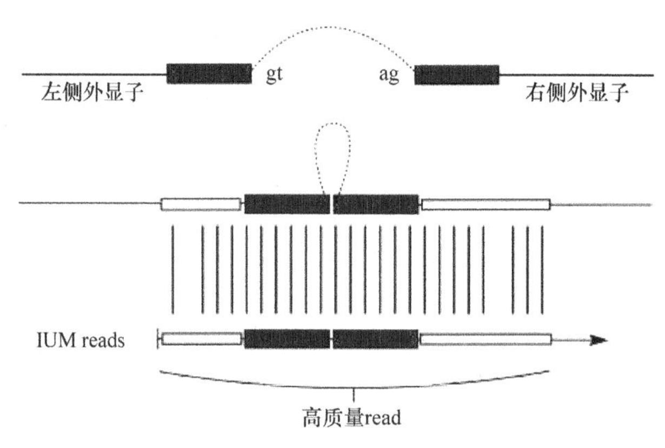

图 6-13　用种子延长策略匹配短序列到可能的剪接位点上

对于可变剪接的预测，目前分析可变剪接的软件主要有 SpliceR、SpliceGrapher、ASprofile 以及 Splicing Express 等。SpliceGrapher 是一个使用较方便简单的可变剪接分析软件。SpliceGrapher 主要利用 RNA-seq 数据对已有的基因模型进行可变剪接分析，并能给出图形结果。下面主要介绍 SpliceGrapher 软件的简单应用。

SpliceGrapher 的下载与安装：

```
wgethttps://sourceforge.net/projects/splicegrapher/files/latest/download
tar -xzvf SpliceGrapher-0.2.7.tgz
cd SpliceGrapher-0.2.7
python setup.py build
python setup.py install
```

检测 SpliceGrapher 是否安装成功以及能否正常运行，运行 python 并输入以下命令：

```
>>> import SpliceGrapher
>>>SpliceGrapher.__version__
```

```
'0.2.7'
```

SpliceGrapher 是一个 python 软件包，软件的使用是运行其中的一些 python 程序，用于根据基因模型和 EST 数据从 RNA-Seq 数据创建剪接图。它接受 GTF 或 GFF3 格式的基因模型，并接受流行的 SAM 和 BAM 格式的比对，由于使用 SAM 文件作为输入，其可变剪接分析结果比较全面准确。此外，用户还可以将通过 BLAT 或 GMAP 之类的工具生成 PSL 格式的 EST 序列作为输入。SpliceGrapher 预测可选的剪接模式，并生成剪接图，以单一结构捕获基因外显子组装的方式。它利用来自下一代测序和 EST 比对的证据，增强了基因模型注释。SpliceGrapher 的使用说明非常详细，具体请见官方使用手册（http://splicegrapher.sourceforge.net/userguide.html）。

6.3 非编码 RNA 信息分析

6.3.1 miRNA 基因

1. miRNA 概述

在诸多 ncRNA 中，microRNA（miRNA）近年来得到科学家的广泛关注，microRNA 是一类隶属于非编码 RNA 家族并可在转录后水平调控基因表达的长度约为 22nt 的小分子。

miRNA 通过与靶信使 RNA（mRNA）的编码区或 3′非翻译区中的互补序列结合来转录后调节基因表达，高通量测序技术的最新发展以及生物信息学预测方法极大地促进了对 miRNA 的研究，包括调控靶标和可能的功能研究。miRNA 的生物发生和功能与各种临床疾病的分子机制有关，它们可以潜在地调节细胞活性的各个方面，包括分化和发育、代谢、增殖、凋亡性细胞死亡、病毒感染和肿瘤发生。

迄今为止，研究者已经在拟南芥、线虫、果蝇、小鼠和人等多种生物中发现了数以千计的 miRNA 分子，通过实验或生物信息学的分析，每种 miRNA 已经被证明具有数百个靶 mRNA，miRNA 与靶 mRNA 形成了一个复杂的调控网络，在细胞增殖、凋亡、分化、代谢、发育等多种生物学过程中发挥着重要的作用。除此之外，miRNA 已经被证明同多种癌症的表达有关。研究 miRNA 将有助于人们了解基因间的网络调控关系，同时对人类疾病防治、基因功能研究都有着十分重要的意义。

2. miRNA 的计算识别

随着下一代测序（next-generation sequencing，NGS）技术和生物信息学的发展，我们可以通过测序数据预测、识别新的 miRNA，大大加快了 miRNA 的研究进程。现在 miRNA 的发现主要有实验方法和生物信息学计算预测法两种途径。早期的 miRNA 主要是通过实验方法发现的，这种方法的优点是直接、可靠。然而，对于在不同时期表达或只在特定组织或细胞系中表达的 miRNA，由于实验方法固有的局限性，很难捕获这些表达丰度较低的 miRNA，且实验方法代价高昂，效率相对低下。生物信息学计算预测法不受 miRNA 表达的时间和组织特异性以及表达水平的影响，有效弥补了实验方法的不足，因而越来越受到科研人员的重视，成为指导实验的重要依据。

miRNA 预测原理主要依赖于 miRNA 前体中的茎环二级结构、物种间的进化高度保守性以及最小折叠自由能原则等特性。现在人们开发了很多用于 miRNA 深度测序分析的软件。以下介绍几种使用较多的 miRNA 预测识别工具。

（1）miRDeep2

miRDeep2 是分析已知成熟 miRNA 和新 miRNA 的工具，其算法可以识别标准 miRNA 和非标准 miRNA，如来自转置元件的 miRNA。miRDeep2 算法使用贝叶斯统计学来对测序 RNA 与 miRNA 生物发生的生物模型的适合度进行评分。miRDeep2 算法在高通量测序数据中识别 miRNA 的方法具有以下优势：①能够准确地识别所有动物主要分支中的已知的和新的 miRNA；②能够将 miRNA 与其他和 AGO 蛋白结合的小 RNA 区分开来；③报告能够支持高通量验证的 miRNA；④高效的存储和较短的时间消耗；⑤易于使用。图 6-14 所示就是 miRDeep2 的算法流程框架示意图。

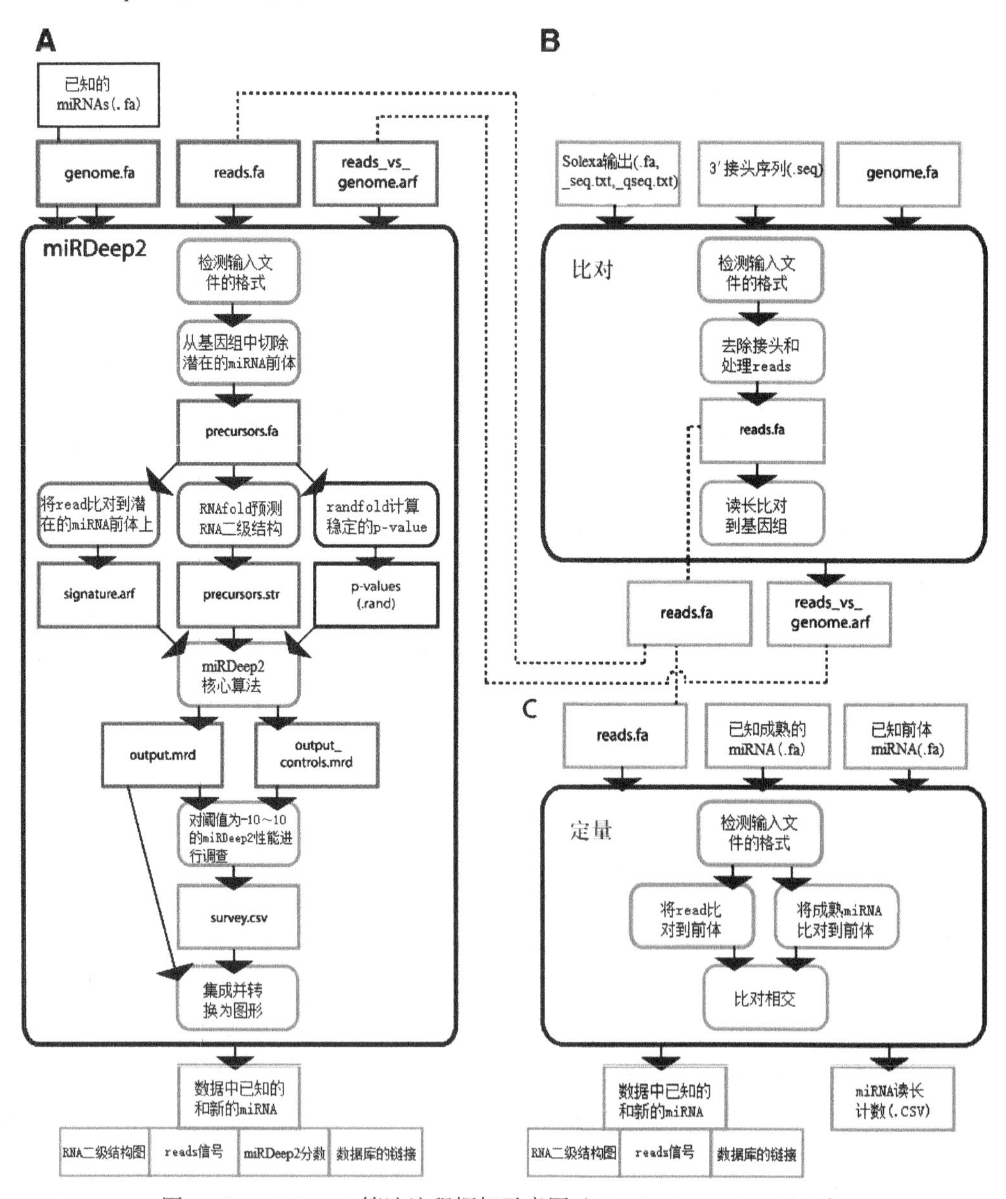

图 6-14　miRDeep2 算法流程框架示意图（Friedländer et al.，2012）

miRDeep2 是用 perl 语言编写而成的,具有跨平台的优势,容易为生物信息工作者使用。该软件使用的时候需要提供参考基因组的 FASTA 文件、miRBase 中该物种的成熟 miRNA、miRBase 中该物种的前体 miRNA、高通量测序结果的 FASTA 数据文件。miRDeep2 在进行数据处理时主要用到了三个脚本：mapper.pl、quantifier.pl 和 miRDeep2.pl，分别用于比对、定量和预测识别 miRNA。

1）miRDeep2 的下载安装。

该软件可从 GitHub 上下载，使用 install.pl 脚本进行安装。

```
git clone https://github.com/rajewsky-lab/mirdeep2.git
cd ~/Desktop/mirdeep2
perl install.pl
```

2）miRDeep2 的使用。

①: 建立索引。

```
bowtie-build cel_cluster.facel_cluster
```

②: 将 read 比对到参考基因组。

```
mapper.pl reads.fa -c -j -k TCGTATGCCGTCTTCTGCTTGT   -l 18 -m -p cel_cluster -s reads_collapsed.fa -t
reads_collapsed_vs_genome.arf -v
-c 表示输入文件是 fasta
-e   fastq 表示输入文件是 fastq
-h 如果不是 fasta，用该参数处理成 fasta
-j 移除 ATCGUNatcgun 以外的字符
-k 表示去除接头序列
-l   18 剔除长度在 18 bp 以下的序列
-m 合并相同的 reads
-p   bowtie 索引
-s 处理后的 read
-t 处理后比对文件
-d 如果要处理多个样本，则指定配置文件
```

③: 快速进行定量。如果不需要预测新的 miRNA，可以直接用 miRBase 数据库进行定量。

```
quantifier.pl -p precursors_ref_this_species.fa -m mature_ref_this_species.fa -r reads_collapsed.fa -t cel -y
16_19
```

④: 鉴定新的 miRNA，并进行定量。

```
miRDeep2.pl reads_collapsed.farefdb.fareads_vs_refdb.arfmature_ref.famature_other.fahairpin_ref.fa -t has
2>report.log
```

⑤: 将所有结果集成到一个 html 表中，该表包含测序数据中确定的每个 miRNA 的详细信息，可以打开 results.html 查看最后结果。

（2）MiRFinder

MiRFinder 是一种高通量和高性能的计算前体 miRNA 的预测工具。MiRFinder 是一种基于机器学习的 miRNA 预测方法。随着大批的 miRNA 被发现，基于机器学习的 miRNA 预测方法受到了重视。这种方法设立了两类序列：一类为已知的 miRNA 序列（阳性训练数据集），另一类为含有发夹结构但不含有 miRNA 的序列（阴性训练数据集），如某些 mRNA、tRNA 和 rRNA。通过这两种数据集来构建区分两者的分类器，经测试后对未知序列进行预测。分类器主要考察训练集的序列和结构特征，如发夹结构的最小自由能、茎区的序列保守性、环的长度、倒置序列重复等。用于训练的数据集越大，越有助于提高分类器的敏感性和特异性。常见的机器学习方法有支持向量机（support vector machine，SVM）、隐马尔可夫模型（hidden Markov model，HMM）和朴素贝叶斯（naive Bayes）分类法等。选取准确合理的阳性和阴性训练样本对机器学习预测很关键。样本的特征应能够很好地反映两类样本的差异。MiRFinder 可以准确区分 miRNA 和非 miRNA 发夹结构。

MiRFinder 的程序流程如图 6-15 所示，主要包括六个步骤，总共包括从基因组中获取发夹序列、计算二级结构、计算罚分、SVM 判别等步骤：①使用类似 SW 算法扫描 UCSC 数据库基因组两两配对数据中所有可能形成稳定发夹结构的序列；②利用 RNALfold（Hofacker et al.，2004）折叠程序计算候选序列所有可能的二级结构；③利用 schLoop 程序结合与 miRNA 剪切加工规律相关的 miRNA 生物学特征筛选有价值的候选发夹序列；④发夹序列重折叠，利用 RNAfold（Zuker et al.，1981）重折叠候选发夹序列，计算其二级结构及最小自由能；⑤结合序列信息、MFE、二级结构，计算 18 个特征向量的罚分值；⑥通过 SVM 模型判别去除 miRNA 特征不明显的序列。

MiRFinder 是一个免费软件，可以使用基因组配对比对来预测 miRNA，该软件目前只有 Windows 版本，可从 https://www.bioinformatics.org/mirfinder 下载并安装。

（3）mireap

mireap 软件用于处理高通量测序技术获得的 miRNA 序列，它依据 miRNA 的产生原理，通过 miRNA 独特的发夹前体结构和酶切位点的保守性等特性，考虑前体的折叠自由能等信息，来预测已经发现的和新的 miRNA 序列。

1）mireap 的下载安装。

该软件可通过访问以下网址 http://sourceforge.net/projects/mireap，或者直接从 GitHub 上下载并安装。

```
git clone https://github.com/liqb/mireap.git
tar -zxvf mireap*.tar.gz
```

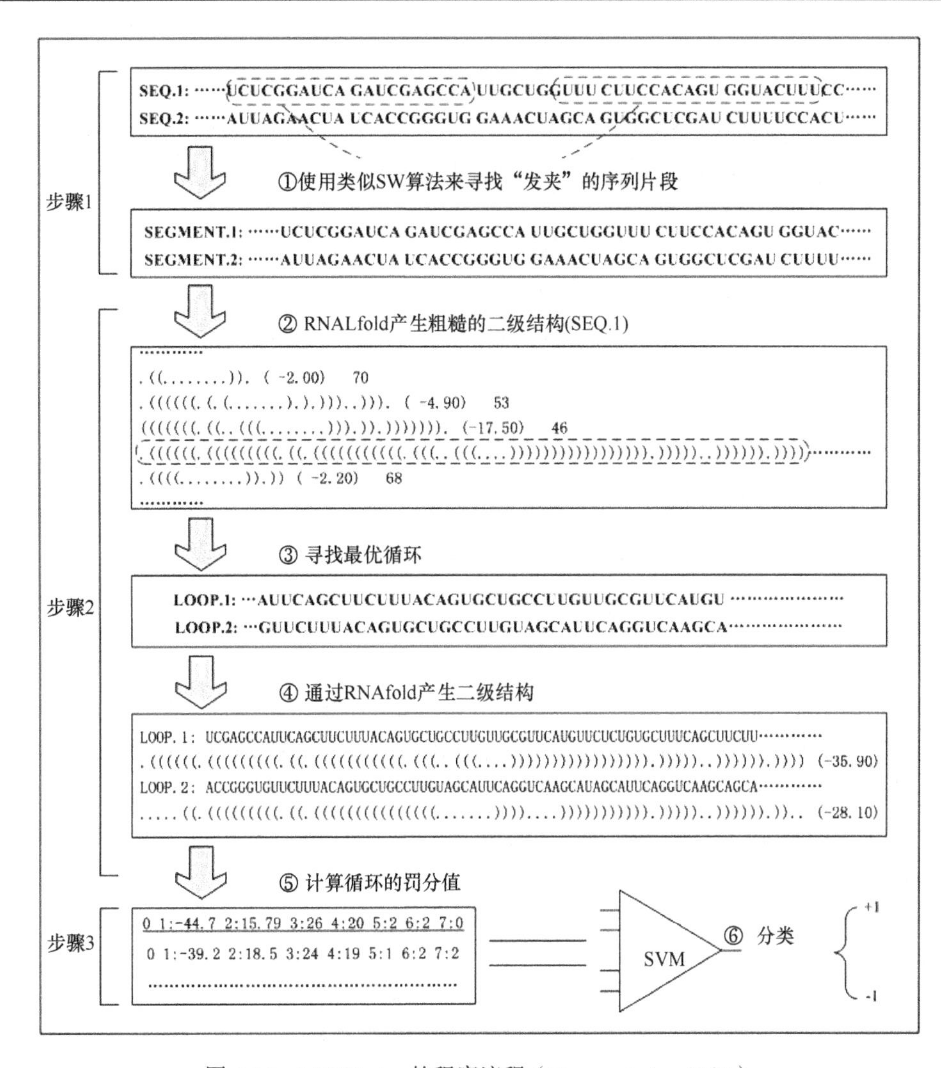

图 6-15　MiRFinder 的程序流程（Huang et al.，2007）

mireap 软件是一个 perl 脚本程序，并且依赖于 ViennaRNA 压缩包，该压缩包用于预测 RNA 二级结构，下载地址为 http://www.tbi.univie.ac.at/RNA。

2）mireap 工具的使用。

```
mireap.pl -i<smrna.fa> -m <map.txt> -r <reference.fa> -o <outdir>
Options:
-i<file>   Small RNA library, fasta format, forced
-m <file>   Mapping file, tabular format, forced
-r <file>   Reference file, fasta format, forced
-o <dir>    Directory where results produce （current directory）
-t <str>    Sample label （xxx）
```

```
-A <int>    Minimal miRNA sequence length （18）
-B <int>    Maximal miRNA sequence length （26）
-a <int>    Minimal miRNA reference sequence length （20）
-b <int>    Maximal miRNA reference sequence length （24）
-u <int>    Maximal copy number of miRNAs on reference （20）
-e <folat>  Maximal free energy allowed for a miRNA precursor （-18）
-d <int>    Maximal space between miRNA and miRNA* （35）
-p <int>    Minimal base pairs of miRNA and miRNA*
-v <int>    Maximal bulge of miRNA and miRNA* （4）
-s <int>    Maximal asymmetry of miRNA/miRNA* duplex
-f <int>    Flank sequence length of miRNA precursor （10）
-h          Help
```

mireap 在输出目录下会产生三个文件，分别是带有 aln、gff 和 log 后缀的文件。aln 文件里包含的是新预测的发夹前体序列及结构，测序得到的小 RNA 也会比对到这个前体结构，通过检查这个前体结构，我们可以对新预测到的 miRNA 有更深的了解。gff 文件里是该软件产生的新的 miRNA 及其前体、结构信息，log 文件里是运行的一些参数及预测序列等详细信息。

3. miRNA 靶基因预测

正因为 miRNA 在许多生物过程中发挥着至关重要的作用，如何准确快速地预测 miRNA 靶基因对于研究 miRNA 功能以及分析 miRNA 如何进行基因表达调控具有重大的意义。目前 miRNA 靶基因预测识别方法主要有生物信息学方法和生物实验法。生物实验法步骤繁多且较难普及，所以一般不推荐，现用得比较多的是生物信息学方法。该方法主要是借助某些算法来对靶基因样本进行评估，进而筛选有用的信息。

目前常规的算法对靶基因进行评估时主要遵守以下几点：①miRNA 与靶基因的序列互补性；②miRNA 靶位点的序列保守性，miRNA 结合位点如果在多个物种之间具有保守性，则该位点更可能为 miRNA 靶位点；③miRNA-mRNA 双链之间的热稳定性，miRNA 与靶标对形成的自由能越低，其可能性越大，结构越稳定；④位点可结合性，mRNA 的二级结构影响与 miRNA 结合形成双链的能力，所以 miRNA 与靶标之间不会有过于复杂的二级结构；⑤miRNA 结合位点在 UTR 的位置也会影响 miRNA 与靶基因的结合。

除了这些基本原则外，不同的算法在进行预测的时候还会根据各自的特点及其规律进行优化。不同的算法所采用的方法各不相同，但也有相似之处，最核心的部分主要还是根据序列互补性、miRNA 靶位点的保守性、miRNA-mRNA 热动力学因素及二级结构位点可结合性等原则设计的。

（1）miRanda

miRanda 由著名的纪念斯隆-凯特琳癌症中心（memorial Sloan-Kettering cancer center）

开发，是一种用于检测基因组序列上潜在 miRNA 结合位点或靶基因的软件。miRanda 直接根据 miRNA-mRNA 序列匹配的打分值和对应的自由能来评估结合位点的可能性。miRanda 读取来自 file1 的 RNA 序列（如 miRNA）和来自 file2 的基因组 DNA/RNA 序列（如转录本对应的 3′ UTR 序列），这两个文件都应该是 FASTA 格式，其中主要的参数有 Score 值以及最小自由能（minimum free energy）等。Score 是序列比对打分的阈值，表示 miRNA 和 mRNA 间的序列互补匹配程度，得分越高就表示两序列互补程度越高，小于该阈值的结合位点将被过滤掉。MFE 则是 miRNA-mRNA 形成的复合结构的自由能，表示该结构的结合程度，自由能越小则表示该 miRNA 与 mRNA 之间的结构越稳定，即结果要小于该阈值。

miRanda 的基本用法如下。

```
用法：miranda file1 file2 [ options ... ]
选项：
 --help -h          Display this message
 --version -v       Display version information
Core algorithm parameters:
 -sc      S         Set score threshold to S               [DEFAULT: 140.0]
 -en      -E        Set energy threshold to -E kcal/mol    [DEFAULT: 1.0]
 -scale   Z         Set scaling parameter to Z             [DEFAULT: 4.0]
 -strict            Demand strict 5' seed pairing          [DEFAULT: off]

Alignment parameters:
 -go   -X           Set gap-open penalty to -X             [DEFAULT: -4.0]
 -ge   -Y           Set gap-extend penalty to -Y           [DEFAULT: -9.0]

General Options:
 -out file          Output results to file                 [DEFAULT: off]
 -quiet             Output fewer event notifications       [DEFAULT: off]
 -trim T            Trim reference sequences to T nt       [DEFAULT: off]
 -noenergy          Do not perform thermodynamics          [DEFAULT: off]
```

以下是 miRanda 的一个运行示例，miRanda 通过读取输入的两个文件，输出相应的匹配结果以及 Score 和 MFE 值。可以看出，Score 值为 167，即为输入的两个序列比对打分值；最小自由能为−24kcal/Mol。

```
输入：mirandabantam_stRNA.fastaUTR.fasta
```

```
输出：
Forward: Score: 167.000000   Q:2 to 20   R:3340 to 3360 Align Len （18） （83.33%） （94.44%）
Query:   3' gtCGAAAGTTTTACTAGAGTg 5'
              |:|||| ||||||||:
Ref:     5' taGTTTTCACAATGATCTCGg 3'
Energy:  -24.540001 kCal/Mol
```

（2）RNAhybrid

RNAhybrid 是一种用于寻找一条长链 RNA 和一条短链 RNA 的最小配对自由能的 miRNA 靶标预测工具，是基于 miRNA-target 配对自由能来预测 miRNA 的靶标。RNAhybrid 还有一个易于使用的 Web 界面的在线版本，用户可以在其中上传自己的 miRNA 和候选靶序列进行预测。详情见官方网站 https://bibiserv.cebitec.uni-bielefeld.de/rnahybrid。

具体用法如下。

```
Usage: RNAhybrid [options] [target sequence] [query sequence].
options:
  -b <number of hits per target>
  -c compact output
  -d <xi>,<theta>
  -f helix constraint
  -h help
  -m <max targetlength>
  -n <max query length>
  -u <max internal loop size （per side）>
  -v <max bulge loop size>
  -e <energy cut-off>
  -p <p-value cut-off>
  -s （3utr_fly|3utr_worm|3utr_human）
  -g （ps|png|jpg|all）
  -t <target file>
  -q <query file>
```

（3）TargetScan

TargetScan 是一个专门分析哺乳动物 miRNA 靶基因的软件，并且根据已有的分析结果整理成了数据库，网址为 http://www.targetscan.org/vert_72。

TargetScan 将种子区域定义为成熟 miRNA 的 2～7 位。TargetScan 数据库主要通过和 miRNA 种子区域相匹配的保守的 8mer 和 7mer 位点来预测靶基因。TargetScan 在预测时，首先要求种子区域的碱基必须严格配对，然后延伸序列直到不配对的区域，根据保守性原则，过滤掉不具有 3′ UTR 保守序列的分子，最后再对其稳定性进行筛选，通过这个过程来排除假阳性，提高了预测的准确度。

TargetScan 用多序列比对文件作为输入，寻找保守的种子互补配对序列，主要考虑三种匹配的类型（图 6-16）：7mer-A1 site（种子区域匹配，而且 UTR 上与 miRNA 1nt 匹配的位置是 A），7mer-m8 site（与 miRNA 2～8nt 位置完全配对），8mer site（与 miRNA 2～8nt 位置完全配对，而且 UTR 上与 miRNA 1nt 匹配的位置是 A）。除了 7mer 和 8mer site，TargetScan 预测定义 6mer site 为与成熟 miRNA（种子）2～7 位的精确匹配，所有 6mer 位点都被归类为保守性差。多数情况下为 7nt 匹配，8mer 的特异性最高，6mer 的特异性相应下降。

TargetScan（human）数据库界面如图 6-17 所示。通过该数据库，我们可以很方便地检索 miRNA 靶基因信息。在进行检索时，支持输入 gene symbol 和 Emsembl ID 两种格式的基因名以及 Emsembl transcript ID 的转录本，我们就可以得到这个基因对应的多个转录本和对应的 3′ UTR 长度，点击每个转录本 ID 可以查看该转录本上的 miRNA 结合位点等信息。除了数据库检索功能，TargerScan 还提供了相应的软件可以在本地运行。

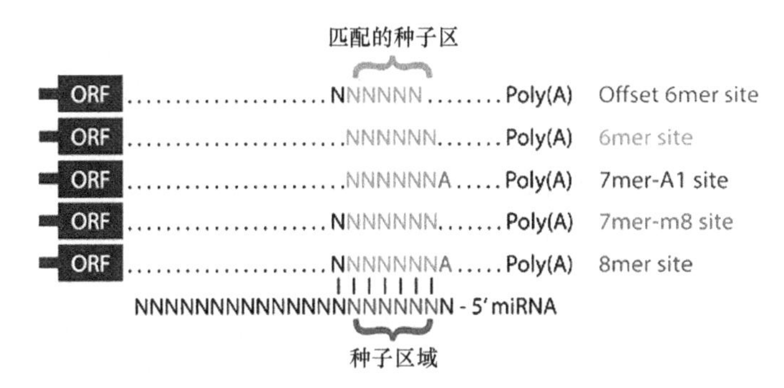

图 6-16　保守位点类型

TargetScanHuman
Prediction of microRNA targets　Release 7.2: March 2018　Agarwal et al., 2015

Search for predicted microRNA targets in mammals　[Go to TargetScanMouse] [Go to TargetScanWorm] [Go to TargetScanFly] [Go to TargetScanFish]

1. Select a species [Human]

AND

2. Enter a human gene symbol (e.g. "Hmga2")
or an Ensembl gene (ENSG00000149948) or transcript (ENST00000403681) ID

AND/OR

3. Do one of the following:

- Select a broadly conserved* microRNA family [Broadly conserved microRNA families]
- Select a conserved* microRNA family [Conserved microRNA families]
- Select a poorly conserved but confidently annotated microRNA family [Poorly conserved microRNA families]
- Select another miRBase annotation [Other miRBase annotations]

Note that most of these families are star miRNAs or RNA fragments misannotated as miRNAs.

- Enter a microRNA name (e.g. "miR-9-5p")

[Submit] [Reset]

图 6-17　TargetScan（human）数据库界面

```
Usage:
./targetscan_70.pl    miRNA_fileUTR_filePredictedTargetsOutputFile


Required input files:
miRNA_file        => miRNA families by species
UTR_file          => Aligned UTRs
Output file:
PredictedTargetsOutputFile       => Lists sites using alignment coordinates (MSA and UTR)
```

6.3.2 lncRNA 基因识别

1. lncRNA 概述

真核生物基因组的组织非常复杂。在真核生物中，许多转录本是非编码 RNA（ncRNA），几乎 98%的人类基因组不编码蛋白质。这种非编码 DNA 在蛋白质合成中没有明显的功能，因此在过去被称为“垃圾 DNA”。然而，非编码的基因间 DNA 后来被发现是一个信息宝库，可以以核苷酸元件和不同的非编码 RNA（rRNA、tRNA、调控 RNA 等）的形式进行解码。缺乏蛋白质编码能力的 RNA 分子被称为非编码 RNA（ncRNA）。多少非编码序列具有功能性仍是一个有争议的问题。DNA 元件百科全书（ENCODE）发表的研究报告显示，基因组中约有 80.4%参与了染色质结构、组蛋白修饰和 RNA 转录等多种生化活动。小于 200 个碱基的非编码转录本称为小非编码 RNA，由 tRNA、rRNA、miRNA、snoRNA、piRNA 等组成。在健康的真核细胞中，除了 rRNA（80%～90%）和 tRNA（10%～15%），不同的 ncRNA 占总 RNA 的比例在 0.002%～0.2%。相反，长度超过 200 个碱基的 RNA 分子被称为长链非编码 RNA（long non-coding RNA，lncRNA）。

miRNA 和 lncRNA 本质上都是非编码的。miRNA 长约 22 个核苷酸，而 lncRNA 长度是 miRNA 的 8～10 倍。lncRNA 的确切功能尚不清楚，但据报道，miRNA 和 lncRNA 都可作为调控蛋白编码基因转录后抑制中生物过程的调节因子。lncRNA 没有明显的编码潜力，在真核生物中，不同的 lncRNA 在不同的组织或不同的应激条件下有不同的表达。这说明 lncRNA 具有动态调控作用，并在调控发育和应激反应中发挥作用。此外，lncRNA 还可以作为 miRNA 海绵，并可以降低其对 mRNA 的调节作用。

lncRNA 主要存在于基因组中保守性较差的区域，包括基因的内含子区域。不同的 lncRNA 对基因表达调控和蛋白质合成的作用方式不同。大多数 lncRNA 含 2～4 个外显子，显著少于 mRNA。lncRNA 外显子/内含子长度大于 mRNA。长链非编码 RNA 转录本长度低于 mRNA。lncRNA isoform 类型显著少于 mRNA。随着转录组测序（RNA-seq）技术的大规模应用，越来越多的 lncRNA 在人类和其他真核生物中被发现，但是目前仍有大量的 lncRNA 等待着人们的进一步挖掘。有研究发现人类大多数的基因组都可以被转录，但其中仅有 3%左右的人类基因组被转录为编码 RNA（mRNA），绝大部分被转录为非编码 RNA（ncRNA），而 ncRNA 中的绝大多数是 lncRNA，这意味着 lncRNA 的数目要远远超过 mRNA 的数目。

2. lncRNA 分类及其功能

大部分 lncRNA 的生成与 mRNA 相似，也是在 RNA 聚合酶 II 的催化作用下进行转录，然后进行剪切修饰，生成 poly(A)尾，也有一部分由 RNA 聚合酶III产生，没有 poly(A)尾。lncRNA 可以分为 5 类：正义（sense）、反义（antisense）、内含子（intronic）、双向（bidirectional）和基因间（intergenic），其中大多数的 lncRNA 是基因间 lncRNA（long intergenic non-coding RNA），即 lincRNA。但随着研究的深入，lncRNA 被发现参与 X 染色质沉默、染色质修饰、细胞增殖分化等多种重要生物学过程的调控。根据近年来发现的 lncRNA 的作用机制，lncRNA 可分为四类：①信号（signal），作为分子标志物；②诱捕（decoy），特异性结合 DNA 转录调节因子；③向导（guide），介导蛋白质复合物的靶向结合；④脚手架（scaffold），作为复合物的组装平台。

lncRNA 参与基因的表达调控，可从表观修饰水平、转录水平和转录后水平发挥功能。其可以招募染色质修饰复合物至特定位置，通过结合调控蛋白、调控元件等多种机制影响下游基因表达，lncRNA 与 mRNA 结合还可以影响 mRNA 剪切、翻译和降解等。lncRNA 还可以作为其他 ncRNA 前体，典型剪切产生线性 RNA，反向剪切方式产生环状 RNA，作为 miRNA 的前体。

相比 miRNA，lncRNA 可以作为正向、负向或中性作用 RNA 分子，参与更为复杂的调控机制。目前已经发现的长链非编码 RNA 作用方式主要涉及以下八种，如图 6-18 所示：①lncRNA 可以作为顺式（*cis-*）或反式（*trans-*）作用因子调控基因表达，并且这两种方式可以组合出现；②通过改变染色质重塑和组蛋白修饰，从而会对下游的一些表达情况有所影响；③干扰 mRNA 的剪切，通过不同的剪接形式来调控可变剪接；④在 Dicer 酶（核酸内切酶）的作用下产生小的双链的内源性干扰 RNA，siRNA；⑤lncRNA 转录本（绿色）通过和特定蛋白质结合来调节相应蛋白质的活性；⑥lncRNA 可以作为大分子复合物或细胞组分的支架 RNA 或组成部分；⑦lncRNA 转录本还可以结合到特定蛋白质上，改变该蛋白质的细胞定位；⑧生成小的 RNA 前体。

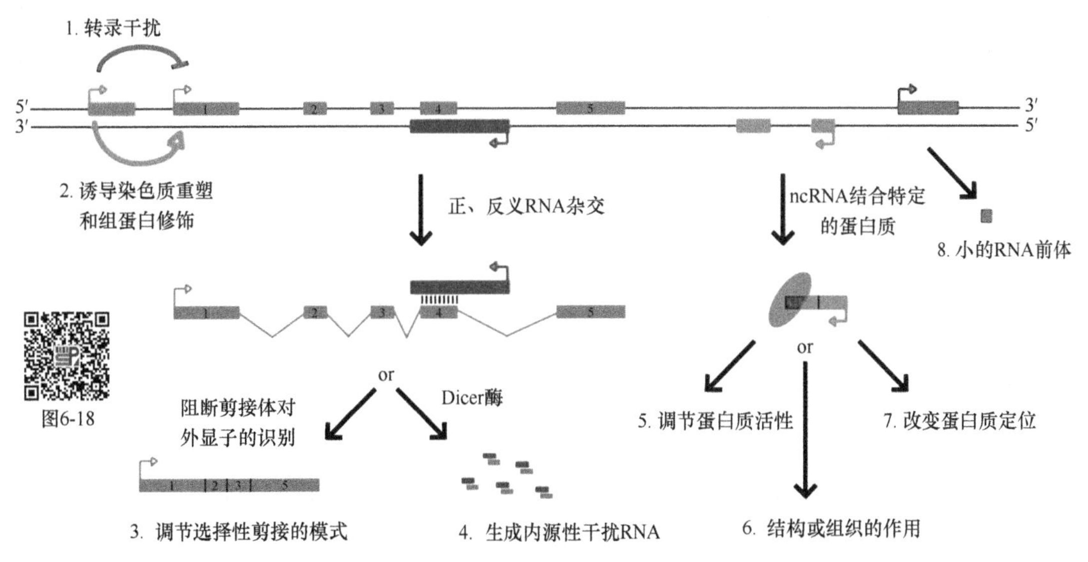

图 6-18　lncRNA 作用的八种主要方式（Wilusz et al.，2009）

lncRNA 在生物过程中通过作为顺式或反式调节因子发挥其生物学功能，以 RNA 形式在多种层面上调控基因的表达水平。根据 NONCODE 数据库的记录，目前人类基因组中已有 9 万多条 lncRNA 被发现。但目前有功能报道的仅 200 条左右，我们对绝大多数 lncRNA 的功能及其和疾病的关系仍然一无所知。因此，通过生物信息学揭示和预测 lncRNA 与人类疾病的关系显得尤为重要。

3. lncRNA 的计算识别

转录组测序技术是最常用的高通量检测新 lncRNA 的方法，通常使用转录本组装工具对 RNA-seq 数据进行转录本组装，将生成的转录本与当前转录本标准注释数据库中的数据比对，筛选得到新的转录本，再从中找出属于 lncRNA 类别的转录本。而判断一个转录本是不是 lncRNA，最关键的因素在于转录本是不是具有编码（长肽链）蛋白质的能力。一个简单粗略的识别 lncRNA 的方法即检查转录本序列是不是含有一个长的可读框（ORF）；如果其不含长的 ORF，那么其很可能是一个 lncRNA。

基于转录组测序（RNA-seq）技术的 lncRNA 具体的预测过程通常可分为三个阶段，即 RNA-seq 测序阶段、转录组组装阶段和 lncRNA 识别阶段。其中，lncRNA 的识别可分为三步：①参照数据库（如 Ensemble、RefSeq、GENCODE 等）注释，从组装转录本中剔除已知的转录本，将剩余的未知转录本作为候选 lncRNA；②提取长度>200nt 的转录本；③区分蛋白编码转录本（mRNA）和非编码转录本。目前，已有多种针对 lncRNA 及其功能的识别开发的相关生物信息学分析工具。

（1）lncScore 工具

新一代测序数据已经被广泛应用于识别新的 lncRNA，但研究发现目前基于新一代测序数据的转录本组装方法仍有很大缺陷，最多仅能完整拼装 21%的人类编码转录本。其中，非完整拼装的蛋白质编码转录本（mRNA）常因其编码区域的残缺而被错误识别为 lncRNA。除此之外，由于错误组装导致的终止密码子增加或缺失进一步增加了依赖可读窗（ORF）的 lncRNA 预测复杂性。目前已有的 lncRNA 的识别工具都只针对完整转录本，因此，这些工具在新 lncRNA 的识别中仍有很大的缺陷，尤其是对那些编码区域不完整的 mRNA 转录本。因此，为了更有效地区分不完整蛋白编码转录本与非编码转录本，作者实验室开发了一个新的基于逻辑回归的 lncRNA 识别工具——lncScore（图 6-19），在 GitHub 上供用户下载（https://github.com/WGLab/lncScore）。

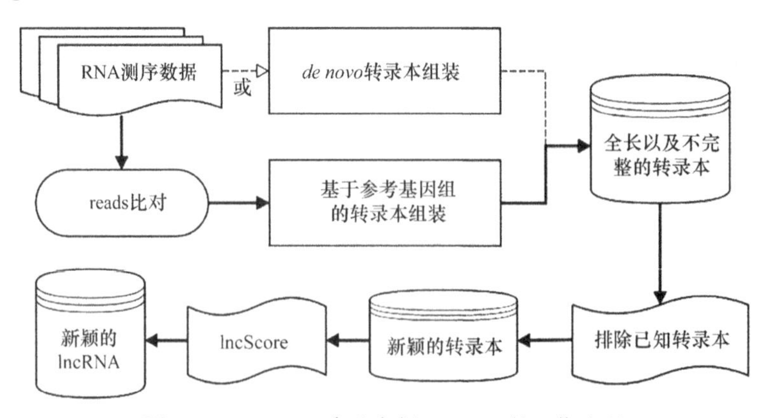

图 6-19　lncScore 中鉴定新 lncRNA 的工作流程

与其他常用的无序序列比对的 lncRNA 识别工具相比，lncScore 具有以下优点：①不仅在人类及小鼠不完整转录本测试集上有着更为良好的分类性能，在完整转录本测试集上同样有着更为优异的分类性能。②lncScore 在其他五个物种转录本的分类上，同样有着优于其他工具的分类表现。③为了缩减预测耗时，lncScore 使用多线程的方式进行并行计算，并以转录本序列总长度为标准将转录本序列平均分配给各个线程，lncScore 不论在转录本分类还是模型构建上都要快过其他工具。

```
用法:
python lncScore.py -f test/human_test.fa -g test/human_test.gtf -o result -p 1 -x dat/Human_Hexamer.tsv -t dat/Human_training.dat
Options:
  -h, --help
  -f input files, --file=input files
  -g gtf file name, --gtf=gtf file name
  -o output files, --out=output files
  -p prallel numbers, --parallel=prallel numbers
  -x hexamer matrix, --hex=hexamer matrix
  -t training dataset, --train=training dataset
  -r reference genome files, --ref=reference genome files
```

（2）编码能力预测工具——CNCI

在 lncRNA 预测过程中，预测其是否编码是鉴定 lncRNA 的关键。首先，利用第二代测序得到的转录组数据，我们组装得到的转录本往往是不完整的，基于非全长的转录本去预测 lncRNA，如果这个 lncRNA 和蛋白编码基因存在重叠，那么很容易造成错误的判断；其次，对于没有物种注释的物种，其效果也很差。为了解决上述问题，研究人员开发出了一款新的工具 CNCI，该软件具体信息详见 GitHub(https://github.com/www-bioinfo-org/CNCI)。

安装方法如下，CNCI 的执行脚本是采用 python 开发的，但是该软件依赖 libsvm，所以需要安装这个库文件。

```
git clone git@github.com:www-bioinfo-org/CNCI.git
cd CNCI
unzip libsvm-3.0.zip
cd libsvm-3.0
make
```

基本用法如下：

```
python CNCI.py \
-f transcript.fasta \
-o CNCI_out \
-m ve \
-p 8 \
```

-f 指定转录本序列文件，可以是 fasta 格式，也可以是 gtf 格式，如果是 gtf 格式，需要同时指定-g 和-d 参数；-p 参数指定并行的 CPU 个数；-m 指定使用的模型，ve 代表脊椎动物，p 代表植物；-o 指定输出结果的目录。

6.3.3 circRNA 基因识别

1. circRNA 概述

环状 RNA（circular RNA，circRNA）是近年来发现的一类特殊的新型内源性非编码 RNA，与端部有 5′帽和 3′尾的线性 RNA 不同，线性 RNA 首尾相连、具有共价闭合环状结构，既没有 5′-3′极性，也没有多聚腺苷酸尾巴，成为继 miRNA 及 lncRNA 后的 RNA 家族又一研究热点。最初由于传统检测技术的局限性，只有少数环状 RNA 被偶然发现。由于这些分子的低表达水平，其通常被认为是人工误差或异常 RNA 剪接的产物。但是目前随着各种技术的发展，已经发现了大量 circRNA，甚至一些 circRNA 的表达比相同基因的标准线性转录本的表达高 10 倍以上，由此可以发现 circRNA 可能有着重要的功能及其作用。

circRNA 存在范围广泛，在真核生物体、病毒、类病毒以及古生菌中均发现存在 circRNA，在真核生物体中，大部分 circRNA 存在于细胞质中，易跨膜，少数存在于细胞核中。circRNA 是一类比较特殊的 RNA，没有 5′帽子结构和 3′ poly(A)结构，并且对核酸酶不敏感，因此比普通的线性 RNA（linear RNA）更稳定。

根据 circRNA 的序列，其参与不同的生物学功能。有研究揭示了环状 RNA 可以作为 miRNA 海绵，调节选择性剪接，调节亲本基因的表达。更重要的是，环状 RNA 可能参与动脉粥样硬化性血管疾病、神经系统疾病、朊病毒疾病以及多种癌症的形成。环状 RNA 在疾病的发生、发展过程中具有特殊的调控作用，成为新的临床诊断和预后标志物，并为疾病的治疗提供新的见解。

2. circRNA 生物发生机制

研究表明，circRNA 的形成不同于线性 RNA 的标准剪切模式，而是通过反向剪切方式而来。现有的 circRNA 形成模型如图 6-20 所示：一是套索驱动的环化（图 6-20（a）），其与外显子跳跃有关，在外显子 1 的 3′端的剪接供体剪接到外显子 4 的 5′端的剪接受体，通过一个外显子的跳跃产生套索，然后进行反向剪接去除内含子，circRNA 最终产生。二是内含子碱基配对驱动的环化或直接反向剪切（图 6-20（b））。内含子 1 和内含子 3 通过碱基配对形成环状结构，然后去除或保留内含子以形成 circRNA 或外显子-内含子环状 RNA（EIciRNA）。三是环状内含子 RNA（ciRNA）形成模式（图 6-20（c）），这是一种由内含子衍生而来的新型环状 RNA，被命名为环状内含子 RNA（ciRNA）。ciRNA 的生物发生依赖于一个一致的 motif，该 motif 在 5′剪接位点附近含有一个 7nt GU 富含元件，在分支点附近含有一个 11nt C 富含元件。在 5′剪接位点（黄色框）附近的富含 GU 的序列和在分支点附近的富含 C 的序列（紫色框）对于内含子逃脱脱支和降解的作用极小。修剪分支点下游的

3′尾以产生稳定的 ciRNA。四是 RNA 结合蛋白（RNA-binding protein，RBP）驱动的环化（图 6-20（d））。RBP 或反式因子（绿色）可以将两个侧翼内含子连接在一起，然后去除内含子以形成 circRNA。在人细胞中新发现一类由内含子产生的 circRNA，将其称为环状内含子 RNA（ciRNA）。最近也发现外显子可以与滞留在外显子间的内含子发生环化，将这类 circRNA 称为外显子-内含子 circRNA 或 EIciRNA，并发现它们可随其侧翼互补序列过表达。然而，外显子-内含子这种环状 RNA 形成机制仍然未知，但是可以知道的是这些都可以增加基因组的复杂性。

值得注意的是，有人提出了一种替代环化模型（图 6-21），类似于可变剪接的可变环化模式。由于可以从一个基因位点鉴定出多个环状 RNA，因此 circRNA 的产生更加复杂。这些研究者发现，有几种方法可以生成不同的替代环化。首先，可以从单个基因位点处理多个 circRNA，其中包括不同数量的外显子，这可能是由于 RNA 配对在不同内含子组之间的竞争。事实上，由于成对的 RNA 竞争发生在重复或非重复元件中，并且 RNA 配对也可以受其他因素调控，因此跨不同内含子的 RNA 配对竞争可能非常复杂，如 RNA 结合蛋白。尽管替代环化的条件和机制很复杂，需要进一步研究，但是探究替代环化无疑会加深我们对环状 RNA 及其调控的理解。

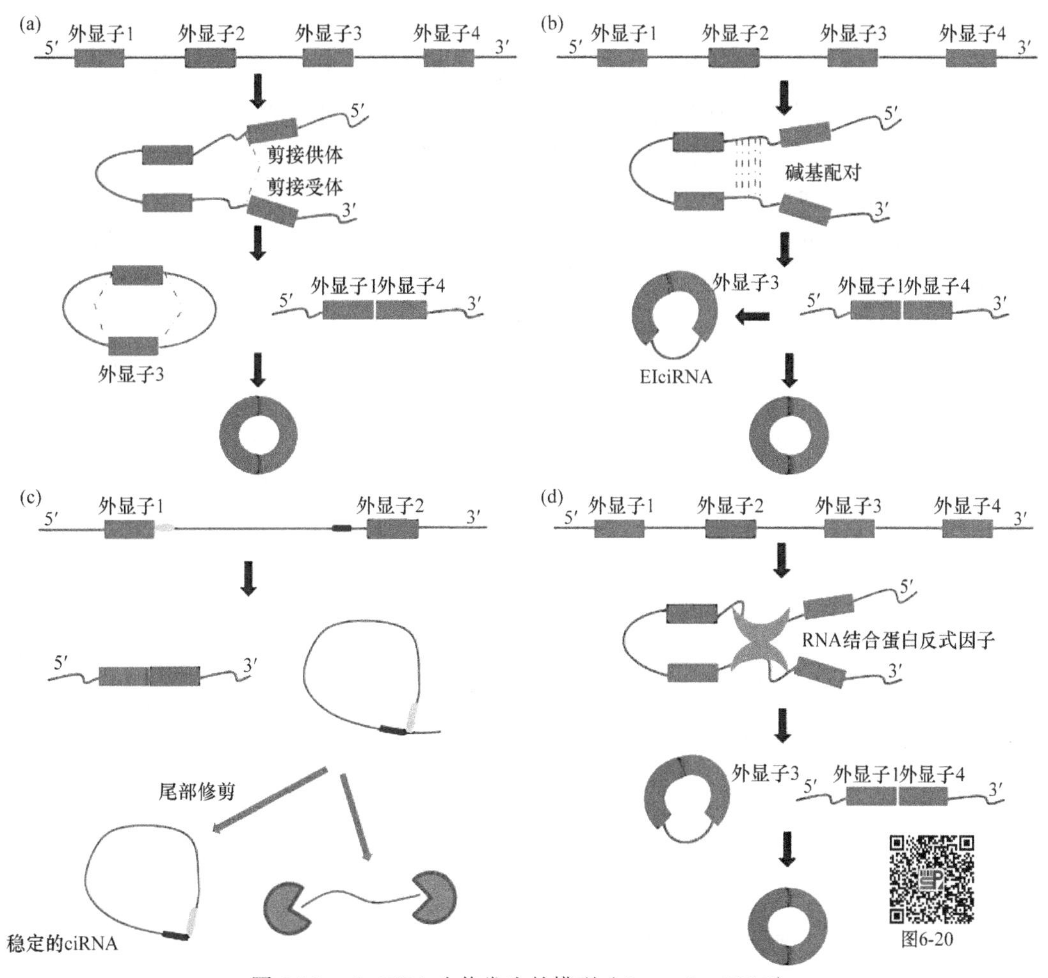

图 6-20　circRNA 生物发生的模型（Qu et al.，2015）

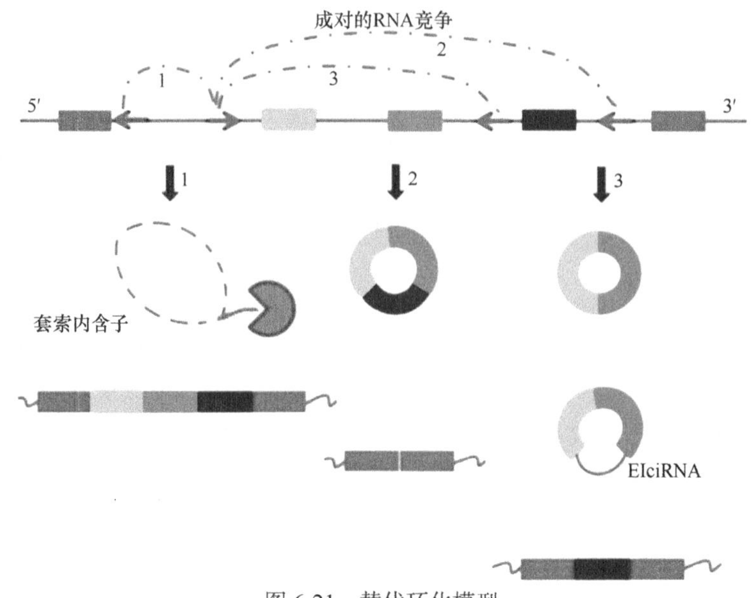

图 6-21　替代环化模型

3. circRNA 的识别

基于高通量测序数据的 circRNA 识别的关键步骤是寻找不能连续比对到基因组或者转录组上的剪接位点。想要完成这项工作，首先就是将序列比对到基因组上去寻找比对不上的序列，然后通过短序列比对来判断 GU/AG 剪切位点，从而推测出潜在的 circRNA。

参考基因组对于所有 circRNA 检测算法都是必需的，但可以在检测工作流程中以不同方式使用。大多数 circRNA 识别工具，如 find_circ、CIRCexplorer、CIRI 和 UROBORUS 都是将测序读长与参考基因组直接比对，再从比对中识别反向剪切位点（back-spliced junction，BSJ），这一方法可以称为基于分割对齐的方法（split-alignment-based approach）。除了这种最常用的算法，还有一些其他的方法是基于伪基准的方法（pseudoreference-based approach）（图 6-22）。其通过基因组注释信息推测得到反向剪切位点，然后与注释的外显子序列进行匹配，预测得到新 circRNA，如 KNIFE、NCLscan 等软件，这些软件是将参考基因组与相应的基因组注释组合，在候选的反向剪接位点附近构建伪序列。然后再将测序读长与这些伪序列进行完全比对，以此识别反向剪接位点。

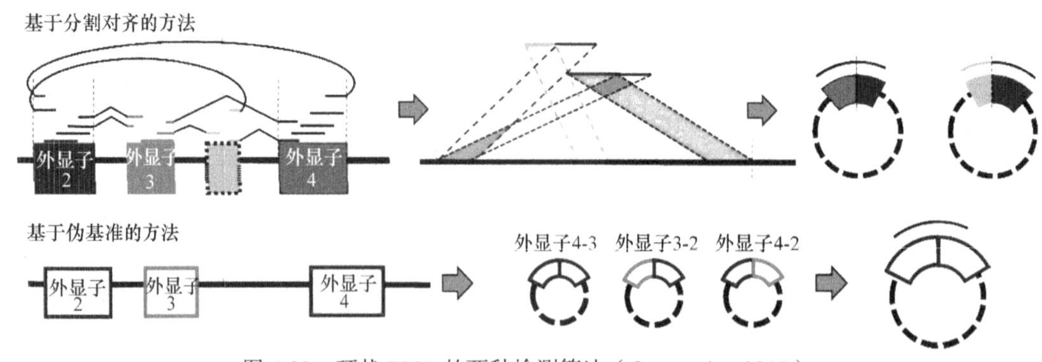

图 6-22　环状 RNA 的两种检测算法（Gao et al.，2018）

不同的识别软件使用不同的比对工具，例如，CIRI 和 KNIFE 选择了在大多数 DNA/RNA 序列分析中广泛使用的读长比对工具，如 Bowtie 和 BWA；circRNA_finder、CIRCexplorer 和 DCC 等检测算法使用的比对软件为 TopHat、STAR 和 Novoalign，而一些检测算法可能需要多个比对软件。NCLscan 需要 BWA、BLAT 和 Novoalign，而 UROBORUS 则需要 Bowtie 和 TopHat。多软件比对的好处是这种综合分析可能结合不同比对软件的优点，但它们也不可避免地增加了安装和使用的依赖性。

4. circRNA 检测工具

自 2013 年以来，已发布了超过 10 种不同的基于高通量 RNA 测序数据集的 circRNA 检测工具（表 6-1），如 UROBORUS、find_circ、CIRCexplorer，但是不同方法差异非常大。这些方法中的每一种都采用不同策略的独特组合，这些策略根据基因组参考和注释使用、读长比对软件的选择、反向剪接位点的识别而变化。

（1）UROBORUS

因为 circRNA 在经过富集之后可以很容易地被检测出来，所以一些 circRNA 检测工具主要用于检测不含 poly(A)的 RNA 测序数据或者用 RNaseR 处理过后的 RNA 测序数据。但是，在真正做研究时一般都是做 total RNA 测序以节约经费，这些测序数据运用范围更广，信息量更大。因此，针对这种情况，UROBORUS 是被设计用于 total RNA 测序结果就能够准确预测 circRNA 的工具。UROBORUS 的计算管道是根据 total RNA 序列数据鉴定全基因组 circRNA，并结合 TopHat 和 Bowtie 来检测来自反向剪切位点的读长。

circRNA 可以从外显子或内含子基因座产生。然而，大多数人类 circRNA 是外显子 circRNA，其源自经典剪接供体位点。

UROBORUS 首先使用 TopHat 将 RNA-seq 读段映射到人类参考基因组（hg19），该功能能够检测规范的剪接事件。但是，TopHat 无法将支持反向剪接外显子的连接读段映射到参考基因组，而在未映射的读段中应检测到 circRNA。因此，UROBORUS 将 TopHat 结果中的 unmapped.sam 文件用作输入数据。

表 6-1　11 种 circRNA 检测方法（Gao et al.，2018）

方法	类别	是否依赖于注释	比对类型	比对方法	其他特点
CIRCexplorer	基于分割对齐的方法	是	Splice-aware	TopHat/STAR	TopHat-fusion/STAR 需要非共线性检测
circRNA_finder	基于分割对齐的方法	否	Splice-aware	STAR	GT-AG 剪接位点 PEM 过滤
CIRI	基于分割对齐的方法	否	versatile	BWA-MEM	GT-AG 剪接位点结合灵活的注释 严格的 PEM 过滤 非平衡反向剪接位点读长的复原 多个种子区域匹配
DCC	基于分割对齐的方法	是	Splice-aware	STAR	GT-AG 剪接位点 PEM 过滤

续表

方法	类别	是否依赖于注释	比对类型	比对方法	其他特点
find_circ	基于分割对齐的方法	否	versatile	Bowtie2	GT-AG 剪接位点 非 PEM 过滤 两个 20bp anchor 用于非共线性检测
KNIFE	基于伪基准的方法	是	versatile	Bowtie,Bowtie2	基于PEM的二元logistic回归模型 De novo 检测作为补救措施（当无法检测到确切的断点）
MapSplice	基于分割对齐的方法	是	versatile	Bowtie	在比对算法中嵌入了circRNA 检测
NCLscan	基于伪基准的方法	是	混合	BWA,BLAT,Novoalign	除了 circRNA 检测外，还可以检测融合和反式拼接的转录本
PTESFinder	基于伪基准的方法	是	versatile	Bowtie,Bowtie2	非 PEM 过滤 两个 20bp anchor 用于非共线性检测
UROBORUS	基于分割对齐的方法	是	混合	Bowtie/Bowtie2,TopHat	PEM 过滤 两个 20bp anchor 用于非共线性检测 非平衡反向剪接位点读长的复原
segemehl	基于分割对齐的方法	否	versatile	Per se	非 PEM 过滤 采用少量过滤

UROBORUS 的主要步骤简要描述如图 6-23 所示。首先是从 unmapped.sam 文件中的读长的两端（头部和尾部）提取 20bp，以形成 fastq 文件格式的双端序列种子。然后，我们使用具有默认参数的 TopHat 将这个短的 20bp 种子与人类参考基因组进行比对（默认允许两个碱基的错配）。比对之后可以得到两类读长：平衡比对位点（balanced mapped junction，BMJ）读长和非平衡比对位点（unbalanced mapped junction，UMJ）读长。BMJ 读长指的是两端有至少 20bp 的碱基可以和两个反向剪切外显子位点配对，UMJ 读长指的是一端有少于 20bp 的碱基可以和两个反向剪切外显子位点配对。UROBORUS 管道设计算法处理 BMJ 和 UMJ 读长，并检测更多支持 circRNA 的读长。

为了获得整合的比对的 BAM 文件，收集上述 BMJ 和 UMJ 读长，再次使用 Bowtie 对参考基因组进行全长比对。通过 UROBORUS 中的过滤策略过滤未与同一染色体或相同基因对齐的双末端读长。那些与同一染色体排列但位于相反方向（通过 UROBORUS 算法检测）的 BMJ 或 UMJ 双末端读长被注释为候选反向剪切位点读长。最后，收集那些候选反向剪切位点并进行统计学分析。那些支持接头读长高于 2 的读长被注释为候选 circRNA。

UROBORUS 是一款基于 total RNA 测序数据预测 circRNA 的软件。与 CIRCexplorer 和 find_circ 相比，UROBORUS 在预测 total RNA 中表达较低的 circRNA 时准确率更高，使用起来也更加方便。find_circ 所使用的是 linux 操作系统，用 find_circ 预测得到的 circRNA 的数量明显少于 CIRCexplorer 和 UROBORUS。一般在检测 circRNA 时，第一步比对会得

到一个重叠区的索引，然后把所有没有与基因组比对上的序列与第一步重叠区的索引比对。这样就必然造成忽略了 UMJ 读长对应的 circRNA，并且过高地估计了能检测到的 circRNA 的表达水平，而 UROBORUS 可以避免这些误差。

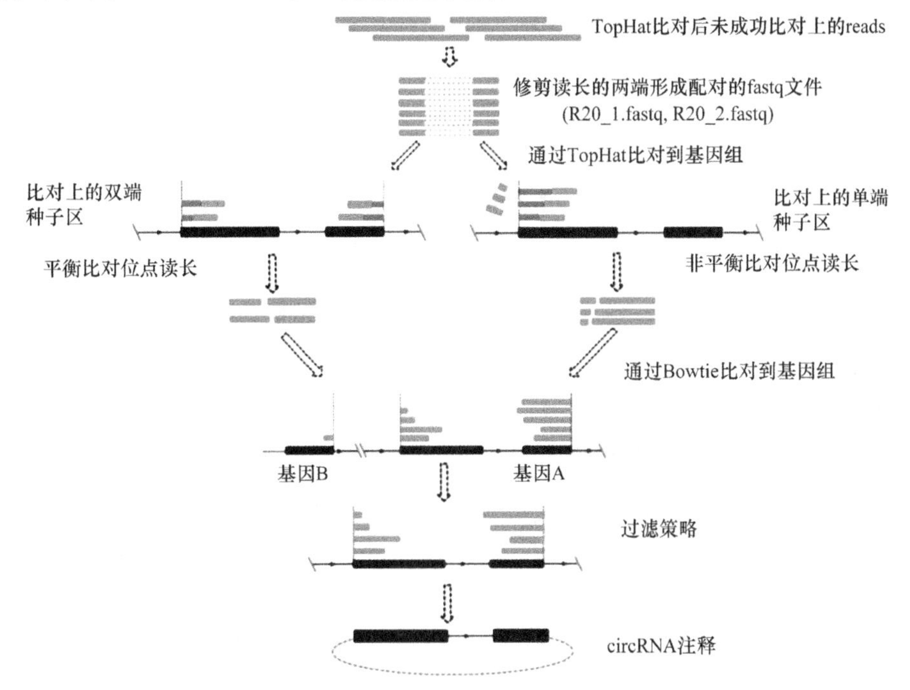

图 6-23　UROBORUS 检测 circRNA 的主要步骤

当 circRNA 表达水平提高时，UROBORUS 能找到更多普通的和高表达的 circRNA，更重要的是，当 circRNA 表达水平很低时，UROBORUS 也能精确地预测到。该软件不足之处在于，只能检测外显子之间连接产生的 circRNA，不能预测出内含子之间连接和基因间隔区连接形成的 circRNA。UROBORUS 工具下载地址为 https://github.com/WGLab/UROBORUS。

（2）CIRCexplorer

CIRCexplorer 软件的 circRNA 识别流程主要可以分为三步（图 6-24）。步骤 1：测序后的读长经过 TopHat 比对之后，把没有比对上基因组的读长用 TopHat-Fusion 和注释的反向剪接位点序列进行比对。由于某些外显子末端的序列比较相似，因此会导致比对后的剪接位点在错误的位置被分开，最后比对到错误的位点。步骤 2：对剪接位点进行重新排列，用自定义的算法对上一步的错误比对进行校正。步骤 3：结合预测的反向剪切外显子和预测的剪接位点对 circRNA 进行注释。

CIRCexplorer2 是 CIRCexplorer 的更新版本，是一个全面和综合的环状 RNA 分析工具，其工作流程如图 6-25 所示。它更新了许多新的特性，便于 circRNA 的识别和表征。它支持 TopHat2/TopHat-Fusion、STAR、MapSplice、BWA 等多种 RNA 比对，并且能够精确地注释预测到 circRNA。更为重要的是，该工具可以检测到多种环状 RNA 可变剪接事件，并且能够从头组装环状 RNA 全长转录本。CIRCexplorer2 包含 5 个模块：比对（Align）、解析（Parse）、注释（Annotate）、组装（Assemble）和从头（De novo），每个模块都作为一个独立的组件，拥有其独特的功能。同时，它们相互作用，不同的 circRNA 分析管道来自几个模块的不同组合。

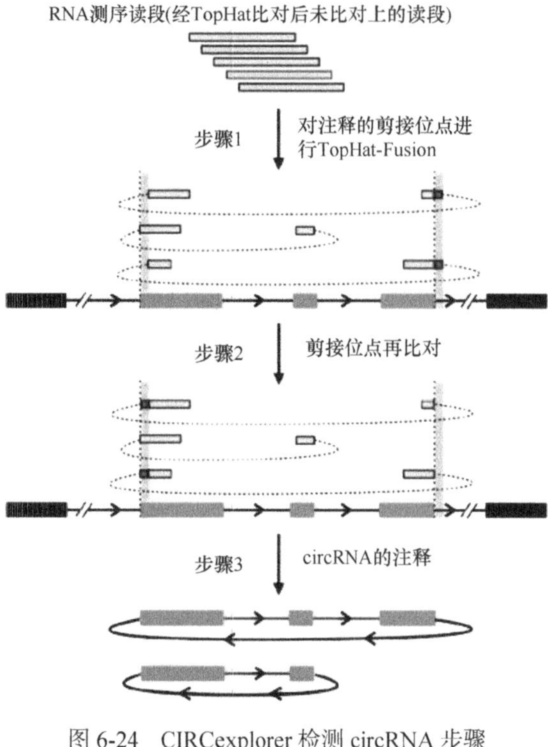

图 6-24 CIRCexplorer 检测 circRNA 步骤
（Zhang et al.，2014）

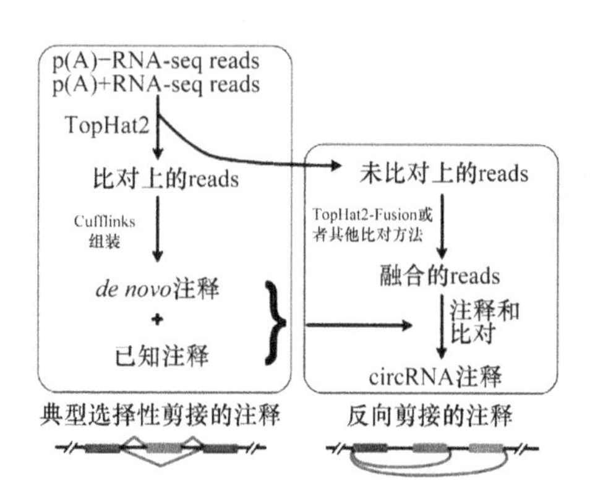

图 6-25 CIRCexplorer2 的工作流程
（Zhang et al.，2016）

软件安装：下载 CIRCexplorer 及相应的安装包。

```
git clone https://github.com/YangLab/CIRCexplorer.git
cd CIRCexploere
pip install -r requirments.txt
```

CIRCexplorer 工具的使用如下。

```
CIRCexplorer.py 1.1.10 -- circular RNA analysis toolkits.
Usage: CIRCexplorer.py [options]
Options:
-h --help                        Show this screen.
--version                        Show version.
-f FUSION --fusion=FUSION        TopHat-Fusion fusion BAM file. （used in TopHat-Fusion mapping）
-j JUNC --junc=JUNC              STAR Chimeric junction file. （used in STAR mapping）
-g GENOME --genome=GENOME        Genome FASTA file.
-r REF --ref=REF                 Gene annotation.
```

```
-o PREFIX --output=PREFIX          Output prefix [default: CIRCexplorer].
--tmp                              Keep temporary files.
--no-fix                           No-fix mode （useful for species with poor gene annotations）
```

CIRCexplorer2 是基于 python 编写的，因此可以用 pip install 工具直接安装在本地服务器上，也可以通过 Bioconda 渠道的 conda 进行安装。

```
pip install circexplorer2
conda install circexplorer2  --channel bioconda
```

从源代码安装：安装所需的 python 包和 CIRCexplorer2。

```
git clone https://github.com/YangLab/CIRCexplorer2.git
cd CIRCexplorer2
pip install -r requirements.txt
python setup.py install
```

CIRCexplorer 的详细操作步骤请参考官网文档（http://yanglab.github.io/CIRCexplorer）。

CIRCexplorer2 请参考 http://circexplorer2.readthedocs.io/en/latest。

（3）find_circ

find_circ 首先将序列和参考基因组比对完之后，去除与基因组完全比对上的 reads，保留没有比对上的 reads，因为这些 reads 来自不同的外显子区域，直接比对的话不允许这么大片段的缺失。然后区分剪切的 reads 和来自 circRNA 的 junction reads（图 6-26），spliced read 的两部分比对在基因组上的前后位置和转录本中的位置保持一致，而来自 circRNA 的 junction reads 其比对的位置是相反的。识别 circRNA 时，首先从 junction reads 的 5′端和 3′端取一部分序列，分别叫作 5′ anchor 和 3′ anchor，如果两个序列比对的位置是相反的，这条 read 就是一个可能的 junction read，然后将 anchor reads 一直延伸，直到连接处为止，如果到连接处为止序列都能够完全匹配上，再看连接点处的剪切模式是否符合 AG-GT 的剪切模式，如果以上条件都满足，那么认为这是一个 circRNA。

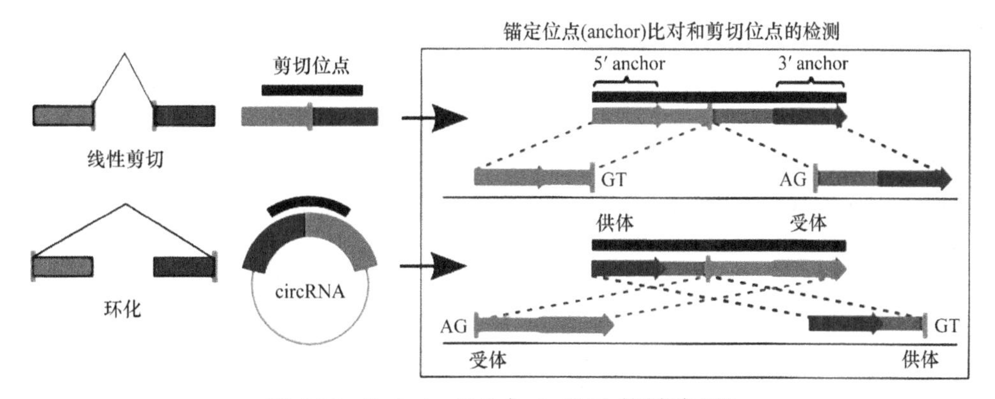

图 6-26　find_circ 工具中 circRNA 的预测过程

find_circ 使用流程如下。

find_circ 软件的下载及安装：

```
wgethttps://github.com/marvin-jens/find_circ/archive/v1.2.tar.gz
tar xzvf v1.2.tar.gz
```

find_circ 需要运行在装有 python 2.7 的 64 位系统上，同时需要安装 numpy 和 pysam 这两个 python 模块，所以安装软件前需安装这两个 python 包。其运行需要借助 Bowtie2 和 samtools 来完成基因组 mapping 的过程。

首先要利用 Bowtie2 对基因组构建索引：

```
bowtie2-build genome.fa genome.fa
```

然后将序列比对到参考基因组上。

```
bowtie2 -p16   \
  --very-sensitive \
  --score-min=C,-15,0 \
  --mm \
  -x hg19 -q   \
  -1 R1.fastq.gz -2 R2.fastq.gz \
  2> bowtie2.log   \
  | samtools view -hbuS - \
  | samtools sort - accepted_hits
```

采用 samtools 软件提取没比对上参考基因组的序列，各取两头 20bp 短序列（anchor）。

```
samtools view -hf 4 accepted_hits.bam | samtools view -Sb - >unmapped.bam
```

从序列两端提取锚点序列。

```
unmapped2anchors.py unmapped.bam anchor.fq
```

根据 anchor 比对基因组情况寻找潜在的 circRNA。

```
bowtie2 -p 16 \
  --reorder   \
  --mm \
  --score-min=C,-15,0 \
  -q -x human_bowtie2_index \
  -U anchor.fq   \
  -S align.sam
```

预测 circRNA。

```
cat align.sam | find_circ.py   -G hg19.fa -p hsa_ >splice_sites.bed
```

第 7 章　蛋白质组信息分析

蛋白质组学是研究细胞内所有的蛋白质，从全局的、整体的水平上对细胞或有机体内蛋白质的种类、结构及其活动规律进行研究。以质谱技术为代表的各种高通量蛋白实验技术的出现，推动了蛋白质组学研究的发展，但也产生了大规模的生物数据。对这些蛋白质组的数据进行分析，提取和挖掘数据背后的重要生物学知识，成为蛋白质组学研究的重要内容，如蛋白质鉴定、蛋白质结构功能分析、蛋白质的翻译后修饰、蛋白质数据库的构建，以及蛋白质组在疾病诊断和预后中的应用等。

7.1　蛋白质组学研究的开端和意义

7.1.1　基因型和表现型

基因产生表型性状，即“可见”特征，由于基因的突变可以改变其表型性状，因此基因的三种基因型通常产生三种不同的表型。术语表型的定义为由基因型产生的生物的可观察特性。在传统的遗传学意义上，可观察的性质是生物体的外部特征，如小鼠的毛发颜色、动物的形态特征或人类的临床症状。然而，如今，许多不同的仪器和技术可用（如显微镜、生理测试、电泳、分子分析技术），这些仪器和技术允许我们在不同水平上观察生物体的基因表达特性。因此，可以区分形态学表型、生理学表型、生物化学表型和分子表型，分子表型包括蛋白质和 mRNA 的表型（图 7-1）。

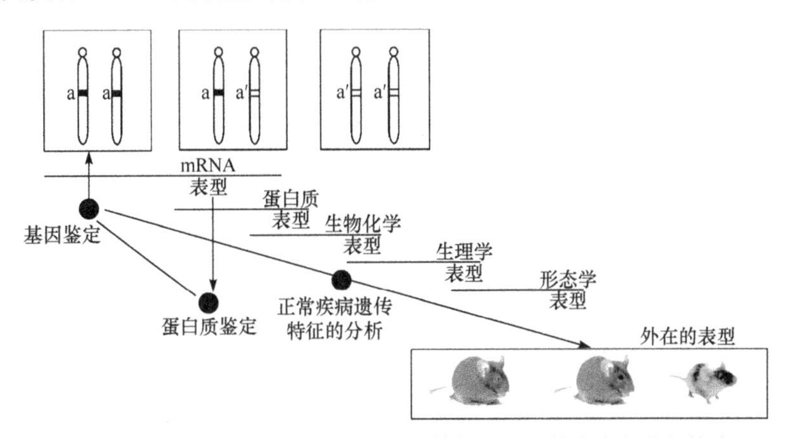

图 7-1　基因型-表型关系以及正常遗传特征和遗传疾病的分析策略

基因的碱基序列不能告诉我们它的功能。在这方面，mRNA 在某种程度上提供了更多信息。如果发现特有的 mRNA 种类，例如，仅在大脑中存在而其他组织中都没有，我们可以得出结论，这种 mRNA 的功能与大脑的功能性活动有关。然而，mRNA 的细胞浓度能够反映相应基因的活性程度，但却不一定与从这些 mRNA 翻译表达的蛋白质的浓度相关。因此，我们认为 mRNA 在基因功能方面不能提供更准确的定量性的信息。

基因表达在 mRNA 的下一个水平，即蛋白质水平，在更高程度上反映了基因功能。基因的蛋白质提供了实现基因功能所需的所有分子结构和特性。例如，基因 X 的蛋白质 X（图 7-2）可以特异性地存在于细胞核中，并显示与 DNA 结合的序列特征。我们假设该基因的功能涉及特定结构基因 I 的转录的调节。这将是关于可从基因 X 获得的功能的最直接和特异的信息。然而，如果其他蛋白质（转录因子 XI、XII）通过与蛋白质 X 及靶基因 I 相互作用而激活，则该信息很快就会变得模糊。“基因 I 的激活”不再是基因 X 的功能，而是基因 X+XI+XII 的组合功能。在这里，从基因型到表型的方式进入基因调控网络，并且在更广泛的意义上，进入代谢途径网络。代谢途径进一步模糊了基因的特定功能。许多基因（II、III 等）有助于代谢反应的级联，这导致更高水平的表型，并最终导致生物体的外部遗传性状出现。在这个复杂的基因表达过程中，蛋白质提供了最合适的目标，可以获得有关单个基因特定功能的信息。因此，阐明基因功能意味着确定蛋白质的化学、生物化学和生物学特征。这些特征包括单个蛋白质的分子结构，共翻译和翻译后修饰，各种蛋白质种类的结合特性、定量特性，如合成速率、细胞浓度和降解速率，以及所有生物学特性，包括组织特异性、细胞结构和细胞器特异性、性别特异性、对胚胎和出生后发育的各个阶段的特异性，以及对衰老阶段的特异性。

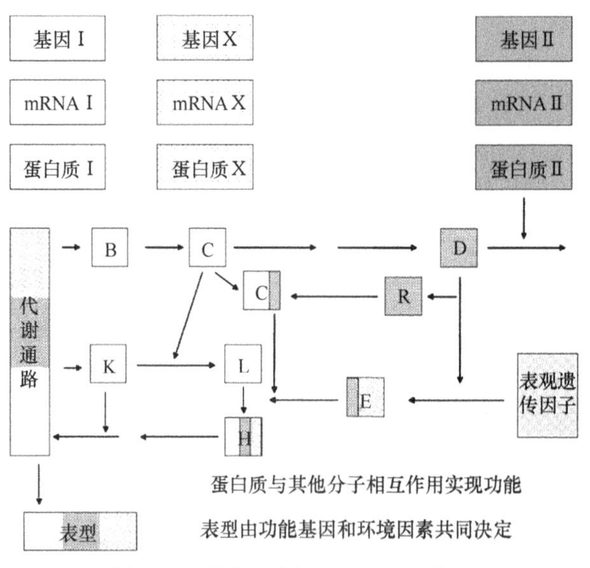

图 7-2 基因型到表现型过程示意图

7.1.2 蛋白质组和蛋白质组学

蛋白质组是由生物体基因组编码的总蛋白质；蛋白质组学是描述和鉴定生物体蛋白质组特征的科学。术语“蛋白质组”最早由 Marc Wilkins 于 1994 年使用（Wilkins，1996）。O’Farrell（1975）和 Klose（1975）努力并首次实现了描述生物体总蛋白质。他们开发了二维（2D）凝胶电泳技术（O’Farrell，1975；Klose，1975），在彼此成直角的两个平面上，对蛋白质采用凝胶电泳技术进行分离。该方法将超过 1100 种大肠杆菌蛋白质的复杂混合物分离成凝胶上各个组分的不同条带。后来，蛋白质组学发生了革命性的变化，将质谱与基因组学结合起来，用于蛋白质的大规模分离和鉴定。

生物体的基因组是静态的，因为它始终在所有细胞类型中保持相同。相反，生物体的蛋白质组是动态的，因为它在不同细胞类型中是不同的，并且即使在相同细胞类型中不同活动阶段或不同发育状态下也是不断变化的。蛋白质组的变化反映了不同类型细胞的基因的活性差异，基因根据细胞类型表达特定功能所需的蛋白质。例如，血细胞主要表达血红蛋白基因以产生氧运输所需的血红蛋白，而胰腺细胞主要表达胰岛素基因，胰岛素基因生产葡萄糖分子进入细胞所需的胰岛素肽。

因此，基因的差异表达是产生不同蛋白质所必需的，因为每种蛋白质控制着不同的功能。许多蛋白质的功能列于表 7-1 中。此外，细胞的蛋白质谱可以根据相同蛋白质的不同种类的修饰而变化；蛋白质的这种修饰可涉及乙酰化、磷酸化、糖基化或与脂质或碳水化合物分子的结合。蛋白质中的这些修饰作为翻译后事件发生并改变蛋白质的功能。

表 7-1　不同蛋白质的功能

功能	蛋白质
1. 催化剂	酶（超过 90%的蛋白质）催化细胞内的生化反应
2. 运输	血红蛋白（氧气的载体）、白蛋白（激素的载体）
3. 结构体	软骨/骨蛋白
4. 细胞骨架	肌动蛋白、纤维蛋白
5. 激素	胰岛素、生长激素
6. 抗体	免疫球蛋白
7. 抗原与过敏原	细菌和病毒蛋白
8. 流动性/肌肉运动	肌球蛋白
9. 受体	胆固醇受体
10. 细胞通信/信号传递	转导蛋白、连接蛋白

7.1.3　蛋白质组学研究手段

四个重要工具的开发和整合，可以实现蛋白质组的表征，为研究人员提供了识别和表征蛋白质的灵敏、特异的方法。

第一个工具是蛋白质的数据库。蛋白质序列、表达序列标签（EST）、完整的基因组序列等数据库共同提供了生物体中所有被表达蛋白质的完整目录。例如，通过分析果蝇的所有编码序列，我们知道果蝇有 87 个基因能够编码酪氨酸激酶催化结构域的蛋白质，110 个基因能够编码 EGF 样结构域的蛋白质。因此，在研究果蝇蛋白质组时，我们相当于是在已知可能性的蛋白质目录中检索目标蛋白。即使是在使用有限的序列信息或原始质谱数据（见下文）进行搜索时，我们也能够通过与数据库条目的匹配来进行蛋白质的鉴定。

第二个工具是质谱（MS）仪。过去十年中 MS 仪器经历了巨大的变化，最终开发出高灵敏度的强大的仪器，可以可靠地分析各种物质包括生物分子，特别是蛋白质和多肽。MS 仪器在蛋白质组学研究中发挥着重要作用。首先，MS 可以提供分子质量高达 100kDa 或更高的蛋白质分子的准确分子质量。因此，与十二烷基硫酸钠聚丙烯酰胺凝胶电泳（SDS-PAGE）相比，MS 分析是获得蛋白质分子质量的最佳方法。然而，其用于高准确度的蛋白质质量测量的实用性具有局限性，因为这个方法通常不够灵敏，并且仅有质量通常不足以进行明确的蛋白质鉴定。其次，MS 还可以用来进行蛋白水解消化物肽段的精确分子量测量。与全蛋白质量测量相比，肽的分子量测量可以有更高的灵敏度和质量准确性。根据这些肽段测量获得的质量数据可以直接进行数据库搜索，以获得目标蛋白质的准确鉴定。最后，MS 可以对蛋白质水解产物多肽进行序列分析。实际上，MS 现在被公认为肽段序列分析的最新技术。基于 MS 的序列分析是蛋白质鉴定的最强大和最明确的方法。

第三个蛋白质组学的重要工具是一个新兴的软件工具集合，可以将 MS 数据与数据库中的特定蛋白质序列相匹配。如前所述，可以从 MS 数据确定肽的序列。然而，这种 *de novo* 序列解释是一项相对费力的任务，特别是当有数百或数千个谱图需要进行序列解析时。这些软件工具采用未解释的 MS 数据，并借助专门的算法将其与蛋白质、EST 以及基因组序列数据库中的序列相匹配。这些工具最大的优势是它们允许自动调查大量 MS 数据以进行蛋白质序列匹配。然后，研究人员可以在比手动解释每个光谱所花费的时间更短的时间内检查结果并评估数据质量。

蛋白质分离技术是蛋白质组学的第四个重要工具。蛋白质组学研究中对蛋白质进行分离有两个目的。首先，将提取出的复杂的蛋白质混合物通过蛋白质分离技术分解成单个蛋白质或数量较小的蛋白质混合物，可以提高质谱数据的质量和覆盖率。其次，蛋白质分离分析还允许在两个样品之间比较蛋白质水平的明显差异，允许研究者靶向特定蛋白质用于分析。当然，二维 SDS-PAGE（2D-SDS-PAGE）与蛋白质组学最为广泛相关。二维凝胶能够有效分离蛋白质，是解析复杂样品中蛋白质的重要分离技术。然而，其他的蛋白质分离技术，包括高效液相色谱（HPLC）、1D-SDS-PAGE、毛细管电泳（CE）、等电聚焦（IEF）和亲和层析都可以应用于蛋白质的分离，成为蛋白质组学分析的有效工具。以上技术也可以进行组合、串联使用，更充分地分离不同的蛋白质和多肽。例如，离子交换液相色谱与反相液相色谱的串联应用能够有效分离复杂多肽混合物，有力解析蛋白质的组成。

7.1.4　蛋白质组学研究现状

2001 年 2 月 *Science*、*Nature* 在公布人类基因组草图的同时，分别发表了名为“Proteomics in genomeland”和“And now for the proteome…”的综述，展望基因组和蛋白质组在未来的核心作用，认为蛋白质组学将是 21 世纪最大的战略资源，是功能基因组学发展的产物和新高峰。近年来，有关蛋白质组学的综述或研究论文接连在 *Nature*、*Science* 和 *Cell* 以及其他一些国际权威期刊发表，说明蛋白质组学已经登上历史舞台，成为 21 世纪生命科学研究的前沿。

国际上诸多国家相继大力支持蛋白质组学研究。如美国国立肿瘤研究所（NCI）投入 1000 万美元用于建立一个关于乳腺、卵巢、肺、直肠等肿瘤的蛋白质组数据库；美国食品药品监督管理局联合国立肿瘤研究所投入数百万美元，用于建立在发病和治疗过程中不同阶段肿瘤的蛋白质组数据库。美国能源部启动了微生物蛋白质组研究项目，拟通过研究微生物和低等生物的蛋白质组开发新能源。欧洲各国也加大了对蛋白质组项目的资助，英国的生物技术和生物科学研究委员会资助了三个研究中心的某些生物蛋白质组学研究，对这些生物已经完成或者即将完成基因组测序；法国新成立了五个区域性的遗传基地，在政府资助下进行基因组、转录组以及蛋白质组的研究；德国建立了蛋白质组学中心并提供 700 多万美元作为研究经费；澳大利亚建成了第一个全国性的蛋白质研究网 APAF（Australian proteome analysis facility），APAF 整合仪器设备，提供给相关实验室进行大规模的蛋白质组研究。日本的科学与技术委员会也在政府的资助下进行了大规模的蛋白质组研究。由此可见，蛋白质组学研究具有战略意义，发达国家在这一新型领域已经争先恐后投入巨额资金启动此领域的研究。我国也意识到蛋白质组研究的重要性和先进性，军事医学科学院、中国科学院生物化学研究所、湖南师范大学等科研单位都迅速启动了蛋白质组研究。1997 年国家自然科学基金委员会设立了“蛋白质组学技术体系的建立”重大项目。

蛋白质组学研究具有巨大的商业前景，大型制药企业相继大力开展疾病相关的蛋白质组研究。如 Celera 公司，率先宣布投资上亿美元于蛋白质组研究；国际上最大的蛋白质组研究中心由布鲁克质谱仪器制造公司与日内瓦蛋白质组公司联合成立。很明显，西方的发达国家和各跨国制药集团都已投入蛋白质组研究，蛋白质组研究是科学研究的热点和焦点。

蛋白质组学的前沿研究大致分为三大方向：①针对有基因组或转录组数据库的生物体或组织/细胞，建立其蛋白质组或亚蛋白质组（或蛋白质表达谱）及其蛋白质组连锁群；②以人类重大疾病或重要生命过程为对象，进行生理、病理过程的蛋白质组学差异研究；③蛋白质组学生物信息学和支撑技术平台的研究。依靠蛋白质组学技术近年来在细胞的异常转化、细胞的增殖分化、肿瘤的形成等方面进行了探索，涉及乳腺癌、白血病、结直肠癌、前列腺癌、肾癌、肺癌、膀胱癌和神经母细胞瘤等，发现并鉴定了一系列与肿瘤相关的蛋白质，为肿瘤早期诊断、疗效判断和药靶发现提供了重要现实依据。

7.2　蛋白质组学研究技术

科学技术一方面限制了蛋白质组学的发展，另一方面也推动了蛋白质组学的发展。技术的先进程度很大程度上决定了蛋白质组学研究能否成功。和基因技术相比，蛋白质研究技术要复杂和困难得多。首先组成核苷酸的碱基是四种，而组成蛋白质的氨基酸多达 20 种，其次蛋白质存在着复杂的翻译后修饰，如蛋白质的糖基化和磷酸化等，这些都增加了蛋白质分离和分析的难度。此外，蛋白质体外扩增和纯化也比较复杂，需要通过载体翻译表达，因而难以制备大量的蛋白质。面对蛋白质组学的兴起，实验和分析技术也迎来了新的需求和挑战。蛋白质组的研究实质上是在细胞/组织水平上同时分离和分析成千上万种蛋白质。因此，蛋白质组学迫切需要发展高通量、高灵敏度、高准确性的技术平台，这是现在乃至相当长一段时间内蛋白质组学研究中的技术挑战和主要任务。

7.2.1　二维凝胶电泳

早期研究蛋白质组学最基本的实验技术是二维凝胶电泳（2D-GE）。其是根据混合物中蛋白质的质量和电荷两种不同的性质，进行的二维分离技术。第一维是根据等电聚焦，即蛋白质依据其所带净电荷数来进行分离。将蛋白质混合物放入 pH 梯度的电泳槽中，蛋白质会移动到其相应的等电点位置。第二维分离是采用标准的 SDS-PAGE，根据蛋白质的分子量来进行分离。如图 7-3 所示，图中每一个点代表来自组织/细胞蛋白提取物中的单个蛋白质，不同细胞中蛋白质群体存在明显差异。2D-GE 只能定性地确定蛋白质，不能知道具体哪个点代表哪一个蛋白，要鉴定蛋白质，还需要进一步的质谱技术。

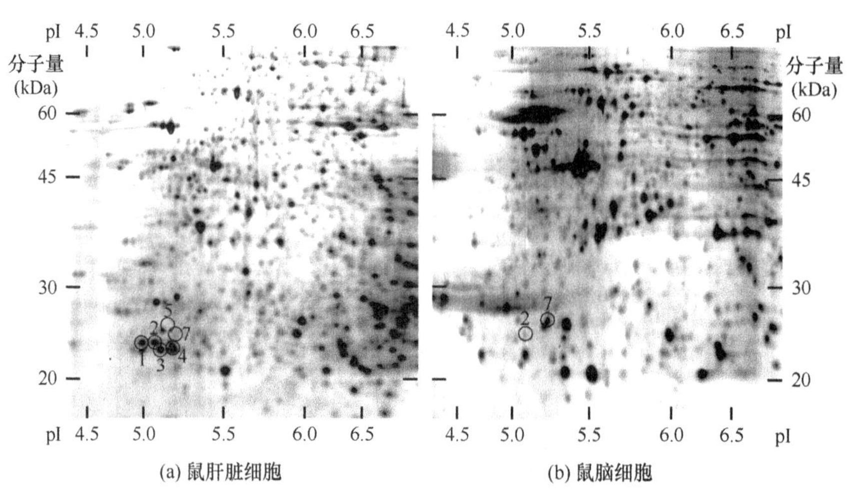

图 7-3　蛋白质二维凝胶电泳图例

7.2.2　质谱技术

质谱技术是现代蛋白质研究的一项重要的技术（图 7-4），可同时分析上千种蛋白质的表达情况，用于蛋白质组分析。

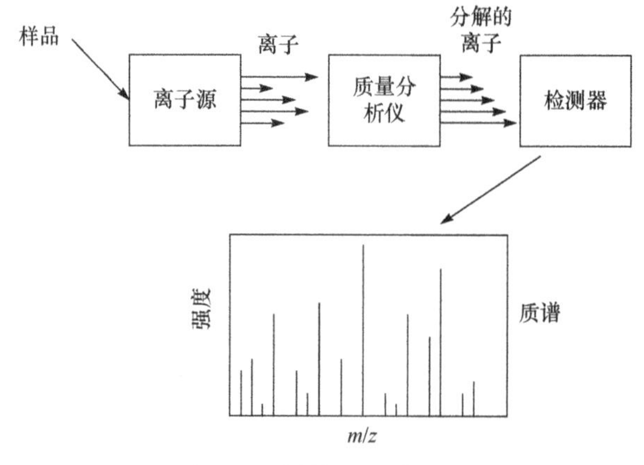

图 7-4　质谱仪的工作流程

质谱（mass spectrum，MS）技术在蛋白质/多肽鉴定、蛋白质修饰和蛋白质相互作用的研究中被广泛应用，其通过正确测定蛋白质/多肽（蛋白质胰酶水解产物）等生物分子、离子的质荷比而得到生物分子的分子量。基本原理是：样品分子在离子源中电离形成不同分子量的带电离子和分子碎片离子，在加速电场中使得这些离子获得动能而形成一束离子，离子束进入由电场和磁场组成的分析器，由于离子本身的质量差异，离子在分析器中具有不同的运动速度和运动轨迹，具有相同质荷比的离子运动终点会聚焦在同一点上，不同质荷比的离子聚焦在不同点上，检测系统通过对聚焦产生的电流进行检测即可得到不同质荷比的谱线，即质谱。质谱分析能够提供分析样品的分子量、分子中同位素构成、分子式和分子结构等多方面信息。

早期的质谱技术仅能够用于小分子的研究，直到 20 世纪 70 年代，以解吸技术为代表的质谱技术能检测 10kDa 以下的蛋白质分子。20 世纪 80 年代电喷雾电离（ESI）和软激光解吸（SLD）电离技术的发展使得质谱技术扩展到可以用于生物大分子，如蛋白质和多聚糖的研究。

电喷雾电离质谱（electrospray ionization mass spectrometry，ESI-MS）技术是在毛细管一端的出口处施加强电压，使得从毛细管出口流出的液体在施加的高电场下雾化成细小的带电液滴，导入的高温氮气将小液滴中的溶剂蒸发，液滴崩解为带电的离子，最后离子进入检测器，离子产生的信号被记录下来。电喷雾离子化的特点是使得样品中生物分子产生带单电荷或多电荷的分子、离子而不是碎片离子，而分子、离子的真实质量可以由计算得出。这样降低了质荷比，大大扩展了分子量的分析范围。电喷雾电离的优点就是可以通过与质谱联合而达到检测大分子的目的。

在软激光解吸（SLD）技术领域目前占主导的方法是基质辅助激光解吸附质谱（matrix-assisted laser desorption ionization，MALDI）技术，其基本原理是激光照射分散在基质中并形成晶体的分析物，基质分子通过吸收辐射的能量进行能量的蓄积，并迅速产热从而使得基质和分析物晶体升华，致使基质和分析物进入气相（图 7-5）。MALDI 产生的是气相的单电荷或带电荷数较少的完整的大分子，因而质谱图中的离子与多肽/蛋白质的分子量有一一对应的关系，可用于检测纯度不高的生物大分子。MALDI 与飞行时间（TOF）联用技术已经成为鉴定蛋白质组分不可或缺的研究手段。理论上只要飞行管的长度足够长，TOF 检

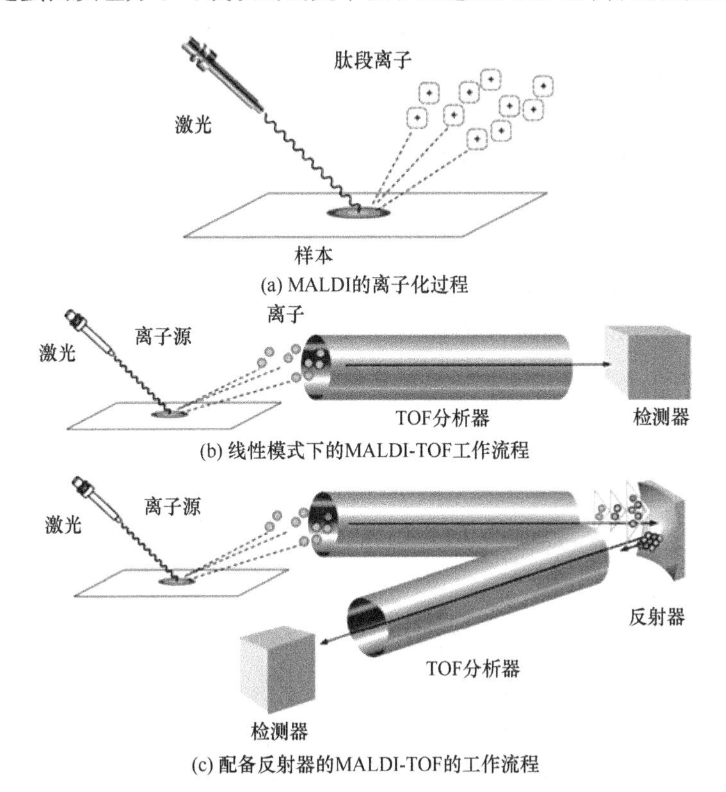

(a) MALDI的离子化过程

(b) 线性模式下的MALDI-TOF工作流程

(c) 配备反射器的MALDI-TOF的工作流程

图 7-5　MALDI-TOF 质谱仪的工作流程（Liebler，2009）

测器可检测的分子量范围就是没有上限的，因此 MALDI-TOF 质谱很适用于多肽、蛋白质、多糖、核酸等生物大分子的研究。

每一个蛋白质都可以用组成它的肽段来特异性描述，这些特异性的肽段信号被称为肽段质量指纹。通过质谱仪所获得的胰酶水解的肽段的指纹图谱，可用来鉴定蛋白质。

蛋白质的氨基酸序列通常通过在质谱仪中测量肽及其片段的重量来确定。通常，将由 2D 凝胶分离的蛋白质注入含有两个四极杆分析仪和 TOF 分析仪的质谱仪中。离子化的蛋白质分子被碎裂并进入第一个四极杆分析仪。选择性地允许特定的肽片段进入第二个四极杆分析仪，在那里它与某些惰性气体如氮气和氩气混合。这些气体有助于破坏肽段中的肽键。在每个肽段片段中的不同肽键位置处进行一次断裂，以产生每个片段的具有较少氨基酸的肽段。或者，可以从 C 端一次除去一个氨基酸，以产生比该系列中下一个较大链短一个氨基酸的肽阵列。每次发生这种片段化时，将产生具有 N 端的带电片段和具有 C 端的非带电片段。带电碎片进入 TOF 分析仪，然后进入探测器。它们飞行的时间取决于其质量：较小的碎片比较大的碎片移动得更快。因此，到达检测器所花费的时间与分子的质量直接相关。飞行时间记录在水平 x 轴上的图表上；垂直 y 轴上的条带的高度表示每个片段的强度或量。图 7-6 展示了含有 8 个氨基酸链的肽段的不同片段的分子量的典型结果。

肽片段和氨基酸的分子量：

1-mer	2-mer	3-mer	4-mer	5-mer	6-mer	7-mer	8-mer	氨基酸/多肽
147	276	432	560	697	828	943	1030	分子量/多肽
Phe	Glu	Arg	Gln	His	Met	Asp	Ser	
147____	129____	156____	128____	137____	131____	115____	87	氨基酸分子量

肽片段长度（分子量）

Phe Glu Arg Gln His Met Asp Ser-8 amino acids（1030）

Phe Glu Arg Gln His Met Asp-7 amino acids（943）

Phe Glu Arg Gln His Met-6 amino acids（828）

Phe Glu Arg Gln His-5 amino acids（697）

Phe Glu Arg Gln-4 amino acids（560）

Phe Glu Arg-3 amino acids（432）

Phe Glu-2 amino acids（276）

Phe-1 amino acid（147）

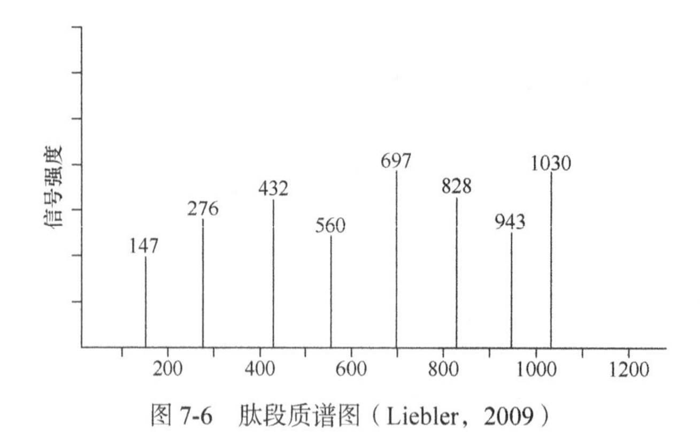

图 7-6　肽段质谱图（Liebler，2009）

目前利用肽段质量指纹图谱进行蛋白质鉴定和质谱分析主要有三大类方法：①数据库搜索方法；②从头测序鉴定方法；③综合方法，先利用从头测序获得高质量序列片段，再辅以数据库查询技术。

数据库搜索方法对质谱数据质量要求不高，能鉴定较为复杂的蛋白质样品，是蛋白质组学研究中的重要方法，目前应用最为广泛的采用数据库搜索方法开发的软件主要有 SEQUEST（Eng et al.，1994）和 MASCOT（Perkins et al.，1999），还有国内中国科学院计算技术研究所等几家单位开发的 pFind 软件。实验获得的质谱与理论质谱的匹配打分算法是数据库搜索方法的核心。通过对数据库中蛋白质序列进行模拟酶解，然后从酶解产生的肽段序列预测理论质谱。其主要工作流程如图 7-7 所示。

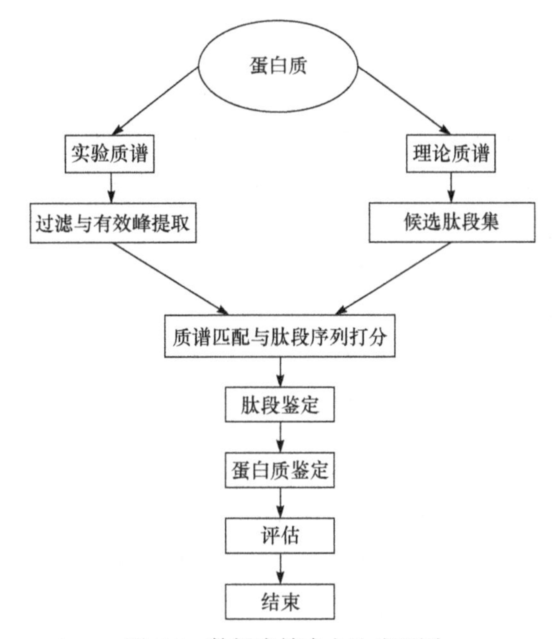

图 7-7　数据库搜索方法流程图

而从头测序是针对新发现的未知蛋白质，直接利用高质量的串联质谱通过推理获得肽段的氨基酸序列信息。

目前 SEQUEST 和 MASCOT 使用的理论质谱预测模型比较简单。SEQUEST 软件使用的匹配打分算法是互相关分析（Eng et al.，1994），它采用交叉关联的方法来计算质谱数据预测到的序列与数据库中蛋白质序列的关系，并对数据库的蛋白质序列进行排序。而 MASCOT 软件使用基于概率的匹配打分算法进行打分（Perkins et al.，1999）。

这些打分算法所获得的结果还不能令人满意，而且存在假阳性高等缺点。因此，新的更有效的匹配打分算法也是质谱分析技术未来的研究方向。

7.2.3　蛋白质芯片技术

蛋白质芯片（protein microparray）类似于基因芯片，是近年来兴起的蛋白质组学研究方法。蛋白质芯片是将蛋白质点到固定物质上，然后通过自动化仪器分析蛋白质与待检测的细胞或组织等“杂交”后的产物。“杂交”是指蛋白质与蛋白质之间（如抗体与抗原）在空间构象上能特异性地相互识别。蛋白质芯片是一种高通量的蛋白质组学研究新方法，一次实验能提供大量的信息，使我们能够准确、全面地研究蛋白表达谱。此外，蛋白质组芯片灵敏度高，仅需微量生理或生物样本，即可以同时检测、识别和纯化不同的蛋白质分子，并且研究分子间的相互作用。也无须预处理样品和进行样品标记，就能直接检测尿液、唾液、血浆、淋巴液等生理样品。蛋白质芯片具有空间分辨率高和高通量的特点，能同时完成多样本的重复分析。

蛋白质芯片是一种高通量的蛋白质功能分析技术，可用于蛋白质表达谱分析，研究分子间的相互作用，如蛋白质与蛋白质、DNA、RNA 等生物大分子的相互作用等。蛋白质芯片技术还可以用于筛选药物作用的靶点蛋白。

7.2.4 免疫印迹法

免疫印迹（Western blotting）是基于蛋白质电泳技术和免疫学方法相结合而发展起来的一项蛋白质检测技术，根据抗原和抗体结合的特异性、专一性来检测样品中某种蛋白质是否存在，已成为蛋白质鉴定分析的一种常规技术。首先，采用 SDS 聚丙烯酰胺凝胶电泳（SDS-PAGE）分离抗原等蛋白质样品；然后将分离后的蛋白质转移到固体载体上；最后，将固相载体上的蛋白质作为抗原，使之与对应的抗体发生免疫反应，接着再与酶或同位素标记的第二抗体起反应，通过底物显色或放射自显影对目的蛋白进行检测。免疫印迹综合了 SDS-PAGE 的高分辨力和抗原-抗体反应的敏感性及高特异性的优势，是分析蛋白质样品组分的有效方法。免疫印迹可对蛋白质进行定性分析和半定量分析，几乎适用于任何蛋白质。

7.2.5 酵母双杂交系统

酵母双杂交技术是在 1989 年由 Fields 等首次建立的，是被广泛应用的研究蛋白质与蛋白质之间相互作用的有效方法。该方法是在真核模式生物酵母中进行的，其原理是蛋白质之间瞬间的、微弱的作用也能够通过报告基因表达，通过对报告基因表达产物的检测分析蛋白质之间的相互关系。酵母双杂交技术具高灵敏度，是一种研究蛋白质之间关系的可靠技术。大量研究表明，哺乳动物和高等植物基因组编码的蛋白质之间的相互作用可以通过酵母双杂交技术进行研究。

7.3 蛋白质二级结构预测

蛋白质的功能不仅取决于其氨基酸的构成，更依赖于其三维空间结构状态。解析蛋白质结构与功能的关系，是生命科学研究的重要内容。从氨基酸序列到蛋白质的二级结构，是深入理解蛋白质结构和功能的第一步。蛋白质二级结构可为三级结构的建模提供重要依据，可以减少三级结构预测的搜索空间。此外，二级结构信息还可以用在生物信息学研究的各个方面，为蛋白质的功能属性分析提供一些重要的线索。

大家普遍认为，蛋白质序列决定其结构，结构决定其功能。因此，通过已知蛋白质序列来预测蛋白质结构甚至功能，成为生物信息学研究的重要内容。例如，所研究的序列是否含有某些蛋白家族所具有的某种功能的保守残基。

蛋白质的结构分成四个层次：一级结构、二级结构、三级结构和四级结构。一级结构是蛋白质的线性骨架，是指构成蛋白质的氨基酸的序列；二级结构是指多肽主链骨架原子沿一定的轴盘旋或折叠而形成的特定的构象，二级结构主要包括 α 螺旋、β 折叠、无规则卷曲等，是由蛋白质分子内的氢键维系的局部空间排列；三级结构是在二级结构的基础上进一步盘绕、折叠形成的，处于蛋白质分子天然折叠状态的特定的三维空间构象。三级结构主要是靠氨基酸侧链之间的疏水相互作用、氢键、范德瓦耳斯力和静电作用维持的；蛋白质的四级结构是指多条蛋白质多肽链之间相互作用所形成的复杂聚合物的一种三维空间结构形式，主要涉及各亚基的空间排布以及亚基接触部位的布局和相互作用等。实验测定蛋白质的结构非常复杂，目前主要的实验测定技术包括：X 射线晶体衍射和 NMR 波谱仪。因此，预测蛋白质的二级或多级结构成为生物信息学领域重要的研究内容，其中二级结构预测是人们研究最早和应用最广泛的一个方面。本节将对蛋白质二级结构预测的方法做简要介绍。

7.3.1　二级结构的一般预测方法

给定一个蛋白质序列，我们需要根据其序列信息采用一定的方法来预测其二级结构的情况，如下。

序列：NEVQSATADGVQKMTDMGLGASKDVDKKL…

预测：CCEEEECCCCHHHHHHHHHHCHHHCCCCC…

（H：α螺旋；E：β 折叠；C：无规则卷曲）

蛋白质二级结构预测大体经历了三代预测方法。20 世纪 60 年代，以 Chou-Fasman 算法为代表的一类方法是最早一代预测方法，是基于单个氨基酸残基结构，统计分析得到每个残基出现特定二级结构构象的倾向因子，对蛋白质二级结构进行预测。第二代蛋白质二级结构预测方法是基于一段氨基酸序列的统计分析，氨基酸片段的长度通常为 11～21。片段体现了中心氨基酸残基所处的环境。第一代和第二代预测方法的准确率均不超过 70%，这一度制约了蛋白质二级结构预测的发展和广泛应用。第三代预测方法则将同源序列的进化信息融合到预测方法中，使得预测准确率得到较大提高，预测结果与试验结果较为吻合，并得到广泛的应用。

1. Chou-Fasman 算法

Chou-Fasman 算法是第一个预测蛋白质二级结构的方法，发表于 1974 年，其所用的数据集只有 15 个蛋白质。随后于 1978 年发表了第二篇文章，使用了 29 个蛋白质，对每一个氨基酸，其定义了氨基酸残基的二级结构的倾向性因子：

$$\text{Propensity factor}=\frac{A_i}{B_i} \quad (i=\alpha、\beta、c) \tag{7-1}$$

其中，i 表示二级结构态（如 α 螺旋、β 折叠、无规则卷曲（c））；B_i 表示所有被统计残基处于二级结构态 i 的比例；A_i 是第 A 种残基处于结构态 i 的比例。倾向性因子小于 1 表示不倾向于形成该种二级结构；大于 1 表示该残基倾向于形成该种二级结构。

Chou-Fasman 算法只考虑了单个氨基酸残基的特性，没有考虑相邻氨基酸对其形成二级结构的影响。算法的准确率不高，只有 50%。

2. GOR 方法

GOR 方法是由 Garnier、Osguthorpe 和 Robson 于 1978 年提出的。其同时考虑了氨基酸

残基本身的影响，以及相邻氨基酸残基对该残基形成二级结构的影响。该方法计算了所预测位置氨基酸 N 端上游 8 个氨基酸和 C 端下游 8 个氨基酸的出现概率，其采用 17 个残基的窗口宽度进行二级结构预测。

通过对已知结构的蛋白质样本数据进行统计，计算出各种氨基酸中心残基在窗口中各个位置出现分别为 α 螺旋、β 折叠、无规则卷曲等二级结构态时的概率，产生一个 17×20 的得分矩阵。然后，利用该得分矩阵来计算待预测氨基酸序列中每个残基的每种二级结构出现的概率。

3. 二级结构预测准确性评估

二级结构预测准确性，除了采用常用的敏感性、特异性以及 ROC 曲线等外（见第 4 章），还采用Q_3以及Q_{H}、Q_{E}和Q_{C}来评估，其计算公式如下：

$$Q_3=\sum_{t=\mathrm{H,E,C}}\frac{pre_i}{obs_i}\times 100 \tag{7-2}$$

$$Q_{\mathrm{H}}=\frac{pre_{\mathrm{H}}}{obs_{\mathrm{H}}}\times 100 \tag{7-3}$$

$$Q_{\mathrm{E}}=\frac{pre_{\mathrm{E}}}{obs_{\mathrm{E}}}\times 100 \tag{7-4}$$

$$Q_{\mathrm{C}}=\frac{pre_{\mathrm{C}}}{obs_{\mathrm{C}}}\times 100 \tag{7-5}$$

其中，pre_i表示准确预测出来的二级结构残基数目；obs_i表示可观察到的二级结构残基数目；pre_{H}、pre_{E}和pre_{C}分别表示准确预测出来的二级结构 α 螺旋、β 折叠和无规则卷曲的残基数目；obs_{H}、obs_{E}和obs_{C}分别表示可观察到的二级结构 α 螺旋、β 折叠和无规则卷曲的残基数目。

此外，还采用片段重叠度（segment overlap，SOV）来评估算法性能（Rost et al., 1993; Zemla et al.，1999），其表示每个片段的预测精度。SOV 计算如下：

$$\mathrm{SOV}=\frac{1}{N}\sum_{s}\frac{\min OV\left(S_{\mathrm{obs}},S_{\mathrm{pre}}\right)+\delta}{\max OV\left(S_{\mathrm{obs}},S_{\mathrm{pre}}\right)} \tag{7-6}$$

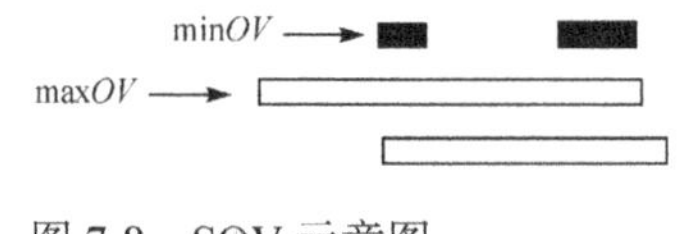

图 7-8　SOV 示意图

其中，S_{obs}、S_{pre}分别表示某二级结构观察和预测的片段，s表示重叠对数，N表示多肽链的长度，minOV表示某一二级结构肽观察和预测所重叠的最小片段长度，maxOV表示某一二级结构肽观察和预测所重叠的最大片段长度，如图 7-8 所示。

此外，δ的定义如下：

$$\delta=\min\begin{Bmatrix}\max OV\left(S_{\mathrm{obs}},S_{\mathrm{pre}}\right)-\min OV\left(S_{\mathrm{obs}},S_{\mathrm{pre}}\right)\\ \min OV\left(S_{\mathrm{obs}},S_{\mathrm{pre}}\right)\\ \mathrm{int}\left(0.5\times\mathrm{len}\left(S_{\mathrm{obs}}\right)\right)\\ \mathrm{int}\left(0.5\times\mathrm{len}\left(S_{\mathrm{pre}}\right)\right)\end{Bmatrix} \tag{7-7}$$

7.3.2　基于进化信息的预测方法

采用多序列比对结果所包含的进化信息，并采用神经网络和隐马尔可夫模型，来对蛋白质的二级结构进行预测，目前较为常用的几种方法有：PHD、PSIPRED 和 HMMSTR。下面主要介绍前两种方法。

1. PHD 方法

PHD 方法是第一个采用进化信息，并使准确率突破 70%的方法。以相似性 25%，所谓阈值，经过去冗余，再进行多序列比对和数据库检索，滑动窗宽为 13 个残基。得到一个 13×20 的矩阵，这代表每个残基有 20 个输入数据。此外，在序列片段的 N 端或 C 端增加“保守”权重因子代表多序列比对的质量，即序列比对个数和此位点残基的相似性。这样共有 13×22 作为输入数据，进入双层“序列-结构”神经网络模型，网络的输出节点为 3 个，分别代表二级结构三态（α 螺旋（H）、β 折叠（E）、无规则卷曲（C））各自权重。

参考二级结构中的描述（α 螺旋、β 折叠和无规则卷曲）在训练集和测试集中每个结构来推导出由 DSSP 产生的定义（Kabsch and Sander，1983）。这 8 个描述（H，I，G，E，B，S，T，—）根据 Rost 和 Sander（1993）的定义被简化为 3 种描述，H 和 G 被认为是螺旋，E 和 B 被认为是 β 折叠，其他的都是不规则卷曲。

接着构建双层“结构-结构”神经网络模型，输入为一个连续 17 个残基的序列片段，每个残基以“序列-结构”网络模型的输出结果作为权值表示，再加上 N 端或 C 端“保守”权重因子代表多序列比对的质量，即序列比对个数和此位点残基的相似性，这意味着每个残基由 3+2=5 个权值表示。这就会构建 17×5 个网络输入节点，进行双层“结构-结构”神经网络模型训练，输出结果就为此残基位点的二级结构状态。

2. PSIPRED 方法

PSIPRED 方法也是采用神经网络建模预测二级结构的一种方法，该方法于 1999 年由 D. T. Jones 提出。不同在于其采用了不同的数据库进行蛋白质同源搜索和利用不同的蛋白质数据集。PSIPRED 采用了 PSI-BLAST 所获得的位点特异性打分谱图作为多序列比对的序列进化信息的结果。相比 PHD 方法，网络结构更简单，“序列-结构”神经网络模型采用后向传播神经网络，隐含层由 75 个节点组成，输入为 15 个残基的序列片段，每个残基由 PSI-BLAST 所获得的打分矩阵所代表，3 个输出节点。

“结构-结构”神经网络模型的隐含层结构则有 60 个节点，输出层包括 3 个节点。相比其他二级结构预测方法，PSIPRED 方法预测精度相对较高，为目前研究人员常常使用的方法。PSIPRED 的 web server 网址为 http://bioinf.cs.ucl.ac.uk/psipred。

在过去几年里预测方法发展很快，越来越多的数据和改进的搜索计算技术被开发：主要通过迭代的 PSI-BLAST 类工具。在过去几年中，二级结构预测准确率有了很大提高。现在最先进的方法的预测准确率达到 76%，约 60%氨基酸的预测达到了与 X 射线和核磁共振层次一致的水平。我们期待着蛋白质结构预测水平的快速发展，进而破解蛋白质结构密码。

7.4　蛋白质三级结构预测

蛋白质的功能往往通过与其他生物分子的相互作用来体现，蛋白质的三维空间结构构象，局部的裂缝、隙口的存在，氨基酸残基的位置及其在表面的分布情况，蛋白质整体外形的情况，等等，均可决定蛋白质的特定的功能。目前，测定蛋白质三维结构的实验方法主要有两种：核磁共振谱和 X 射线晶体学。PDB 数据库中 98%以上的结构是采用这两种方法测定的。蛋白质结构的实验测定是非常复杂的，有非常苛刻的实验要求，均需要准备蛋白质的结晶体才能测定。因此，采用计算方法进行蛋白质结构预测，就成为生物信息学的研究热点。

蛋白质二级结构的预测仅仅是预测蛋白质三维结构的第一步，一些不规则的结构和二级结构共同构成蛋白质的天然三维结构。蛋白质三维结构形成过程中，各种作用力起了主要的作用，如疏水作用力、静电力、氢键和范德瓦耳斯力等。因此，了解和掌握蛋白质折叠过程中各种作用力的情况对预测蛋白质结构具有重要作用。

目前，蛋白质三维结构预测主要有三种方法：比较建模；折叠识别；从头预测。

7.4.1 比较建模

比较建模（comparative modeling）又称为同源建模（homology modeling），如果在蛋白质结构数据库 PDB 中已经有同源的蛋白质的结构数据，则可将此蛋白质的结构作为模板，根据序列就可比较精确地预测其三维结构。这种建模方法是借助于已知蛋白质结构的模板进行的，而选择不同的同源蛋白质，可得到不同的模板，因此最终的预测结果有可能不唯一。

其主要步骤如下。

1）寻找同源蛋白质的结构模板。以此模板为未知结构蛋白质的骨架。

2）序列比对和建立骨架。首先将模板序列和目标序列进行两两局部比对，寻找两序列匹配的部分。将序列匹配部分的模板结构的原子坐标拷贝到目标蛋白质的结构上，建立目标蛋白质的骨架。

3）构建目标蛋白质的侧链。利用 Rotamers 数据库（图 7-9）已知结构的经验数据，寻找库中与目标蛋白质的氨基酸片段相同的结构数据，作为不完全匹配残基的侧链构象。

4）构建目标蛋白质的环区。对于序列比对存在插入和删除操作的序列区域，可能对应于蛋白质结构中处于二级结构之间的环区，对此，也要对其进行预测。

5）结构模型的优化。利用分子动力学、最优化理论等方法进一步优化目标蛋白的结构模型中不相容的部分。

Rotamers 数据库网址为 http://kinemage.biochem.duke.edu/databases/rotamer.php。

对于相似性大于 60%的蛋白质序列，采用比较建模的方法所建立的结构模型比较精确，接近实验测定的结果。如果相似性大于 30%，也可得到较好的结果，但计算时间较长。对于相似性小于 30%的蛋白质序列，预测结果将不可靠。

7.4.2 折叠识别

对于相似性小于 30%的蛋白质序列，在 PDB 数据库中，有许多与其同源的三维结构。对于此类蛋白质的结构预测，无法采用比较建模的方法来预测。

我们需要修改比较建模的过程，以适应相似度较低的情况。通常的做法是：建立一个目标蛋白到已知结构的线索，通过基于环境和知识的势函数评估序列和结构的适应性。因此，折叠识别又称为线索化方法。

3D Analysis :: Rotamers

Home-Page Site-Map

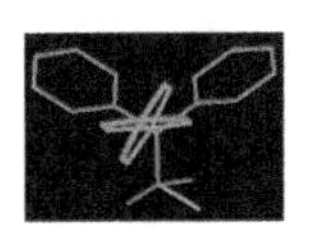

Phe rotamers of the Penultimate Rotamer Library

Page Sections

Fall 2014 new rotamer library based on top8000 dataset is in the works!

- datasets available
  - (son of) Penultimate Rotamer Library
  - Penultimate Rotamer Library
  - Backbone-dependent Libraries
  - Other Libraries
- Software that uses the libraries
- More Info

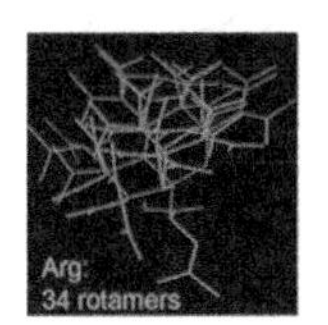

Arg rotamers at 1% level of (son of) Penultimate Rotamer Library

Rotamers are usually defined as low energy side-chain conformations. The use of a build-library of rotamers allows anyone determining or modeling a structure to try the most likely side-chain conformations, saving time and producing a structure that is more likely to be correct. This is, of course, only the case if the rotamers really are the correct low energy conformations. Our libraries address this quality issue in a number of ways:

- We use only very high resolution structures (1.8 Å or better),
- we remove side chains whose position may be in doubt using a number of filters,
- we use the mode rather than the mean of observed conformations (which has a number of advantages), and
- we make efforts to remove systematically misfit conformations.

图 7-9　Rotamers 数据库首页

折叠识别方法的基本思想是：基于已知结构的蛋白质，对目标蛋白质和已知结构蛋白质的序列进行多种可能的序列比对，建立线索，在此基础上，建立一些粗糙的模型，作为预测蛋白质结构的基础。折叠识别方法需要建立一个打分函数，用于评价这些粗糙模型。

7.4.3　从头预测

从头预测方法是指在 PDB 数据库中没有已知结构的同源或远程同源蛋白质的情况下，直接根据序列本身和分子动力学知识来预测其结构。

从头预测方法需要定义肽链与周围溶剂的数学表征，建立一个能够准确反映蛋白质物理化学性质的复合能量函数，然后采用一定的优化算法来寻找具有最低自由能的结构构象。能量函数是原子坐标的函数，需要考虑疏水作用力、静电力、范德瓦耳斯力以及与溶剂之间的相互作用等多个方面。

优化算法有多种，主要有：最快下降法、牛顿-拉普森方法，以及蒙特卡罗方法等。

7.4.4　结构比较和结果评价

蛋白质的结构比较通常采用分子结构间的比较（图 7-10），用于比较两个蛋白质结构相似性的度量函数是均方根偏差（root mean square deviation，RMSD），结构越相似，RMSD 值越小。RMSD 计算公式如下：

$$\mathrm{RMSD}=\sqrt{\frac{\sum_i d_i^2}{N}} \tag{7-8}$$

其中，d_i 表示氨基酸分子间距离，N 表示氨基酸分子的个数。

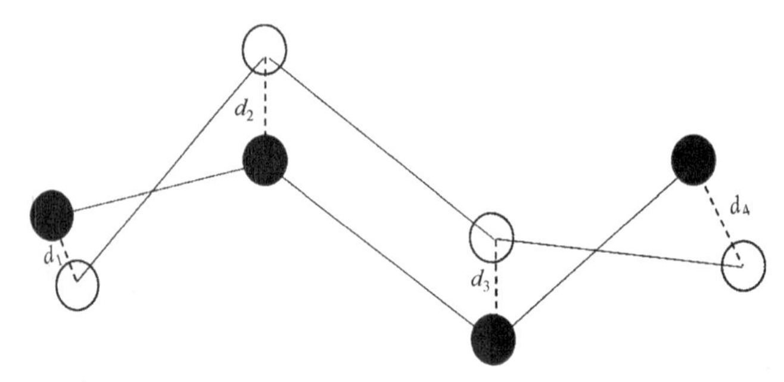

图 7-10　蛋白质结构的比较

7.5　蛋白质翻译后修饰的鉴定

任何生物体中的蛋白质都多于编码它们的基因数量。在高等生物中，基因和蛋白质的数量之间不存在一对一的相关性，例如，人类的基因少于 25000 个，但蛋白质含量高达 50 万个。剪接转录能够一定程度上解释基因和蛋白质数量上的差异：每个基因可转录多个信使 RNA（mRNA），意味着每个基因可产生多于一个的蛋白质。除了剪接机制之外，蛋白质的翻译后修饰是任何生物体中蛋白质种类丰富的另一个主要原因。这种翻译后修饰发生在核糖体上 mRNA 翻译成蛋白质的过程之中或之后。

蛋白质的翻译后修饰是蛋白质的特定功能，以及它们的稳定性、降解和各种生物过程控制所必需的。例如，某些蛋白质必须被磷酸化，即一个或多个磷酸基团被添加到蛋白质链中。磷酸化后，蛋白质在信号转导途径、细胞分裂和生物体中的其他系统中变得活跃。在高等真核生物中，三分之一的蛋白质被磷酸化。

同样，人体中所有蛋白质的一半通过涉及添加碳水化合物单体的糖基化来修饰。某些膜蛋白通过与脂肪酸或脂质的连接而被修饰。通过在不同亚基之间形成二硫键来稳定一些其他蛋白质如胰岛素或免疫球蛋白。许多其他蛋白质经历降解变得活跃。此外，许多蛋白质通过添加一组称为泛素的蛋白质进行泛素化，泛素标记的蛋白质会经由蛋白酶系统进行水解处理。许多其他蛋白质可能经历一种氨基酸转变为另一种氨基酸的修饰，例如，精氨酸变为瓜氨酸，天冬酰胺转化为天冬氨酸，或谷氨酰胺转化为谷氨酸。有时，某些蛋白质可能会被称为“内含肽”，即蛋白质内部的一段氨基酸被去除。蛋白质剪接的机制促进了内含肽的去除，类似于转录物加工中的 RNA 剪接。因此，在蛋白质经历的不同修饰中，最主要的是磷酸化、糖基化和泛素化。早些时候，通过一次分析一种蛋白质发现了这些修饰，但现在随着质谱法等蛋白质组学方法的可用性，可以容易地在大量蛋白质中鉴定这种修饰。本节讨论的蛋白质翻译后修饰和某些其他杂项转录后修饰，都会改变蛋白质中氨基酸的序列或性质。

7.5.1　从 MS 数据推导蛋白质翻译后修饰

如果我们使用 MALDI-TOF 来获得肽段混合物的 MS-MS 谱，则数据提供多肽离子的精确质量。测量的质量反映了肽的氨基酸组成，以及加上任何修饰的质量。因此，MALDI-TOF 的 MS 分析可以告诉我们哪些肽可以以修饰形式存在。例如，磷酸化肽与其未磷酸化对应肽段的混合物的 MALDI-TOF 分析将产生两个信号。有较低 m/z 的是未磷酸化的肽，

相比较 *m/z* 值高出 80 个单位的则对应于磷酸化的肽。

MALDI-TOF MS 分析和肽质量指纹识别算法及软件的结合使得其不仅可以识别蛋白质，还可以识别修饰形式。这些软件工具允许用户指定常见的修改，如磷酸化以及独特的、用户定义的修改。因此，与数据库中未修饰的肽不匹配的 MS 信号可以与它们的修饰对应物匹配。这对于将修饰映射到特定肽可能是有用的。然而，该方法没有明确地将修饰映射到特定氨基酸。例如，VPQLEIVPNpSAEER 肽仅含有一个可能的位点，用于在丝氨酸残基处磷酸化。其他肽可含有多个可能的磷酸化位点。来自人 p53 蛋白的肽 GQSTSRHK 含有两个丝氨酸，两者都是激酶磷酸化的位点。未修饰的肽在 *m/z* 900.9760 处具有$[M+H]^+$离子，而单磷酸化形式在 *m/z* 980.9558 处具有$[M+H]^+$离子。不幸的是，这个数字并没有告诉我们哪两种丝氨酸是磷酸化的。如果我们知道磷酸化蛋白质的激酶的优选磷酸化基序，我们可能能够推断出可能的磷酸化位点。通常，我们没有这些信息。即使我们这样做了，我们也只能进行推理，而不是明确地识别。为此，我们必须获得肽离子的 MS-MS 谱。

LC-MS-MS 提供肽的 MS-MS 谱，不仅可以推断序列信息，还可以推断修饰的序列位置。例如，来自牛酪蛋白的磷酸肽 VPQLEIVPNpSAEER 的 MS-MS 谱如图 7-11 所示。双电荷离子的质量（*m/z* 831.2）比未修饰肽的质量高约 40 个单位（*m/z* 791.4）。这证实了磷酸化的存在。光谱包含 b 和 y 系列离子，它们提供序列信息。光谱显示从 y_5 离子开始的 y 离子系列的变化，其出现在相应的未磷酸化肽预期的 80*m/z* 单位上（即磷酸化形式的 *m/z* 671.2 对 *m/z* 591.6 为未磷酸化的形式）。此外，y_7、y_8、y_9 和 y_{11} 离子的信号出现在未修饰肽的相应产物离子上方 80*m/z* 处。（y_6、y_{10}、y_{12} 和 y_{13} 离子不出现在光谱中。）只有一个含有磷酸丝氨酸残基的 b 离子（b_{13}）出现在光谱中，但其 *m/z* 偏移 80Da 以反映存在磷酸化。b 和 y 离子系列的改变证实了修饰残基的序列位置。MS-MS 谱的另一个有趣特征是 *m/z* 782.1 处的强产物离子。该离子是由丝氨酸作为中性片段的磷酸（98Da）损失引起的（图 7-11）。（记住，来自双电荷离子的中性磷酸损失（98Da）产生的信号比双电荷的预分子 *m/z* 低 49

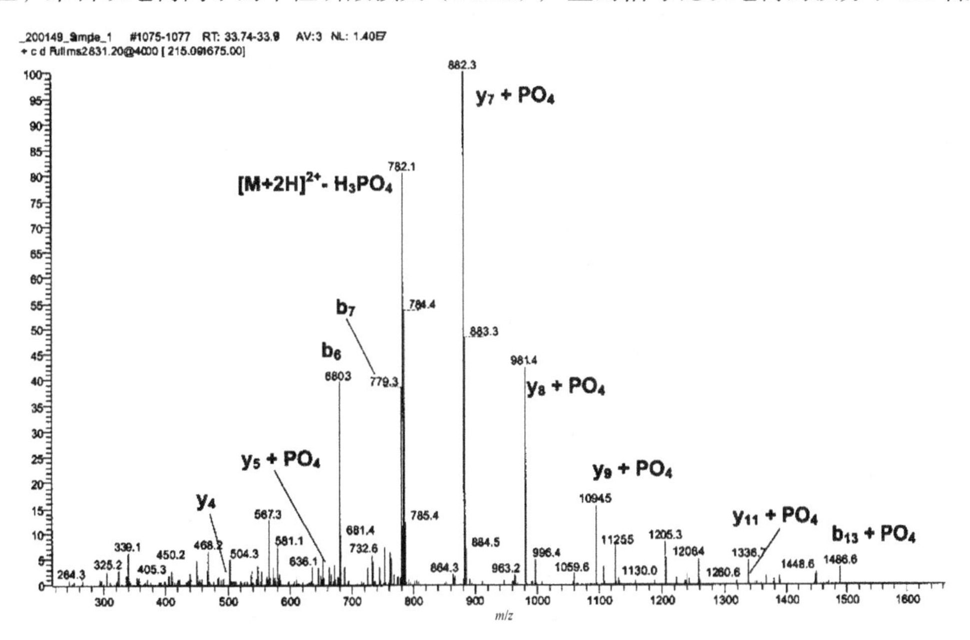

图 7-11　牛酪蛋白肽 VPQLEIVPNpSAEER 的$[M+2H]^{2+}$离子的 MS-MS 谱（Liebler，2001）

个单位。这就是为什么图 7-11 中在 *m/z* 831.2 的双电荷磷酸肽产生 *m/z* 782.1 的碎片片段。从单电荷前体中丢失相同的片段产生低于单电荷前体 *m/z* 的 98 个单位的信号。）这种容易消除是 MS-MS 中磷酸丝氨酸和磷酸苏氨酸残基的特征。相反，磷酸酪氨酸残基不容易失去磷酸，因为它们对磷酸盐没有氢 α 以促进消除反应。含有磷酸丝氨酸的多肽$[M+2H]^{2+}$前体离子的质量改变，即双电荷离子中性失去 49 个单位（即磷酸）和 b 及 y 离子出现 80Da 的变化，确切证实了该肽段中丝氨酸磷酸化的存在和序列位置。

我们在该实例中应用的标准可用于基本上映射蛋白质中的任何化学修饰。对于这类工作，LC-MS-MS 优于 MALDI-TOF 和肽质量指纹图谱，因为 MS-MS 谱图提供了肽序列信息（b 和 y 离子）以及特定于修饰本身的其他信息（例如，中性损失或产物离子）。我们将在本章后面考虑这些特异性修饰的光谱特征来表征蛋白质的修饰。

7.5.2 挖掘 MS-MS 数据以发现蛋白质翻译后修饰

正如我们前面提到的，一旦我们获得了修饰肽的 MS-MS 谱图，我们就有可能推断出肽的序列和修饰的位置。即使我们设计了用于富集修饰肽样品的策略，但富集并不完美，我们仍然必须对许多 MS-MS 谱进行分类，以确定那些对应于修饰的肽。这种困境类似于我们在肽混合物的所有 LC-MS-MS 分析中所面临的困境：我们有大量的数据需要处理。幸运的是，我们可以使用熟悉的数据缩减算法和软件工具来筛选与修饰肽相对应的 MS-MS 扫描数据。Sequest 程序允许用户指定可能出现在蛋白质上的许多常见的低分子量修饰。例如，用户可以指定在分析肽的 MS-MS 谱中可能存在丝氨酸、苏氨酸和/或酪氨酸残基磷酸化。然后，Sequest 执行 MS-MS 数据与从数据库序列生成的虚拟 MS-MS 数据的相关性分析，虚拟 MS-MS 数据可以有两种情况，即这些氨基酸被修饰或未修饰。例如，MS-MS 扫描可以向具有丝氨酸残基的数据库序列显示显著的 Sequest 相关性分数。如果与磷酸丝氨酸肽序列的相关性很强，而对于未磷酸化序列的相关性较弱，则 MS-MS 谱可能来自磷酸化的肽。如果检查 Sequest 分配的离子的质谱，验证了由于磷酸化导致的 b 和 y 离子系列的预期变化，则说明分配是正确的。通过这种方式，Sequest 可用于挖掘各种简单的低分子量肽修饰。这种方法可以很好地工作，只要：①可以预测的化学性质（即修饰的分子量）；②修饰导致 MS-MS 谱的变化；③分子量的修改在 Sequest 或类似程序规定的范围内。

检测蛋白质修饰的第二种方法是用 SALSA 算法分析 MS-MS 数据。许多肽修饰产生了 MS-MS 谱的特定特征。例如，MS-MS 谱中磷酸化的丝氨酸和苏氨酸残基消除了的磷酸（98Da）（图 7-12）。因此，在谱图中分别观察到丢失双电荷和单电荷前体离子 49 和 98 单位的产物离子。其他修饰可以在 MS-MS 谱图中产生特定的产物离子。例如，用多环芳烃修饰的肽片段中烃部分解离为强的碎片离子。最后，肽序列中任何氨基酸的稳定修饰将改变 MS-MS 谱中的 b-和/或 y-离子系列。这是因为修饰影响了氨基酸残基的分子量。图 7-12 显示未修饰的 AVAGCAGAR（图 7-12（a））和 S-羧甲基-AVAGCAGAR（图 7-12（b））的 MS-MS 谱图。两种肽的 y_1-y_4 离子具有相同的 *m/z* 值（未检测到 y_1 离子），但 y_5 离子不同。在未修饰的肽中，y_5 离子 $CAGAR^+$为 *m/z* 477，而来自修饰的肽 S-羧甲基-$CAGAR^+$的 y_5 离子为 *m/z* 535，质量差异为 58，其对应于羧甲基修饰。在修饰的肽中，y_5-y_8 离子均比未修饰肽的 MS-MS 谱中的那些高 59 个 *m/z* 单位。b 离子系列发生相同的变化。两种肽中的 b_1-b_4 离子相同，但修饰肽的 b_5-b_8 离子也比未修饰肽中的 b_5-b_8 离子高 58 个 *m/z* 单位。

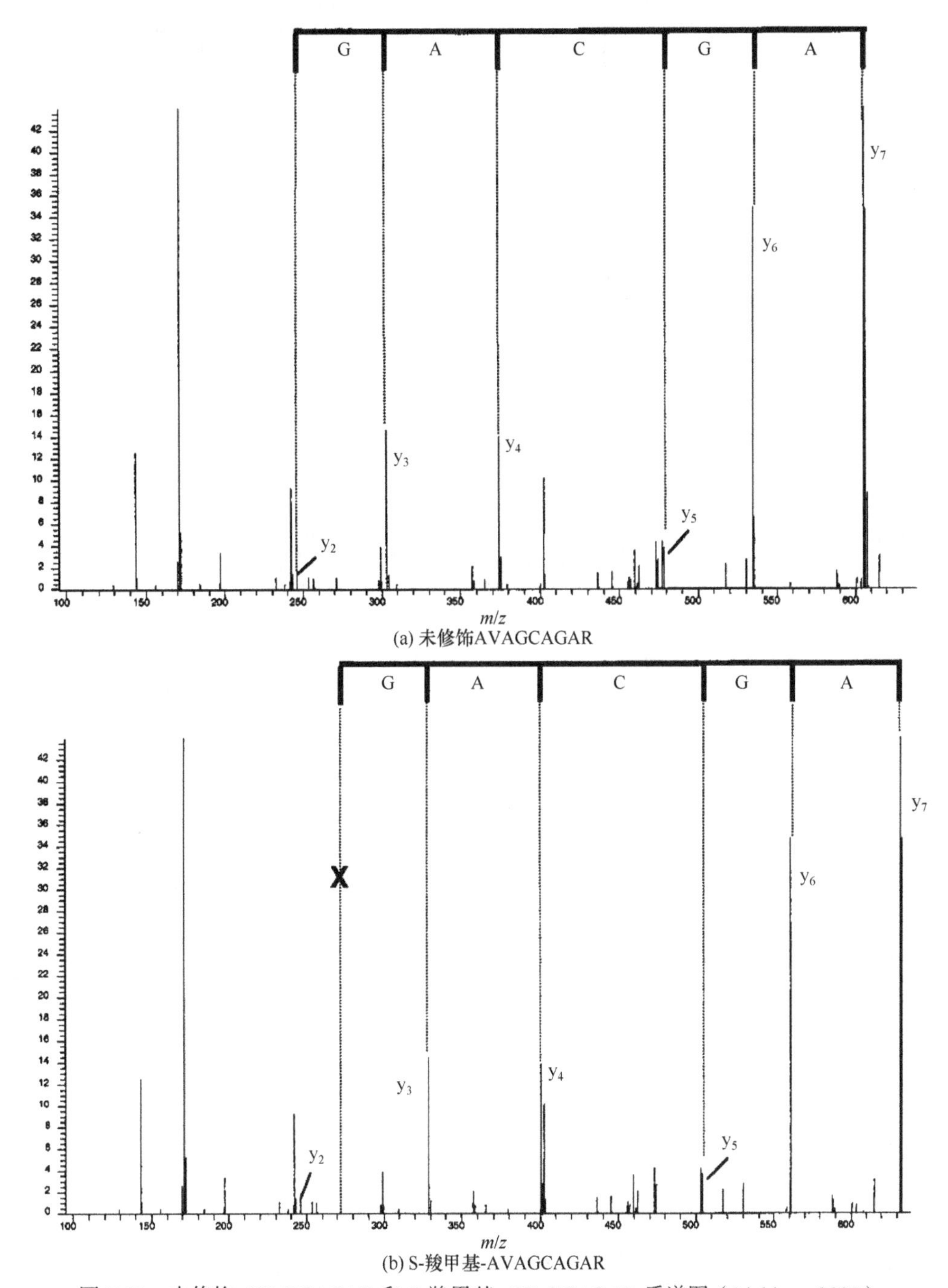

图 7-12　未修饰 AVAGCAGAR 和 S-羧甲基-AVAGCAGAR 质谱图（Liebler，2009）

SALSA 算法能够解析定义值分隔的特定离子系列的 MS-MS 谱图。以这种方式，离子系列模式代表特定的氨基酸基序。SALSA 生成一个“虚拟标尺”，由相互联系的 b 或 y 离子的离子相对间距定义。然后将该标尺用于 MS-MS 扫描中以检测质谱中具有与标尺匹配的离子系列。对于 AVAGCAGAR 肽及其变体，我们使用对应于肽序列中心部分的“GACGA”标尺。在前面的例子中，AVAGCAGAR 中半胱氨酸残基的修饰引入分别从 y_5 和 b_5 离子开始转移 y 和 b 离子系列。因此，标尺将匹配修饰肽的部分，但不是所有 y 离子系列（图 7-13（a））。

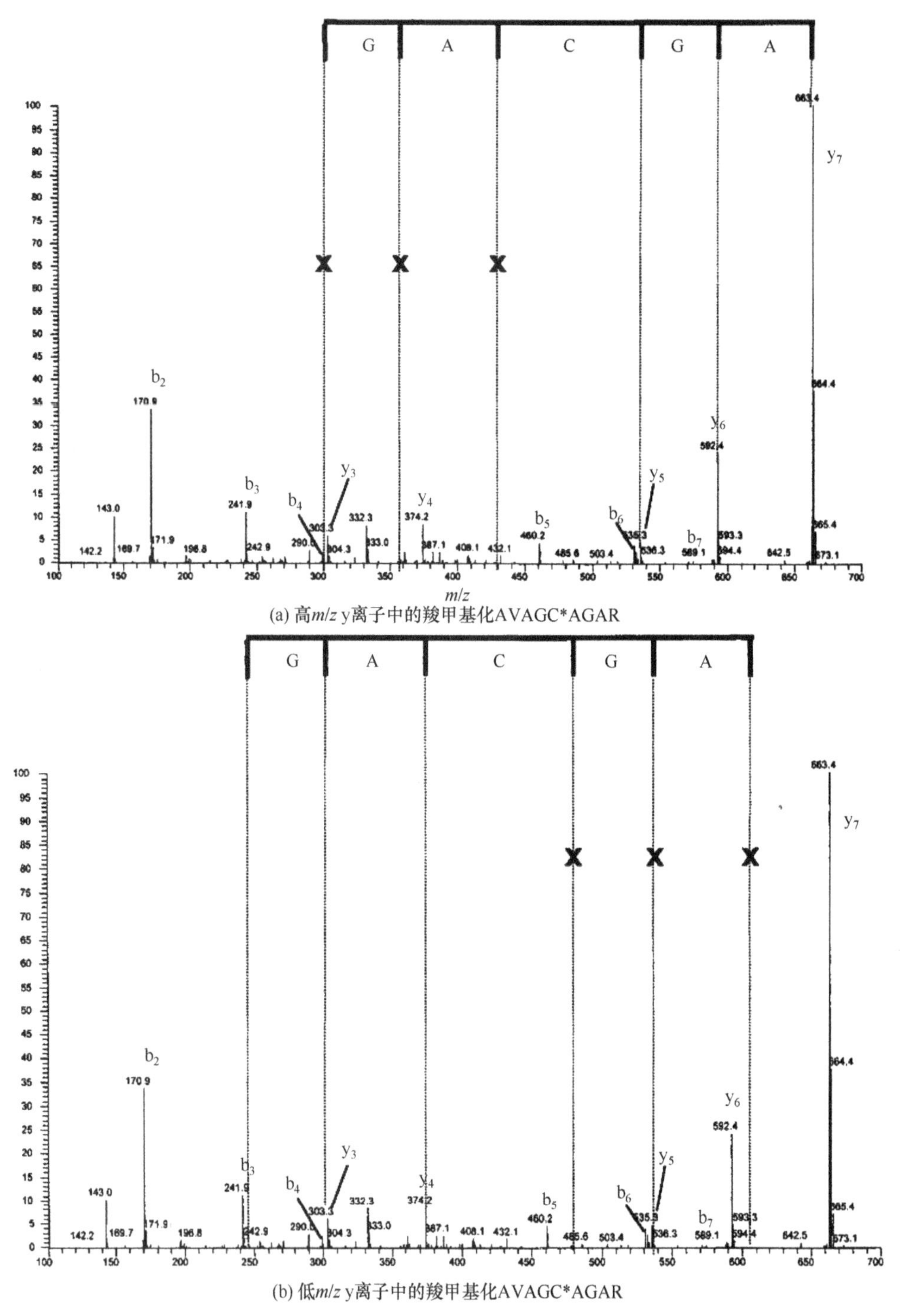

(a) 高m/z y离子中的羧甲基化AVAGC*AGAR

(b) 低m/z y离子中的羧甲基化AVAGC*AGAR

图 7-13 应用 GACGA 序列“虚拟标尺”检测(Liebler，2009)

当从最高观察到的 y 离子（y_7）开始对齐时，y_7、y_6和 y_5离子与标尺匹配，但 y_2、y_3和 y_4离子不匹配。如果我们从观察到的最低 y 离子（y_2，未在图 7-13 中标记）开始匹配，则 y_2-y_4离子匹配，但 y_5-y_7 离子不匹配。因此，无论采用哪种方式，我们都有部分匹配。SALSA 将为这些部分匹配的MS-MS 谱图指定显著分数，但得分不会高于未修饰肽的MS-MS 谱图。

然而，这些部分离子系列匹配将允许 SALSA 识别对应于修饰肽的 MS-MS 谱。MS-MS 谱图的分析将允许我们确认肽序列和修饰的确切位置。通过这种方式，我们可以将修饰的肽反映回数据库中的蛋白质序列，并建立被修饰的蛋白质和修饰位点。

这种通用方法可以成为表征蛋白质组的有力工具，其中蛋白质修饰影响功能、蛋白质-蛋白质相互作用和蛋白质周转。SALSA 算法的强大之处在于能够区分序列特征或修饰特征。然而，我们必须记住，除非我们的 MS 分析记录了目标肽的 MS-MS 谱，否则 SALSA 无法鉴定修饰的肽。这让我们回到本章前面提到的一个关键点：覆盖范围。为了最大化基于 Sequest 和 SALSA 的方法来绘制蛋白质修饰的有效性，我们必须在混合物中尽可能多地获得 MS-MS 谱。这就是蛋白质酶解、肽段的分离以及仪器灵敏度对蛋白质修饰鉴定至关重要的原因。

7.5.3　蛋白质翻译后修饰位点识别

1. 蛋白质磷酸化位点识别及实例

蛋白质磷酸化是指在其表面氨基酸残基侧链上加上磷酸基团的一种蛋白质修饰方式，是在蛋白质磷酸化激酶的催化下将 ATP 的磷酸基团转移到蛋白质的特定位点上，蛋白质磷酸化被证明参与多种信号转导过程，是动物蛋白常见的翻译后修饰。蛋白质磷酸化的可逆过程能够调控大部分细胞过程，蛋白质上的丝氨酸（Ser）、苏氨酸（Thr）、酪氨酸（Tyr）残基为磷酸化作用的位点。细胞的形态和功能在磷酸化调节过程中均可发生改变。

（1）NetPhos 方法

NetPhos 方法是由 Nikolaj 等于 1999 年提出的，其采用序列和结构特征，以及神经网络算法来预测蛋白质的磷酸化位点。当前版本号为 NetPhos3.1。

通过比对多条通过实验验证的具有磷酸位点的蛋白质序列，发现磷酸化位点附近具有一定的序列特征，其 logo 图如图 7-14 所示。在酪氨酸 Y 磷酸化结构区域附近存在一个 motif：

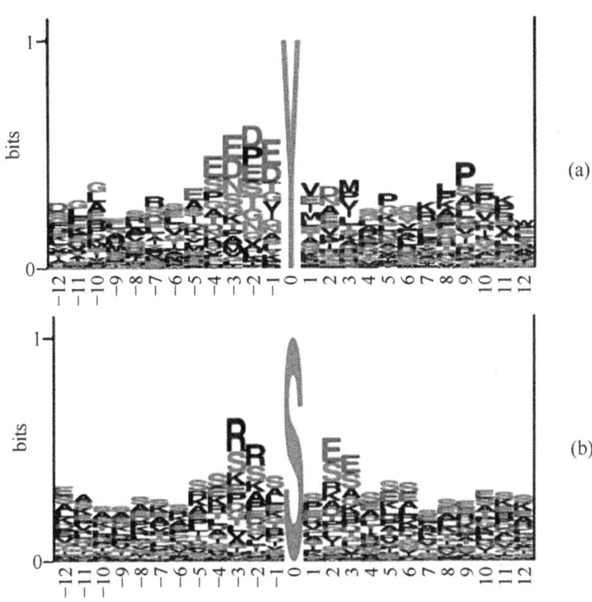

(a) 以丝氨酸为位点

(b) 以苏氨酸为位点

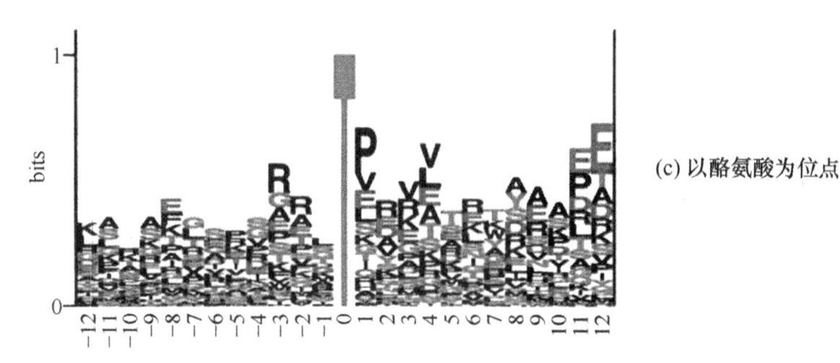

图 7-14　磷酸化位点 logo 图（Nikolaj et al.，1999）

[N-P-X-Y*]。在酪氨酸 Y 磷酸化位点下游 1～3 位存在一个疏水基序（motif）：[M/L/I/V-X-M/L/I/V]。

NetPhos 采用不同的滑动窗口，最优的滑动窗口为丝氨酸位点采用 11bp，苏氨酸和酪氨酸位点采用 9bp。将数据输入神经网络训练建模。

蛋白质局部特征与其磷酸化具有一定相关性，该算法还利用蛋白质结构特征数据，即局部接触图谱（local contact map）来建模，该特征数据由序列数据采用神经网络预测得出（Lund et al.，1997）。

此算法在线网址为 http://www.cbs.dtu.dk/services/NetPhos，如图 7-15 所示。NetPhos 方法要求以 Fasta 格式输入序列，结果会给出所有的 S/T/Y 位点和可能的磷酸化位点，并给出相应的得分，只有得分高于 0.5 才被认为是磷酸化位点。其缺点是“假阳性率”较高；未能给出相应磷酸化位点的激酶。NetPhos 方法磷酸化位点预测的准确率为 69%～89%。

DTU Bioinformatics
Home
NetPhos 3.1 Server
ATM, CKI, CKII, CaM-II, DNAPK, EGFR, GSK3, INSR, PKA, PKB, PKC, PKG, RSK, SRC, cdc2, cdk5 and p38MAPK
See the version history of this server.
SUBMISSION
Residues to predict serine threonine tyrosine all three
For each residue display only the best prediction
Display only the scores higher than 0
Output format classical GFF
Generate graphics
Submit Clear fields
Restrictions:
Confidentiality:
CITATIONS
For publication of results, please cite
Generic predictions:
Sequence- and structure-based prediction of eukaryotic protein phosphorylation sites.
Journal of Molecular Biology: 294(5): 1351-1362, 1999
PMID:
Kinase specific predictions:
Prediction of post-translational glycosylation and phosphorylation of proteins from the amino acid sequence.
Proteomics: Jun;4(6):1633-49, review 2004.
PMID:

图 7-15　NetPhos web server

（2）Scansite 方法

Scansite 方法是由 Yaffe 及其同事所提出的（Obenauer et al.，2003），也是基于氨基酸序列的蛋白质磷酸化位点分析方法，计算时分析每个 S/T/Y 位点前后个 7 个氨基酸组成的长度为 15 的氨基酸序列与设定的最佳结合系列匹配程度，并进行打分，得分高的位点可能是磷酸化位点。

Scansite 软件有三种功能：基序搜索、数据库搜索、序列匹配。利用基序搜索功能可以对功能未知的蛋白质进行分析，进而获得功能线索。Scansite 还可对已知基序进行反向数据库检索，用于寻找含有此基序的所有可能蛋白质，进而进行蛋白质功能分类和基序功能验证。Obata 等于 2000 年已经按照此类策略，进行大规模肽库筛选，发现了丝氨酸/苏氨酸激酶 AKT/PKB 的底物均含有基序 RXRXX-（S/T）-X。根据此基序，通过搜索蛋白质数据库发现了大量的 AKT/PKB 底物分子。

Scansite web server 的网址为 https://scansite4.mit.edu/4.0/#home，如图 7-16 所示。

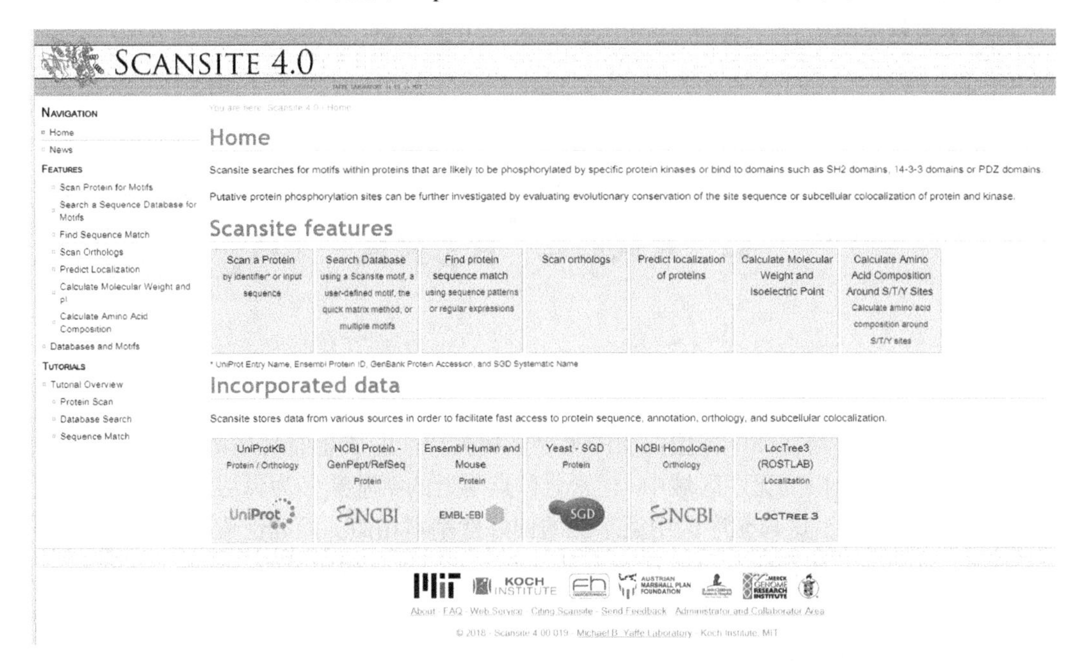

图 7-16　Scansite web server

2. *蛋白质泛素化位点识别及实例*

蛋白质泛素化修饰是在 E1、E2 和 E3 酶的级联反应下，在蛋白质氨基酸链的赖氨酸位点共价结合多泛素链，以介导蛋白质的主动性降解。蛋白质泛素化修饰是一可逆过程，其在许多细胞过程中发挥着重要作用，为一类重要的蛋白质翻译后修饰。

随着高通量鉴别蛋白质泛素化位点的实验技术的发展，尤其是质谱技术在蛋白质组学中的应用，泛素化的蛋白质数据不断积累，从现有数据中挖掘规律，发展高效方法对泛素化位点进行预测，在生物信息学中有重要意义。

由于泛素化位点邻近保守序列是一个相对较短的模体（一般是几个或十几个残基），因此使用序列联配工具（如 BLAST 或 FASTA）不能给出好的结果，近几年发展的高效预测算法有 UbPred（Radivojac et al.，2010）和 UbiPred（Tung et al.，2008），下面分别介绍如下。

（1）UbPred 方法

目前，蛋白质泛素化修饰位点预测软件 UbPred 是建立在实验识别酿酒酵母蛋白泛素化修饰位点数据基础上，采用随机森林方法建模，预测的准确率约为 72%。

UbPred 算法首先将实验验证的泛素化修饰的蛋白质序列片段以赖氨酸修饰位点为中心按照一定的窗口宽度 $W\in\{3, 7, 11, 21\}$滑动构建正样本，以非泛素化修饰的赖氨酸为中心按照一定的宽度滑动构建负样本。统计计算了 586 个特征向量，其中包括 20 种氨基酸组成、理化性质、净电荷、疏水性、序列复杂性等，还包括结构方面的特征，有蛋白质的柔性、高 B 因子（high B factor）、磷酸化，以及蛋白质的无序区。此外，还计算了序列的进化保守信息，通过 PSI-BLAST 计算位点特异性打分矩阵 PSSM。该方法采用 *t* 检验来检验每个特征的区分能力。

通过多序列比对，发现泛素化位点和非泛素化位点附近序列特征有各自的特点，见图 7-17 的 logo 图。泛素化位点附近富含带电和极性氨基酸，如 D 和 E。在赖氨酸泛素化位点附近缺乏赖氨酸。

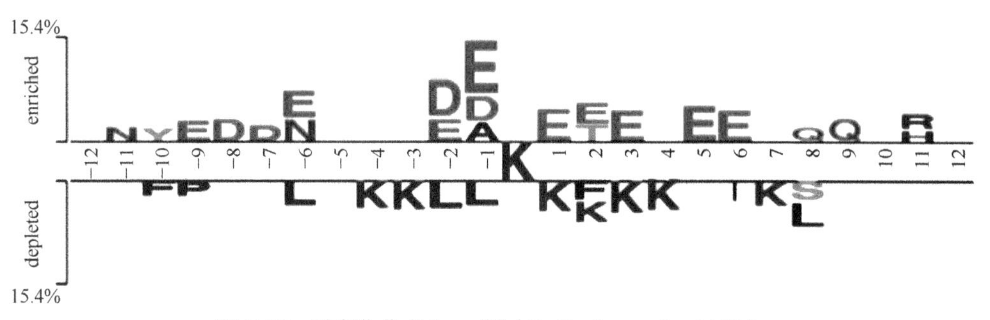

图 7-17　泛素化位点 logo 图（Radivojac et al.，2010）

在蛋白质序列结构特征中，蛋白质的无序区相关特征的 *F* 值都比较高，说明泛素化位点很有可能位于蛋白质的无序区域中。泛素化位点附近的氨基酸多为灵活度较大的氨基酸，如 N、E、K、D 等，这与无序区中氨基酸的偏好性基本相似。而非泛素化位点附近 L、I 等灵活度较小的氨基酸较多。可能是因为灵活度较大的氨基酸构成的结构相对不稳定，更易于结合泛素分子从而发生降解。此外研究发现无序区和泛素化位点附近区域都带有较高的净电荷量并且富含疏水性氨基酸，这进一步说明泛素化位点与无序特征有着紧密的联系。可能是由于蛋白质中无序区域结构不稳定，更易发生降解，而蛋白质的降解与泛素化有直接的联系，因此结构无序性是准确识别泛素化位点的一个非常重要的特征。

UbPred web server 网址为 http://www.ubpred.org，如图 7-18 所示。

UbPred 方法目前由于是建立在低通量实验数据基础上，适用范围还有一定局限性，还没有大量实验数据证明其普适性。此外，其预测的准确率不高，不能令人满意。今后需要研究新的特征和适当选取与泛素化位点密切相关的特征，从而进一步提高预测的准确率和方法的适用范围。

（2）UbiPred 方法

UbiPred 方法是由 Tung 等于 2008 年提出的，该算法提出了一种信息化理化性质挖掘算法（informative physicochemical property mining algorithm，IPMA），针对所提出的 531 个理化等特征，筛选出 31 个具有代表性的特征，采用支持向量机模型，将建模精度从 72.19% 提高到 84.44%。

如图 7-19 所示的泛素化位点附近氨基酸组成的 logo 图可以直观地表示出泛素化位点周围氨基酸的偏好性。可以发现在泛素化位点附近出现 K 聚集的概率较小，即泛素化位点不易出现聚集的趋势，可能是由于蛋白质结构的约束，能够防止在同一片段中相对位置较近的地方同时连接两个或多个泛素化分子；与非泛素化位点相比，泛素化位点 K 附近富含 D、

UbPred: predictor of protein ubiquitination sites

Usage instructions | Datasets

Paste the protein sequence (one at a time):

Or upload a sequence file: 选择文件 未选择任何文件

E-mail address:

Predict　Reset

UbPred is a random forest-based predictor of potential ubiquitination sites in proteins. It was trained on a combined set of 266 non-redundant experimentally verified ubiquitination sites available from our experiments and from two large-scale proteomics studies (Hitchcock, *et al.*, 2003; Peng, *et al.*, 2003). Class-balanced accuracy of UbPred reached 72%, whereas the AUC (area under the ROC curve) was estimated to be ~80%.

Supplementary information, usage instractions and more about the datasets can be found on the help page.

UbPred executable files are available for download:

OS	Installer	Data files
Linux	MCRInstaller.bin	UbPredDTFileLinux.zip
Windows (64-bit)	MCRInstallerWin64.exe	UbPredDTFileWin64.zip
Windows (32-bit)	MCRInstallerWin32.exe	UbPredDTFileWin32.zip

Installation guide can be downloaded here.

Pre-computed ubiquitination predictions on the whole yeast proteome can be downloaded here.

UbPred was developed by Predrag Radivojac (Indiana University, School of Informatics), Vladimir Vacic (Columbia University) and Lilia Iakoucheva (University of California, San Diego).

In citing the UbPred software, please refer to:

Radivojac, P., Vacic, V., Haynes, C., Cocklin, R. R., Mohan, A., Heyen, J. W., Goebl, M. G., and Iakoucheva, L. M. Identification, Analysis and Prediction of Protein Ubiquitination Sites. *Proteins: Structure, Function, and Bioinformatics*. 78(2):365-380. (2010) PubMed

Please direct all comments and suggestions to predrag@indiana.edu or lilyak@ucsd.edu.

图 7-18　UbPred web server 首页

E，而 L、F 含量较少。D、E 都为带负电荷的酸性氨基酸。因此，泛素化位点与净电荷和总电荷有密切关系。此外，泛素化位点附近的芳香族氨基酸 W、F、Y 的含量较少。泛素化位点和非泛素化位点也存在着共同特征，即它们周围 R、G、A、M 含量较少，而富含 N。综合以上分析，D、E、K 的含量特征与泛素化位点有一定联系。此外，泛素化位点与疏水特征也有一定的联系。

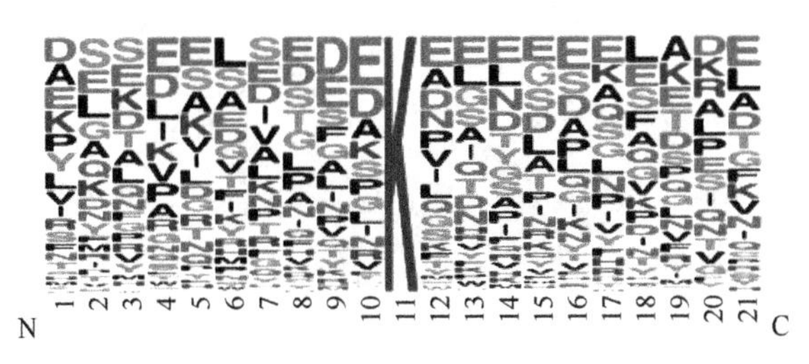

图 7-19　泛素化位点 logo 图（Tung et al.，2008）

7.6 蛋白质亚细胞定位

生物体的基本组成单元是细胞，是一个高度有序的结构。大部分蛋白质在细胞中核糖体上合成后，经蛋白质 N 端的信号肽序列（signal peptide）的信息引导而被运送到细胞内不同的细胞器中，或者被分泌到胞外，从而完成蛋白质各自特定的功能。因此，细胞内各部分的结构和功能取决于不同部位特定的蛋白质组成。蛋白质功能与其所处亚细胞位置有密切的联系，蛋白质亚细胞定位的情况可提供该蛋白质功能和结构的许多线索及信息。对一个未知蛋白质，研究其亚细胞定位对了解其功能有着非常重要的意义。

目前采用实验方法确定蛋白质亚细胞定位的方法主要有：融合报告基因定位法、免疫组化定位法、蛋白质组学定位技术等。实验方法获得蛋白亚细胞定位费时、费力、成本高，随着 UniProt 数据库中收集的蛋白质序列信息的急剧增加，利用已有数据和知识，采用生物信息学方法预测蛋白质亚细胞定位，则成为蛋白质亚细胞定位研究的一种重要方法。

7.6.1 亚细胞结构简介

真核细胞和原核细胞的细胞结构不同，植物细胞和动物细胞的细胞结构也有区别。真核细胞中复杂的内膜构成了各种功能区室。真核细胞内膜系统包括核被膜、高尔基体及溶酶体、内质网和分泌泡等，以及其他细胞器，如线粒体、过氧化物酶体等。细胞中每一个功能区室和细胞器都有其特有的大分子物质和酶系统，在生物大分子和酶的作用下细胞器和功能区室发挥不同的生理功能。而原核细胞没有明显可见的细胞核，也没有核膜和核仁，只有拟核，在细胞质、细胞壁、遗传物质、细胞分裂方式等方面与真核细胞也有很大区别。植物细胞外面有细胞壁，细胞质内有液泡和叶绿体等质体，而动物细胞没有。

细胞内的细胞器或亚细胞结构都具有各自特殊的结构和功能。如图 7-20 所示，细胞膜是分隔细胞和外部环境的界膜，其主要功能是控制细胞内外物质的交换和信息的传导。内

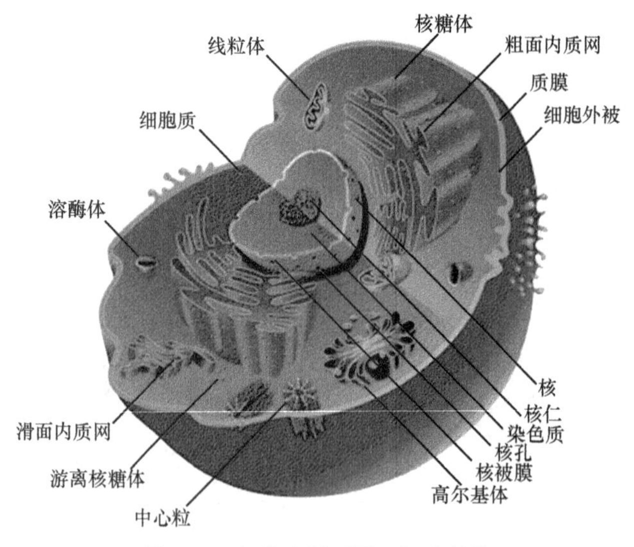

图 7-20 细胞内部不同亚细胞结构

质网是一种由小管状和囊状膜结构组成的相互连通的细胞器，其主要功能是蛋白质、脂类的合成和分泌以及膜蛋白的合成。高尔基体由扁平膜囊堆组成，其主要功能是对来自内质网的蛋白质和脂类进行加工、分解和运输，分门别类地并将其送往细胞的不同位置。溶酶体含有各种水解酶，其主要功能是消化和降解蛋白质。线粒体是由两层膜围成的一种囊状结构，其主要功能是产生 ATP，为细胞活动供应所需的能量。过氧化物酶体含有丰富的酶类，主要是氧化酶，为细胞内氧化反应所需的酶类。细胞核是真核细胞最大的细胞器，细胞核内核酸和蛋白质以染色质和核仁的形式存在，核的外围由核被膜包围。植物细胞最外层有细胞壁，其主要功能是维持植物细胞的固有外形，屏蔽外界环境，细胞壁参与胞内外物质交换。叶绿体主要功能是进行光合作用，液泡是植物细胞代谢库，能够调节细胞内的环境。

7.6.2　蛋白质亚细胞定位的实验研究方法及其意义

研究蛋白质亚细胞定位的实验方法主要有 GFP 融合蛋白技术、免疫荧光技术和质谱分析法等。

1. GFP 融合蛋白技术

利用 GFP 融合蛋白技术可以定位蛋白质，靶向标记某些细胞器，检测蛋白质构象变化、分子的迁移以及分子间的相互作用。目前，线粒体、细胞核、质体、内质网等细胞器均可利用 GFP 靶向标记。基于 GFP 的亚细胞定位，无须进行蛋白提取纯化、荧光染料标记、显微注射等复杂的实验操作，从而使活细胞的蛋白质准确定位研究变得简单易行。

2. 免疫荧光技术

免疫荧光技术（immunofluorescent technique）是将免疫学方法（抗原-抗体特异结合）与荧光标记技术结合起来研究目的蛋白在细胞内分布的方法。这种以荧光物质标记抗体而进行抗原定位的技术又称为荧光抗体技术，用已知的荧光抗原标记物示踪或检查相应抗体的方法称荧光抗原法。两者总称免疫荧光技术，以前者较为常用。GFP 融合技术与免疫荧光技术结合使用，可以对目的蛋白进行精确的亚细胞定位。

3. 质谱分析法

利用质谱法（mass spectrometry）技术可以对亚细胞蛋白组分进行鉴定分析，随着鸟枪法蛋白质组学的发展，通过亚细胞分离及质谱技术同时测定数千个蛋白质稳态，从而了解亚细胞蛋白质的情况。该方法可一次鉴定出多种蛋白质，简单、快速、可靠、高通量，可对细胞的各个亚细胞蛋白质组分进行定性和定量分析，还可以发现并鉴定未知蛋白质。

虽然质谱技术可以用于蛋白质亚细胞定位并给出相对精确的信息，但是基于质谱技术的亚细胞定位实验费用昂贵，耗时较长，并且受主观影响，数据的重复性也存在问题。在当前蛋白质组学研究时代，生物序列数据急剧增长，单纯依靠实验技术来了解蛋白质的亚细胞定位已经远远不能满足需要。因此，为了加速蛋白质组学的研究进展，开发预测蛋白质亚细胞定位的生物信息学方法十分必要。

4. 蛋白质亚细胞定位研究意义

在目前的技术水平下，实验方法获得蛋白亚细胞定位信息不仅价格昂贵、费时费力，而且常常需要通过人为的经验判断才能得出结论，这导致实验结果具有主观性的缺点，在蛋白质数据急剧增长的现实情况下，通过实验获得蛋白质亚细胞定位信息远远不能满足需要。因此，利用生物信息学的方法来预测蛋白质的亚细胞定位是现实情况下科学工作者面对的一项富有挑战性的任务。

预测蛋白质亚细胞定位在生物制药、生物信息学、细胞治疗和基因治疗等领域具有重大价值，研究中所涉及的机器学习、模式分类、信息处理等方法也可应用于其他与生物信息相关领域甚至其他学科，如数据挖掘、人工智能等。

7.6.3　蛋白质亚细胞定位预测方法

随着测序技术的不断进步和规模的扩大，蛋白质序列数据迅速增长，相应的蛋白质功能、结构、定位等信息也得到不断积累。利用数据库中收录的蛋白质相关信息，提取蛋白质定位的有用信息，发展预测蛋白质亚细胞定位的方法已成为一大研究热点。近十多年来，各种预测方法纷纷被提出，预测蛋白质亚细胞定位取得了大量的研究成果。现有的蛋白质亚细胞定位预测方法根据所采用的特征信息的不同，主要可以分为以下几个方面。

1. 基于序列的相似性

同源蛋白质通常发挥着相似的功能并且有着相同的定位，蛋白质的序列决定了其结构，而蛋白质结构又决定了其功能。因此，序列相似的蛋白质更倾向于拥有相似的结构和功能，并且与序列的保守性相比，蛋白质的结构和功能具有更强的保守性。因此由序列的相似性预测蛋白质的亚细胞定位是可行的。也就是说，如果目标未知蛋白质的序列与已知定位的蛋白质的序列高度相似，则可认为目标蛋白具有相同的定位。常用的方法是用 BLAST 在已知定位的蛋白质数据库中搜索与目标蛋白同源的蛋白质序列（Camacho et al., 2009）。

这类方法依赖于目标蛋白和已知蛋白之间序列的相似性，因此不适用于当数据库中不存在与目标蛋白质同源的已知蛋白质的情况。此外，对于序列相似度不够高的目标蛋白，也无法进行蛋白质亚细胞定位预测。有时单个氨基酸的差异就可能导致蛋白质的亚细胞定位不同。关于这一点，有学者专门对序列相似度与亚细胞定位保守性之间的关系进行了研究（Nair et al., 2002）。因此，对根据序列的相似性预测蛋白质定位获得的结果需谨慎，有时结果会不准确。

2. 基于蛋白质的分选信号

如前所述，蛋白质分选信号使得合成的蛋白质定向转运到特定的细胞器，蛋白质中包含了各种起引导作用的信号序列。目前研究得比较深入的蛋白分选信号有线粒体靶向信号（mitochondrial targeting signal，MTS）（Heazlewood et al., 2004）、信号肽（signal peptide，SP）（Halic et al., 2005）、叶绿体运输肽（chloroplast transit peptide，CTP）（Emanuelsson et al., 1999）、核定位信号（nuclear localization signal，NLS）（Nair et al., 2002）、核输出信号（nuclear export signal，NES）（la Cour et al., 2003）等，这些信号被广泛地应用在蛋白质的亚细胞定位预测中。SignalP 是一种预测酶切位点的常用软件，该软件能够识别分泌蛋白（Bendtsen et al., 2004）；MitoProt 通过识别 MTS 预测线粒体蛋白（Claros et al., 1996）；通过识别 CTP，ChloroP 可以预测叶绿体蛋白（Emanuelsson et al., 1999）；而 TargetP 是综合利用多种定位信号对线粒体蛋白、叶绿体蛋白、分泌蛋白进行预测（Emanuelsson et al., 2000）。

通常基于分选信号的预测方法都是在理想情况下，即蛋白定位信号位于序列的 N 端；然而，实际情况中蛋白质的分选过程比较复杂。研究发现，有一些信号序列是位于蛋白质的 C 端（Lee et al., 1999），或者中间区域（Fölsch et al., 1996）；有些蛋白质具有多个或完全没有信号序列区域。

3. 基于蛋白质的序列信息

一般认为，序列决定了蛋白质的结构和功能，因此，定位信息可以从其序列信息中推断获得。这类方法仅仅依据蛋白质序列特征来预测其亚细胞定位，是当前蛋白质亚细胞定位预测研究的热点。蛋白质序列包含了氨基酸残基的排列顺序、氨基酸组成等基本信息。Nishikawa 等在 1982 年就发现氨基酸组成和序列与蛋白质的亚细胞定位、结构功能有关。氨基酸组成反映了序列的全局特征，但仅依靠氨基酸组成无法体现氨基酸残基及序列顺序之间的相互作用。为此，许多研究尝试结合使用序列顺序和氨基酸组成的信息，以提高亚细胞定位预测的准确度。使用得比较多的是两个相邻氨基酸残基在所有蛋白质序列中出现的频率，即二肽组成。1994 年 Nishikawa 将二肽组成和氨基酸组成应用于细胞内和细胞外蛋白的分类研究中。随后，这方面的应用很快得到推广，不同学者采用不同的分析方法进行定位预测，如 Cedano 等（1997）采用判别分析（discriminant analysis）方法；Reinhardt 和 Hubbard 采用人工神经网络（artificial neural network）方法（Reinhardt et al.，1998）；而 Yuan 等(1999)采用马尔可夫链模型（Markov chain model）等。

亚细胞环境能够为其蛋白质组分发挥生物学功能提供合适的物理化学环境（Andrade et al.，1998），因此各种蛋白质必须在特定的位置才能正常发挥其功能。因此，蛋白质定位研究中要重点考虑的因素需要将氨基酸残基的物理化学、生物化学性质包含在内。AAindex 是一个关于氨基酸残基各种物理化学性质的数值索引数据库。利用氨基酸残基性质编码序列在一定程度上提高了蛋白质亚细胞定位预测的准确性。例如，Chou 等(2000)提出了准序列顺序（quasi-sequence-order）的概念，并将氨基酸之间的物理化学距离应用到蛋白质亚细胞定位预测中，得到了很好的结果。后面的研究中，Chou 等（2001，2003）根据氨基酸残基的亲疏水性等，提出伪氨基酸组成（pseudo-amino acid composition）的概念，并应用于蛋白质亚细胞定位预测中，取得了很好的成绩。

4. 其他特征信息

各种与定位相关的特征被用来提高蛋白质定位预测的准确性。有学者在 2002 年提出了功能域组成（functional domain composition）的概念，在现有功能数据库 SBASE-A 的基础上，将蛋白质序列定位为一个 2005 维的特征相邻，以用于定位预测中（Chou et al.，2002）。Guda 等（2004）在国内域数据库 Pfam 的基础上，根据线粒体蛋白和非线粒体蛋白所含功能域的不同提出了线粒体蛋白的预测算法。Chou 等（2003）在定位预测中引入基因本体（gene ontology，GO）的观念，提出了一种新的混合预测模型。此外，包括进化与结构信息、信息差、蛋白质膜体等许多其他特征信息，也在定位预测中得到了应用（Nair et al.，2002；Jin et al.，2005；Scott et al.，2004）。

能否有效提取和精准描述蛋白质序列特征是决定蛋白质亚细胞定位算法性能的关键因素。目前普遍做法是综合利用各种特征信息，采用各种分类技术，如支持向量机、人工神经网络、隐马尔可夫模型、*k*-近邻规则等构建蛋白质亚细胞定位预测模型，有些还提供在线或可以下载使用的预测软件。表 7-2 列举了目前常用的蛋白质亚细胞定位预测软件。

表 7-2 常用蛋白质亚细胞定位预测软件

算法	特征	分类技术	亚细胞类别	网址（参考文献）
PSORT II	Sorting signals; Transmembrane topology; Functional motifs; Amino acid composition; Sequence Length	*k*-nearest neighbor	Mitochondrion; Cytoplasm; Extracellular; Golgi; Nuclear; Plasma membrane; Vesicles of secretory system	http://psort.ims.u-tokyo.ac.jp/form2.html（Nakai et al.，1999）
TargetP	N-terminal sorting signals	Neural network	Mitochondrion; Endoplasmic reticulum; Chloroplast（for plant）	http://www.cbs.dtu.dk/services/TargetP（Emanuelsson et al.，2000）
iPSORT	Amino acid index rule; Alphabet indexing; approximate pattern rule	Expert system	Mitochondrion; Endoplasmic reticulum; Chloroplast（for plant）	http://hc.ims.u-tokyo.ac.jp/iPSORT（Bannai et al.，2002）
WoLF PSORT	Sorting signals; Functional motifs; Amino acid composition; Sequence length	*k*-nearest neighbor	Cytoskeleton; Cytosol; Endoplasmic reticulum; Extracellular and Cell wall; Golgi apparatus; Mitochondrion; Nucleus; Plasma membrane; Peroxisome; Vacuolar membrane; Chloroplast and thylakoid Lumen（for plant）	http://wolfpsort.org（Horton et al.，2006，2007）
Predotar	Charge; Hydrophobicity; Amino acid composition	Neural network	Mitochondrion; Endoplasmic reticulum; Chloroplast（for plant）	http://urgi.versailles.inra.fr/predotar/predotar.html（small et al.，2004）
MITOPRED	Pfam domain; pI value; Amino acid composition	Hidden Markov model	Mitochondrion	http://bioapps.rit.albany.edu/MITOPRED（Guda et al.，2004）
MitPred	Pfam domain; Amino acid composition	Support vector machine; BLAST; Hidden Markov model	Mitochondrion	http://www.imtech.res.in/raghava/mitpred/submit.html（Kumar et al.，2006）
PredSL	Sorting signals; Based on N-terminal residues	Neural networks; Markov chains; Hidden Markov model	Mitochondrion; Endoplasmic reticulum; Thylakoid（for plant）; Chloroplast（for plant）	http://hannibal.biol.uoa.gr/PredSL/input.html（Petsalaki et al.，2006）

7.7 蛋白质组学在医学相关领域中的应用

Gorrod（1909）在 1903 年关于先天性新陈代谢错误的著作中首次提出了基因控制疾病

的事实。在这本书中，他记录了尿黑酸尿症（alcaptonuria）和其他几种人类疾病是遗传性的疾病。后来，1941 年 Beadle 和 Tatum 的“一基因一酶（one-gene-one-enzyme）”理论指出了基因、蛋白质和疾病之间的联系，以及医学对疾病干预的可能性。这一理论暗示了在患有遗传性疾病的人中特定的控制细胞结构或代谢反应的蛋白质的缺失或缺陷。这种观点的第一个支持证据来自患有镰状细胞贫血症的人中血红蛋白被改变。此后，许多人类疾病被证明具有特定的缺陷蛋白质或完全缺失该蛋白质。因此，“one-gene-one-enzyme”概念通过向糖尿病患者提供缺失的胰岛素或通过向患有疾病的人（例如，甲状腺素补充剂被给予患有甲状腺疾病的人）提供因酶活性缺失而不能正常产生的生化反应的最终产物，作为这一类疾病医学治疗的基础。很快，“one-gene-one-enzyme”理论成为几种疗法的基础，包括基因疗法。因为缺陷基因产生不能控制生化反应的缺陷蛋白质，基因治疗涉及向患有疾病的人添加正确形式的基因。由于蛋白质的参与，对蛋白质组学的理解对于医学至关重要。特别是，蛋白质是疾病的原因，它们可用于诊断前列腺癌：前列腺特异性抗原（PSA）是该疾病的良好生物标志物。此外，蛋白质被用作药物，如胰岛素或人的生长激素。诸如蛋白激酶和人表皮生长因子受体（HER2）的蛋白质是抗癌药物如格列卫（Novartis Pharmaceuticals，East Hanover，NJ）和赫赛汀的靶标。此外，蛋白质和药物之间的相互作用决定了药物的副作用。鉴于这些事实，蛋白质组学在医学中发挥着更大的作用。在人类蛋白质组组织（HUPO）的领导下，不同实验室正在研究人类的蛋白质组学：该组织类似于人类基因组组织（HUGO），后者负责监督在理解人类基因组方面的努力。HUGO 和 HUPO 在跟踪人类基因组学和蛋白质组学方面取得的进展方面是相辅相成的。蛋白质组学原理上很简单，但在实践中是严格的。它涉及许多步骤，包括样品的制备，蛋白质的二维（2D）凝胶电泳，以及一系列色谱分离，最后通过质谱法（MALDI-TOF-MS）鉴定蛋白质并通过比较蛋白质数据库中的蛋白质序列进行鉴定。这一过程需要许多调查人员的共同努力和大量资金。该过程在实验室中进行，期望蛋白质可被鉴定为诊断的生物标志物并且可以帮助药物开发。为了实现这一目标，已经应用蛋白质组学方法研究人体部位和病原体的蛋白质组。

医学蛋白质组学试图描述人类蛋白质，因为蛋白质对医学上作为药物靶点或作为研究药物及其副作用的目标是有价值的。因此，在 HUPO 的领导和赞助下，研究人员正在进行协同努力，以描述蛋白质的结构和功能以及它们之间的相互作用，以评估它们在发现新药物中的作用，并使人们理解和改善它们的严重副作用。目前，不同人体部位的蛋白质组学正在研究中。在美国正在对血清蛋白质组进行研究，在中国正在对肝脏蛋白质组进行研究，并且在 HUPO 的赞助下在德国正在研究脑蛋白质组。不同的实验室正在研究不同的蛋白质组，包括癌症蛋白质组和心血管蛋白质组。

7.7.1　体液蛋白质组

1. 血液/血浆/血清蛋白质组

人的心脏泵出大量的血液通过身体。因此，血液有机会从人体的各个部位汲取许多蛋白质，这些蛋白质可以为特定疾病提供候选生物标志物。血液的组成很复杂，它含有多种液相蛋白质，由不同的细胞组成，如红细胞、白细胞、嗜酸性粒细胞和嗜中性粒细胞，以及细胞颗粒如血小板。一旦血液在肝素（一种抗凝血剂）的存在下离心，不同的细胞和细胞颗粒沉淀在底部，作为上清液留下的透明液体称为“血浆”。在没有抗凝血剂的情况下，蛋白质凝结的血浆可通过离心除去，留下含有几种可溶性蛋白质的透明液体，这种产品被称为“血清”。因此，血浆是没有细胞的血液，血清是没有凝血蛋白的血浆。

在 HUPO 的赞助下，主要在美国的不同实验室进行了血浆和血清的详细蛋白质组学研究。

2. 唾液蛋白质组

在 20 世纪 50 年代，唾液被认为仅含有两种蛋白质——淀粉酶和黏蛋白。然而，已经确定唾液在生理溶液中含有蛋白质、碳水化合物和脂质的混合物。唾液可以对几种口腔组织提供免疫力，保护它们免受牙菌斑形成等疾病的侵害，并有助于牙齿发育。唾液可以防御许多可导致牙龈疾病和牙齿腐烂的微生物：在极少数情况下，这些微生物会引起心脏病。研究唾液蛋白质组是研究蛋白质和鉴定几种疾病的生物标志物的最非侵入性手段。现在，美国的一个研究中心联盟已经在人类唾液中发现了 1166 种蛋白质。同时，血浆中也发现了 657 种蛋白质，泪液中发现了 259 种蛋白质。通过比较来自正常人和患病者的唾液蛋白质组以确定疾病的生物标志物，努力鉴定特定蛋白质的变化。

3. 其他

人血浆的蛋白质组学已被广泛研究，但是其很复杂，至少有两个局限。首先，血浆含有大量蛋白质，其中难以获得特定蛋白质的相对丰度。其次，难以鉴定低丰度蛋白质中的生物标志物。因此，已经研究了某些近端体液的蛋白质组学，如尿液、精浆、泪液和脑脊髓液。近端流体具有优势，因为它们与较少数量的器官或组织接触，并且特定蛋白质的量高得多。例如，尿液和精液含有比人血浆更大量的 PSA。PSA 的存在很容易在尿液中检测到。Anderson 和 Mann（2006）对这些近端液体进行了广泛的蛋白质组学分析，已经证明人体尿液中存在 1923 种蛋白质，精液中存在 1303 种蛋白质，人类眼泪中存在 888 种蛋白质。在近端液体中的各种蛋白质中，发现在上述三种体液中存在 190 种共有的蛋白质。人尿液中含有 946 种独特的蛋白质，这些蛋白质在其他近端液体中没有发现。同样，发现 352 种精浆特异性蛋白质和 178 种泪液特异性蛋白质。许多生物标志物仅在尿液中被发现，包括作为垂体肿瘤标志物的促肾上腺皮质素-促脂解素，以及作为卵巢癌标志物的激肽释放酶 II。此外，还包括前列腺分泌蛋白（PSP94）、前列腺酸性磷酸酶和胰腺分泌胰蛋白酶抑制剂，它们被评估为前列腺和胰腺疾病的标志物。

7.7.2　肝脏蛋白质组

从生物学、生理学、病理学和药理学观点来看肝脏是重要器官，在大小和复杂性方面其仅次于大脑。它控制消化功能、胚胎红细胞的形成、免疫功能，具有体内异生素的解毒作用。此外，它还产生视黄醇。它产生几种与药物结合并促进其在人体内分布的蛋白质，这在药理学研究中是有价值的。肝脏还通过其代谢活动和胆汁分泌帮助药物解毒。从医学角度来看，肝脏受到肝癌、肝硬化、酒精摄入和病毒性肝炎的影响，影响了全世界数百万人。由于其在生物学发病机制和药物代谢中的核心作用，不同的实验室已经对肝脏蛋白质组进行了详细的分析，主要是在 HUPO 的赞助下在中国进行。已经在这些研究中详细检查了来自不同的正常成人、胎儿和患病肝脏的蛋白质组。HUPO 肝脏蛋白质组计划已经鉴定了 5000 多种独特的蛋白质。许多蛋白质被评估为肝脏疾病的生物标志物。对胎儿肝脏的详细分析已经鉴定了 2495 种不同的蛋白质。还进行了胎儿、成人和癌症肝细胞的蛋白质组学分析。使用从组织培养物中生长的不同肝细胞中提取的蛋白质进行这些研究。其中包括三种不同的细胞系，如人胎肝细胞（HFH）、人肝细胞（HH4）和人肝癌细胞（Huh7）。在这些细胞中，共鉴定出 2159 种独特的蛋白质；其中，发现 496 种蛋白质存在于所有三种细胞系中。Yan 等（2004）发现了不同细胞系，如 Huh7、HFH 和 HH4 细胞的 337、364 和 414 个特征蛋白。此外，已经建立了小鼠肝脏蛋白质组学分析的生物模型。从小鼠肝脏中总共鉴定出 3244 种独特蛋白质，其中 47%是膜结合的，约 35%具有跨膜肽。

7.7.3　脑蛋白质组

HUPO 已将脑蛋白质组计划主要分配给德国。大脑蛋白质组计划的主要目标是破译大脑中的所有蛋白质，并鉴定包括阿尔茨海默病和帕金森病等不同神经退行性疾病的蛋白质。然而，目前除了几种蛋白质水平的标准化之外，人脑项目没有取得太大进展。脑蛋白质水平的标准化将有助于确定患者蛋白质水平的差异，并为药物开发和可能的疾病治疗建立某些生物标志物。除人脑项目外，小鼠的脑蛋白质组已被标记为模型系统。小鼠脑蛋白质组在很大程度上已被表征。已发现小鼠蛋白质组含有至少 7792 种蛋白质（Wang et al., 2007），其中 1564 种蛋白质被鉴定为半胱氨酰肽。发现约 26%的蛋白质是具有运输和细胞信号转导功能的膜蛋白。发现超过 1400 种蛋白质具有跨膜结构域。

7.7.4　心脏/心血管蛋白质组

蛋白质决定细胞的结构和功能。蛋白质可能会发生变化，这取决于生物体生命中分化和发育阶段的细胞活动。蛋白质在疾病条件下也会发生变化，这是疾病的原因或结果。蛋白质也会随着药物和其他身体活动而发生变化，并响应环境中的任何其他变化，如温度、饮食和过敏原。因此，已经进行心脏和心血管系统的蛋白质组研究以鉴定心脏疾病的指标并设计用于治疗的药物。心脏蛋白质组的 2D 凝胶电泳分析提供了人心脏左心室的蛋白质图谱。该蛋白质图谱识别左心室蛋白质组中的 110 多种独特蛋白质。已经在大鼠中研究了运动对心脏蛋白质组的影响。与久坐的大鼠相比，经历运动方式的大鼠显示出 26 种蛋白质的改变。在经蛋白质的 2D 凝胶分离或其他手段分离之后，通过光谱分析对人类心脏和血管系统的研究已经在疾病状况下鉴定了这些蛋白质中的许多蛋白质及其改变。已经从人心肌中鉴定出 200 多种蛋白质。此外，Arrell 等（2008）已经鉴定出肌浆/内质网的蛋白质。在患心脏病的情况下，发现参与能量产生的热休克蛋白（HSP）和线粒体蛋白等蛋白质的水平降低。其他蛋白质如 HSP27 和肌动蛋白的水平会有所增加。除了某些蛋白质水平的变化之外，在疾病状态下，心脏显示出酶/蛋白质的亚型有不同的表达水平或蛋白质的翻译后修饰发生变化。

7.7.5　癌症蛋白质组

癌症是一种毁灭性的疾病，2005 年全世界有 700 多万人死于癌症。癌症的生物学很复杂，因为不同组织和器官的发育及功能实现有许多基因参与。基因表达可能因基因突变或环境条件的变化而改变，包括饮食、吸烟、饮酒和感染，或这些因素的组合。由于许多基因和几种环境因素参与癌症组织和疾病，因此器官在几种类型的癌症发展机制上存在差异。蛋白质组学的主要目的是鉴定一种蛋白质或一组蛋白质，它们可以作为有临床表现之前早期检测特定癌症的生物标志物，这可通过活组织检查和/或组织学分析来证实。特别是癌症，已经报道了许多特定于某癌症的生物标志物。然而，除 PSA 外，其中大多数尚不适用于任何癌症的临床诊断或治疗。

PSA 水平用于常规监测前列腺癌诊断和治疗的可能发展。然而，PSA 的水平并非 100% 可靠，因为其他因素可能导致其水平发生变化，但其水平的增加肯定会使主治医师对可能的前列腺癌发病持谨慎态度。PSA 水平已被保险公司接受为评估患癌症风险的策略。有望用于卵巢癌患者初级保健的另一种抗原是癌抗原-125（CA 125），虽然其特异性和敏感性不是完全可靠的，然而，CA 125 可用于监测治疗方案的成效。已经表明，如果治疗线成功，该抗原（CA 125）的水平降低。当抗原水平保持高水平或增加时，可以得出结论，治疗无效并且应改变治疗方案。在癌症患者的初级保健中有望具有价值的另一种抗原是癌胚抗原（CEA）。发现 CEA 水平在患有结直肠癌的个体以及患有乳腺癌、肺癌和胰腺癌的个体中增加。然而，由于其他条件的影响，这种抗原的水平会提高；例如，它的水平可能会因吸烟而提高。因此，这些抗原都不是可靠的标记物。已经开发了同时使用几种标记物的概念，这将在本章后面讨论。

7.7.6 细胞器蛋白质组

细胞器蛋白质组的研究很重要，因为某些细胞器，如线粒体，专门负责特定的代谢功能及其控制。线粒体控制呼吸链和能量的产生（三磷酸腺苷（ATP）），涉及钙离子的细胞内信号转导，以及人体新陈代谢中某些分子的合成（血红素）和降解（尿素循环）。对线粒体的研究也很重要，因为线粒体缺陷可能导致多种人类疾病，包括心脏病、阿尔茨海默病和许多神经肌肉和神经退行性疾病。因此，线粒体和某些其他细胞器的蛋白质组研究正在逐步进行。酵母线粒体蛋白质组得到充分研究，酵母线粒体中鉴定了超过 1500 种蛋白质。对细胞器蛋白质组的研究需要分离纯化出线粒体或其他细胞器，然后通过 2D 凝胶电泳分析，最后进行光谱分析和蛋白质鉴定。线粒体的独特之处在于它们含有由线粒体 DNA 和核 DNA 编码的蛋白质。

在人类线粒体中，由线粒体和核基因编码的 2000 种蛋白质中已经完全鉴定了 600 多种，其中包括不同等电点、分子量、疏水性和定位的蛋白质，但它们主要来自线粒体的内膜。许多蛋白质参与能量产生、信号转导、生物合成和离子转运。通过蛋白质组学研究已在大鼠和小鼠的线粒体中鉴定出相似数量的蛋白质。在植物中，拟南芥的线粒体蛋白质组已被充分表征。

7.7.7 诊断标志物和药物开发蛋白质组学

蛋白质组学对于理解疾病的成因和治疗至关重要，因为蛋白质既可以用作生物标志物，也可以用作药物的靶标。蛋白质可以用作人类疾病生物标志物的观点始于 Henry Bence Jones 于 1847 年发现的一种蛋白质；后来，这种蛋白质被称为 Bence-Jones 蛋白质。它于 1994 年被鉴定为游离抗体轻链，由肿瘤过量产生；由于其较小的尺寸，这种蛋白质可以通过肾脏并出现在骨髓瘤患者的尿液中。这种蛋白质也存在于骨髓瘤患者的血清中。很快，开发了一种免疫诊断试验来测量癌症患者中这种蛋白质的水平。该测试已经得到美国食品药品监督管理局（FDA）的批准，并通过常规用于诊断骨髓瘤患者或通过测量 Bence-Jones

蛋白的水平来监测药物治疗在患者中的功效。随着患者病情因特定药物治疗而改善，该蛋白质减少。许多蛋白质已经被鉴定为几种疾病的可能标志物，然而，它们中的大多数缺乏特异性并且在临床医学中作为诊断剂没有多大用处。到目前为止，只有少数蛋白质被 FDA 批准为不同人类疾病的生物标志物，列于表 7-3 中。

表 7-3　FDA 批准的人类疾病蛋白质生物标志物

标记	疾病
CEA	恶性胸腔积液
Her/neu	IV 期乳腺癌
膀胱肿瘤抗原	尿路上皮细胞癌
甲状腺球蛋白	甲状腺癌转移
甲胎蛋白	肝细胞癌
PSA	前列腺癌
CA 125	非小细胞癌
CA 19.9	胰腺癌
CA 15.3	乳腺癌
瘦素、催乳素、骨桥蛋白和类胰岛素生长因子 II	卵巢癌
肌钙蛋白	心肌梗死
B 型利钠肽	充血性心力衰竭

药物开发涉及使用基因组学、蛋白质组学、代谢组学、生物信息学、结构化学（包括 X 射线晶体学）、合成化学、药理学、微生物学、生物技术和医学科学等相关知识及技术。开发药物的第一步是确定疾病的原因，这可以通过基因组学、蛋白质组学和代谢组学容易地完成。基因组学可以通过识别特定疾病的缺陷基因来确定疾病的原因。蛋白质组学可以精确定位有缺陷的蛋白质并了解其性质。代谢组学可以揭示基因的生物化学相互作用，并可以显示基因的蛋白质产物是如何在特定疾病中被破坏的。代谢组学还可以确定由某些环境因素引起的代谢途径的破坏，即使在没有任何遗传效应的生物体中也是如此。因此，了解蛋白质的性质及其相互作用是了解疾病原因和寻找治疗或改善疾病的药物的关键。蛋白质本身是疾病的原因，或用于治疗疾病的药物的靶标。蛋白质组学对于了解疾病及其治疗至关重要（Page，1999）。生物信息学用于药物设计和候选药物的最终选择，以及模型动物系统的生化和毒理学测试，然后在 FDA 批准之后用于人体。由于情况的复杂性和涉及多个科学分支的多种方法，药物开发是一个漫长的过程，在几年的时间内耗资数百万美元。

第 8 章　分子系统进化分析

生物系统进化研究揭示了生命系统的演化规律，可使人类更透彻地理解和诠释生命的发生与发展。进化问题研究是生命科学最古老的领域之一，关于进化的理论本身也一直处于发展和进化的过程中。系统发生学（phylogenetics）研究物种之间的进化关系，其基本思想是比较物种的特征，并认为特征相似的物种在遗传学上接近。系统发生研究的结果以系统树（phylogenctic trcc）表示，用来描述物种之间的进化关系。传统系统发生学研究主要采用比较形态学和比较生理学的方法。但是生物形态和生理性状如此复杂，以致研究结果常常产生错误。

随着分子生物学的发展，人们发现蛋白质与核酸的序列、结构上保留有遗传、进化的痕迹，可用于系统发生关系的研究。因此，分子系统进化学就是从生物大分子（蛋白质、核酸）的信息去推断生物进化历史，重建系统发育关系，并以系统树形式表示出来。分子系统发生分析通过比较生物分子序列，比较序列之间的关系，构建系统树，进而阐明各个物种的进化关系。生物大分子进化速率相对恒定是建立分子系统树的理论前提。

自 2003 年人类基因组计划完成以来，各物种的基因组数据大量涌现，使得分子系统进化研究出现了新的热潮，其在基础理论以及应用方面成果显著。分子系统进化研究成为生物信息学以及计算系统生物学学科中重要的研究领域之一。

8.1　核苷酸替换模型

通过计算序列间的距离构建简单的系统发育分析，是分子系统进化研究的基本方法，最初人们定义两条序列间的距离可用序列间核苷酸差异数目来表示，为了避免序列长度的影响，两条序列间的距离又被定义为每个位点核苷酸差异的数目。如果进化速率是恒定的，则距离将随着积累突变的数量而线性增加，且和进化时间成一定比例，因此系统树上的树枝长度可以用来估算基因分离的时间。

例如，长度为 100nt 的两序列间有 12 个位点差异，则距离 d=12/100=0.12，其表示每位点核苷酸差异为 0.12。但随后人们发现，上述距离表示在两序列相似度较小时，则计算结果对核苷酸替换的估计明显不足。这是因为，一个位点有可能经历一次以上的替换，有时不变位点（两条序列间核苷酸相同的位点）有可能经历了回复置换或平行置换，同一位点的多重置换会隐藏一部分核苷酸的变化。因此，上述距离计算方法只适合于相似度较高的序列，而一般情况下，需要构建一个概率模型来描述核苷酸间的变化。

从图 8-1 中可看出，一条祖先序列经过位点突变分化为两条序列，并沿两个谱系独立累积核苷酸替换，两条当前序列间只观察到两个位点差异，距离 d=2/9=0.22。而事实上可能已经出现了 10 次替换，真实距离可能为 d=10/9=1.11。

如图 8-1 所示，第一位点称为多重置换；第二位点称为单个置换；第四位点称为平行置换；第六位点称为趋同置换；第八位点称为回复置换。

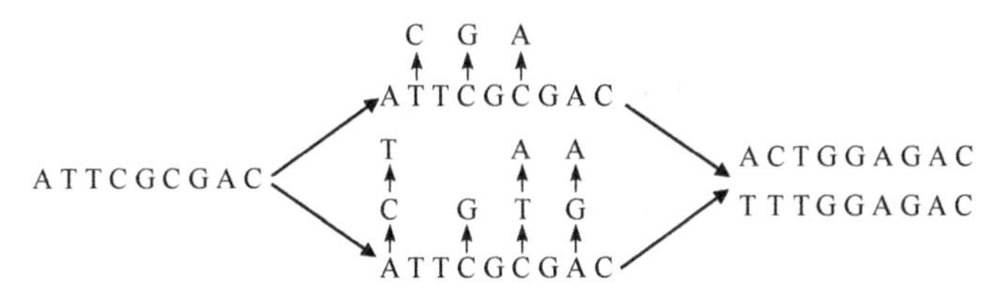

图 8-1　同一祖先序列经过位点突变分化为两条序列

我们已经看到，序列进化中的基本形式是随时间的改变，核苷酸序列中的变化在分子进化研究中既用来估计进化的速率，又用于重建生物进化的历史，然而核苷酸替换的过程极其缓慢，以致它不可能在有限的时间里被观察到。因此，为了检出序列中的进化变化，我们依靠比较法，即让某一给定顺序与另一个和它在进化上过去有共同祖先的序列比较。

8.1.1　Jukes-Cantor 单参数模型

Jukes-Cantor 单参数模型（one-parameter model）如图 8-2 所示，该模型假定替换在四种核苷酸类型 ATCG 中随机发生的概率相同，都是速率 α。例如，若所考虑的核苷酸是 G，则它将以相同的概率 α 改变成 A、C 或 T，在此模型中对每种核苷酸来说替换速率为每单位时间 3α，并且三种可能的变化方向中每种的替换速率都是 α，因为该模型只涉及一个参数 α，所以被称为单参数模型。

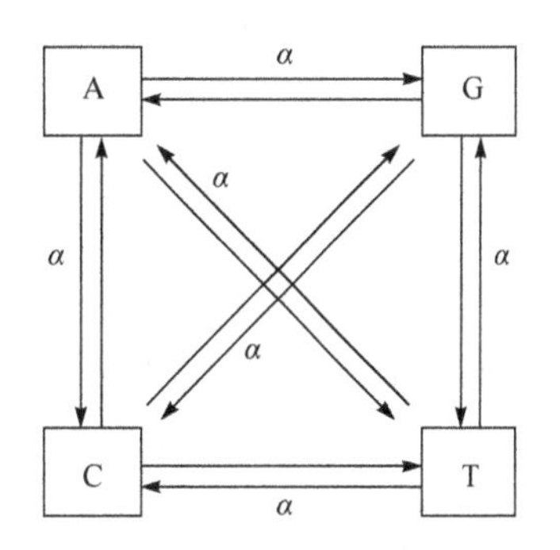

图 8-2　Jukes-Cantor 单参数模型

假定一个核酸序列中某一位点上的核苷酸在时刻 0 时为 G，那么，该位点在时刻 t 时仍然为 G 的概率用 $P(\mathrm{G}(t))$表示。该位点 G 在时刻 0 为 G 的概率是 1，即 $P(\mathrm{G}(0))=1$；在时刻 1 仍为 G 的概率 $P(\mathrm{G}(1))=1-3\alpha$，此公式反映了核苷酸保持不变的概率。

那么在时刻 2 此位点仍为 G 的概率如何计算呢？此时需要考虑两种情况：①核苷酸保持不变，仍为 G；②核苷酸已变成 A、C 或 T，但随后又回复为 G。

在时刻 1 核苷酸为 G 的概率是 $P(\mathrm{G}(1))$，而在时刻 2 保持为 G 的概率是 $1-3\alpha$，这两个独立变量的乘积，就为第一种情况的概率。

在时刻 1 核苷酸不是 G 的概率为 $1-P(\mathrm{G}(1))$，而在时刻 2 变成 G 的概率为 α，这两个概率的乘积，就为第二种情况的概率。

在时刻 2 此位点仍为 G 的概率：$P(\mathrm{G}(2))=(1-3\alpha)P(\mathrm{G}(1))+\alpha(1-P(\mathrm{G}(1)))$。

因此，我们可以推定证明，在任意时刻 t 该位点仍为 G 的概率为以下递推公式：

$$P(\mathrm{G}(t+1))=(1-3\alpha)P(\mathrm{G}(t))+\alpha(1-P(\mathrm{G}(t))) \tag{8-1}$$

我们按每单位时刻概率的变化量重写式(8-1)，则为

$$P(\mathrm{G}(t+1))-P(\mathrm{G}(t))=-3\alpha\cdot P(\mathrm{G}(t))+\alpha(1-P(\mathrm{G}(t)))$$

$$\delta P(\mathrm{G}(t))=-3\alpha\cdot P(\mathrm{G}(t))+\alpha(1-P(\mathrm{G}(t)))$$

$$=-4\alpha\cdot P(\mathrm{G}(t))+\alpha \tag{8-2}$$

对上述离散时间过程，可用一个连续时间过程近似。$\delta P(\mathrm{G}(t))$看成是概率在时刻 t 的变化率，则式(8-2)可重写为

$$\frac{\mathrm{d}P(\mathrm{G}(t))}{\mathrm{d}t}=-4\alpha P(\mathrm{G}(t))+\alpha \tag{8-3}$$

式(8-3)为一阶线性微分方程，其解为

$$P(\mathrm{G}(t))=\frac{1}{4}+\left(P(\mathrm{G}(0))-\frac{1}{4}\right)\mathrm{e}^{-4\alpha t} \tag{8-4}$$

由于该位点起始核苷酸为 G，因此 $P(\mathrm{G}(0))=1$，

$$P(\mathrm{G}(t))=\frac{1}{4}+\frac{3}{4}\mathrm{e}^{-4\alpha t} \tag{8-5}$$

若起始核苷酸不为 G，则 $P(\mathrm{G}(0))=0$，在时刻 t 该位点为 G 的概率为

$$P(\mathrm{G}(t))=\frac{1}{4}-\frac{1}{4}\mathrm{e}^{-4\alpha t} \tag{8-6}$$

因此式(8-5)和式(8-6)能够全面覆盖核苷酸替换的情况，将这两个公式函数曲线画成图 8-3，由图可见，如果起始核苷酸是 G，那么 $P(\mathrm{G}(t))$将呈指数地从 1 降到 1/4；如果起始核苷酸不是 G，那么 $P(\mathrm{G}(t))$将从 0 单调地上升到 1/4。所以，不管起始条件如何，$P(\mathrm{G}(t))$最终都将达到 1/4。因此，在 Jukes-Cantor 模型下四种核苷酸中每种的平衡频率都是 1/4，达到平衡后，在概率上将没有进一步的变化。然而核苷酸的频率仅在无限长的核酸序列中保持不变，实际上序列的长度是有限的，所以核苷酸频率是会有波动的。

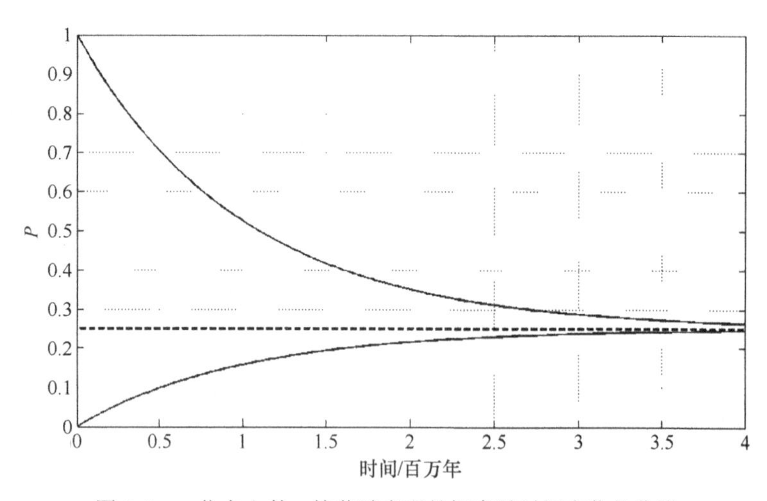

图 8-3　一位点上某一核苷酸出现的概率随时间变化的曲线

我们给出一般性的公式，即某一核苷酸在给定起始核苷酸为 i 的条件下在时刻 t 变为 j 的概率：

$$P(ii(t))=\frac{1}{4}+\frac{3}{4}\mathrm{e}^{-4\alpha t} \tag{8-7}$$

$$P(ij(t))=\frac{1}{4}-\frac{1}{4}\mathrm{e}^{-4\alpha t} \tag{8-8}$$

8.1.2 Kimura 两参数模型

Jukes-Cantor 模型假定所有核苷酸替换随机发生的概率是一样的，但实际上四种核苷酸之间的替换概率是不一样的。例如，转换（嘧啶之间 C 和 T 或嘌呤之间 A 和 G）一般比颠换（嘧啶和嘌呤之间）要频繁些。因此，Kimura 在 1980 年曾提出一个两参数模型（two-parameter model），如图 8-4 所示。在此模型中，每一核苷酸位点上转换型替换的速率为每单位时间 α，而每种颠换型替换的速率则为每单位时间 β。

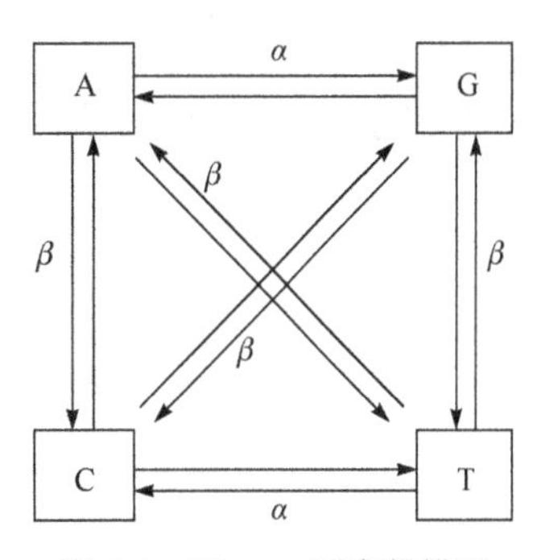

图 8-4　Kimura 两参数模型

Kimura 两参数模型比 Jukes-Cantor 模型相对复杂，其核苷酸替换概率需要分成三种情况考虑。

第一种情况：在 Jukes-Cantor 模型中某一位点上在时刻 t 时的核苷酸与时刻 0 时的相同的概率对四种核苷酸来说是相同的，即 $P(AA(t))=P(GG(t))=P(CC(t))=P(TT(t))$。在 Kimura 两参数模型中，由于替换方案的对称，这种等同性对 Kimura 的两参数模型也是成立的，我们将用 $P_U(t)$来表示。这里证明较复杂，只给出结果：

$$P_U(t)=\frac{1}{4}+\frac{1}{4}\mathrm{e}^{-4\beta t}+\frac{1}{2}\mathrm{e}^{-2(\alpha+\beta)t} \tag{8-9}$$

第二种情况：在 Kimura 两参数模型中，需要对转换(conversion)和颠换(transversion)进行区别，当只考虑转换时，起始核苷酸和时刻 t 的核苷酸经转换而不相同的概率记为 $P_C(t)$，

$$P_C(t)=\frac{1}{4}+\frac{1}{4}\mathrm{e}^{-4\beta t}-\frac{1}{2}\mathrm{e}^{-2(\alpha+\beta)t} \tag{8-10}$$

由于替换方案的对称性，则 $P(AG(t))=P(GA(t))=P(CT(t))=P(TC(t))$。

第三种情况：当只考虑颠换时，起始核苷酸和时刻 t 的核苷酸经颠换而不相同的概率记为 $P_T(t)$，每种核苷酸要经历两种类型颠换，因此式(8-11)中前面乘以 2，即

$$P_T(t)=2\cdot\left(\frac{1}{4}-\frac{1}{4}\mathrm{e}^{-4\beta t}\right) \tag{8-11}$$

由于替换方案的对称性，则 $P(AT(t))=P(AC(t))=P(GT(t))=P(GC(t))=P(CG(t))=P(CA(t))= P(TA(t))=P(TG(t))$。最终，$P_U(t)+P_C(t)+P_T(t)=1$。

8.1.3 两核酸序列间的核苷酸替换数

在生物漫长的进化过程中，其遗传信息 DNA 序列中核苷酸的替换也经历了一个漫长的演变过程。因此，我们不能通过观察现有物种核酸序列中核苷酸的差异来简单地推断两物种之间的遗传距离。当两序列相似度较高时，任一位点发生一次以上的替换的概率比较小，则我们直接观察到的核苷酸差异数可以作为两序列分歧进化以来实际发生的替换数。当两序列相似度较低时，任一位点发生一次以上替换的概率就比较大，会出现多重置换，我们直接观察到的差异数就会大大低估了实际发生的替换数。

因此，需要利用核苷酸替换模型来进行两条序列间距离的估计。从前述可知，任意核苷酸的总替换数为 3α。若两条序列在时刻 t 分开，在时刻 t/2 前来源于同一个祖先，则这两条

序列间的距离为 $d=3\alpha t$。距离估计值定义为两序列分歧以来每位点核苷酸替换数。假设长度为 L 的两条序列中存在 x 个差异，则差异位点的比例为 $\hat{p}=\dfrac{x}{L}$。基于式(8-7)和式(8-8)，子序列不同于祖先序列的核苷酸概率为

$$p=\frac{3}{4}\left(1-\mathrm{e}^{-4\alpha t}\right)=\frac{3}{4}\left(1-\mathrm{e}^{-4d/3}\right) \tag{8-12}$$

将上式中 p 换算为观察估计差异值 $\hat{p}$ ，则依据单参数模型得到的距离估计值

$$\hat{d}=-\frac{3}{4}\lg\left(1-\frac{4}{3}\hat{p}\right) \tag{8-13}$$

需注意的是，如果 $\hat{p}>\dfrac{3}{4}$，两条随机序列应该有约 75%的差异位点，则该距离公式不可用，距离估计值将为无穷大。

将 $\hat{d}$ 看作 $\hat{p}$ 的函数，可推断 $\hat{d}$ 的方差为

$$\operatorname{var}(\hat{d})=\frac{\hat{p}\left(1-\hat{p}\right)}{L\left(1-\frac{4}{3}\hat{p}\right)} \tag{8-14}$$

在 Kimura 两参数模型下，两序列间的差异分为转换和颠换，若转换率和颠换率分别为 α 和 β，任一个核苷酸的总替换率为 $\alpha+2\beta$，两条序列经过时间 t 的距离为 $d=(\alpha+2\beta)t$。两序列中差异位点比率可分为转换差异位点比率（ C ）和颠换差异位点比率（ T ），基于式(8-9)～式(8-11)，可求解依据两参数模型导出的距离估计值（Kimura，1980；Jukes，1987）

$$\hat{d}=-\frac{1}{2}\lg(1-2C-T)-\frac{1}{4}\lg(1-2T) \tag{8-15}$$

该距离公式当且仅当 $1-2C-T>0$ 和 $1-2T>0$ 时适用。$\hat{d}$ 的方差（推导略）为

$$\operatorname{var}(\hat{d})=\frac{a^2C+b^2T-(aC+bT)^2}{L} \tag{8-16}$$

其中，$a=(1-2C-T)^{-1}$；$b=\dfrac{1}{2}((1-2C-T)^{-1}+(1-2T)^{-1})$。

例：假设有两条长度分别为 100nt 的核酸序列，其中存在 10 个转换和 2 个颠换，则 $L=100$，$C=10/100=0.1$，$T=2/100=0.02$，依据两参数模型，则有距离估计值 $\hat{d}=0.13$，总的替换数估计为 $\hat{d}\times L=13$，而我们观察到的位点差异数为 12。若依据单参数模型，则有距离估计值 $\hat{d}\approx 0.13$，两种模型基本上给出了同样的估计值，这是因为分歧程度低以致修正后的歧化度 0.13 只略大于未经修正的值（$p=12/100=0.12$）。这样，我们可用较简单的 Jukes-Cantor 模型。

当两序列间分歧度较大时，由两种模型得出的估计值就可能差异较大。例如，两条长度

为 100 的序列，存在 25 个转换和 8 个颠换，则 C=25/100=0.25，T=8/100=0.08。按两参数模型可得到 $\hat{d}=0.48$ 。而根据单参数模型可得 $\hat{d}=0.43$ ，可见按单参数模型的估值小于用两参数模型得到的估值。在两序列间分歧较大的情况下两参数模型比单参数模型更精确。

8.2　氨基酸和密码子替代模型

本节讨论蛋白质序列中氨基酸的替代和蛋白质编码基因中密码子的置换。所探讨的将是 20 个氨基酸或 61 个有义密码子间的替代频率。

8.2.1　氨基酸替代模型

由于自然选择主要作用于蛋白质水平，同义突变和非同义突变处于不同的选择压力之下。氨基酸替代模型（只考虑经验模型）是描述氨基酸间的相对置换率，其是通过分析数据库大量的序列数据而构建的。此模型对于构建系统树是非常有效的。Dayhoff 和其同事统计了自然界中各种氨基酸残基相互替代的频率，构建了第一个氨基酸置换经验矩阵，称为 DAYHOFF 矩阵。其对平均每个位点存在 0.01 个变化的距离估算出一个转换概率矩阵，称为 1PAM。统计结果发现，蛋白质家族中氨基酸的替代不是随机发生的，一些氨基酸的替代比其他替代容易发生，这些替代的发生不会对蛋白质结构和功能产生大的影响。这些点突变已经被进化所接受，称为点接受突变（point accepted mutation）模型。

此外，Yang 等（1993）还研究了氨基酸位点间的异质性，即一个蛋白质位点间或区域间的进化过程应该是不同的，这是因为各个位点在蛋白质结构和功能中所起的作用是不一样的，所承受的选择压力也不同。因此置换率矩阵是可变的，上述的 DAYHOFF 矩阵可以和位点间置换率分布的伽马模型相结合（Yang，1993）。

若每个氨基酸变成其他氨基酸的替代率均为 α，则置换数随时间 t 变化为一个泊松分布，相当于 Jukes-Cantor 模型。序列间进化距离（定义为每位点核苷酸置换数）为 $d=19\alpha\cdot t$ ，其中 t 为两序列分开的总时间。若令 α=1/19，则每个氨基酸的置换率为 1，则我们可以距离 d 来测算 t。

假设两条长为 L 的蛋白质序列间有 x 个氨基酸不同，则可观察差异率 $\hat{p}=\dfrac{x}{L}$ ，进化距离估计为

$$\hat{d}=-\frac{19}{20}\lg\left(1-\frac{20}{19}\hat{p}\right) \tag{8-17}$$

8.2.2　密码子替代模型

Goldman 和 Yang 使用马尔可夫模型确立了 61 种有义密码子核苷酸替代模型（3 种无义密码子被删除），从而建立了估计同义和非同义核苷酸替代速率的似然方法。该模型的前提是密码子三个位置上的核苷酸替代是独立发生的，对于任意一个密码子而言，从密码子 i 到密码子 j 的替代速率 $Q=\{q_{ij}\}$ 由下列公式给出：

$$q_{ij}=\begin{cases}0 & \text{如果}i\text{和}j\text{间的核苷酸变化发生在两个或多个位置上}\\ \mu\pi_j & \text{如果}i\text{和}j\text{间存在一个同义颠换}\\ \mu k\pi_j & \text{如果}i\text{和}j\text{间存在一个同义转换}\\ \mu\omega\pi_j & \text{如果}i\text{和}j\text{间存在一个非同义颠换}\\ \mu\omega k\pi_j & \text{如果}i\text{和}j\text{间存在一个非同义转换}\end{cases} \tag{8-18}$$

其中，μ 是基本替代速率，其定义是基于平均替代速率为 1 的要求，即

$$-\sum_i \pi_i q_{ij}=1 \tag{8-19}$$

π_j 代表密码子 j 的相对频率，如果密码子频率处于平衡状态，则 π_j 有 61 个参数，如果基因内部存在密码子偏好型，则从密码子 i 到密码子 j 的即时替代速率需要在 μ 的基础上乘以 π_j；由于转换通常发生得比颠换更为频繁，因此参数 k 代表了转换/颠换比；在计算非同义替代时，需要在同义替代计算公式的基础之上再乘以非同义-同义置换速率比值 ω。

根据密码子替代模型和系统树就可以对适应性进化进行最大似然法检测。目前发展出的检测模型共计有以下 3 类。

1）分支间可变选择压力模型的似然比检验。这一类模型为基因重复后的选择压力似然比检验提供了工作框架。

2）位点间可变选择压力似然比检验。

3）分支-位点间可变选择压力模型的似然比检验。该模型可以同时检验分支和位点上的选择压力。

8.3　序 列 比 对

序列比对作为生物信息学与计算系统生物学中最基本的一种操作，在分析序列的功能与进化中有很大的作用，尤其多序列比对也是分子系统进化分析的第一步。因此，本书将序列比对技术作为本章中主要的一节进行介绍。

8.3.1　两两序列比对

比较是科学研究中最常见的方法，通过将研究对象相互比较来寻找对象可能具备的特性。同样，在生物信息学研究中，比对也是最常用和最经典的研究手段。

在生物信息学研究中最经常使用的比对是核酸序列之间或蛋白质序列之间的两两比对，通过比较两个核酸或蛋白质序列之间的相似区域和保守性位点，寻找二者可能的分子进化关系。多重比对是将多个核酸或蛋白质同时进行比较，寻找这些有进化关系的序列之间共同的保守区域、位点等，从而研究导致它们产生共同功能的序列模式。此外，还可以把蛋白质序列与核酸序列相比较来探索核酸序列可能的翻译表达框架；把蛋白质序列与具有三维结构信息的蛋白质相比，从而获得蛋白质折叠结构类型方面的信息。

比对还是生物信息数据库中搜索算法的基础，将查询序列与整个数据库的所有序列进行比对，从数据库中获得与其最相似序列的已有数据，能最快获得有关查询序列的大量有价值

的参考信息，对于进一步分析其结构和功能都会有很大的帮助。近年来随着生物信息学数据的大量积累和对生物学知识的整理，通过比对方法可以有效地分析和预测一些新发现基因的功能。

序列比较是生物信息学中最基本、最重要的操作，通过序列比较可以发现生物序列中的功能、结构和进化的信息。

对于图 8-5（a）所示的序列进行两两比对，究竟是图 8-5（b）还是图 8-5（c）的比对结果好呢?

```
        AATCACGTAGGCGC
        AGTCACGTGCGCCC
             (a)
AA-TCACGTAGGCGC--     AATCACGTAGGCGC--
A-GTCACGT--GCGCCC     AGTCACGT-G-CGCCC
       (b)                  (c)
```

图 8-5　两两序列比对示例

两两序列比对是对两条序列进行编辑操作，通过字符匹配和替换，或者插入和删除字符，使得两条序列达到一样的长度，并使两条序列中相同的字符尽可能地一一对应。

不同编辑操作的代价不同，为编辑操作定义函数 p，它表示得分（score）。对序列中任意字符 a、b，定义得分函数

$$\begin{cases} p(a,a)=1 \\ p(a,b)=0 \qquad (a\neq b) \\ p(a,-)=p(-,b)=-1 \end{cases} \tag{8-20}$$

当然也可以反过来，定义代价函数。$w(a,a)=0$；$w(a,b)=1(a\neq b)$；$w(a,-)=w(-,b)=1$。

序列比对的数学实质就是通过优化计算，寻找得分最高或代价最小的比对。因此，构造合适的序列比对打分矩阵非常重要，其应能反映一些生物学含义。

1. 序列相似性得分矩阵

（1）核酸得分矩阵

1）等价矩阵。

等价矩阵是一类较简单的得分矩阵，匹配为“1”分，不匹配为“0”。

2）转换-颠换矩阵。

考虑在进化过程中，转换和颠换发生的概率不一样，则，匹配为“1”分，转换为“−1”分，颠换为“−5”分。

（2）蛋白质得分矩阵

1）等价矩阵。

等价矩阵是蛋白质得分矩阵中较简单的得分矩阵，匹配为“1”分，不匹配为“0”。

2）遗传密码矩阵。

遗传密码矩阵是通过计算一个氨基酸转变为另一个氨基酸所需要密码子变化的次数。若变化一个碱基，就可使氨基酸发生改变，则此代价为 1，依此类推。

3）疏水矩阵。

疏水矩阵是根据氨基酸变化所带来的疏水性变化而给出的打分矩阵。若氨基酸替代后疏水性未发生变化，则得分高，反之得分低。

4）PAM 矩阵。

PAM 矩阵是由 Dayhoff 等通过统计自然界中氨基酸替代率而得到的。在自然界中，有些氨基酸的替代对蛋白质的结构和功能影响不大，已经被进化所接受。例如，PAM-200 矩阵用于比较相距 200 个 PAM 单位的序列。因此，较低值的 PAM 矩阵一般用于相似度高的序列。

5）BLOSUM 矩阵。

BLOSUM 矩阵是由 Henikoff 提出的一种打分矩阵，其是从蛋白质短序列比对而推导来的。一般来说，BLOSUM-65 矩阵适合用来比较具有 65%相似度的序列，BLOSUM-80 适合具有 80%相似度的序列。

2. 两两比对算法

对于两条序列的比对，如 seq1='ATGGCGGTCTTGGTGA'; seq2='ATGGCAAAGGTCTTGGGA'，可能的比对方式有许多，哪种比对方式最能反映生物学意义呢？当然我们可分别计算所有可能比对的得分函数，从中选择一个得分最高的比对作为最终结果。若序列长度较长，可能的比对数较多，穷举所有可能的比对是不现实的。因此需要设计高效优化的算法。目前著名的 Needleman-Wunsch 算法就是基于动态规划算法所设计的序列比对算法，其基本思想就是在一个复杂的空间中寻找一条最优的路径。那么上边例子中最优比对结果应为

Seq1: ATGGC– – –GGTCTTGGTGA

Seq2: ATGGCAAAGGTCTTGG–GA

那么，如何计算出上述结果呢？

不失一般性，假设两序列 x 和 y（长度分别为 m 和 n）的前缀为 $x(0{:}\,i)$和 $y(0{:}\,j)$，我们已经知道 $x(0{:}\,i)$和 $y(0{:}\,j)$所有较短的连续子序列的最优比对如下：

1）$x(0{:}\,i-1)$和 $y(0{:}\,j-1)$的最优比对；

2）$x(0{:}\,i-1)$和 $y(0{:}\,j)$的最优比对；

3）$x(0{:}\,i)$和 $y(0{:}\,j-1)$的最优比对。

则 $x(0{:}\,i)$和 $y(0{:}\,j)$的最优比对应该是在上述最优比对基础上，经过“替换”、“删除”和“插入”操作后所形成的三条路径的最优值。即

$$p(x(0:i),y(0:j))=\max\begin{cases}p(x(0:i-1),y(0:j-1))+p(x(i),y(j))\\p(x(0:i-1),y(0:j))+p(-,y(j))\\p(x(0:i),y(0:j-1))+p(x(i),-)\end{cases}\tag{8-21}$$

两条序列所有前缀的比对得分构成一个$(m+1)\times(n+1)$的得分矩阵 $D=(d_{i,j})$，其中，$d_{i,j}=p(x(0:i),y(0:j))$。假设矩阵的横轴方向放置第一条序列，纵轴方向放置第二条序列。则矩阵的横向移动表示在纵向序列（第二条序列）中插入一个空位；矩阵的纵向移动表示在横向序列（第一条序列）中插入一个空位；对角线方向移动表示两条序列各自对应的字符进行比对。因此，总共有三种可能的比对路径。

得分矩阵中对应元素 $d_{i,j}$ 的计算公式如下：

$$d_{i,j}=\max\begin{cases}d_{i-1,j-1}+p(x(i),y(j))\\d_{i-1,j}+p(-,y(j))\\d_{i,j-1}+p(x(i),-)\end{cases}\tag{8-22}$$

$d_{i,j}$ 的计算方法如图 8-6 所示。

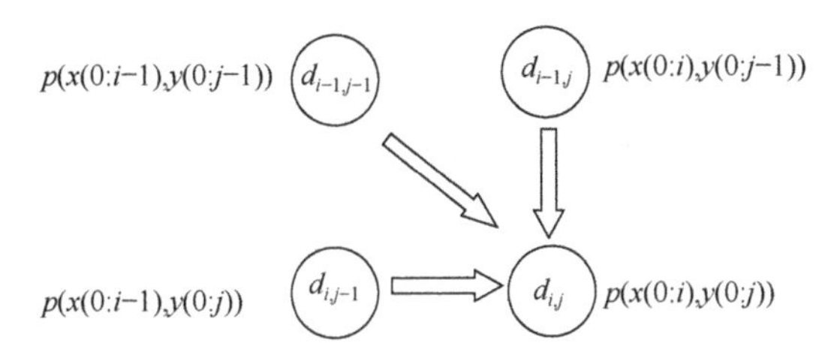

图 8-6　矩阵元素 $d_{i,j}$ 的计算

Needleman-Wunsch 算法具体算法流程如下。

1）计算过程从 $d_{0,0}$ 开始。

2）可以是按行计算（每行从左到右），也可以是按列计算（每列从上到下）。

3）在计算 $d_{i,j}$ 后，要保存 $d_{i,j}$ 是从 $d_{i-1,j}$、$d_{i-1,j-1}$ 或 $d_{i,j-1}$ 中的哪一个计算过来的（保存局部最优路径），以便于后续处理。

4）上述计算过程到 $d_{m,n}$ 结束。

最优路径求解：与计算过程相反。

1）从 $d_{m,n}$ 开始，反向前推。

2）假设在反推时到达 $d_{i,j}$，根据保存的计算路径判断 $d_{i,j}$ 究竟是根据 $d_{i-1,j}$、$d_{i-1,j-1}$ 和 $d_{i,j-1}$ 中的哪一个路径计算而得到的。找到这个点以后，再从此点出发，一直到 $d_{0,0}$ 为止。

3）走过的这条路径就是最优路径（即代价最小路径），其对应于两个序列的最优比对。

计算过程图例

例：x=ATCACACA；y=ACACACGA，计算两序列的最优比对，打分矩阵按照式(8-20)得分函数进行。

1）初始化。

矩阵的横轴方向从左向右对应于第一条序列 x，纵轴方向自上而下对应于第二条序列 y。

		A	T	C	A	C	A	C	A
	0	−1	−2	−3	−4	−5	−6	−7	−8
A	−1								
C	−2								
A	−3								
C	−4								
A	−5								
C	−6								
G	−7								
A	−8								

2）按照递归算式反复计算（下图按行计算）。

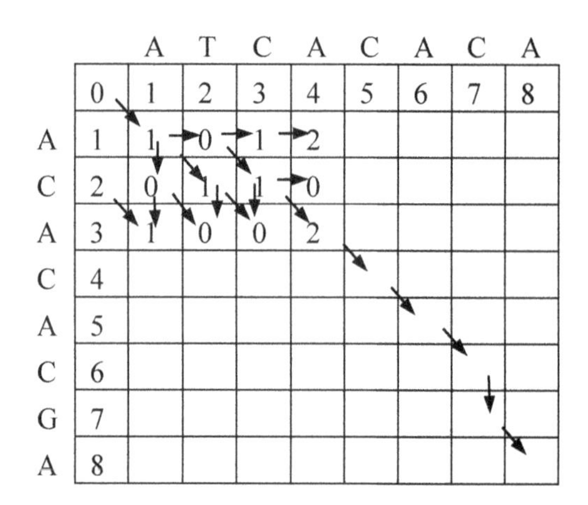

3）求最优路径（根据保存的计算路径反向前推最优路径）。

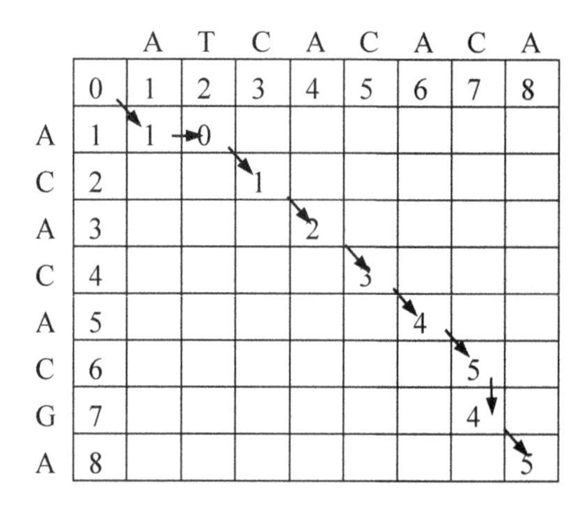

4）根据最优路径得到序列的最佳比对。

在最后一行或最后一列寻找得分最大的单元开始反向倒退得到一条最优路径。最优比对为

ATCACAC–A

A–CACACGA

矩阵横向的移动表示在纵向序列中插入一个空位，纵向移动表示在横向序列中插入一个空位，而沿对角线方向的移动表示两序列各自对应的字符进行比较（匹配或替换）。

注：由于按照递归算式计算得分矩阵时路径可能不唯一，从而反推的最优路径也不唯一，因此，序列的最佳比对可能不唯一。

3. *局部比对*（local alignment）

（1）子序列与完整序列的比对

有些同源序列虽然全序列的相似性很小，但是存在高度相似的局部区域。如果进行序列比对时注重序列的局部相似性，则可能发现具有重要生物学意义的比对。在有些情况下，需要将一个较短的序列（探测序列或基序）与一个较长的完整序列比较，试图找出局部的最优匹配。例如，要在较长序列 AGTCACGTGCTA 中搜寻短序列 ACGT。在所有可能的比对中，我们感兴趣的应该是如下比对：

```
    ----ACGT----
    ||||
AGTCACGTGCTA
```

在此比对中，较短的序列与较长序列中的某部分序列完全匹配。在寻找一条短序列和长序列或者整个基因组的最佳比对时，我们希望避免对序列一端或两端出现的空位进行罚分。

目标：对于序列 $x(0:m)$ 和 $y(0:n)$，从 y 中寻找一个子序列 $y(i:j)$，使得 $p(x,y(i:j))$ 最大，$0\leqslant i\leqslant j\leqslant n$。计算中需注意：不计前缀 $y(0:i)$ 的得分，也不计后缀 $y(j+1:n)$ 的得分。即初始化时，按以下公式进行：

$$p(x(0:0),y(0:i))=0 \tag{8-23}$$

同样也不计 y 序列后缀的得分，即按以下公式计算：

$$p(x(0:i),y(0:j))=\max\begin{cases}p(x(0:i-1),y(0:j-1))+p(x(i),y(j))\\p(x(0:i-1),y(0:j))\\p(x(0:i),y(0:j-1))+p(x(i),-)\end{cases} \tag{8-24}$$

因此，得分矩阵初始化时，对第 0 列进行如下处理

$$d_{i,0}=0 \quad (0\leqslant i\leqslant n) \tag{8-25}$$

最后一列按以下公式计算：

$$d_{i,m}=\max\begin{cases}d_{i-1,m-1}+p(x(m),y(i))\\d_{i-1,m}\\d_{i,m-1}+p(x(m),-)\end{cases} \tag{8-26}$$

最优比对的终点按如下方式寻找：$j=\min\{k|d_{k,m}=d_{n,m}\}$，也就是最后一列存在多个一样最优比对值，选取最小的一个下标值，即(j,m)，由此位置出发反推所经过的路径，起始点为$(i,0)$。

（2）最大相似子序列

若在两条长度接近、相似度较低的序列中寻找其中高度相似的局部区域，则为寻找最大相似子序列。例如，两条蛋白质序列，其中存在功能相关的区域，而其他部分与此功能无关。如需寻找功能相关的区域，则需利用局部比对方法。

此种情况的比对，其起始条件为

$$d_{0,i}=0 \quad (0<i<m)$$
$$d_{j,0}=0 \quad (0<j<n)$$

距离矩阵中元素的计算按下式进行：

$$d_{i,j}=\max\begin{cases}d_{i-1,j-1}+p(x(i),y(j))\\d_{i-1,j}+p(x(i),-)\\d_{i,j-1}+p(-,y(j))\\0\end{cases} \tag{8-27}$$

阈值“0”表明距离矩阵中“0”元素分布区域对应于不相似的子序列，而大于零的区域则为局部相似的区域。

综上所述，全局比对和局部比对的基本思想一样，只是起始条件和最后一行或一列的处理有所不同，均是采用动态规划算法。其距离矩阵的计算按以下示意图（图 8-7）进行。

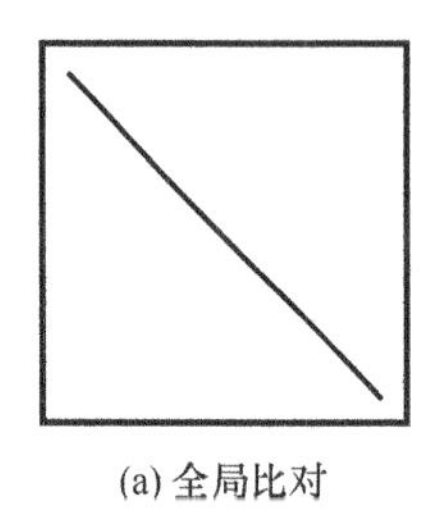

(a) 全局比对

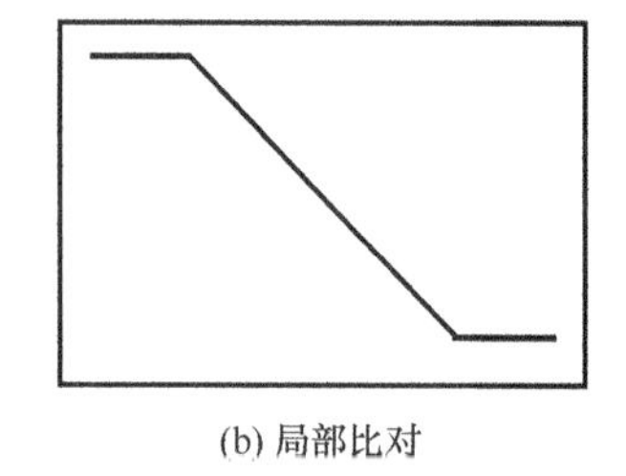

(b) 局部比对

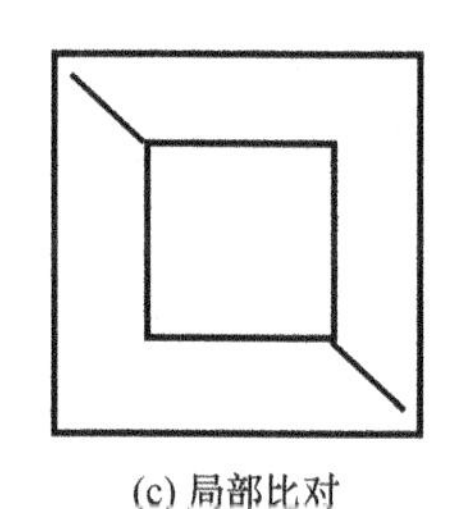

(c) 局部比对

图 8-7　距离矩阵计算示意图

局部比对要点总结如下。

1）第一行初始值置为“0”，表示不计纵轴序列的前端空位。

2）寻找最后一行的最大值，表示不计纵轴序列的末端空位。

3）第一列初始值置为“0”，表示不计横轴序列的前端空位。

4）寻找最后一列的最大值，表示不计横轴序列的末端空位。

8.3.2　多重序列比对

两两比对算法是理解多重比对算法的基础，多重比对算法是研究分子结构、功能和系统进化关系的常用的算法。例如，某些结构和功能相关的蛋白质，只有通过多重序列比对，才能发现具有重要生物学意义的保守序列片段，发现隐含在这些蛋白质序列中的系统进化关系。

多重序列比对的最终目标是得到一个得分最高或代价最小的序列比对，进而分析各序列间的相似性和差异。两两序列比对中距离矩阵中每个元素的计算需要经历三条路径的优化。随着待比对序列数目增加，计算量和计算空间剧烈增加，对于 k 重序列比对，距离矩阵中每个元素的计算需要经历 2^k-1 条路径的优化。因此，需要采用优化算法解决其计算量和计算空间的问题。优化计算的主要方法包括采用启发式方法的星形比对和树形比对。

星形比对的基本思想是在给定的待比对的多条序列中选择一个核心序列，将该核心序列与其他序列两两比对，结果从而构成多重比对。使得多重比对结果在核心序列和任何其他一个序列上的投影是最优的两两比对。

树形比对的基本思想是寻找一种树的内部节点序列赋予方式，使得树的得分最大或代价最小。其实质是组合问题。

目前，生物信息学领域内普遍使用的多重序列比对软件为 ClustalW。其是一种渐进比对算法，先进行两两比对，计算得到一个距离矩阵，由此产生一个系统树，从最相似的两条序列开始，逐步引入邻近序列，不断重复构建比对，直到所有序列加入为止。

ClustalW 可以在网上免费下载使用。图 8-8 为利用 ClustalW 比对禽流感病毒 H9N2 亚型 *HA* 基因的结果。

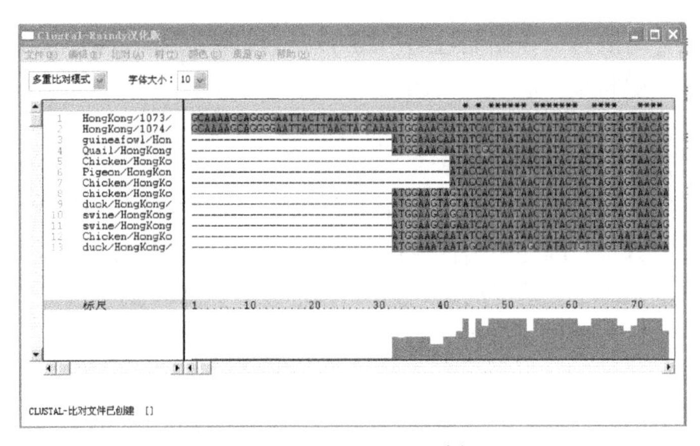

图 8-8　ClustalW 示例

8.4　系统树构建方法

系统进化研究的结果往往采用系统树或系统发育树来表示，来描述物种之间的进化关系。本节主要介绍各种系统树的构建方法。

8.4.1　系统树概述

系统树或系统发育树（phylogenetic tree）是物种间、基因间或个体间谱系关系的一种表现形式。一般来说，系统树是一种二叉树。所谓树就是一个无向非循环图。每个节点代表一个分类单元（物种或基因序列等），叶节点或末端代表今天的物种或基因序列等，内节点代表已灭绝的祖先，其序列数据无法获得。所有序列的祖先是该树的根节点。

系统树又分为有根树和无根树（图 8-9），有根树中唯一的根节点代表所有其他节点的共同祖先，这样的树能够反映进化的层次，从根节点经过进化到其他节点只有一条路径。而无根树没有层次结构，其只说明节点之间的关系，没有关于进化方向的信息。

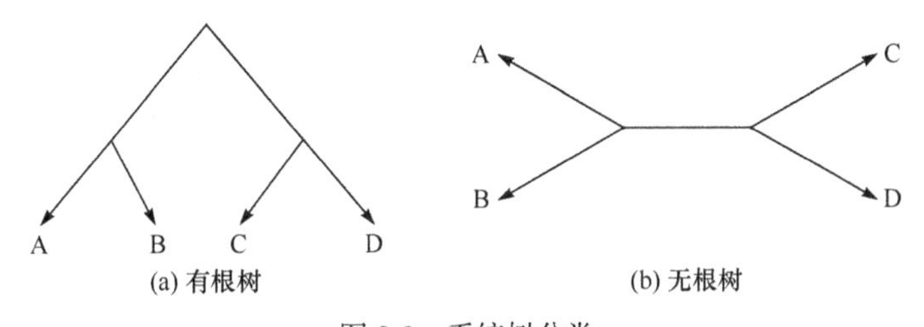

图 8-9　系统树分类

用于构建系统树的分子数据分成两类：①距离数据，常用距离矩阵描述，表示两个分类单元之间的差异度量；②特征数据，表示分类单元所具有的特征。因此，系统树的构建主要有两大类方法，即基于距离的方法和基于特征的方法。基于距离的方法是根据每对物种之间的距离，其计算一般很直接，所生成的树的质量取决于距离尺度的质量。距离通常取决于遗传模型（见 8.1 节和 8.2 节）。基于离散特征的方法，利用的是具有离散特征状态的数据，如 DNA 序列中特定位点的核苷酸，建树时着重分析序列间每个特征（如核苷酸位点）的进化关系。

需要注意的是，离散特征数据通过适当的方法可转换成距离数据，因此，对此类数据构建系统树时既可用离散特征方法，又可用基于距离的方法。

8.4.2 距离矩阵法

遗传模型在系统树构建中非常重要，8.1 节和 8.2 节所讲的核苷酸替代模型和氨基酸替代模型可用来进行距离计算。因为距离计算过程必须在一定的遗传假设下才可能进行。系统树可建立在距离矩阵的基础上。这里的距离为所有成对序列之间的距离。用这些距离对序列进行遗传意义上的分类，可借助于聚类分析（clustering analysis）。

1. 连锁聚类方法

应用连锁聚类方法时，其假定的前提是：序列在进化过程中，核苷酸（或氨基酸）的替代速率是均等且恒定的，每一次发生分歧后，从共同祖先节点到两个分类单元间的分支长度是一样的。

算法的基本思路为：首先通过序列的两两比对，计算序列之间的进化距离，构成距离矩阵；接着，从距离矩阵中选择距离最小的一对分类单元，令它们分别为 $n1$ 和 $n2$，然后将这两个分类单元合并，构成一个新的节点（记为 z）；重新计算这个新节点与其他分类单元（记为 x）之间的距离。反复进行前述的步骤，直到所有的分类单元都被合并为一类为止。

此外，根据计算新节点 z 与其他分类单元 x 之间距离策略的不同，连锁聚类方法又分为单连锁聚类（寻找）、最大连锁聚类和平均连锁矩阵。

单连锁聚类：$d(z,x)=\min(d(n1,x),d(n2,x))$

最大连锁聚类：$d(z,x)=\max(d(n1,x),d(n2,x))$

平均连锁矩阵：$d(z,x)=\dfrac{(d(n1,x),d(n2,x))}{2}$

其中，z 代表 $n1$ 和 $n2$ 的合并所成的新对象，x 代表其他任意对象。所形成的新对象以一个内部节点表示，其到 $n1$、$n2$ 节点的距离相等，其值等于 d（$n1,n2$）的一半。其到其他节点的距离按照上述公式计算。每次合并完成后，修改距离矩阵。重复上述过程，直到所有的分类单元都被合并为一类为止。

采用连锁聚类方法可得到一棵有根的系统树，其根节点到任意叶节点间的分支长度均一样，从进化的角度看，所有的物种的进化速率均相同，存在一个固定节律的分子钟。各个物种从树根开始，沿不同路径，以相同的节律演化为现在的形式。物种之间的遗传距离其实就是两物种所在叶节点路径上分支长度之和。

例：有 A、B、C、D、E 五个物种，其遗传距离如表 8-1 所示，计算其系统树，如图 8-10 所示。

表 8-1 距离矩阵

	A	B	C	D
B	8			
C	4	8		
D	6	8	6	
E	8	4	8	8

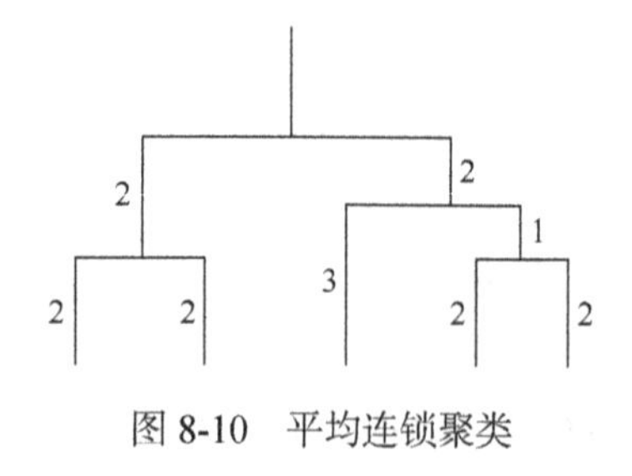

图 8-10 平均连锁聚类

2. 非加权分组平均法

非加权分组平均法（UPGMA）也是一种聚类分析方法，与平均连锁聚类方法类似，所不同的是，关于各个分类单元之间的距离计算公式不一样。在平均连锁聚类中，一个新类到其他类之间的距离就是简单的原距离平均值。但是，若各个类中分类单元的个数不一样，原距离矩阵中各个距离值对新距离的贡献就不会一样，可认为是“加权的”。因此，平均连锁聚类又称为“加权分组平均方法”。

在非加权分组平均法（UPGMA）中，在计算新分类到其他分类之间的平均距离时，按照各分类中分类单元的数目进行加权处理。若分类单元 $n1$ 和 $n2$ 构成新分类 z，新分类单元到其他分类单元 x 的距离按照下式计算：

$$d_{z,x}=\left(\frac{n_{n1}}{n_{n1}+n_{n2}}\right)d_{n1,x}+\left(\frac{n_{n2}}{n_{n1}+n_{n2}}\right)d_{n2,x} \tag{8-28}$$

其中，n_{n1}、n_{n2} 分别为 $n1$ 分类单元、$n2$ 分类单元中元素的个数，根据这样计算的结果，原始距离中各个距离对最终结果的贡献是一样的。因此，是“非加权”的。

读者可根据表中距离数据，利用 UPGMA 方法重新构建系统树。

8.4.3　邻近归并法

邻近归并法（neighbor joining，N-J 法）是在 1987 年由 Saitou 和 Nei 首次提出的一种快速聚类方法。其取消了非加权分组平均法所做的分子钟的假设，各分支长度可以有所不同，在有些时候，这有可能更符合物种或基因的实际进化情况。N-J 法的基本思想是：在进行类合并时，寻找一对最靠近的节点，同时还要尽可能远离其他的节点。

算法如下。

1）初始化，通过序列的两两比对，计算序列之间的进化距离，构成距离矩阵。

2）对所有分类单元，按照式(8-29)计算每个节点到其他所有节点的距离。

$$d_i=\frac{1}{n-2}\sum_{i=1,i\neq j}^{n}d_{i,j} \tag{8-29}$$

3）选择一对分类单元，使得 $d_{i,j}-d_i-d_j$ 最小。这一条件可使得所合并的两个节点尽量靠近并远离其他节点。

4）将 i 和 j 合并为新类(ij)，在树中添加一个新的节点，将其与节点 i 和 j 连接，新节点代表一个新类，节点 i 和 j 到新节点(ij)的分支长度按照下式计算：

$$d_{i,(ij)}=\frac{1}{2}d_{i,j}+\frac{1}{2}(d_i-d_j)$$

$$d_{j,(ij)}=\frac{1}{2}d_{i,j}+\frac{1}{2}(d_j-d_i) \tag{8-30}$$

5）计算新类(ij)与其他各类（以 u 表示）的距离：

$$d_{(ij),u}=\frac{1}{2}(d_{i,u}+d_{j,u}-d_{i,j}) \tag{8-31}$$

6）删除节点 i 和 j，添加新节点(ij)，更新距离矩阵。

7）若存在两个以上的分类，则返回第二步继续进行；否则合并剩余两类，并连接这两个类，其分支长度的计算可按照最小进化原则进行，即所有分支长度的和最小。

例：给定六个分类节点的距离矩阵如下表所示，构建这六个分类单元的系统树。

	A	B	C	D	E
B	5				
C	4	7			
D	7	10	7		
E	6	9	6	5	
F	8	11	8	9	8

解:（1）按照式(8-29)计算每个节点距其他节点的总距离。

$$d_A = \frac{1}{4}(5+4+7+6+8) = 7.5$$

$$d_B = \frac{1}{4}(5+7+10+9+11) = 10.5$$

$$d_C = \frac{1}{4}(4+7+7+6+8) = 8$$

$$d_D = \frac{1}{4}(7+10+7+5+9) = 9.5$$

$$d_E = \frac{1}{4}(6+9+6+5+8) = 8.5$$

$$d_F = \frac{1}{4}(8+11+8+9+8) = 11$$

（2）计算 $d_{i,j} - d_i - d_j$，并选择值最小的一对节点。

$d_{A,B} - d_A - d_B = 5 - 7.5 - 10.5 = -13$

$d_{A,C} - d_A - d_C = 4 - 7.5 - 8 = -11.5$

$d_{A,D} - d_A - d_D = 7 - 7.5 - 9.5 = -10$

$d_{A,E} - d_A - d_E = 6 - 7.5 - 8.5 = -10$

$d_{A,F} - d_A - d_F = 8 - 7.5 - 11 = -10.5$

$d_{B,C} - d_B - d_C = 7 - 10.5 - 8 = -11.5$

$d_{B,D} - d_B - d_D = 10 - 10.5 - 9.5 = -10$

$d_{B,E} - d_B - d_E = 9 - 10.5 - 8.5 = -10$

$d_{B,F} - d_B - d_F = 11 - 10.5 - 11 = -10.5$

$d_{C,D} - d_C - d_D = 7 - 8 - 9.5 = -10.5$

$d_{C,E} - d_C - d_E = 6 - 8 - 8.5 = -10.5$

$d_{C,F} - d_C - d_F = 8 - 8 - 11 = -11$

$d_{D,E} - d_D - d_E = 5 - 9.5 - 8.5 = -13$

$d_{D,F} - d_D - d_F = 9 - 9.5 - 11 = -11.5$

$d_{E,F} - d_E - d_F = 8 - 8.5 - 11 = -11.5$

上述式子中最小值为–13，有两种情况，A 和 B，D 和 E。

此时，有两种处理策略，可任意选择一组，进行类的合并；也可同时进行两组的合并，只不过计算公式会很复杂，但要按照上述规则进行，同样可以。读者可自己推导公式，比较两种结果。

下面以第一种情况为例，即任意选择 A 和 B 进行类的合并。

（3）以(AB)代表新节点，同时计算(AB)到 A 和 B 的分支长度。

$$d_{A,(AB)}=\frac{1}{2}d_{A,B}+\frac{1}{2}(d_A-d_B)=\frac{1}{2}\times 5+\frac{1}{2}\times(7.5-10.5)=1$$

$$d_{B,(AB)}=\frac{1}{2}d_{A,B}+\frac{1}{2}(d_B-d_A)=\frac{1}{2}\times 5+\frac{1}{2}\times(10.5-7.5)=4$$

（4）更新距离矩阵。

$$d_{(AB),C}=\frac{1}{2}(d_{A,C}+d_{B,C}-d_{A,B})=\frac{1}{2}\times(4+7-5)=3$$

$$d_{(AB),D}=\frac{1}{2}(d_{A,D}+d_{B,D}-d_{A,B})=\frac{1}{2}\times(7+10-5)=6$$

$$d_{(AB),E}=\frac{1}{2}(d_{A,E}+d_{B,E}-d_{A,B})=\frac{1}{2}\times(6+9-5)=5$$

$$d_{(AB),F}=\frac{1}{2}(d_{A,F}+d_{B,F}-d_{A,B})=\frac{1}{2}\times(8+11-5)=7$$

	(AB)	C	D	E
C	3			
D	6	7		
E	5	6	5	
F	7	8	9	8

（5）根据上述新的距离矩阵，返回（1），重新计算。直至结束。

（6）最终系统树构建结果如图 8-11 所示。

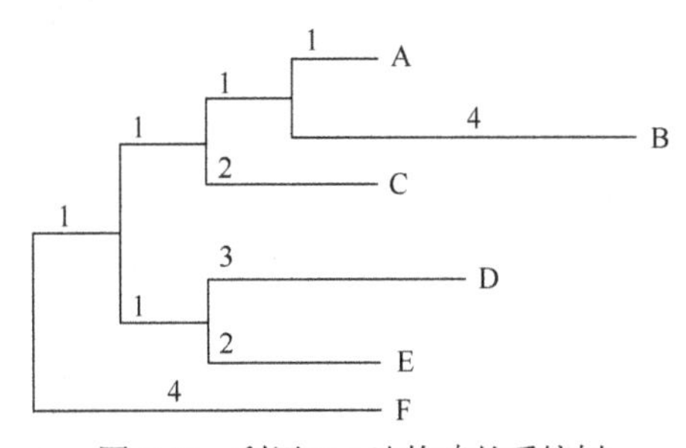

图 8-11　利用 N-J 法构建的系统树

8.5　系统树的可靠性与检验

8.5.1　系统树的可靠性分析

系统树的构建是一个统计学问题，对系统树进行构建就是对真实的进化关系进行模拟，在建树过程中如果选择恰当的方法，那么最后所构建的系统树就会接近真实的“进化树”，此时的系统树就可以说是可靠的。

然而，构建系统树的时候需要遵循其原则：首先是要有可靠的待分析的数据，如一些核苷酸或蛋白质序列；其次是对这些序列进行可靠的多序列比对。序列比对提供一种衡量核酸或蛋白质序列之间相关性的度量方法。将两条或多条序列写成两行或多行，使尽可能多的相同字符出现在同一列中，将不同序列中的每一位点进行逐一比对，构建一个打分矩阵来表示序列间的相似性或同源性。DNA 序列在进化中由于替换、插入/删除、突变事件而发生改变，所以在比对中，错配与突变相应，而空位与插入或缺失对应。序列比对与排序是构建系统树、进行系统发育分析的前提和必要条件。序列比对的目的就是建立起所检测序列与其他序列的同源关系，提取系统发育分析数据集。序列比对有各种不同的方法，这些方法都是将同源序列位点上相同或相似残基与不相似残基按一定的记分规则转换成序列之间相似性或差异性数值进行比较。接着就是选择合适的建树方法，进行同源比对，之后查看序列是否具有高度的相似性，如果序列相似性较高，则首先选择最大简约法进行建树；如果没有较高相似性，则看是否能较明显地判断具有相似性，若能，则用举例法，否则选择最大似然法；最后对可信度进行分析。

8.5.2　评估系统树

在研究实际问题过程中，不同谱系建树方法获得的结果不尽相同。在一个系统树建成后，确定其可靠性十分重要。因此在构建系统树之后，应当对所建立的系统树的准确度加以评估。

模拟的系统树需要一种数学方法来对其进行评估，不同的算法有不同的适用目标。目前还没有一种建树方法可以适用于所有的数据和条件。在构建系统树时，最好同时使用多种方法，多种方法所获系统树一致，将大大提高结果的可靠性。对于所构建的系统树，统计分析的误差也有可能会影响所建树的可靠性，如系统误差和随机误差。

对随机误差的影响，常采用一定的统计检验来分析获得的系统树的可靠性。一种是利用某一参量来对所获得树及其相近树进行结构差异检验。在最大似然法中常利用似然值，而在最小进化法中则利用所有支的总长度进行。这种方法是一种保守检验，而且检验的程序非常复杂，需要很大的计算机内存。另一种类型是分析每个内支的可靠性，其中常用的方法为标准误估计，即计算内支长度及其标准误，检验内支长度与 0 间的偏差，得到一个置信概率（confidence probability，CP），CP 值越高，分支的长度也就越可靠。通常，当 CP≥0.95 或 0.99 时，可认为该支的长度在统计上有效。

对于系统误差，应降低系统误差对所建树的影响，增加系统树的可靠性，但是由于在各种建树方法中引起系统误差的原因不一，因此应当考虑多方面的原因。首先重新考虑建树时的设定是否正确，尝试变换不同的分析方法；系统树中如果存在太多分支，也会使系统误差复杂化，所以也要考虑去除树中的复杂分支，来增加所建树的可靠性；还可以筛选掉一些可信度不高的数据等。

无论是基于距离的系统树重建方法，还是基于特征的系统树重建方法，都不能保证一定能够得到一棵描述比对序列进化历史的真实的树。用截然不同的方法分析一个数据集，如果能够产生相似的系统树，那么，这样的树可以被认为是相当可靠的。但是，无论使用哪种方法构建系统树，都必须对其拓扑结构以及整个树的可靠性的统计置信度进行检验，评价系统树中每一个分支的可靠性，统计学上用重复取样来排除随机误差的影响，常用的检验方法有两种：自举检验（bootsrap method）和刀切法（jackknife method）。

1. 自举检验

自举检验是一种重采样技术，是在取样分布未知或难以分析得到的情况下分析有关统计变异性的一种统计学方法，也是用得最多的对系统树重新取样的评估方法。

其基本方法是：在整个碱基或氨基酸序列中按照有放回的机制随机取同样长度的序列，组成一个新的序列。一般这样重复进行 100 或 1000 次。这样一个多序列组就可以变成许多个新的序列组。然后根据某种算法，针对每个多序列组构建一个系统树。这样将构建多个系统树进行比较。按照多数规则，最终将得到一个“逼真”的系统树。再观察这些树与原始树是否有差异，以此评估建树的可靠性。产生相同分组的自举树的数目常常标注在系统树相应节点的旁边，表示树枝相应的置信度。一般 Bootstrap 值>70，则认为构建的系统树比较可靠。若 Bootstrap 值太低，则系统树的拓扑结构有可能是错误的，所构建的系统树不可靠。

自举检验有时非常费时，但仍然是系统发育分析中常用的可靠性检验方法。

例：对如图 8-12 所示的五条序列进行重采样。

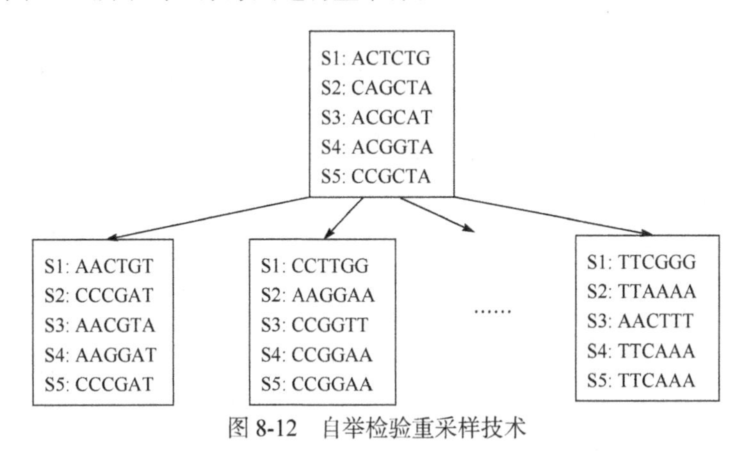

图 8-12　自举检验重采样技术

2. 刀切法

刀切法跟自举检验类似，也是一种重采样技术，不过是对原始数据进行“不放回式”随机抽取，从数据集里去除一部分序列数据或每次去掉一个分类群对象，然后对剩下的数据进行系统发育分析。

自举检验和刀切法这两类检测方法的差别在于重复取样的方式有所不同。刀切法同自举检验的差别仅在于前者新建的数据集合要比原始数据集小，而且不包含重复位点。前者是对全部数据进行“重置式”随机抽取，数据抽到的概率是相等的，且建立的数据集和原始数据集大小相等，然后对于产生的新数据集建树，重复若干次，得到特定分支格局的出现频率；而后者是“不放回式”抽取，所以刀切法产生的数据集合小于原始数据集，而且不包含重复数据集。

若分支在原来的系统树中产生的序列分割和重采样之后产生的数据在重构的系统树中的序列分割一致的话，则该分支就被赋值为 1，不一致的话就被赋值为 0。重复这个步骤 100 次，那么每个分支的可靠性就可以用赋值为 1 的占比情况表示，占比越高就表示该分支越可靠。例如，如果某个分支在 100 个系统树中有 97 次被赋值为 1，那么该分支的可靠性就为 97%。刀切法得出的结果和自举检验是一样的，不过在实际情况中用得会比自举检验少一点。

8.6　适应性进化检测方法

8.6.1　正选择检验

在分子水平，检测基因适应性进化是目前生物信息学领域研究热点，对编码蛋白质的基因而言，非同义-同义置换速率比值 d_N/d_S 值（记为 ω），通常用来评价基因的选择压力，d_N/d_S=1、<1、>1 分别表示中性进化、负选择和正选择作用（适应性进化），在检测适应性进化的方法中，目前广泛采用的是 Nielsen 和 Yang 所发展的最大似然法（Nielsen et al.，1998）。

最大似然法是统计学上重要的一种参数估计方法，其基本原理是在给定的某种含有参数的模型下，使得已发生事件的概率达到最大。任何事件均以一定的概率发生，一般认为概率大的事件更有可能发生。通常在使用最大似然法进行参数估计的时候，把某种参数模型下事件发生的概率称为似然率（likelihood ratio，LR）。似然率是这个模型参数的函数，我们可以通过令这一似然率最大化来求解模型的参数。

假设观察到的序列数据(D)的概率为 $P(D;\theta)$，其中 θ 是拟合数据的进化模型参数。由于数据已知，可以将 P 视为未知参数的函数，记为 $L(\theta;D)=P(D;\theta)$，L 就是似然函数，针对这一函数，能够使得 L 及其对数似然值（log-likelihood ratio，LLR）$\ln L$ 最大化的 θ 值，就是该模型参数的最大似然估计值。

使用最大似然法进行系统发育和适应性进化检测分析的优点在于其具有较强的统计学理论根据，且该模型参数估计的精度是可以直接计算得出的。在此基础上发展的似然比检验还可以确定更加适合实际研究数据的数学模型。当然，该模型也存在一定的不足：它需要事先给定一些假设条件的支持，如序列各位点间进化的独立性等，另外它也需要事先给定系统树的结构，故而计算相对较为复杂，对计算的程序要求也比较严格，耗时相对较长。

考虑多条已排序的核苷酸序列，并且这些序列间的系统发育关系已知。假设序列上各个位点的进化相互独立。我们将所有的核苷酸位点分为三类：中性位点、保守位点和正选择位点。

以上所提到的模型间的似然比检验都可以在 PAML（phylogenetic analysis by maximun likelihood）软件包中得以实现（Yang et al.，2000）。PAML 是由 Yang 等所开发的一种应用最大似然法对 DNA 和蛋白质序列进行系统进化分析的程序包。PAML 包含的程序有：baseml、basemlg、codonml、evovler、yn00、mcmctree 等。各程序简要介绍如表 8-2 所示。

表 8-2　PAML 程序功能介绍

程序	功能
baseml	针对核苷酸序列进行最大似然法分析；估计树的拓扑结构、分支长度以及在可变核苷酸替代模型下的替换参数；基因间以及基因内部替换速率的差异比较，多基因数据组合分析模型；位点替换速率计算；祖先核苷酸重构等

续表

程序	功能
basemlg	多样化替换模型条件下位点间连续伽马分布速率的最大似然法分析
codonml（codonml with seqtype=1）	使用 Goldman 和 Yang 的基于密码子的模型对蛋白质编码 DNA 序列进行最大似然法分析；密码子使用计算；同义与非同义替换速率估计
aaml （codonml with seqtype=2）	氨基酸序列最大似然法分析
mcmctree	DNA 序列数据的贝叶斯系统估计；系统树的后验概率计算
evovler	生成有根或无根随机树；进行拔靴法或贝叶斯分析；使用特定树的拓扑结构对核苷酸、密码子以及氨基酸序列进行仿真
yn00	两条序列之间的同义及非同义替换速率的估计

这些程序可以用来进行如下工作。

1）比较和检验系统树（通过 baseml 和 codeml 实现）。

2）对进化参数进行最大似然估计。如系统树中的分支长度、转换/颠换比率、不同基因的速率参数等。

3）估计多种混合的替代模型中的参数，包括位点间不同替代速率模型以及多基因或位点分区的联合分析模型（通过 baseml 和 codeml 实现）。

4）用核苷酸、氨基酸和密码子模型通过似然法（经验贝叶斯分析）构建祖先序列（通过 baseml 和 codeml 实现）。

5）用最大似然法和贝叶斯模型进行系统树的重构。

6）模型假说比较式的似然比检验。

7）估计全局或局部分子钟模型下的分歧时间。

8）通过 Monte Carlo 模拟产生核苷酸、密码子和氨基酸数据集。

9）估计同义和非同义替换速率，在蛋白质编码序列中检测正选择作用。

PAML 最大的优点在于其对多种进化模型的执行能力。这些模型包括如前所述的位点间可变进化速率模型、多基因序列数据或氨基酸序列组合分析模型等。

8.6.2 实例分析——禽流感 H9N2 病毒 *HA* 基因适应性进化分析

禽流感病毒（avian influenza virus，AIV）属正黏病毒科甲型流感病毒，是禽类重要的病原之一。此病毒是单股负链分 8 节段的 RNA 病毒，变异快，每隔一定时间就会产生新的变异毒株，因此人们对它的防疫难度较大。跟踪分析 AIV 病毒株及相关的基因，了解其进化规律，进而找出有效的防控手段，已成为各国学者研究禽流感的重点。禽流感分多个亚型，H9N2 亚型禽流感病毒自 1994 年开始在我国被发现，到目前已成为我国禽流感的主型。H9N2 一般呈低或中等毒力，但由于其分布广泛、能造成宿主的免疫抑制、与其他致病微生物协同作用，因此对养禽业的危害更为严重，尤其是 1999 年以来发生多例 H9N2 亚型 AIV 感染人的事件，更引起人们的关注。目前，国内外很多学者大量研究了 H9N2 亚型禽流感病毒的遗传进化及生物学特性。

禽流感 *HA* 基因编码血凝素，长度为 1742nt，宿主细胞表面有血凝素受体，流感病毒通过血凝素结合，得以吸附于宿主细胞膜。禽流感 *HA* 基因在病毒吸附及穿膜过程，以及决定病毒致病力方面均起关键作用，因此本部分通过分析目前登记在 GenBank 数据库，分离自我国的 H9N2 亚型禽流感病毒 *HA* 基因序列，采用系统进化分析法，探讨 H9N2 亚型禽流感病毒 *HA* 基因的序列特点及其进化规律。

1. 数据与方法

研究将从 GenBank 数据库中检索 1994～2006 年分离自我国 H9N2 亚型禽流感病毒株的 *HA* 基因全长序列（至少包含 CDS 全长序列），总共 56 条核苷酸序列（去冗余后）。

HA 蛋白是病毒重要的表面糖蛋白，含有与病毒生物学功能密切相关的功能域，这些区域的一些氨基酸发生变化，可导致病毒生物学功能改变。*HA* 基因长度为 1742nt，在感染细胞时可水解为两个独立的肽链（HA1、HA2）。因此，在决定病毒致病力方面起着关键作用。研究 *HA* 基因的进化十分重要。研究分析 AIV 的 *HA* 基因序列，对于研究禽流感病毒的分布、流行规律，以及控制禽流感的流行、蔓延均具有重要意义。H9N2 亚型禽流感 *HA* 基因的进化树分为欧亚和北美种系两支，欧亚种系的 *HA* 基因又分为 3 群系，分别以 QA/HK/G1/97、DK/HK/Y280/97 和 DK/HK/Y439/97 为代表株。已有研究表明，我国 H9N2 亚型禽流感病毒株均属于欧亚种系。

采用 PHYLIP 软件对所研究的毒株构建系统树，全部毒株均属于 DK/HK/Y280/97 分支。1994～1999 年的毒株经进化树构建分析，具有明显的地域特征，表明我国的 H9N2 亚型 AIV 的 *HA* 基因具有散在发生性，并不因鸟类的季节性迁徙而发生转移。但对 1994～2004 年的毒株进行系统进化分析，地域特征明显减弱，表明 *HA* 基因有可能经过禽类贸易而发生大范围的地域转移。

我国香港 1999 年发生的人感染 H9N2 亚型禽流感事件，从系统进化分析看，与 H9N2 亚型禽流感 *HA* 基因的进化方向显然不同，表明 H9N2 对人致病力的提高，与 *HA* 基因自身进化相关的证据还不足，因此香港 1999 年分离自人的两株病毒株，可能与其他高致病力的禽流感亚型感染同一宿主时发生基因重排有关。

2. 阳性选择位点的检测与分析

在分子水平检测基因的选择作用，是目前研究生物进化的热点，对核苷酸或蛋白质编码序列中的异义替换率（nonsynonymous substitution rate，d_N）与同义替换率（synonymous substitution rate，d_S）的比值 ω（d_N/d_S），被用来检测基因是否已受选择（Nielsen et al.，1998）。当 $\omega<1$，表明此基因已受到阴性选择；当 $\omega=1$，表明此基因经历的是中性的进化过程；当 $\omega>1$，表明异义替换具有选择上的优势，并以较高的概率固定下来，此基因进化过程经历的是正选择。然而在进化过程中，由于基因结构上的原因，某些区域甚至个别位点上的进化选择，与整条基因的进化选择压力显然不同。

本研究用 PAML3.15 Software Package 的 codeml 程序，用 one-ratio 等六个进化模型分别检测 56 条 HA 序列氨基酸位点选择的作用（Nielsen et al.，1998），所得似然值、参数估计值及阳性选择位点等结果见表 8-3。所有六个进化模型中的全序列氨基酸替换率，平均 ω 在 0.2～0.28，表明 *HA* 基因自身进化经历较强的纯化选择过程。M0 模型中，所有位点的氨基酸替换率 ω 均为 0.22，表明所有位点均未经阳性选择，但其似然值较低，为−6503.71，因此 M0 模型所得结果不可靠，可以舍弃。M2a、M3 和 M8 三模型均检测到阳性选择位点占全序列的 0.81%～0.96%，其位点氨基酸替换率 ω 为 7.01589～8.26248，M3 模型检测到 2T、3T、197T、233Q、380R 共五个阳性选择位点，M2a 和 M8 模型均检测到 2T、197T、233Q、380R

共四个阳性选择位点。

将选择模型与中性模型相比，检验选择模型是否显著，即 M0 对 M3、M1 对 M2a、M7 对 M8 模型所得似然值，分别用公式进行似然比检验（LRT）验证，确认结果可靠。LRT 验证表明 M3、M2a 和 M8 三个选择模型比其他三个中性模型可以更好地解释现有数据。

经上述检验显著性后，再计算每个位点属于阳性选择位点 2T、3T、197T、233Q、380R 的后验概率，其后验概率都很大，大于 99%。表明这些位点在进化过程中经受了正选择作用。

表 8-3　HA 氨基酸序列的阳性选择位点检测结果

模型（model）	ln*L*	d_N/d_S	参数估计值（estimated parameters）	2Δ*l*	阳性选择位点（positive selected sites）
M0（one-ratio）	–6503.71	0.22	ω=0.22	323.68	None
M3（discrete）	–6341.87	0.25	p_0=0.67648, p_1=0.31391, p_2=0.00961 ω_2=0.01130, ω_2=0.54489, ω_2=7.01589	**（13.28）**	**2T,3T,197T,233Q,380R**
M1（nearly neural）	–6386.79	0.21	p_0=0.83954, p_1=0.16046	76.94	None
M2a（positive selection）	–6348.32	0.28	p_0=0.83117, p_1=0.16074, p_2=0.00809 ω_2=0.06031, ω_2=1.00000, ω_2=8.26248	**（9.21）**	**2T,197T,233Q,380R**
M7（beta）	–6384.89	0.20	p=0.12563, q=0.49494	85.88	None
M8（beta & ω）	–6341.95	0.25	p_0=0.99095, p_1=0.00905 p=0.18663, q=0.82592, ω=7.31105	**（9.21）**	**2T,197T,233Q,380R**

注：字符加粗表示阳性选择位点，2Δ*l* 值越小越可靠。

由于流感病毒 RNA 复制缺乏校正机制，其基因突变率很高。甲型流感病毒还普遍存在抗原转移和漂移，抗原转移可发生亚型转换，抗原漂移可降低宿主免疫力。这种变异由 *HA* 基因和 *NA* 基因引起，尤其 *HA* 基因极易发生点突变，改变氨基酸序列，从而逃避宿主免疫系统的识别。此外，HA 蛋白分子上个别关键氨基酸位点的突变，尤其是受体结合部位的氨基酸发生替换，就有可能改变病毒致病性和传播能力。本例只研究了 H9N2 亚型，尚未考虑抗原转移而引起的亚型转换。

程坚等（2001）认为，H9N2 的受体结合位点由位于 HA 上的 91、143、145、173、180、185 位的氨基酸残基组成，非常保守。前述计算结果所得到的阳性选择位点并未包含 H9N2 的受体结合位点，提示我国的 H9N2 亚型禽流感由 *HA* 基因进化而引起致病力，并未发生显著变化，但不能否定由其他原因（如基因重组等）改变致病能力。

有研究表明，HA1 具有与宿主细胞受体结合的特性，HA2 是参与细胞膜融合的重要亚单位。除了 380 位点的氨基酸残基位于 HA2 肽链上外，其余阳性选择位点均位于 HA1 肽链上。可见参与细胞膜融合的区域氨基酸残基变异较少。阳性选择位点 2T、197T、233Q 虽然不在受体结合位点上，但是在受体结合位点附近，有可能影响受体结合位点的变异，对此需密切监测 H9N2 亚型禽流感，以防其关键位点的突变。

虽然 H9N2 亚型禽流感病毒至今尚未具备高致病力，但它是甲型流感病毒的一员。因此，它有易变性和与其他亚型发生基因重组的能力，形成具有高致病能力的新变种或重组株。在 AIV 八节段的基因中，*HA* 基因编码的蛋白质是病毒的表面糖蛋白，可以诱导机体产生抗体，是 AIV 中最主要的保护性抗原。深入研究 *HA* 基因及其进化情况，对于疫苗研制和防控禽流感具有重要作用。

通过分析我国 56 条全长序列 H9N2 禽流感病毒株 *HA* 基因的氨基酸残基序列并进行系统进化分析，结果表明，我国病毒株在早期具有散在发生性，同属于欧亚种系，其后我国香港人源病毒株进化方向与其明显不同。用 codeml 程序检测到 *HA* 基因，共有 5 个阳性选择位点，除了 380 位点外，阳性选择位点均位于 HA1 肽链上，而 HA1 肽链上存在主要的抗原决定位点和受体结合位点，虽然阳性选择位点目前还不是主要抗原决定位点和受体结合位点，却也在其附近，对此需密切监测 H9N2 亚型禽流感，以防关键位点的突变。通过蛋白质基序的分析，发现 H9N2 禽流感突破种间屏障感染人，可能也与病毒株糖基化位点的突变有关。

第 9 章　基因功能研究

人类基因组计划第一次在全基因组水平解析了人类 DNA 序列，然而，这些序列中包含哪些基因？它们又具有什么样的功能？这些问题是后基因组时代研究的重点。随着功能基因组学研究的深入，大量基因的功能被逐步预测和验证出来，这些信息被存储在基因功能数据库中。如何快速获得感兴趣基因的功能？如何预测一个新基因的功能？这些研究对于揭示生命体正常的生理功能、疾病的分子机制等均具有重要作用。本章将重点介绍目前常用的基因功能数据库、基因的功能注释、基因集合的功能富集分析以及基因功能的预测方法。

9.1　基因功能注释

基因的功能注释（functional annotation）是获得基因已知功能注释的过程。对于一个基因，通过查询基因功能数据库，可以获得该基因所发挥的功能、参与的生物学通路、其编码蛋白所处的亚细胞位置，以及相关的疾病、药物等信息。目前常用的基因功能数据库主要有基因本体数据库和京都基因与基因组百科全书。

9.1.1　基因本体数据库

1. 基因本体数据库简介

本体（ontology）的概念来源于哲学领域，其关心的是客观现实的抽象本质，是对客观事物的系统性描述。在信息科学中，本体可以理解为一种特殊类型的术语集，使得特定领域的知识的描述规范化和形式化。本体能够捕获相关领域的知识，提供对该领域知识的共同理解，确定该领域内共同认可的词汇，给出标准化的定义，并从不同层次的形式化模式上给出这些词汇（术语）和词汇间相互关系的明确定义。简单来说，本体包含三部分的内容，即词汇、词汇的描述以及词汇之间的相互关系。

基因本体（gene ontology，GO）是一个在生物信息学领域中广泛使用的本体，旨在使用结构化的、精确定义的、通用的和受控制的词汇（term）来描述许多物种的基因及其产物的功能（图 9-1）。GO 中的功能信息来源于外部数据库，GO 用其定义的词汇对外部数据库中收录的基因及其产物进行注释。GO 包含三大独立的本体论词汇表，即从三个方面来描述基因及其产物的功能：分子功能（molecular function，MF），生物过程（biological process，BP）和细胞组分（cellular component，CC）。MF 描述的是分子水平的活性，如催化活性或结合活性；BP 是由多种分子共同参与的多步骤的过程，可以看成是分子功能的有序组合；CC 描述了基因产物在哪种细胞器中（如糙面内质网、核糖体等）发挥作用。

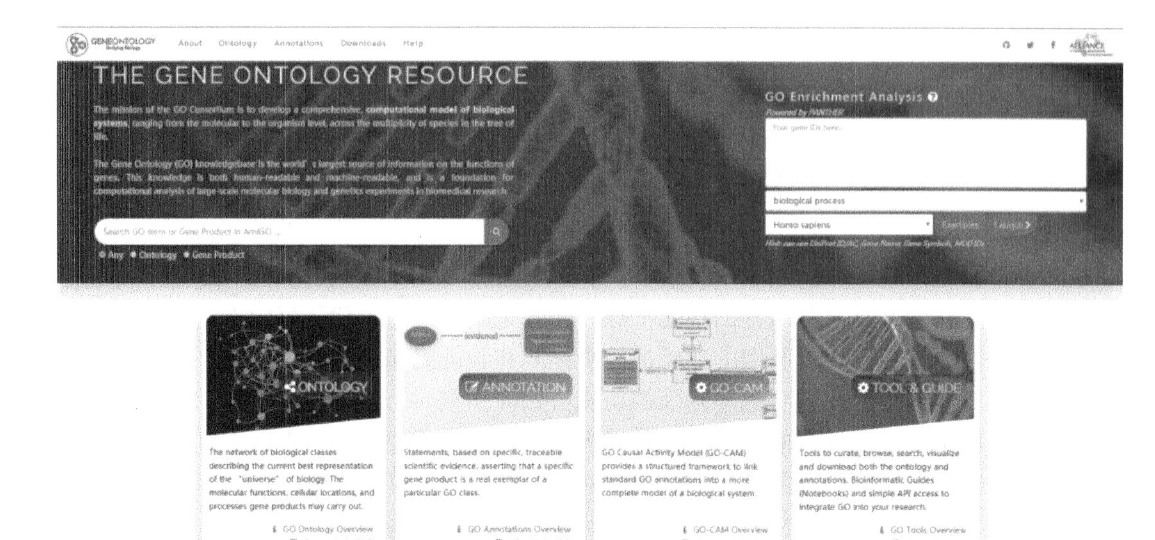

图 9-1　GO 数据库主页

GO 将功能（词汇）以分层的形式组织在一起，越上层的功能越粗泛，越下层的节点越精细，但 GO 并不是一个严格的层次（hierarchy），因为一个节点可能存在多个父节点，所以 GO 是一种有向无环图（directed acyclic graph，DAG）的结构（图 9-2）。有向无环图中的边表示功能 term 之间的关系，GO 中包含多种语义间的关联，如“is a”“part of”“has part”“regulates”等，其中“is a”和“part of”最常用。“is a”表示上一个概念包括下一个概念，下一个概念是上一个概念的亚类；“part of”表示下一个概念是上一个概念的一部分。如图 9-3 所示，“mitochondrion”（线粒体）是“organelle”（细胞器）的一种，因此它们之间是“is a”的关系；而“organelle membrane”（细胞器的膜）是“organelle”（细胞器）的一部分，因此它们之间是“part of”的关系。此外，一个基因可以注释到多个功能节点，即一个基因可能具有多种分子功能，参与多个生物学过程，位于多个细胞器中。此外，从功能节点之间的关系可以看出来，如果一个基因注释到了深层功能节点，那么它也同时注释到了该功能节点的所有祖先节点。

2. 基因本体数据库的使用

通过网址（http://geneontology.org）可以访问 GO 数据库，在首页的左上方检索框内输入一个基因或基因产物的名字，可以获得其注释到的所有功能节点，在 GO 数据库中，每个功能节点都有唯一的标识号，以“GO”为前缀加上 7 个数字，如：GO:0008150 表示生物学过程。以检索 PTEN 的功能为例，在检索框中输入“PTEN”，并选中下方的“gene product”，所得基因产物检索结果如图 9-4 所示。

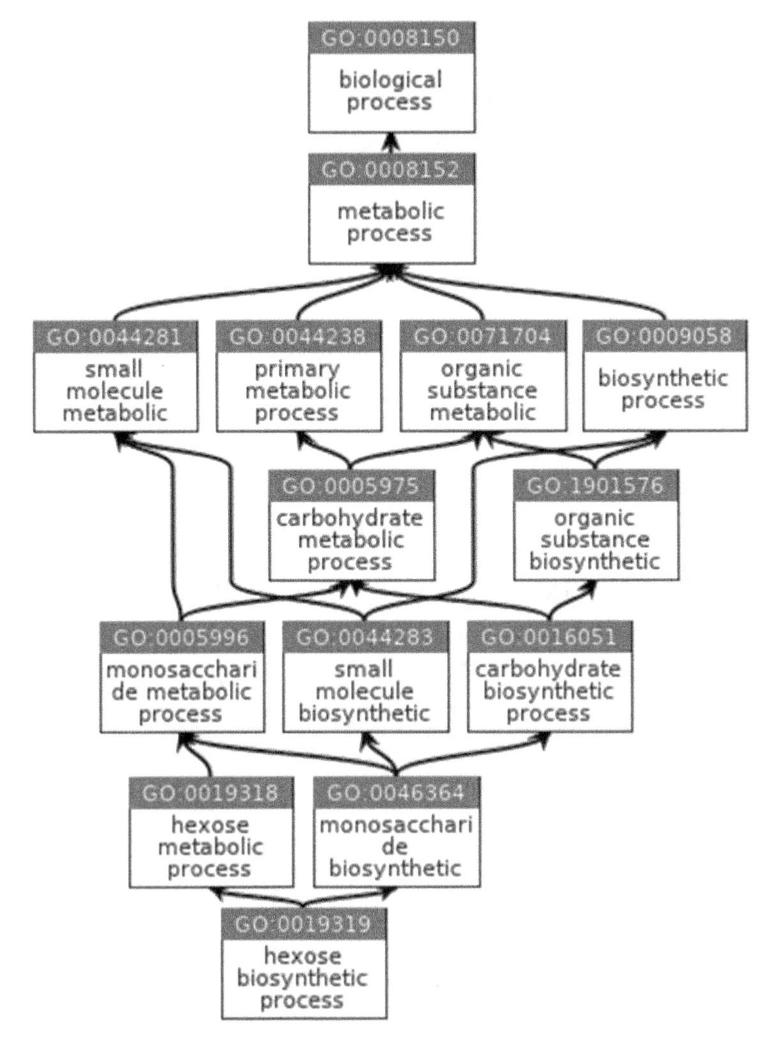

图 9-2　GO 结构示意图

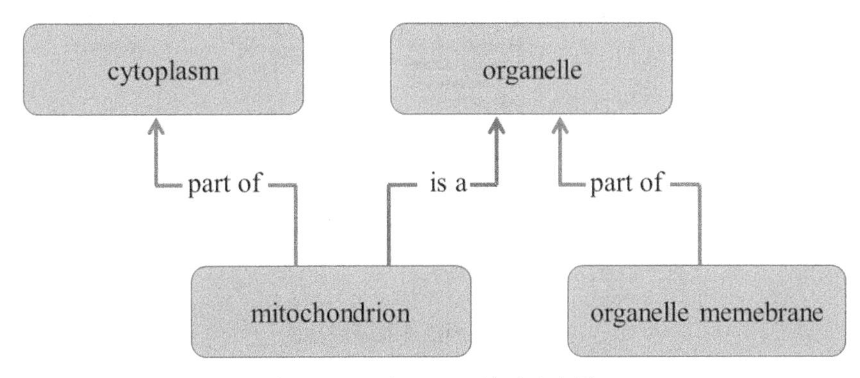

图 9-3　is a 和 part of 关系示意图

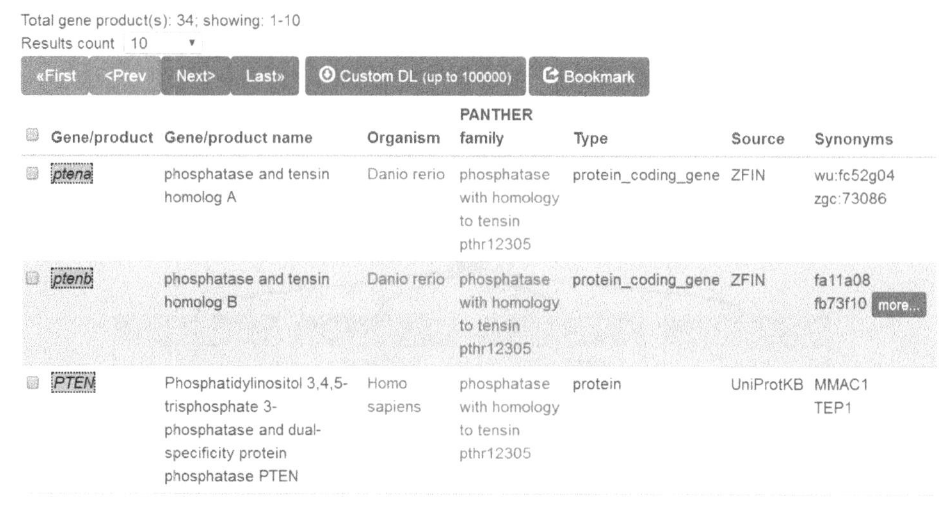

图 9-4　基因检索结果

在检索结果中选择人类“Homo sapiens”的“PTEN”记录。结果页面的“Gene Product Information”显示了该基因产物的基本信息，包括类型、物种、同义名等信息（图 9-5（a））。“Gene Product Associations”显示了该基因产物的关联，即功能（图 9-5（b））。

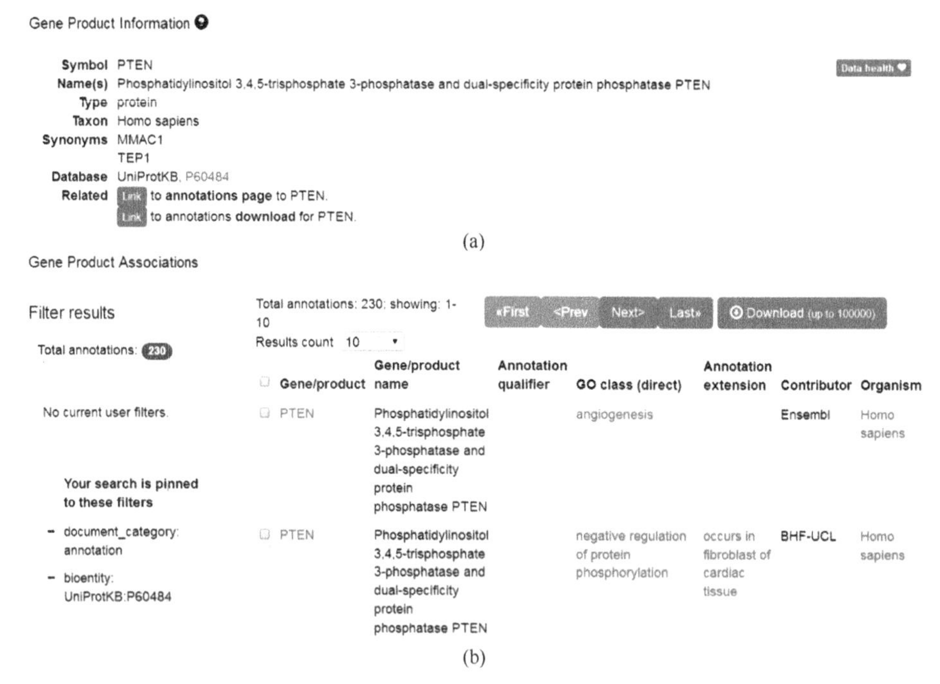

(a)

(b)

图 9-5　基因描述及基因功能

点击图 9-5（b）中“GO class（direct）”所在列的记录可以进入特定功能的页面，如“angiogenesis”（图 9-6）。

另外，在图 9-6 的下方以标签形式给出了该功能的详细信息，包括“Annotations”“Graph Views”“Inferred Tree View”“Neighborhood”“Mappings”等。点击“Graph Views”，以有

向无环图形式清晰地显示出该功能节点及其所有祖先节点（图 9-7）。

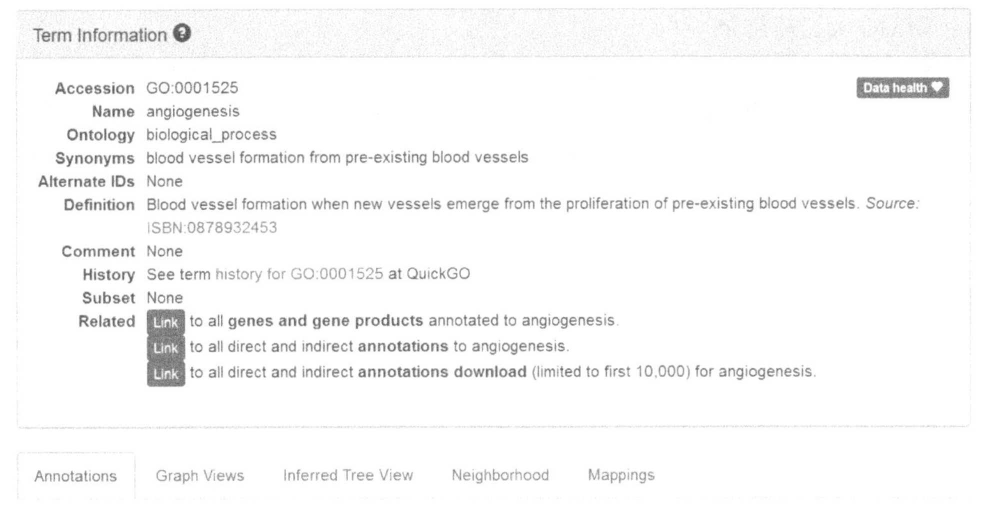

图 9-6　GO term 描述及包含的基因

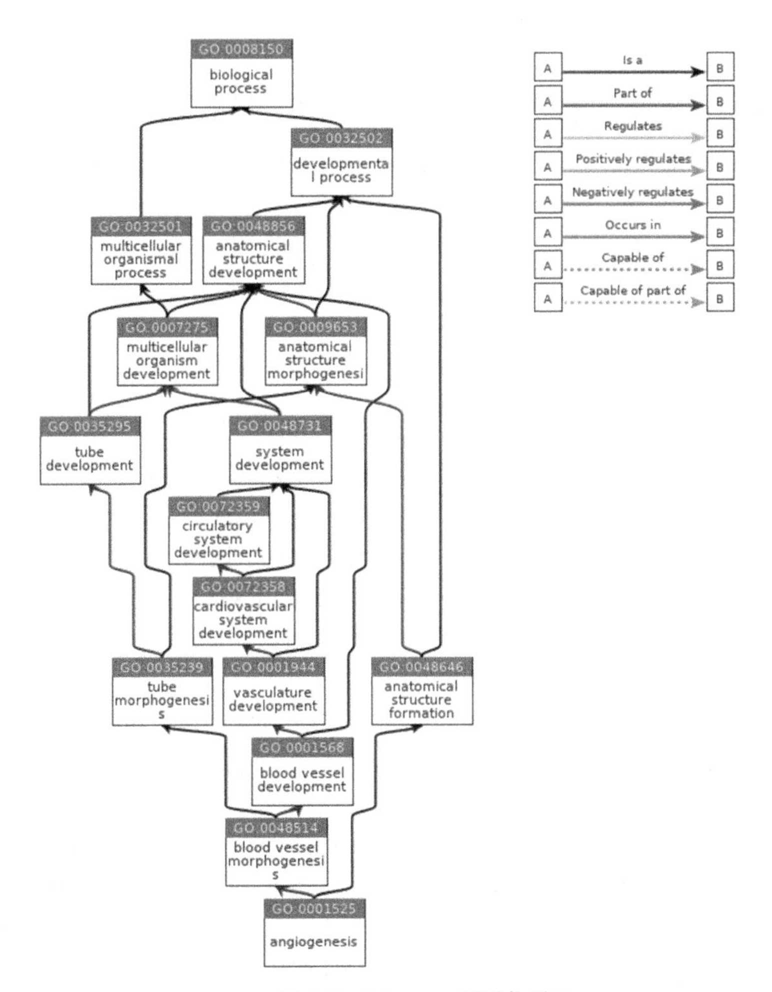

图 9-7　GO terms 图形化展示

9.1.2 京都基因与基因组百科全书

1. KEGG 数据库简介

京都基因与基因组百科全书（Kyoto encyclopedia of genes and genomes，KEGG）是一个系统分析基因功能的知识库，也是最常用的生物学通路数据库。KEGG 共包含四个类别的 18 个子数据库，四个类别分别是：系统信息（Systems information），基因组信息（Genomic information），化学信息（Chemical information）以及健康信息（Health information）。所有子数据库的类别、名称、内容以及颜色如图 9-8 所示。

图9-8

Category	Database	Content	Color
Systems information	KEGG PATHWAY	KEGG pathway maps	
	KEGG BRITE	BRITE hierarchies and tables	
	KEGG MODULE	KEGG modules	
Genomic information	KEGG ORTHOLOGY (KO)	Functional orthologs	
	KEGG GENOME	KEGG organisms (complete genomes)	
	KEGG GENES	Genes and proteins	
	KEGG SSDB	GENES sequence similarity	
Chemical information	KEGG COMPOUND	Small molecules	
	KEGG GLYCAN	Glycans	
	KEGG REACTION	Biochemical reactions	
	KEGG RCLASS	Reaction class	
	KEGG ENZYME	Enzyme nomenclature	
Health information	KEGG NETWORK	Disease-related network elements	
	KEGG VARIANT	Human gene variants	
	KEGG DISEASE	Human diseases	
	KEGG DRUG	Drugs	
	KEGG DGROUP	Drug groups	
	KEGG ENVIRON	Health-related substances	

图 9-8　KEGG 所包含的全部数据库信息

KEGG PATHWAY、KEGG GENES、KEGG ORTHOLOGY（KO）是 KEGG 中最重要的 3 个数据库。KEGG 创立的主要目的是建立从基因到细胞或生物的高层次（high-level）功能的关联。在这三个数据库中，PATHWAY 包含了生物学通路及其图形展示，如代谢、信号转导、细胞周期等通路，代表了高层次的功能；GENES 收录各物种的基因及其序列；KO 储存了基因或蛋白质的分子功能，建立了基因与高层次功能之间的关联，每个 KO 条目代表一组直系同源基因。

此外，KEGG BRITE 为各种生物对象特别是 KEGG 对象创建了功能层次，并将这些功能层次存储为可下载的层次文本文件。以生物对象“Non-coding RNAs”存储的功能层次为例，该对象首先可分为“Transfer RNA” “Ribosomal RNA”“Spliceosomal RNA”“Small nucleolar RNA”“MicroRNA”“Other RNA”6 类非编码 RNA，其中“Transfer RNA”可进一步分为转运各种氨基酸的 tRNA。KEGG MODULE 提供了一些功能紧密的模块和化合物信息；KEGG DRUG 收录了在日本、美国、欧洲批准上市的药物的综合信息。用户可点击 KEGG 首页的“KEGG2”查看 KEGG 所包含的全部数据库以及软件工具。

2. KEGG 数据库的使用

（1）KEGG 对象标识号

为了方便存储和检索数据库中的对象，KEGG 为每一个对象提供了唯一的标识号（kid）。通过 kid，用户可以快速精准地定位所要查询的基因、通路、药物等。表 9-1 列出了部分 KEGG 对象的 kid，一般的 kid 格式为字符前缀加 5 个阿拉伯数字，其中字符前缀一般取相关对象英文字母的第一个或前两个字符，如对象 Module、Human disease、Drug 的 kid 的字符前缀分别为 M、H、D。而在 PATHWAY 和 BRITE 数据库中，多种字符前缀具有不同的指代意义，如：PATHWAY 中 map 表示参考通路，hsa 特指人类的通路，map00010 代表的是糖酵解/糖异生（glycolysis/gluconeogenesis）通路。此外，KEGG ENZYME 数据库的 kid 为酶的编号，如：ec:2.7.10.1 表示受体酪氨酸激酶（receptor tyrosine kinase）；GENES 数据库的 kid 的字符前缀分为三种：<org>、vg、ag，分别表示物种、病毒、蛋白质。这些 kid 可以在 KEGG 提供的搜索工具 DBGET 中进行搜索，也可以直接在 KEGG 首页的搜索框中进行搜索。此外，用户也可以直接搜索基因或者通路的名字。

表 9-1　部分 KEGG 对象的 kid

<table>
<tr><th colspan="2">Database</th><th>Object</th><th>Prefix</th><th colspan="2">Example</th></tr>
<tr><td colspan="2">PATHWAY</td><td>KEGG pathway map</td><td>map,hsa</td><td>map00010</td><td>hsa04930</td></tr>
<tr><td colspan="2">BRITE</td><td>BRITE functional hierarchy</td><td>br,ko</td><td>br08303</td><td>ko01002</td></tr>
<tr><td colspan="2">MODULE</td><td>KEGG module</td><td>M</td><td colspan="2">M00010</td></tr>
<tr><td colspan="2">ORTHOLOGY</td><td>Functional ortholog</td><td>K</td><td colspan="2">K04527</td></tr>
<tr><td colspan="2">COMPOUND</td><td>Small molecule</td><td>C</td><td colspan="2">C00031</td></tr>
<tr><td colspan="2">DISEASE</td><td>Human disease</td><td>H</td><td colspan="2">H00004</td></tr>
<tr><td colspan="2">ENZYME</td><td>Enzyme</td><td></td><td colspan="2">ec:2.7.10.1</td></tr>
<tr><td rowspan="3">GENES</td><td><org></td><td rowspan="3">Gene/protein</td><td rowspan="3"></td><td colspan="2">hsa:3643</td></tr>
<tr><td>vg</td><td colspan="2">vg:155971</td></tr>
<tr><td>ag</td><td colspan="2">ag:CAA76703</td></tr>
<tr><td colspan="2" rowspan="2">DRUG</td><td>Drug</td><td>D</td><td colspan="2">D01441</td></tr>
<tr><td>Drug group</td><td>DG</td><td colspan="2">DG00710</td></tr>
</table>

（2）搜索实例

下面以编码胰岛素受体的基因 *INSR* 为例介绍如何查询该基因在 KEGG 数据库中的信息。首先，打开 KEGG 官网（网址为 http://www.kegg.jp/kegg），在首页顶端的搜索框内输入“INSR”（图 9-9）。

点击“Search”进行搜索，结果如图 9-10 所示。该页面显示了 *INSR* 这个基因在 KEGG 所有数据库中存储的信息，如 ORTHOLOGY、GENES 等。除了人类基因以外，其他物种的 *INSR* 基因也被列出。

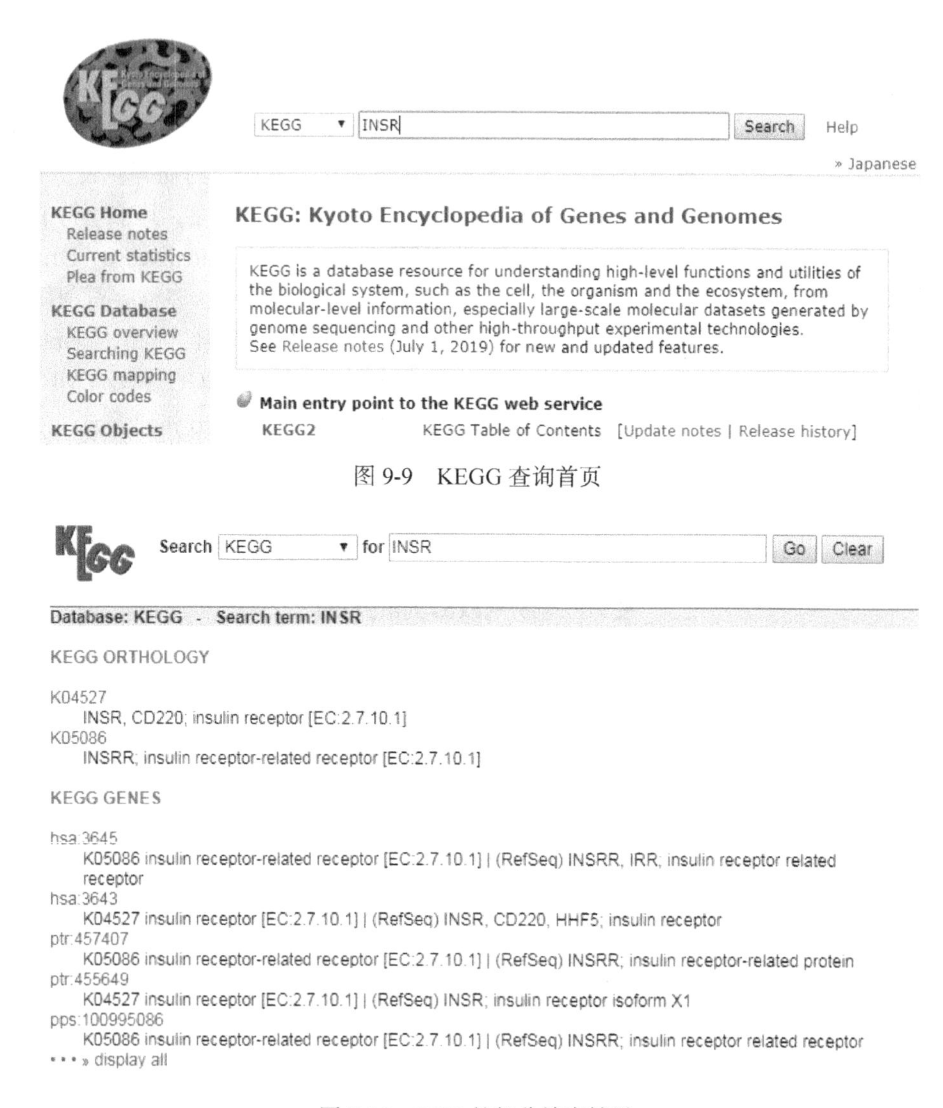

图 9-9　KEGG 查询首页

图 9-10　*INSR* 的部分搜索结果

接下来点击存储在 GENES 数据库中的人类基因 hsa:3643，进入该基因信息的详细页面（图 9-11）。该页面以表格的形式记录了基因的 ID、名字、定义、所属 KO 同源组号、参与编码酶的编号、物种类别、参与的通路、与该基因相关的疾病、在 BRITE 数据库中的功能层次、编码蛋白质的氨基酸序列、核苷酸序列以及在外部数据库（如 NCBI、Ensembl、UniProt）中的链接等全面的信息。通过点击感兴趣对象的链接，可以进入相应信息的页面。下面以 INSR 参与的 MAPK 信号通路（MAPK signaling pathway）为例，介绍 KEGG 重要数据库 PATHWAY 的详细信息。

KEGG 通路图谱中的各种符号代表的含义如图 9-12 所示。例如，矩形表示基因产物，这些产物除了 RNA 以外大部分是蛋白质；小圆表示化合物、DNA 和其他分子；圆角矩形表示通路；此外，各种类型的分子间的关联关系也都有不同的表示形式。

图 9-13 是人类 MAPK 信号通路的图形展示，其中红色标记的矩形为 *INSR* 基因产物（INSR 是受体酪氨酸激酶（RTK）的一种）。图中所有对象都可以链接到相应的注释信息。

在页面的左上角，用户还可以通过下拉列表选择其他物种对应的通路，也可以在搜索框内检索通路图中感兴趣的基因、酶、化合物等。

KEGG　Homo sapiens (human): 3643　Help

Entry	3643　　CDS　　T01001
Gene name	INSR, CD220, HHF5
Definition	(RefSeq) insulin receptor
KO	K04527　insulin receptor [EC:2.7.10.1]
Organism	hsa　Homo sapiens (human)
Pathway	hsa04010　MAPK signaling pathway hsa04014　Ras signaling pathway hsa04015　Rap1 signaling pathway hsa04022　cGMP-PKG signaling pathway hsa04066　HIF-1 signaling pathway hsa04068　FoxO signaling pathway hsa04072　Phospholipase D signaling pathway hsa04150　mTOR signaling pathway hsa04151　PI3K-Akt signaling pathway hsa04152　AMPK signaling pathway hsa04211　Longevity regulating pathway hsa04213　Longevity regulating pathway - multiple species hsa04520　Adherens junction hsa04910　Insulin signaling pathway hsa04913　Ovarian steroidogenesis hsa04923　Regulation of lipolysis in adipocytes hsa04930　Type II diabetes mellitus hsa04931　Insulin resistance hsa04932　Non-alcoholic fatty liver disease (NAFLD) hsa04960　Aldosterone-regulated sodium reabsorption

图 9-11　人类基因 *INSR* 的部分注释信息

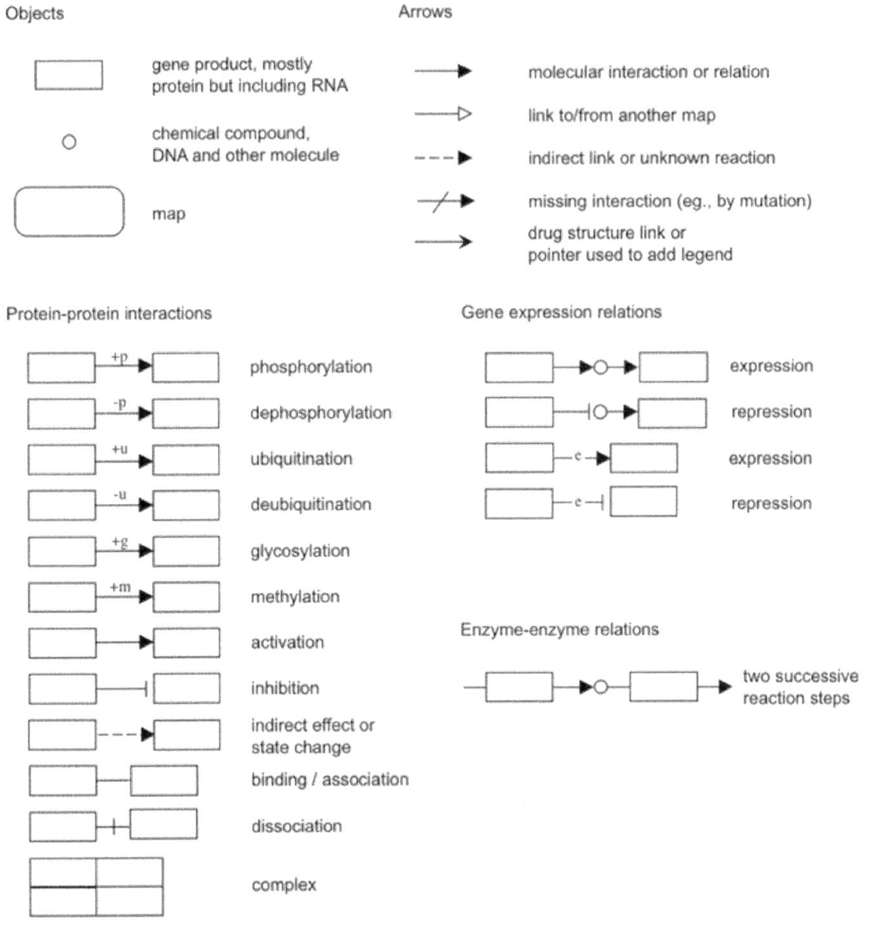

图 9-12　KEGG 通路图谱中各种符号的含义

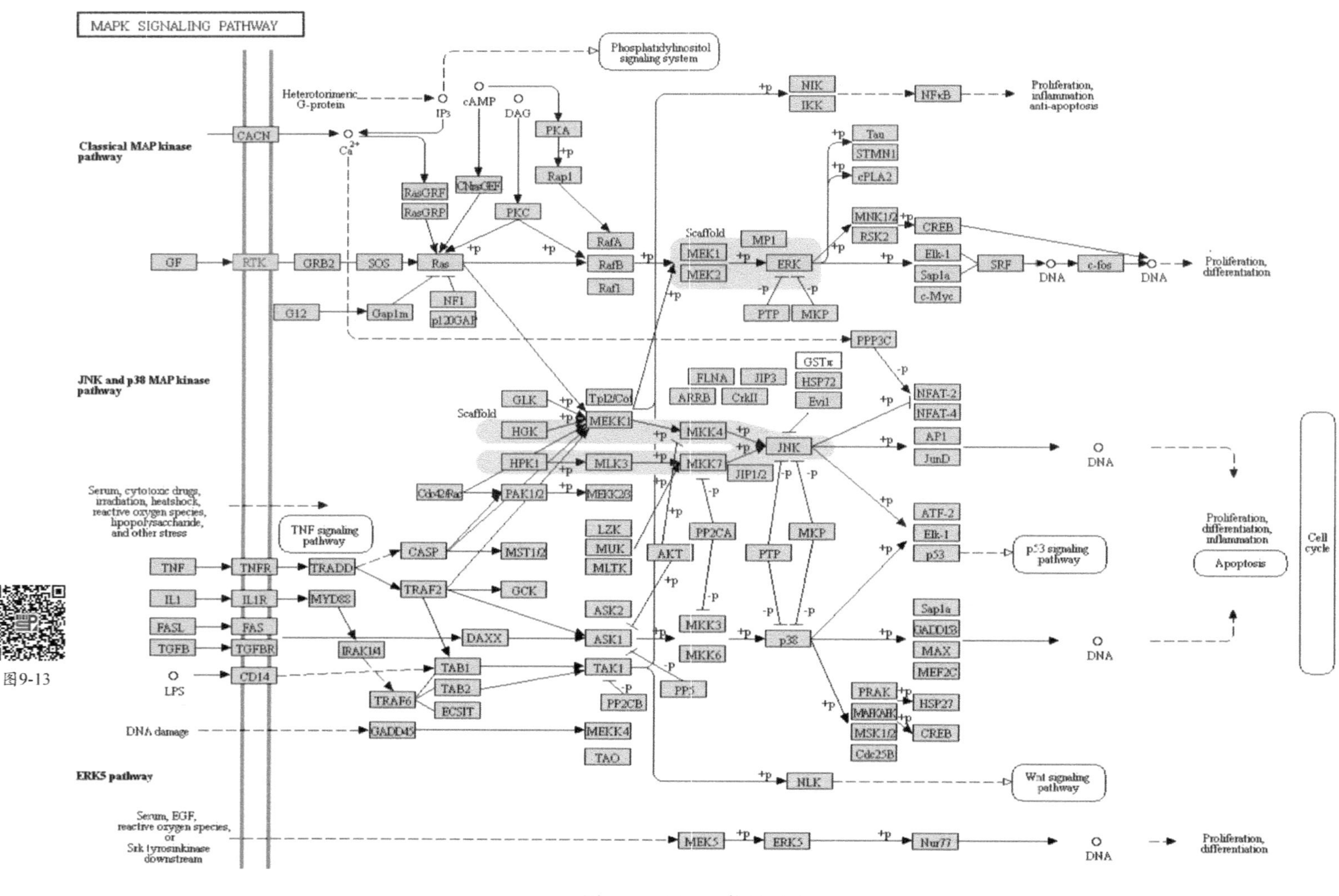

图9-13　MAPK信号通路图

图9-13

（3）KEGG Mapper—Search&Color Pathway

该工具可以将基因、蛋白质、化合物、药物等对象批量注释到 PATHWAY、BRITE、MODULE 中，并可以为注释对象指定前景色和背景色。打开 KEGG 首页，在底部 Analysis tools 栏目下点击 KEGG Mapper，然后点击“Search&Color Pathway”（图 9-14）进入该工具页面。

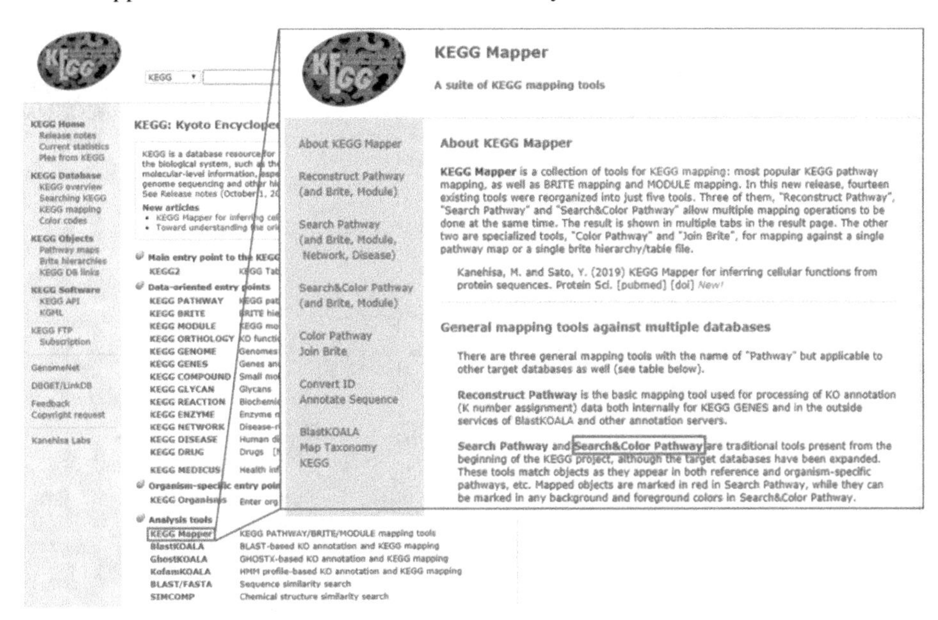

图 9-14　Search&Color Pathway 工具入口

在设定物种之后，用户可以在文本框中按照基因、背景色、前景色的顺序输入待注释的基因，每行输入一个基因及颜色标识，也可从本地上传相应文件（图 9-15）。

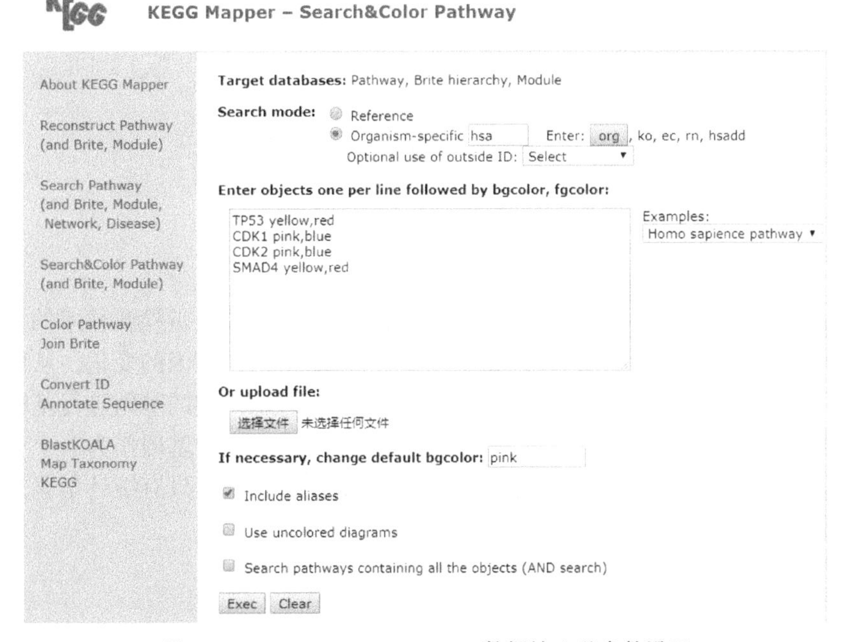

图 9-15　Search&Color Pathway 数据输入及参数设置

图 9-16 显示了运行结果，以细胞周期（cell cycle）为例，通路图中以指定颜色标记了输入的基因。

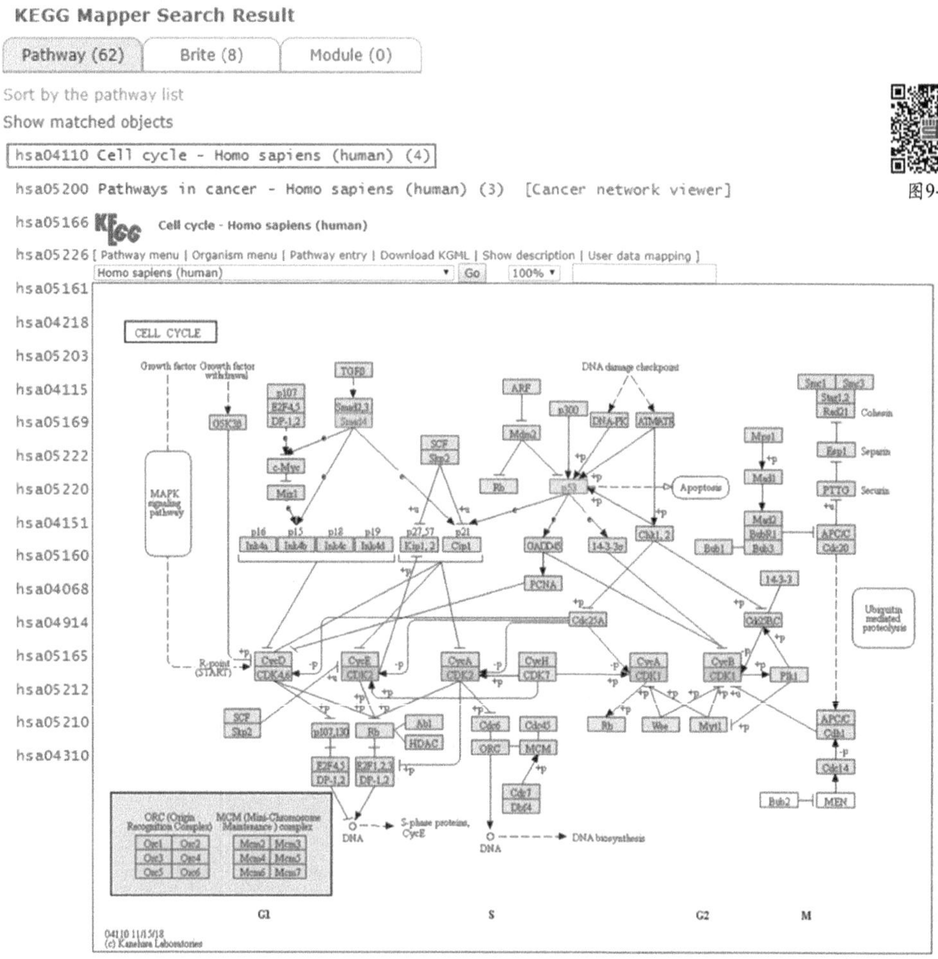

图9-16

图 9-16　Search&Color Pathway 结果展示

9.2　基因功能富集分析

基因功能注释可以获得某个特定基因的已知功能。随着高通量检测技术的发展，如基因芯片、新一代测序等，研究人员可以同时检测全基因组水平基因的变化，从而得到一组感兴趣的基因，如差异表达基因。此时，仍然可以逐个对感兴趣的基因进行基因注释，再对这些基因的功能进行整合分析。然而，如果想将这组感兴趣的基因作为一个整体，评价这组基因是否共同参与某种生物学功能，以及这种协同作用是否具有统计学显著性，则需要进行基因的功能富集分析（functional enrichment analysis）。

9.2.1　基因功能富集分析方法

目前，基因功能富集分析的方法主要有以下几类：①过出现分析（over representation

analysis，ORA）方法评价一组感兴趣的基因是否显著过多地出现在某个功能基因集中；②功能集打分（functional class scoring，FCS）方法将检测的全部基因按照差异表达的水平进行打分或排序，通过特定的统计模型得到功能基因集的得分，并利用随机扰动检验评价显著性；③基于通路拓扑结构的富集分析方法（pathway topology-based pathway enrichment analysis，PTEA）考虑了生物学通路的拓扑属性；④基于生物网络拓扑结构的富集分析方法（network topology-based pathway enrichment analysis，NTEA）考虑了生物学通路之间的交互（crosstalk），整合了其他的生物分子网络。

ORA 方法的输入是按照某种阈值或标准获得的感兴趣的基因列表，如 $P \leqslant 0.05$ 的差异表达基因。然后，计算输入基因集和特定通路中基因的交集，并使用超几何、卡方、二项分布或 Fisher 精确检验等算法来评价输入的基因集是否在该通路中显著过出现。

累积超几何分布的公式如下：

$$P = 1 - \sum_{i=0}^{m-1} \frac{C_M^i C_{N-M}^{n-i}}{C_N^n} \tag{9-1}$$

其中，N 为背景基因集大小，M 为要考察的通路中包含的基因数，n 为感兴趣的基因集大小，m 为感兴趣的基因集与要考察的通路中基因集的交集大小，i 为从 0 到 $m-1$。例如，背景基因集包含 30000 个基因，某通路包含 40 个基因，300 个差异表达基因中有 3 个基因位于该通路中，则 N 是 30000，M 为 40，n 为 300，m 为 3。根据式(9-1)计算可得 P 值为 0.007，说明该差异表达基因集显著富集到该通路中。

Fisher 精确检验的公式如下：

$$P = \frac{C_{m+M}^{m} C_{n-m+N-M}^{n-m}}{C_{n+N}^{n}} \tag{9-2}$$

其中，m 为感兴趣的基因集与要考察的通路中基因集的交集大小，M 为背景基因集与要考察的通路中基因集的交集大小，$n-m$ 为不在要考察通路里的感兴趣的基因集数目，$N-M$ 为不在要考察通路里的背景基因集数目。

根据上面的问题，可以构建 2×2 列联表，如表 9-2 所示，计算得到的 P 值为 0.009，所以感兴趣的基因集显著富集到 p53 信号通路。

表 9-2　Fisher 精确检验 2×2 列联表

	感兴趣的基因集	背景基因集
在 p53 信号通路里的基因	m=3	M=40
不在 p53 信号通路里的基因	$n-m$=297	$N-M$=29960
列基因集总数	n	N

虽然 ORA 方法是目前使用最广泛的基因功能富集分析方法，但它仍存在如下不足：① ORA 方法只使用了满足筛选标准的部分基因进行富集分析，在一定程度上造成了信息丢失；② ORA 方法对基因的重要性不予区分，例如，认为满足筛选标准的所有基因同等重要，通路中的所有基因同等重要；③ ORA 方法不考虑基因之间的互作关系，将通路中的基因仅仅作为一个功能基因集合；④ ORA 方法认为通路之间是相互独立的，每个通路分别进行富集分析。目前，基于 ORA 方法的功能富集分析工具主要有：DAVID、GOstat、GenMAPP、GoMiner、Onto-Express 等。

FCS 方法中最常用的是基因集富集分析（gene set enrichment analysis，GSEA），该方法克服了上面提到的 ORA 方法的第一个缺陷，不再筛选感兴趣的基因集合，而是将所有检测的基因按照差异表达水平进行排序（上调基因排在前、下调基因排在后），然后将定义好的功能基因集合中的基因映射到基因排序中，评价这些功能基因是否显著富集到了基因排序的前端或后端，富集在前端表明上调基因显著具有该功能，富集在后端则说明下调基因显著具有该功能。

GSEA 方法使用了分子标签数据库（molecular signatures database，MSigDB）中的 22596 个定义好的功能基因集，共分为 8 类：标志基因集（Hallmark gene sets）、位置基因集（Positional gene sets）、校准基因集（Curated gene sets）、模体基因集（Motif gene sets）、计算基因集（Computational gene sets）、GO 基因集（GO gene sets）、癌症特征基因集（Oncogenic signatures）和免疫特征基因集（Immunologic signatures）。GSEA 方法的大体步骤如下：首先，计算富集得分（enrichment score，ES）。从基因排序列表 L 的前端开始，逐个观察每个基因，若该基因出现在预先定义好的功能基因集 S 中，则 ES 得分增加，反之则减少。然后，评估 ES 得分的显著性。随机扰动样本标签 1000 次，基于每次随机数据重新计算 ES 得分，比较真实数据的 ES 得分和随机数据获得的 ES 得分的分布，得到显著性。最后，进行多重检验校正。GSEA 结果如图 9-17 所示，ES 得分是折线上偏离 0 最大的值，ES 得分为正值表示 S 富集在 L 的前端，为负值则富集在后端，Leading edge subset 代表对 ES 得分贡献最大的基因子集。

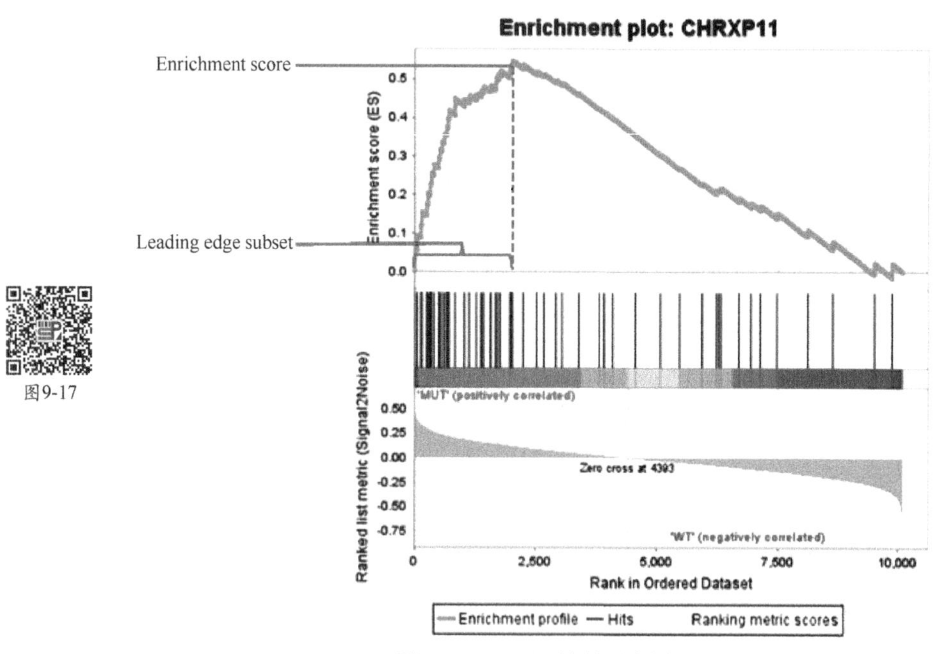

图 9-17　GSEA 结果示意图

ORA 和 GSEA 方法是目前最常用的基因功能富集分析方法，但是它们都没有考虑基因之间的相互作用，而 KEGG、PANTHER、Reactome 等生物学通路数据库不仅提供了通路中的基因列表，还给出了基因之间的互作信息（如激活、抑制等）。众所周知，通路中基因的重要性是不一样的，如：上游基因的异常变化对整个通路的影响要远大于下游基因；*Hub* 基因比其他基因具有更重要的生物学功能。PTEA 方法不再将通路中的基因仅仅作为一个基因集合，而是整合通路中基因的度、介数等拓扑属性，通路的局部结构，基因的上下游关系等，对通路中的基因的重要性进行打分，更加精确地预测出基因集合的功能。目前，基于 PTEA 方法的功能富集分析工具主要有：MetaCore、Pathway-Express、SPIA、TopoGSA、CePA 和 ACST 等。

PTEA 方法虽然考虑了通路内的分子互作，但每条通路仍是独立评价的。NTEA 是基于现有的生物分子网络（如蛋白质互作网络），把生物分子网络中基因的拓扑结构信息整合到通路富集分析中。目前的研究主要有两种思路：一种是在生物分子网络中，计算一个感兴趣基因集和功能基因集在网络中的连接关系（如距离），从而判断感兴趣基因集的功能，如 NEA、EnrichNet 等。另一种是基于网络的拓扑性质评价基因对通路的重要性，计算出不同的权重，然后再利用 ORA 或 FCS 方法进行功能富集分析。例如：LEGO 将一个感兴趣的基因集和通路中的基因取交集，然后对交集基因的权重进行加权平均得到通路的打分；GANPA 整合通路中基因的权重和基因的差异表达信息来计算每个基因的得分，从而得到通路的打分。NTEA 方法基于系统的层面，考虑了现有的生物网络中基因的拓扑结构等信息，充分利用了已有的知识，使得预测结果更加可靠。但是由于计算过程中考虑了更多的信息，使得计算时间大大增加，限制了实际应用。

9.2.2　基因功能富集分析应用实例

目前，基因功能富集分析的工具很多，下面简要介绍三种比较常用的工具（DAVID、GSEA 和 WebGestalt）的使用方法。

1. DAVID

用户可通过网址（https://david.ncifcrf.gov）访问 DAVID 工具，其主页如图 9-18 所示，在页面的左侧方框里展示了 DAVID 工具的全部功能，除了富集分析外，DAVID 还可以进

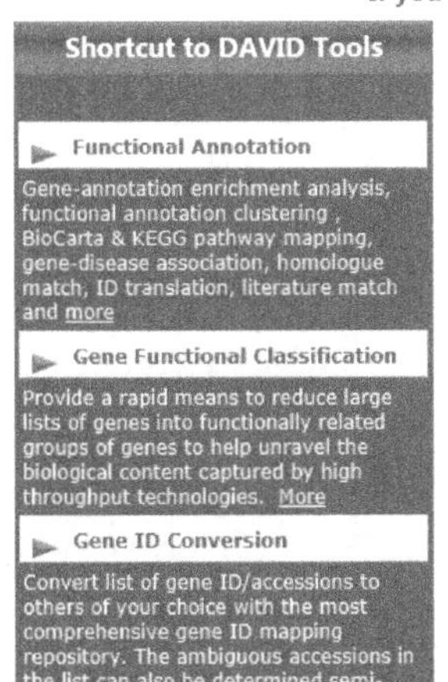

图 9-18　DAVID 主页

行基因功能分类、基因 ID 转换等。点击“Functional Annotation”，进入功能注释的页面。

首先，在页面左侧输入或上传感兴趣的基因集合；然后，选择输入基因的名称类型，如比较常见的“ENSEMBL_GENE_ID”“OFFICIAL_GENE_SYMBOL”等；接下来，选择列表类型“Gene List”，点击“submit”提交；最后，选择需要分析的功能基因集合（图 9-19）。

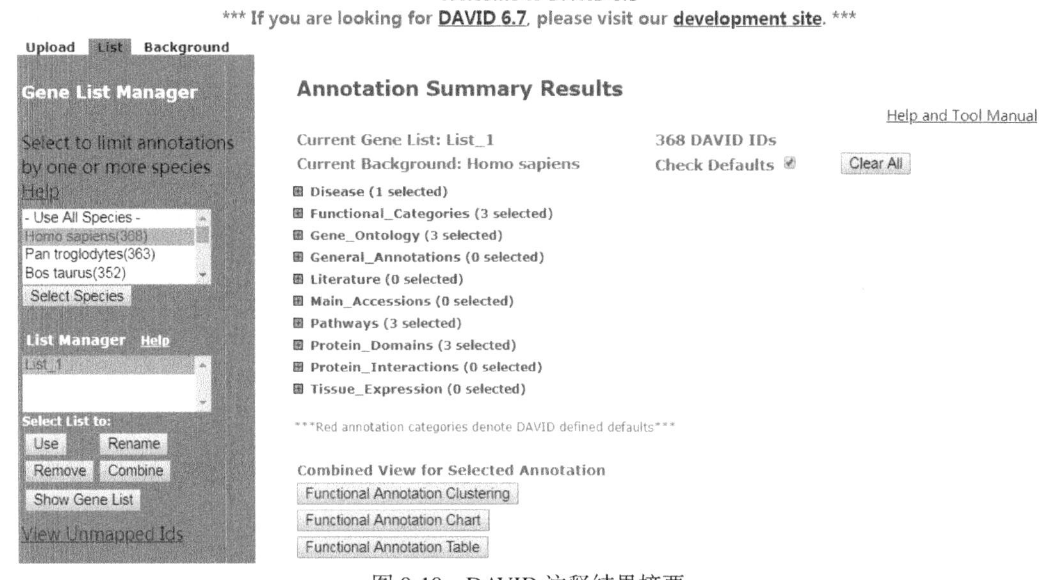

图 9-19　DAVID 注释结果摘要

这里以 KEGG Pathway 为例，功能富集分析结果以表格形式展示（图 9-20）。可以看出，在默认参数下，示例基因集富集到了 12 个通路中，这个表格是按 P 值从小到大进行排序，

*** Welcome to DAVID 6.8 ***
*** If you are looking for DAVID 6.7, please visit our development site. ***

Functional Annotation Chart

Help and Manual

Current Gene List: List_1
Current Background: Homo sapiens
368 DAVID IDs
Options

Rerun Using Options　Create Sublist

12 chart records　　Download File

Sublist	Category	Term	RT	Genes	Count	%	P-Value	Benjamini
	KEGG_PATHWAY	TNF signaling pathway	RT		9	2.4	7.9E-3	8.3E-1
	KEGG_PATHWAY	Ubiquitin mediated proteolysis	RT		10	2.7	1.1E-2	7.2E-1
	KEGG_PATHWAY	Colorectal cancer	RT		6	1.6	2.5E-2	8.5E-1
	KEGG_PATHWAY	PPAR signaling pathway	RT		6	1.6	3.4E-2	8.6E-1
	KEGG_PATHWAY	HTLV-I infection	RT		13	3.5	4.1E-2	8.5E-1
	KEGG_PATHWAY	Malaria	RT		5	1.4	4.2E-2	8.0E-1
	KEGG_PATHWAY	Cell cycle	RT		8	2.2	4.9E-2	8.0E-1
	KEGG_PATHWAY	Focal adhesion	RT		11	3.0	5.1E-2	7.7E-1
	KEGG_PATHWAY	African trypanosomiasis	RT		4	1.1	5.8E-2	7.8E-1
	KEGG_PATHWAY	Regulation of lipolysis in adipocytes	RT		5	1.4	6.3E-2	7.7E-1
	KEGG_PATHWAY	Insulin signaling pathway	RT		8	2.2	7.8E-2	8.1E-1
	KEGG_PATHWAY	Hepatitis B	RT		8	2.2	9.5E-2	8.5E-1

图 9-20　KEGG Pathway 富集结果

其中“Term”为通路的名称，“RT”可以查看与对应通路有关联的其他通路，“Genes”给出了示例基因集中注释到该通路的基因，“Count”表示示例基因集中注释到该通路的基因个数，“%”代表的是注释到该通路中的基因占示例基因集中所有基因的比例，“P-Value”是统计检验的显著性，“Benjamini”是经过多重检验校正后的显著性。

2. GSEA

用户可通过网址(http://software.broadinstitute.org/gsea/index.jsp)访问 GSEA 主页。GSEA 提供了可下载使用的软件工具，安装后软件的主界面如图 9-21 所示。点击左侧面板“Load data”进入数据上传页面（图 9-22），再点击“Browse for files…”从本地选择需要上传的文件，主要包括.cls 类型的表型文件（指定样本类别）和.gct 类型的基因表达谱文件。此外，用户可以使用 GSEA 预定义好的 MSigDB 数据库中的功能基因集，也可以上传.gmt 或.gmx 类型的用户预定义的功能基因集文件。

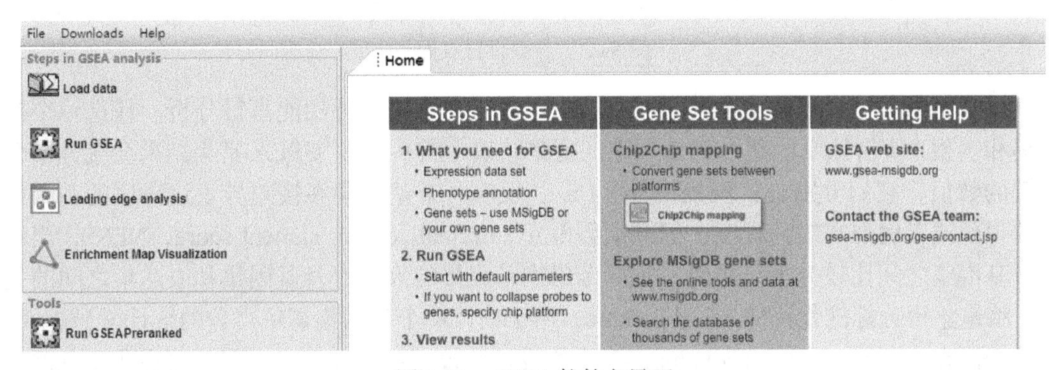

图 9-21　GSEA 软件主界面

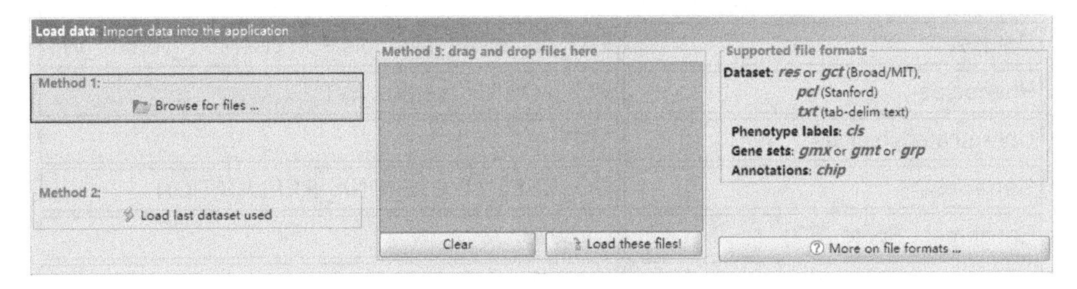

图 9-22　数据上传页面

点击主界面左侧面板“Run GSEA”，右侧面板会弹出参数设置页面（图 9-23）。在必填项中，“Expression dataset”为选择基因表达谱.gct 文件；“Gene sets database”为选择功能基因集，可以是 MSigDB 中的功能基因集，也可以是自己定义的功能基因集；“Number of permutations”为设置计算统计学显著性时随机扰动的次数，通常设置为 1000；“Phenotype labels”为选择样本表型.cls 文件；“Collapse/Remap to gene symbols”，如果.gct 文件中第一列为 Gene Symbol，选择 No_Collapse，否则选择 Collapse 或 Remap_Only；“Permutation type”为随机扰动的类型，当每个表型至少含有 7 个样本时，推荐扰动“phenotype”，否则扰动“gene_set”；“Chip platform”为设置芯片平台，如果.gct 文件中第一列是探针，则需要指定对应的芯片平台，如果.gct 文件中是 Gene Symbol 表达信息，则无须选择。此外，基本设置（Basic fields）和高级设置（Advanced fields）通常选择默认参数，不做修改。

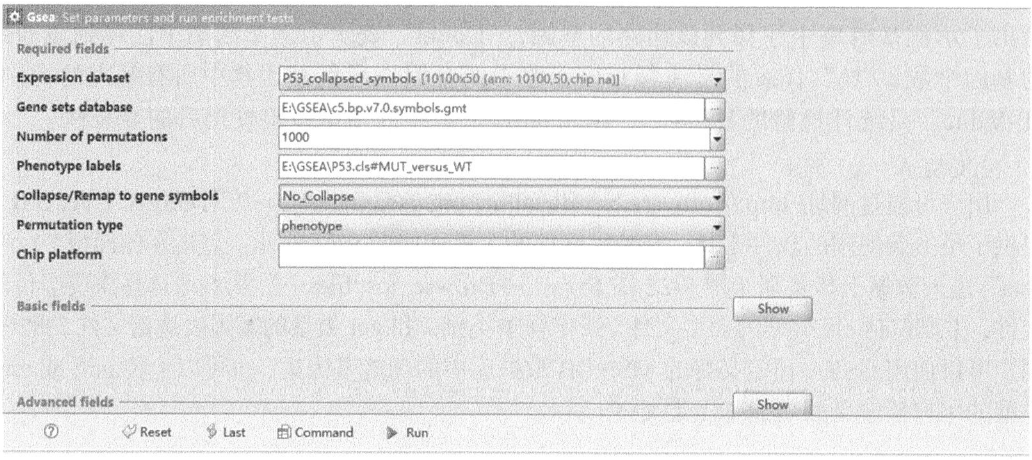

Gsea Set parameters and run enrichment tests

Required fields

Expression dataset	P53_collapsed_symbols [10100x50 (ann: 10100,50,chip na)]
Gene sets database	E:\GSEA\c5.bp.v7.0.symbols.gmt
Number of permutations	1000
Phenotype labels	E:\GSEA\P53.cls#MUT_versus_WT
Collapse/Remap to gene symbols	No_Collapse
Permutation type	phenotype
Chip platform	

Basic fields　Show

Advanced fields　Show

Reset　Last　Command　Run

图 9-23　参数设置页面

设置好参数后，点击页面下方的“Run”按钮，开始进行功能富集分析。任选一个基因集和表型，查看该基因集在该表型中的富集结果（图 9-24）。GSEA 富集结果会统计四个关键的数值，它们分别是：富集得分（ES），反映一个基因集在按差异表达排序的基因列表的顶部或者底部富集的程度；标准富集得分（normalized enrichment score，NES），当我们在基因集之间比较分析结果时，需要考虑到基因集的大小以及基因集和表达集之间的关系，将富集得分标准化；Nominal p-value，用于估计单个基因集富集得分的统计学显著性，一般控制在小于 0.05；FDR q-value，多重假设检验校正后的 q 值，一般控制在小于 0.25。

Dataset	P53_collapsed_symbols.P53.cls#MUT_versus_WT
Phenotype	P53.cls#MUT_versus_WT
Upregulated in class	MUT
GeneSet	GO_CELL_CYCLE_DNA_REPLICATION
Enrichment Score (ES)	0.46936393
Normalized Enrichment Score (NES)	1.8983254
Nominal p-value	0.0
FDR q-value	0.0
FWER p-Value	0.0

图 9-24　GSEA 结果摘要

除了以表格的形式提供结果摘要以外，GSEA 还提供了经典的富集图（enrichment plot）（图 9-25）。此图可以分为三部分，第一部分为 ES 的折线图，横轴代表基因表达集排序列表中的全部基因，纵轴代表基因对应的 ES 值，ES 折线图中的峰值即为富集得分的最终值；第二部分为 Hits 图，表示功能基因集里的基因在按差异表达排序的基因列表中的位置；第三部分为表达集的全部基因排序得分分布图，默认使用 Signal2Noise 方法排序。从图 9-25

中可以看出，该功能基因集“GO_CELL_CYCLE_DNA_REPLICATION”在 MUT 组高表达，且通过 p 值和 q 值可以确定具有统计学显著性。

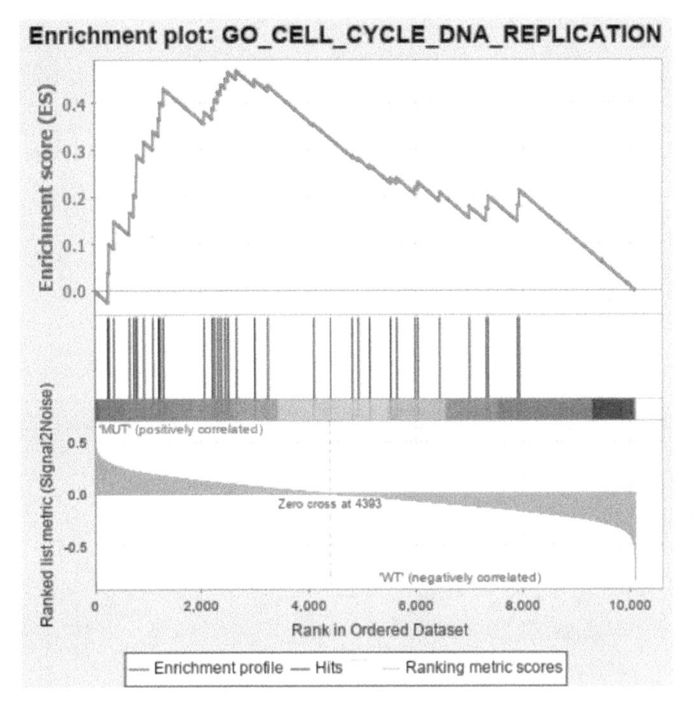

图 9-25　GSEA 富集图

3. WebGestalt

WebGestalt 是一个在线的基因集富集分析工具，整合了 3 种常见的分析方法：GSEA、ORA 和 NTA（即上面提到的 NTEA）。该工具的网址为 http://www.webgestalt.org。下面以 ORA 为例，利用其提供的示例数据介绍其使用流程。

WebGestalt 首页包含 3 个基本的设置项，分别是基本参数（Basic parameters）、基因列表（Gene List）和参考基因列表（Reference Gene List）。基本参数需要指定感兴趣的物种、分析方法以及功能数据库；基因列表需要选择输入的基因 ID 类型以及按照不同分析方法要求的格式上传的基因列表；参考基因列表仅在使用 ORA 方法时需要设置，目的是为 ORA 提供背景基因集合。参数设置好后，点击“Submit”提交（图 9-26）。

WebGestalt 的运行结果如图 9-27 所示。该页面显示了利用 ORA 方法计算输入的基因列表在 GO 生物学过程中的富集结果，横轴表示富集比（enrichment ratio，overlap/expect），其中 overlap 表示输入基因注释到功能基因集中的基因个数，expect 表示理论上输入基因应该注释到功能基因集中的基因个数，纵轴表示显著富集的基因集，颜色深浅反映 FDR 值大小。图 9-28 显示了显著富集的功能基因集“错配修复（mismatch repair）”的详细信息，包含 P 值、FDR 多重假设检验校正后的 P 值、富集比等信息。

WEB-based GEne SeT AnaLysis Toolkit

Translating gene lists into biological insights...

ORA Sample Run | GSEA Sample Run | NTA Sample Run | Phosphosite Sample Run (New in 2019!)
| External Examples | Manual (PDF, Web) | Citation | User Forum | GOView | WebGestaltR | WebGestalt 2017

Basic parameters

Organism of Interest ⓘ　Homo sapiens

Method of Interest ⓘ　Over-Representation Analysis (ORA)

Funtional Database ⓘ　Select a function database category

+　Select a function database name

Gene List

Select Gene ID Type ⓘ　Gene symbol

Upload Gene List ⓘ　Click to upload　Reset

OR

Please enter gene ids...

Reference Gene List

Select Reference Set ⓘ　Select the reference set

Upload User Reference Set File and Select ID type ⓘ　Select the ID type of reference set

Click to upload　Reset

Advanced parameters ^

Submit

图 9-26　WebGestalt 工具首页

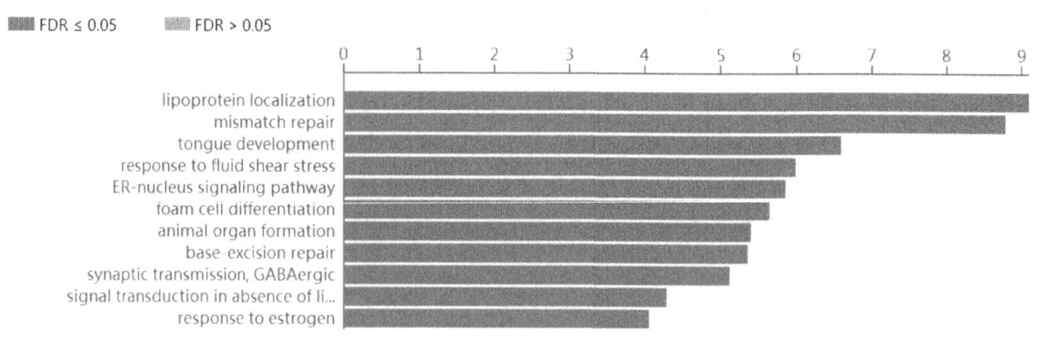

图 9-27　WebGestalt 运行结果页面

图 9-28　错配修复的富集结果

9.3　基因功能预测

利用基因功能注释和富集分析，可以快速获得基因以及基因集的生物学功能，但是，采用这些方法并不能对基因的功能进行预测。本节将介绍三种常用的基因功能预测方法，分别是基于序列同源的基因功能预测、基于生物分子网络的基因功能预测和基于共表达的基因功能预测。

9.3.1　基于序列同源的基因功能预测

序列同源是指 DNA 序列在生命进化历史上具有共同的祖先。通常依据序列间的相似性来推测序列同源。如果两个基因的序列具有较高的相似性，那么它们很可能是同源序列，并且具有相似的功能。基于此假设，研究人员可以通过序列比对工具，如经典的 BLAST，来评价序列之间的相似性，识别同源序列，并利用同源基因已知的功能对待测基因的功能进行预测。

9.3.2　基于生物分子网络的基因功能预测

在生物体中，各种分子并不是孤立地发挥作用，而是形成复杂的生物分子网络来行使功能。随着各种分子互作数据的丰富和完善，从生物分子网络的角度来预测基因的功能成为可能。目前，常用的方法主要是利用蛋白质互作网络来进行基因功能预测，其基本假设是网络中邻近的基因或紧密相连的模块具有相似的功能。主要方法包括：直接注释法（direct annotation schemes），该方法基于蛋白质在网络中的连接来推测其功能，例如，最简单的邻域计数法（neighborhood counting）就是利用网络中与待测蛋白质直接相连的其他蛋白质的功能来预测待测蛋白质的功能；模块辅助法（module-assisted schemes），该方法首先识别蛋白质互作网络中的模块，然后基于模块内蛋白质的已知功能去注释每个模块的功能。这里可采用功能富集分析的方法来预测模块整体的功能，例如，利用超几何分布检验的 P 值来衡量功能的显著性，公式如下：

$$P=\sum_{i=k}^{m}\frac{C_f^i C_{n-f}^{m-i}}{C_n^m} \tag{9-3}$$

其中，n 表示蛋白质互作网络中节点的个数，f 表示在整个网络中具有该功能的基因个数，m 表示模块的大小，k 表示模块内具有该功能的基因个数。

图 9-29 展示了通过蛋白质互作网络预测蛋白质功能的两种主要方法。网络中未注释的蛋白质标记为白色，不同的已知功能的蛋白质标记为不同颜色。在直接注释法中（左图），未注释的蛋白质基于其邻居节点中普遍出现的颜色被分配一种或多种颜色，其中箭头的方向表示已知功能的蛋白质对未注释蛋白质的影响。在模块辅助法中（右图），首先根据网络的密度识别模块，然后，在每个模块内，为未注释的蛋白质分配一个在模块中普遍的功能。在两种方法中，蛋白质都可以被分配多种功能。

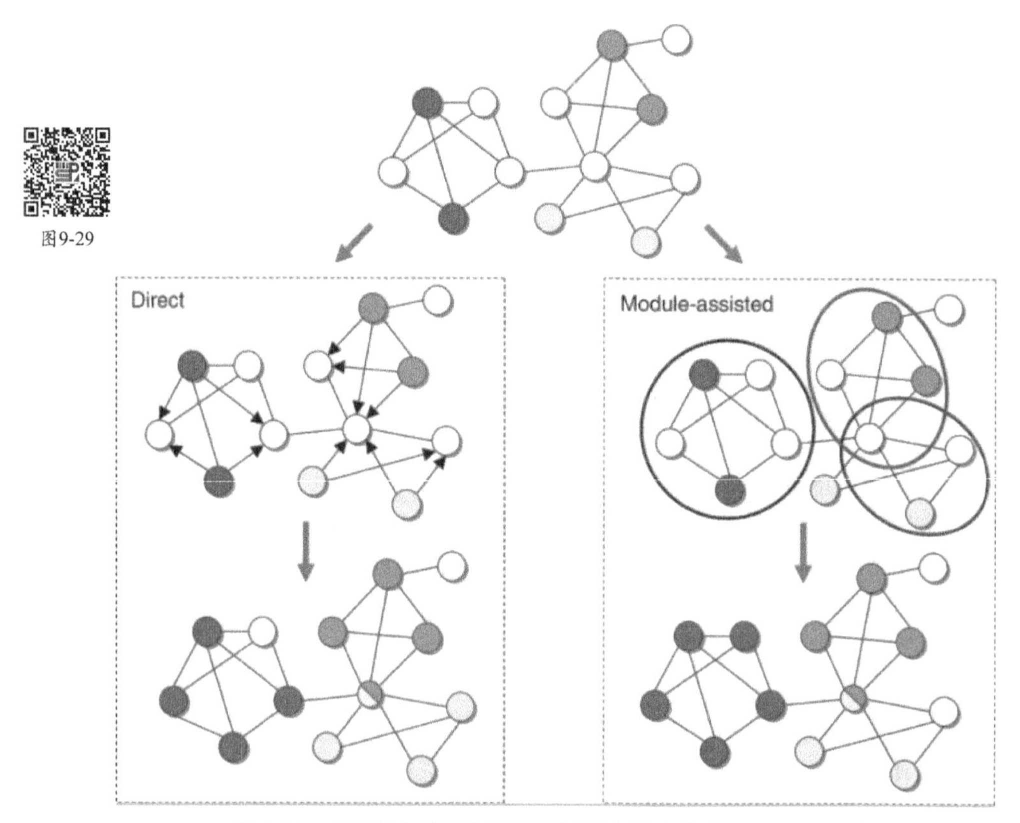

图 9-29　基于蛋白质互作网络预测蛋白质功能（Roded，2007）

9.3.3　基于共表达的基因功能预测

基因共表达研究广泛应用于基因网络分析和基因功能预测。大量的实验研究表明：具有相似功能的基因通常具有相似的表达模式。基于此假设，研究人员可以利用多种相似性测度，如皮尔森相关系数、斯皮尔曼相关系数或互信息等，评估在特定状态下与待测基因显著共表达的基因，利用这些基因的功能预测待测基因的功能。此外，也可以构建基因共表达网络，然后利用前面所提到的基于分子网络的基因功能预测方法，如邻域计数法、模块辅助法等对待测基因进行功能预测。Butte 等利用互信息作为基因表达相似性测度来预测基因功能。作者基于真实的基因表达数据和随机扰动的基因表达数据，分别计算了基因对的互信息，将随机扰动下计算得到的互信息的最大值作为阈值（TMI），真实情况下互信息高于 TMI 的基因对被认为是功能显著相关的基因。图 9-30 展示了 TMI 筛选后的部分相关网络，基因之间的边越粗，表示它们的互信息越大，功能越相关。结果发现：大部分相关网络中的基因具有相似的功能或参与相同的生物学通路，如：网络 9 紧密连接了 8 个编码组蛋白的基因，网络 13 连接了两个参与转录起始的基因 *HYP2* 和 *ANB1*。

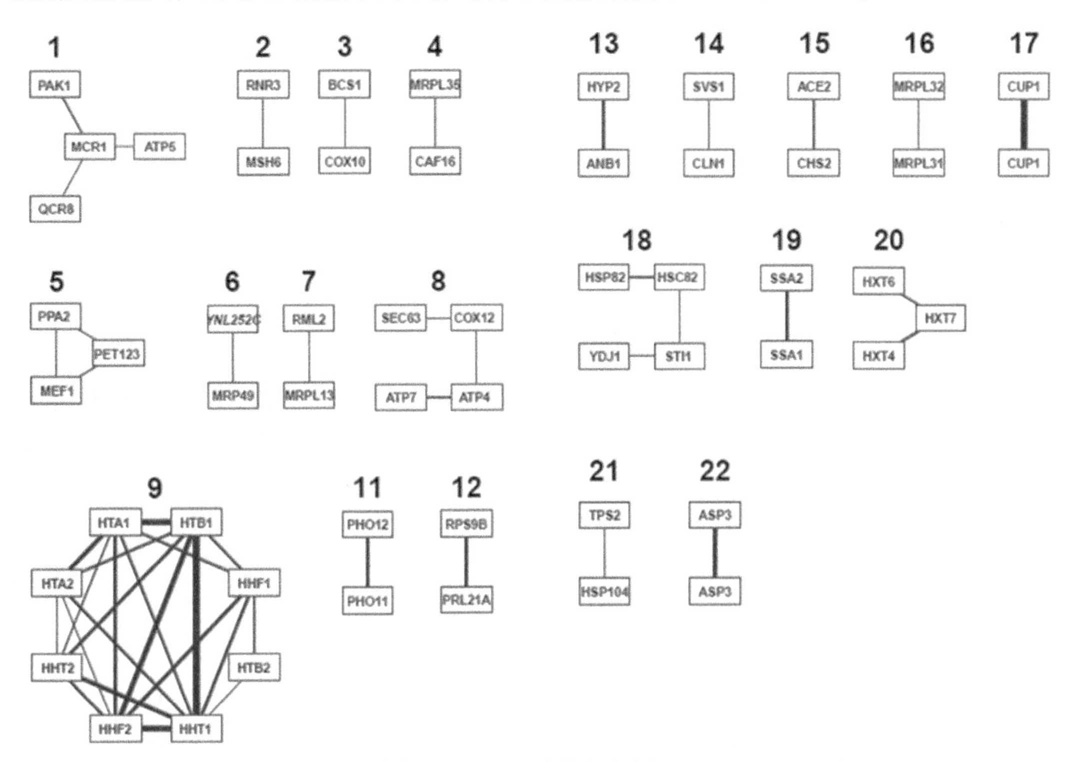

图 9-30　基于共表达预测基因功能的实例（Butte et al., 2000）

9.4　基因功能的相似性

如前所述，可以利用基因或基因产物的表达、序列、结构以及网络的相似性来评估基因的功能相似性、预测基因的功能。GO 数据库存储了许多物种的基因或基因产物的功能，利用基因在 GO 中的功能注释，计算基因注释到的 GO term 之间的语义相似性，能够更加直接地反映出基因之间的功能相似性。例如，一个基因注释到了“transmembrane receptor”节点（GO:0004888），另一个基因注释到了“receptor”节点（GO:0004872），这两个 GO term 之间具有较高的语义相似性，因此，可以说这两个基因的功能也比较相似。

目前，衡量 GO term 之间语义相似性的方法主要有基于信息内容（information content，IC）和图（graph）的方法，基于 IC 的方法取决于两个 GO term 最近的共同祖先节点（共同的父节点）的概率值。一个节点的概率值是指该节点中的基因在特定的 GO 注释库（如 SWISS-PROT、UniProt）中所占的比例。例如，使用 SWISS-PROT 中人类的蛋白质集合 S，计算每个 GO term 中的基因在 S 中所占的比例，即为该 GO term 的概率 $p(c)$，因此，越靠近根节点的 term，$p(c)$越大，根节点的概率为 1（图 9-31）。

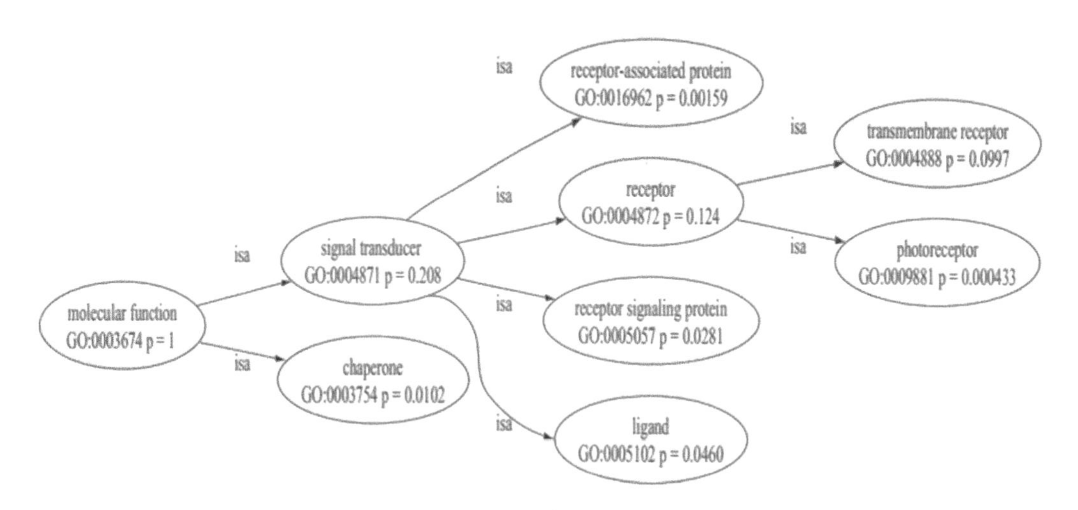

图 9-31　GO 节点的概率（Lord et al., 2003）

得到 GO term 的概率之后，目前有多种方法计算 GO term 之间的语义相似性，如 Resnik、Jiang、Lin 等。其中，Resnik 方法是 Resnik 等在 1999 年开发的，其思想是基于两个 GO term 共同的父节点的最小概率 p_{ms}，如式(9-4)所示，其中 $S(c1,c2)$是 GO term $c1$ 和 $c2$ 共同的父节点集合，然后利用式(9-5)可以得到 GO term $c1$ 和 $c2$ 的语义相似性得分。

$$p_{ms}(c1,c2)=\min_{c\in S(c1,c2)}\{p(c)\} \tag{9-4}$$

$$sim(c1,c2)=-\ln p_{ms}(c1,c2) \tag{9-5}$$

利用 GO term 的语义相似性可以计算基因的功能相似性，常用的软件 GOSim 采用 Resnik 方法计算 GO term 的语义相似性并将两个基因注释到的 GO term 之间的最大（平均等）语义相似性作为基因的功能相似性，如式(9-6)所示。

$$sim_{gene}(g,g')=\max_{\substack{i=1,\cdots,n\\ j=1,\cdots,m}} sim(c_i,c'_j) \tag{9-6}$$

其中，基因 g 和 g' 注释到的 GO term 分别是 $c_1,\cdots,c_n$ 和 $c'_1,\cdots,c'_m$。通常，还需利用式(9-7)对相似性得分进行标准化。

$$sim_{gene}(g,g')=\frac{sim_{gene}(g,g')}{\sqrt{sim_{gene}(g,g)sim_{gene}(g',g')}} \tag{9-7}$$

Wang 等提出的基于图（graph）的方法认为 GO term 的特殊性通常是由它在 GO 结构中的位置和它所继承于祖先 GO term 的生物学意义决定的。为了评估 GO term 的语义相似性，首先将 GO term 的语义编码为数值形式，GO term A 可以表示为 $DAG_A=(A,T_A,E_A)$，其中 T_A 是包含 GO term A 及其所有祖先节点的 GO term 集合，E_A 是 T_A 中 GO term 之间的边的集合。GO term A 的语义是由它的所有祖先节点对 A 的贡献得到的，越靠近 A 的 GO term 对 A 的语义贡献越大，离 A 越远的 GO term 贡献越小。用 $S_A(t)$表示 DAG_A 中的任意 GO term t 对 A 的语义贡献，如式(9-8)所示。

$$\begin{cases} S_A(A)=1 \\ S_A(t)=\max\{w_e * S_A(t') \mid t' \in \text{children of}(t)\} \quad \text{if } t \neq A \end{cases} \tag{9-8}$$

其中，t' 是 t 的子节点，w_e 表示 t 对 t' 的语义贡献因子，其中，GO term A 对自己的语义贡献因子为 1，其他 GO term 对 A 的语义贡献因子设置为：$0<w_e<1$。在得到 DAG_A 中所有 GO term 的 S 值后，将它们的加和作为 A 的语义值，并用 $SV(A)$ 表示。

对于两个 GO term A 和 B，分别用 $DAG_A=(A,T_A,E_A)$和 $DAG_B=(B,T_B,E_B)$表示，其语义相似性 $S_{GO}(A,B)$ 可由式(9-9)计算得到。

$$S_{GO}(A,B)=\frac{\sum_{t\in T_A\cap T_B}(S_A(t)+S_B(t))}{SV(A)+SV(B)} \tag{9-9}$$

然后定义一个 GO term go 和一个 GO term 集合 $GO=\{go_1,go_2,\cdots,go_k\}$的语义相似性 $sim(go,GO)$ 为 go 和 GO 中所有 GO term 的最大相似性，如式(9-10)所示。

$$sim(go,GO)=\max_{1\leqslant i\leqslant k}(S_{GO}(go,go_i)) \tag{9-10}$$

对于两个基因 $G1$ 和 $G2$，假设它们分别注释到 $GO_1=\{go_{11},go_{12},\cdots,go_{1m}\}$和 $GO_2=\{go_{21},go_{22},\cdots,go_{2n}\}$，那么它们的功能相似性可由式(9-11)计算得到。

$$sim(G1,G2)=\frac{\sum_{1\leqslant i\leqslant m} sim(go_{1i},GO_2)+\sum_{1\leqslant j\leqslant n} sim(go_{2j},GO_1)}{m+n} \tag{9-11}$$

此外，计算两组基因集合的功能相似性时，首先计算不同集合基因两两组合的功能相似性，然后取这些相似性得分的平均值作为两组基因集合的功能相似性得分。GOSemSim R 包中包含了 4 种基于 IC 的算法和 Wang 等开发的基于图（graph）的算法。

第 10 章　生物分子网络分析

生物体内包含成千上万种分子，这些分子并不是独立工作的，它们通过相互作用形成分子网络来发挥功能。这些生物分子主要包括蛋白质、核酸等大分子和一些小分子代谢物等。生物分子网络（biomolecular network）从整体上描述了细胞内生物分子之间的相互作用，与日常生活中所见的许多复杂网络（如互联网、交通网、社会关系网等）不同，生物分子网络表征的是复杂的生命系统，其根本目的是揭示生命系统的内在机制、预测潜在的变化趋势。在生命系统中包含很多不同的生物分子网络，这些网络由不同的分子（如基因、蛋白质等）和分子间的相互作用（如调控关系、互作关系、共表达等）组成。此外，生物学通路（biological pathway）是指生物体内一系列分子（如基因、蛋白质、化合物等）通过级联反应来实现某种特定功能的生物学过程。生物体内最主要的生物学通路包括代谢通路和信号转导通路。生物学通路也可以表示成网络的形式，可以看成是一种发挥特定功能的生物分子网络。

对生物分子网络或通路的重构、拓扑结构及动力学分析，不但有助于刻画分子间潜在的相互作用，预测分子的表达和细胞的状态，在分子功能、进化以及标志物识别等方面也发挥着重要的作用，是系统研究生命体的生长、发育、衰老、疾病和死亡等过程的有效途径。本章将介绍常见的生物分子网络及通路、网络分析方法、网络重构策略及动态性分析等内容。

10.1　常见的生物分子网络及通路

10.1.1　基因调控网络

基因调控网络（gene regulatory network, GRN）是指细胞内所有控制基因表达的调控关系组成的网络，主要包括基因的转录调控（transcriptional regulation）和转录后调控（post-transcriptional regulation）。转录调控是基因表达调控中最重要、最复杂的一个环节，也是分子生物学长期以来的研究重点之一。通常，转录因子（transcription factor）可以与基因上游特异的核苷酸序列，即转录因子结合位点（transcription factor binding site, TFBS）相结合，进而调控下游靶基因的表达（图 10-1）。转录调控网络描述的是转录因子和靶基因间的表达调控关系，可以用有向图表示，其中节点表示编码转录因子的基因或靶基因，边表示促进或者抑制关系（图 10-2）。研究人员通过手工注释和高通量实验的方法获得了大量的转录调控关系，为系统构建和分析基因转录调控网络提供了可能。但是，目前哺乳动物中的转录调控信息仍然不足。

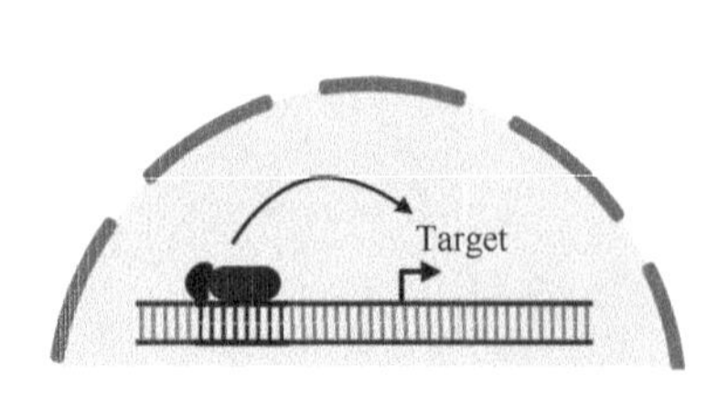

图 10-1　转录调控示意图

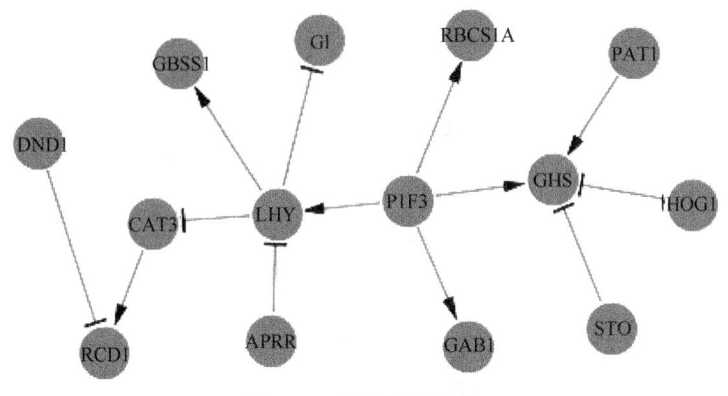

图 10-2　转录调控网络

转录后调控是指在基因转录成 RNA 后对其表达的调控，是真核生物基因表达的特点之一。通常，DNA 转录形成的初始转录产物需要经过一系列的加工（剪接、选择性剪接、5′端加上磷酸基团的帽子、3′端加上 poly(A)的尾巴）才能形成成熟的 mRNA，之后，细胞还会通过各种不同的机制来进一步调控基因的表达，由于这些调控发生在基因转录完成之后，因此称为转录后调控。其中研究最多的是 miRNA 对基因表达的转录后调控。miRNA 是一类长约 22 个核苷酸的单链非编码 RNA，其可以与成熟 mRNA 的 3′非翻译区（3′ UTR）进行互补结合，从而抑制靶基因的表达（图 10-3）。在植物中，miRNA 通过碱基完全互补配对与 mRNA 结合，切割并降解靶基因；而在动物中，miRNA 与 mRNA 不完全互补配对，进而阻止其翻译过程。截至 2019 年 12 月，已知的人类 miRNA 有 2600 多条。miRNA 对靶基因的调控是多对多的关系，可以形成复杂的转录后调控网络，其中节点表示 miRNA 或基因，边表示 miRNA 对靶基因的转录后调控关系，这是一种典型的二分网络（图 10-4）。

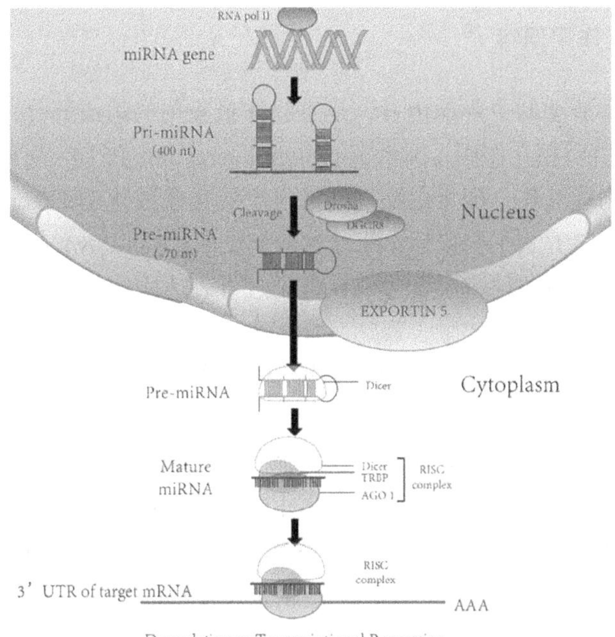

图 10-3　miRNA 生物合成及调控（Maria et al., 2015）

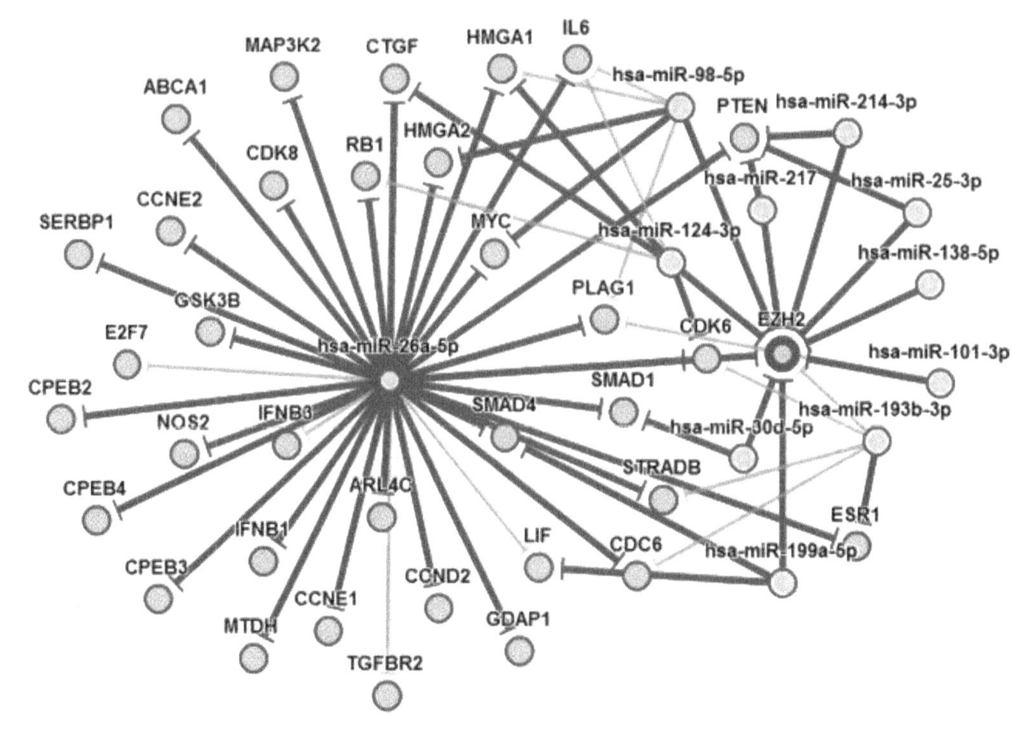

图 10-4　miRNA 调控网络（Hsu et al., 2014）

目前，已经有很多 miRNA 靶基因的预测算法（如 TargetScan、miRanda 等），但是这些预测算法的假阳性都比较高，因此，通常可以结合 miRNA 和靶基因的表达数据来获得更高可信度的、特异性的 miRNA 调控关系。

10.1.2　蛋白质相互作用网络

蛋白质作为生命活动的主要承担者，是生物体最重要的组成部分，几乎参与所有的生命活动。蛋白质-蛋白质相互作用（protein-protein interaction, PPI），简称蛋白质互作，通常是指蛋白质之间的物理互作，即蛋白质之间通过空间构象或化学键彼此发生结合。目前，检测蛋白质互作的实验方法主要包括：酵母双杂交技术、Pull-down 技术和免疫共沉淀技术等。酵母双杂交技术是将两种蛋白质分别克隆到酵母表达质粒的转录激活因子的 DNA 结合结构域和转录活化域上，构建融合表达载体，进而从表达产物分析两种蛋白质的相互作用。Pull-down 技术用固相化的、已标记的标签蛋白从细胞裂解液中拉出与之相互作用的蛋白质。免疫共沉淀技术是在细胞裂解液中加入目标蛋白的抗体，孵育后再加入能与抗体特异结合的金黄色葡萄球菌蛋白 A（SPA），若细胞中有与目标蛋白结合的蛋白质，就可以形成一种较大的复合物，并能够通过离心被分离出来。蛋白质互作对于许多生物功能至关重要，是生命活动的基础。蛋白质-蛋白质相互作用网络（protein-protein interaction network, PPIN），简称蛋白质互作网络，是一种系统展示蛋白质之间相互作用的方法。网络中的节点代表蛋白质，边代表互作关系（图 10-5）。蛋白质互作网络是目前研究最充分的生物分子网络之一，是一种规模较大的无向网络，通常包含成千上万的节点和边。

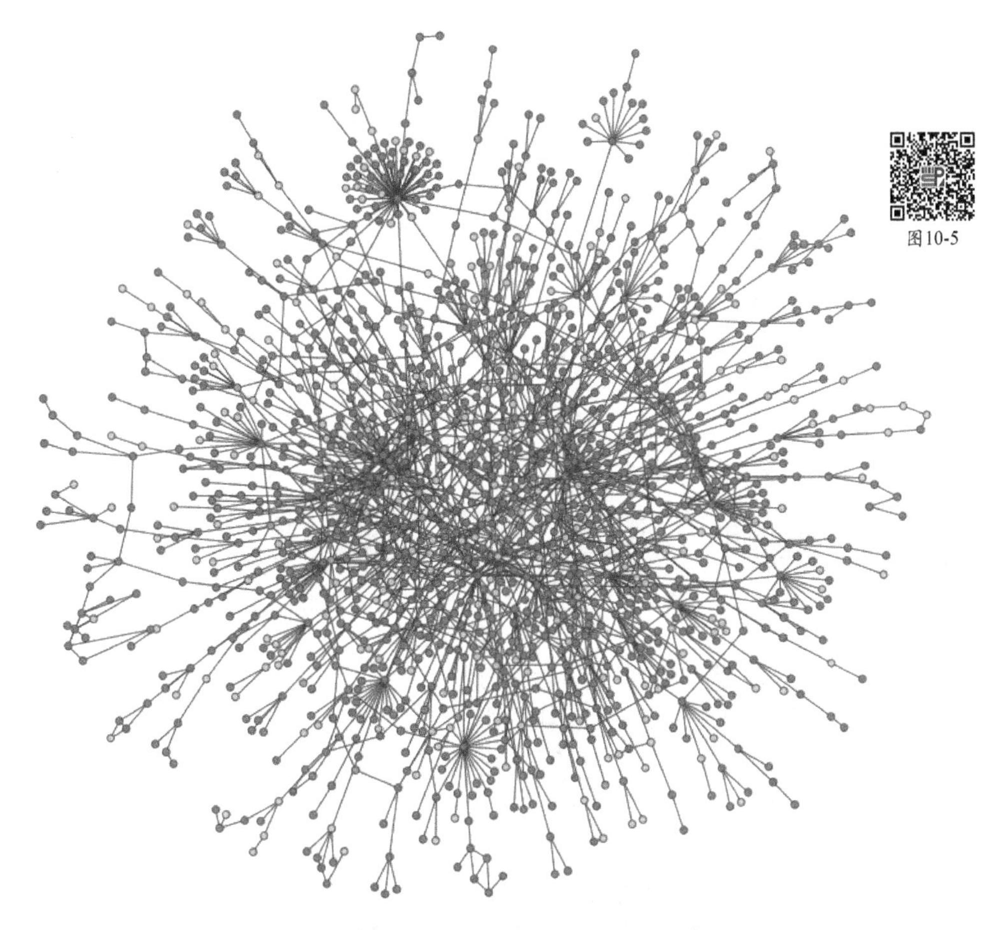

图 10-5　PPIN（Jeong et al., 2001）

10.1.3　信号转导网络

信号转导（signal transduction）是指信号通过细胞膜上或膜内的蛋白质从细胞外到细胞内传递的过程。信号转导可以调节细胞内的一系列生化反应，进而影响各种生物过程，如细胞生长、发育和分裂等。这里的信号可能是生物信号，如细胞色素酶和趋化因子等；也可能是物理化学信号，如细胞的渗透压和 pH 等。当细胞接收到细胞外的信号，即配体与细胞膜上的受体相结合时，细胞内经过一系列级联反应和蛋白质互作，将细胞外的信号传导到细胞内，最终引起细胞功能的变化。信号转导通路是将信号转导过程抽象成无向图-有向图混合的表示方式，其中节点代表生物分子，边代表分子间的级联反应或互作。随着研究的深入，越来越多的信号转导通路被揭示出来，不同的通路之间也会通过共享相同的生物分子而存在相互作用（crosstalk），从而形成更加复杂的信号转导网络（图 10-6）。

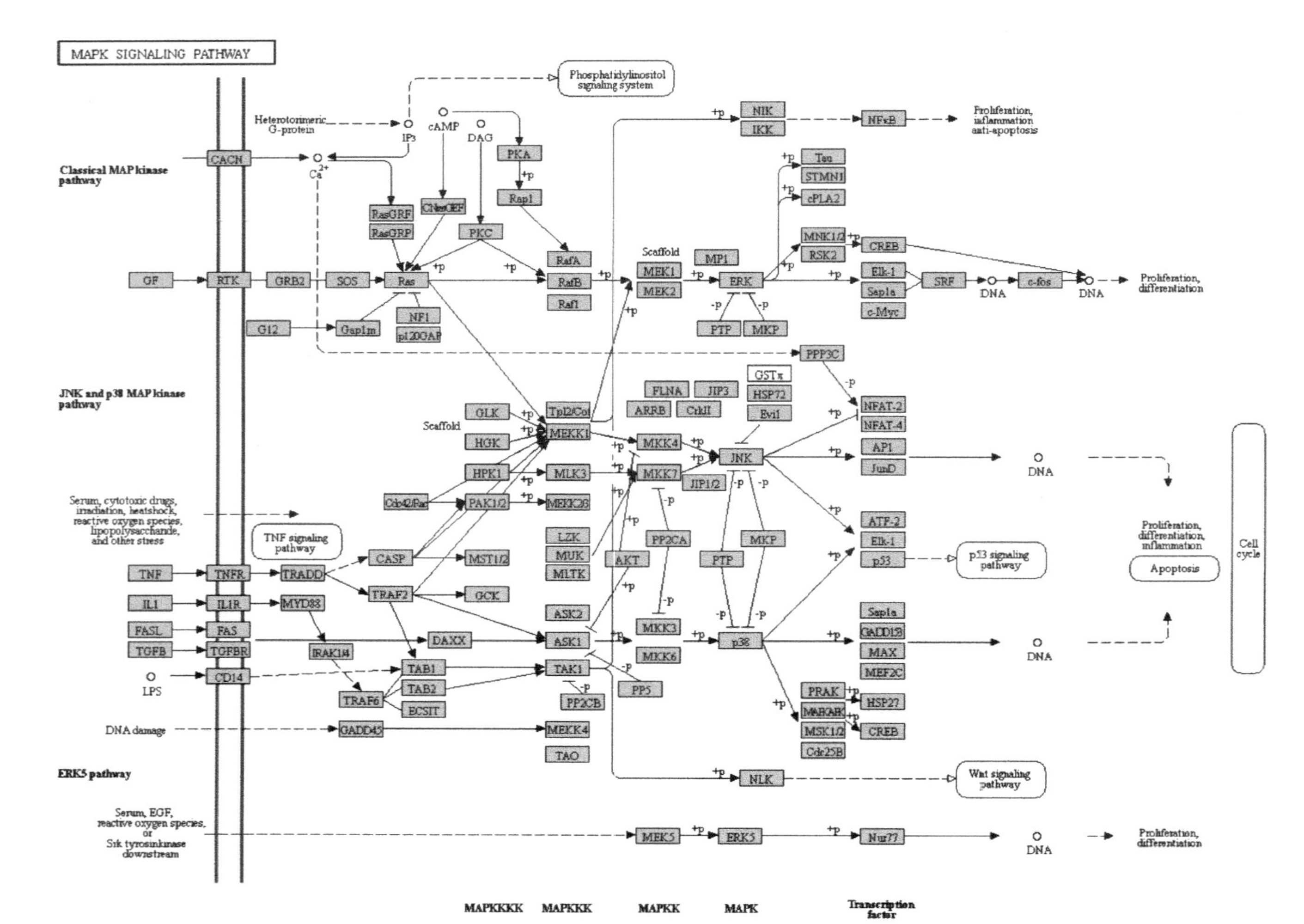

图10-6　信号转导网络示意图（引自：KEGG MAPK signaling pathway（https://www.kegg.jp/kegg-bin/show_pathway?hsa04010））

图10-6

10.1.4　代谢网络

代谢反应是生物体维持生存的基本条件，也是生命的基本特征。生物体通过代谢反应获取生命活动所需的能量，合成所需的物质，维持生物活性，保证细胞的正常功能。代谢反应是一个十分复杂的调控机制，使机体能够稳定、高效地运转，从容地对抗外界的干扰。代谢反应通常处于稳态，一旦机体处于异常状态导致代谢不平衡，则很容易导致疾病，如糖尿病、心脏病、肥胖症和癌症等。代谢反应通路，简称代谢通路（metabolic pathway），是指细胞中的代谢物在酶的作用下按照一定的顺序发生的一系列代谢反应。同信号转导通路一样，不同的代谢通路之间也可以相互作用形成代谢网络。由于代谢反应具有方向性，因此代谢网络通常可以用有向图表示，其中节点代表代谢物或酶，边代表代谢反应（图 10-7）。

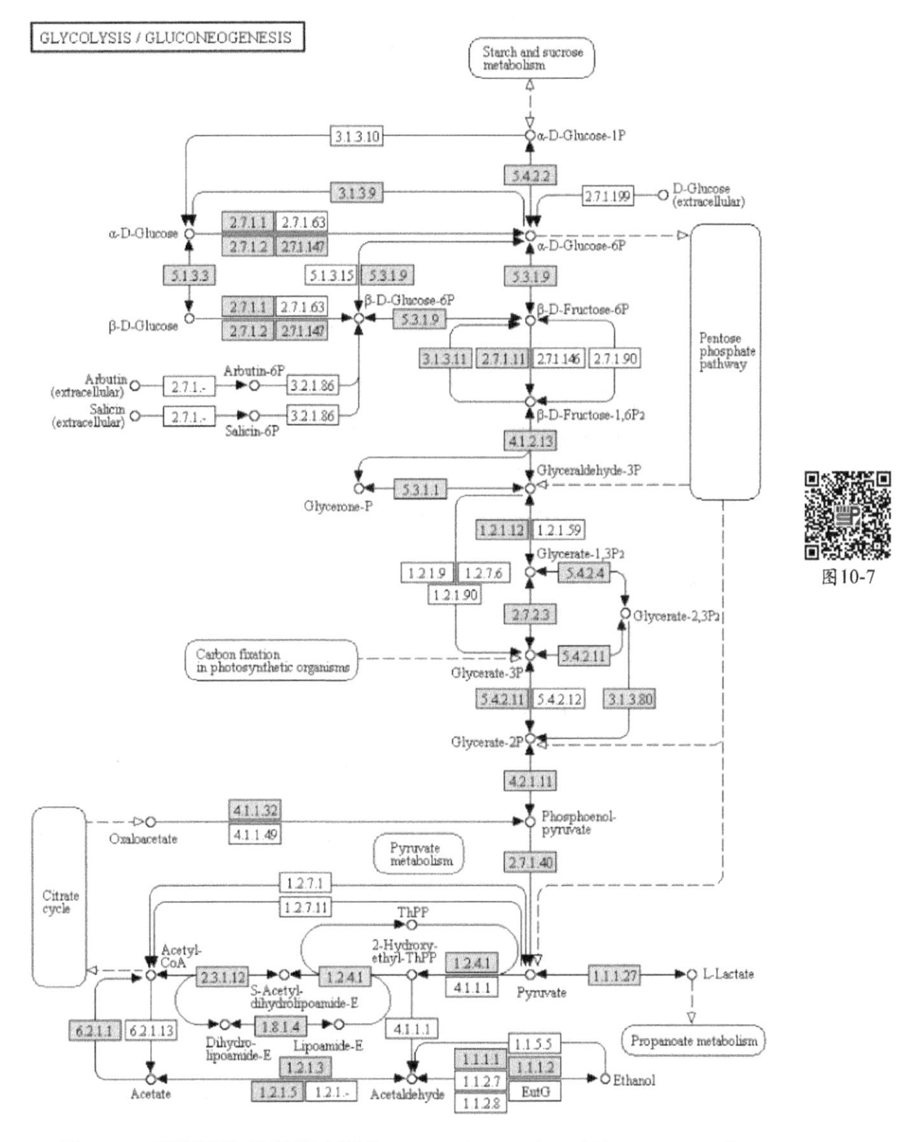

图 10-7　代谢网络示意图（引自：KEGG Glycolysis/Gluconeogenesis
（https://www.kegg.jp/kegg-bin/show_pathway?hsa00010））

10.1.5 其他生物分子网络

除了上述四种常见的生物分子网络，还存在许多其他类型的功能网络，如疾病-基因网络、药物-靶点网络等。疾病-基因网络是一个二分网络，网络中有两种类型的节点，一类是疾病，另一类是基因。当基因与疾病的发生、发展相关时，就在这两个节点间加入一条边。疾病-基因网络从整体上反映了疾病与疾病候选基因之间的关联，是一种常用的系统研究疾病机制的手段。药物-靶点网络也是一个二分网络，网络中的节点分别为药物和基因，边表示该基因编码的蛋白质是该药物的作用靶点。药物-靶点网络对于系统研究药物的药理学机制以及联合用药等具有重要作用。此外，还有疾病-miRNA 网络、竞争性内源 RNA（ceRNA）网络等。通常，将不同类型的网络整合成大的异质性网络，可以获得更加全面的分子互作关系，从而更加准确地解决特定的生命科学问题，例如，可以将疾病-基因网络与药物-靶点网络通过共享的基因进行整合，有助于候选新药的筛选和药物重定位（drug repositioning）的研究。

10.2 网络的拓扑属性

10.2.1 网络概述

网络是由节点和边构成的图形，可以用一对有序二元组（V,E）来表示，其中 V 表示节点的集合，E 表示边的集合。边是一对节点之间的连线，可以分为有向边和无向边。若节点 v_i 到 v_j 之间的边没有方向，则称这条边是无向边，用无序对（v_i, v_j）表示，如果网络中任意两个节点之间的边都是无向边，则称这个网络为无向网络（图 10-8（a））。若节点 v_i 到 v_j 之间的边指明了方向，则称这条边是有向边，用有序对$<v_i, v_j>$表示，如果网络中任意两个节点之间的边都是有向边，则称这个网络为有向网络（图 10-8（b））。若对节点 v_i 到 v_j 之间的边赋予一个权重，则这条边称为权重边，如果网络中的每一条边都有对应的权重，则称这个网络为加权网络（图 10-8（c）），如果每条边的权重都是相同的，则称这个网络为等权网络。此外，如果网络中包含两种类型的节点，不同类型的节点之间有边连接，相同类型的节点之间没有边连接，这样的网络称为二分网络（图 10-8（d））。

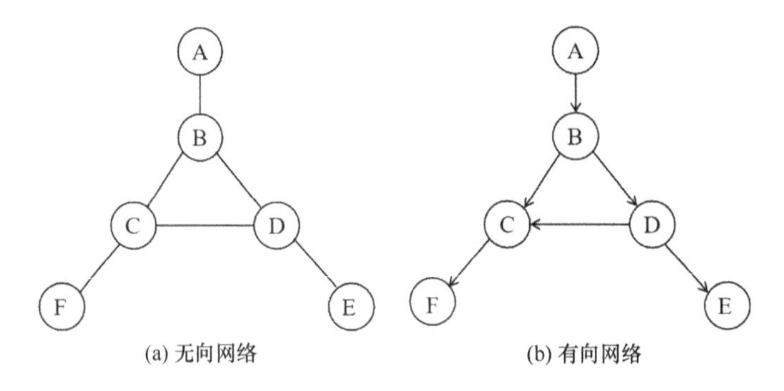

(a) 无向网络 (b) 有向网络

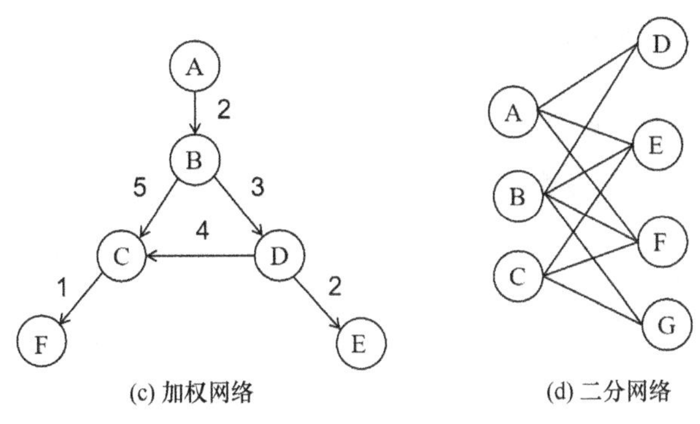

(c) 加权网络　　(d) 二分网络

图 10-8　网络分类

将网络以数据的形式进行存储对后续的网络分析至关重要。通常，网络可以用如下三种数据形式进行表示：邻接矩阵（adjacency matrix）、邻接表（adjacency list）和边集数组（edgeset array）。

邻接矩阵是用两个数组来表示网络，每一个数组都存储了网络中的节点信息，二维的矩阵表示边的信息。设网络 $G(V,E)$有 n 个节点，则邻接矩阵是一个 $n×n$ 的方阵，其中

$$\mathrm{arc}[i][j]=\begin{cases}1, & \text{if } (v_i,v_j)\in E \text{ or } <v_i,v_j>\in E \\ 0, & \text{others}\end{cases} \tag{10-1}$$

对于无向网络而言，网络的邻接矩阵是一个对称矩阵（图 10-9）。

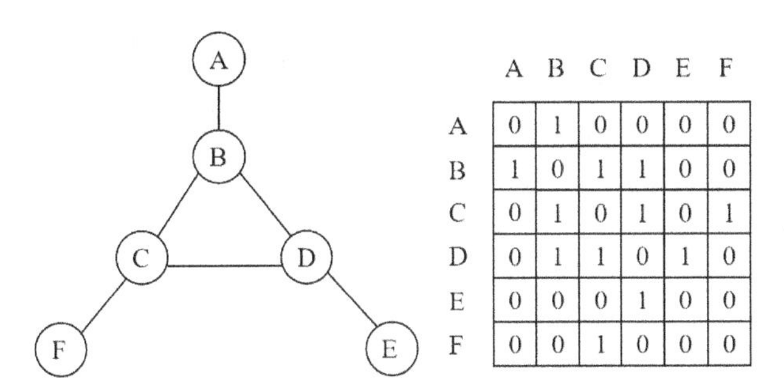

	A	B	C	D	E	F
A	0	1	0	0	0	0
B	1	0	1	1	0	0
C	0	1	0	1	0	1
D	0	1	1	0	1	0
E	0	0	0	1	0	0
F	0	0	1	0	0	0

图 10-9　无向网络的邻接矩阵表示

有向网络的邻接矩阵如图 10-10 所示。

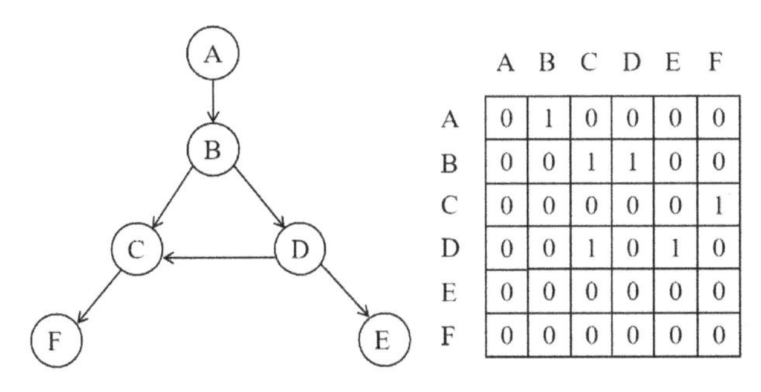

	A	B	C	D	E	F
A	0	1	0	0	0	0
B	0	0	1	1	0	0
C	0	0	0	0	0	1
D	0	0	1	0	1	0
E	0	0	0	0	0	0
F	0	0	0	0	0	0

图 10-10　有向网络的邻接矩阵表示

加权网络的邻接矩阵如图 10-11 所示。

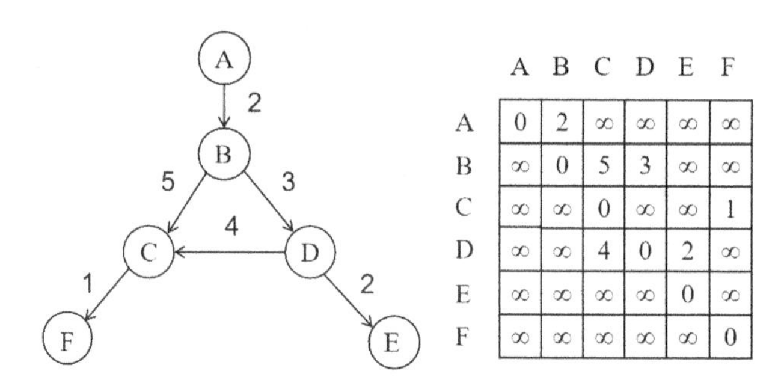

	A	B	C	D	E	F
A	0	2	∞	∞	∞	∞
B	∞	0	5	3	∞	∞
C	∞	∞	0	∞	∞	1
D	∞	∞	4	0	2	∞
E	∞	∞	∞	∞	0	∞
F	∞	∞	∞	∞	∞	0

图 10-11　加权网络的邻接矩阵表示

邻接表是用包含$|V|$（网络中节点的个数）个列表的数组来表示网络。邻接表包括表头节点（列表的第一个节点）和表节点两部分，网络中的每一个节点均对应一个邻接表中的表头节点，对于任意的表头节点 $u \in V$，把所有满足条件$(u,v) \in E$ 的节点 v 存储在表头节点所指向的单向列表中。

无向网络的邻接表表示如图 10-12 所示。

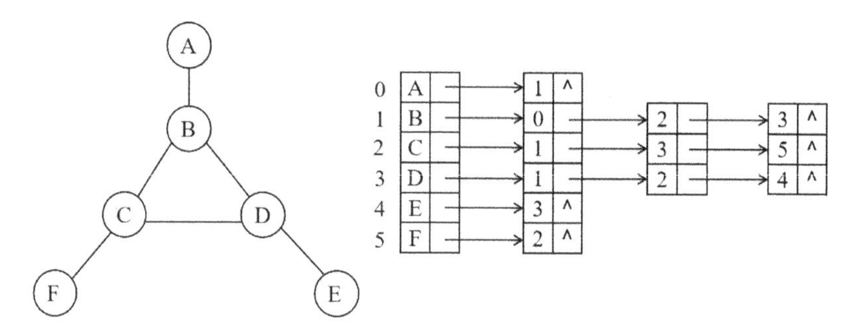

图 10-12　无向网络的邻接表表示

有向网络的邻接表表示如图 10-13 所示。

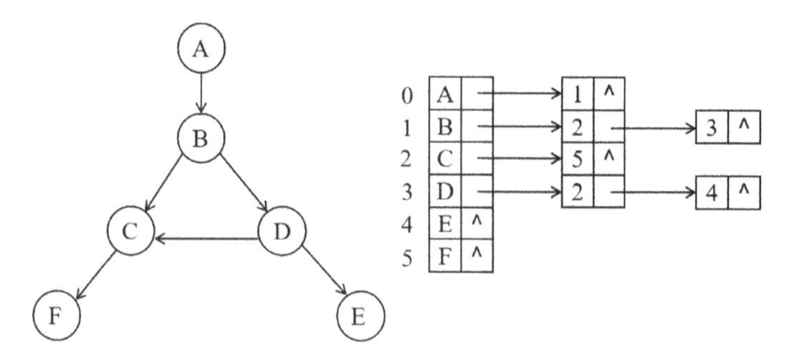

图 10-13　有向网络的邻接表表示

加权网络的邻接表表示如图 10-14 所示。

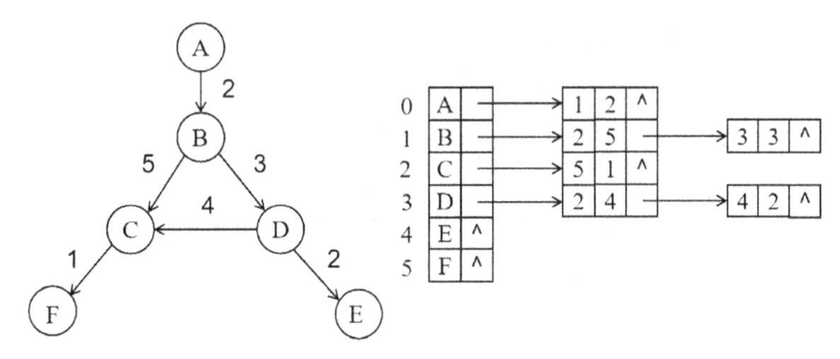

图 10-14　加权网络的邻接表表示

邻接表和邻接矩阵都能够有效地表示网络，但是它们都重复记录了网络的一部分边，占用了额外的存储空间。边集数组是用两列数组来表示边的关系，数组中的一个元素表示一个节点，一对关系表示一条边（图 10-15）。边集数组唯一地存储网络中的边，去除了冗余信息，节省了存储空间。

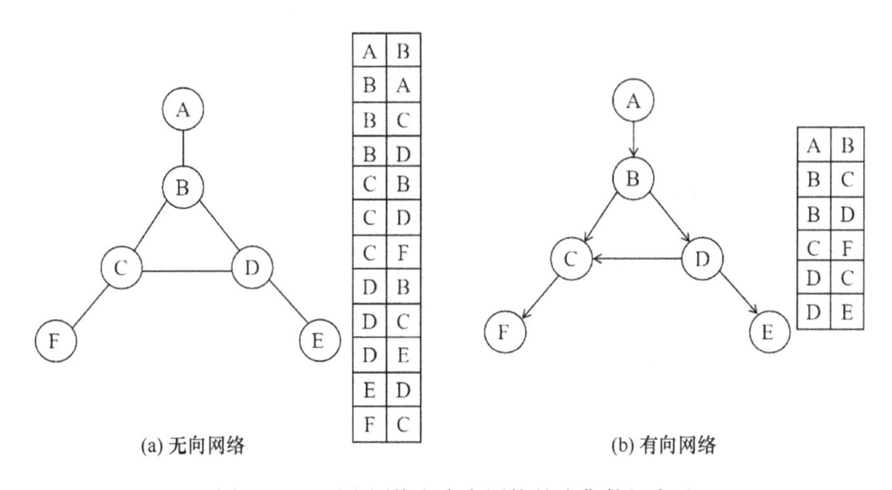

图 10-15　无向网络和有向网络的边集数组表示

10.2.2　常用的网络拓扑属性

网络的拓扑属性是描述网络整体结构、内部节点或边的特征的测度，是网络分析中常用的测量指标。通过分析网络的拓扑属性，可以对网络的性质、节点或边的重要性进行定量分析。

1. 度

节点 v 的度（degree）是指在网络中与节点 v 直接相连的边的数量，常用 k 表示。度大的节点表明它们在网络中与大量节点相连，通常称为网络的 hub 节点。在有向网络中，还要区分连接节点 v 的边的方向，由节点 v 发出的边的数目称为节点 v 的出度（k_{out}），指向节点 v 的边的数目称为节点 v 的入度（k_{in}）。

平均度是网络中所有节点的度的平均值，通常记作 $<k>$，其计算公式如下：

$$<k>=\frac{1}{n}\sum_{i=1}^{n}k_i \tag{10-2}$$

此外，网络中的节点的度通常满足一定的概率分布。网络的度分布是指网络中所有节点的度的概率分布，度为 k 的概率的计算公式如下：

$$P(k)=\frac{N(k)}{\sum N(k)} \tag{10-3}$$

其中，$N(k)$是网络中度为 k 的节点的数目。度分布反映了网络中节点的度的整体情况。

在图 10-16 的无向网络中，节点 B 与四个节点相连，则节点 B 的度为 4；在有向网络中，节点 B 的出度为 3，入度为 1。

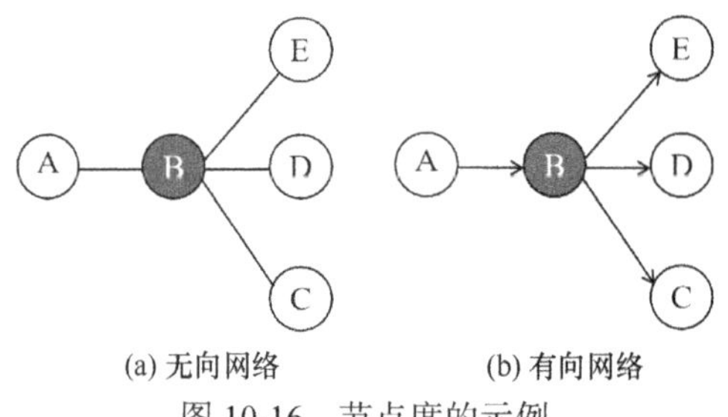

图 10-16　节点度的示例

2. 聚类系数

节点的聚类系数（clustering coefficient, CC）是衡量该节点的邻居节点间是否存在密集连接的测度。在无向网络中，节点 v 的聚类系数定义为

$$CC_v=\frac{n}{C_k^2}=\frac{2n}{k(k-1)} \tag{10-4}$$

其中，k 表示节点 v 的度，n 表示节点 v 的 k 个邻居节点间相互连接的边数。在有向网络中，由于节点之间的边有不同的方向，则聚类系数定义为

$$CC_v=\frac{n}{P_k^2}=\frac{n}{k(k-1)} \tag{10-5}$$

其中，k 表示节点 v 的度，n 表示节点 v 的 k 个邻居节点间相互连接的边数。网络的聚类系数是指所有节点的聚类系数的均值，是反映网络整体紧密度的测度。网络中邻居节点少于两个节点的聚类系数设为 0。

在图 10-17 中，无向网络中节点 B 的度为 3，$CC_B=\frac{2\times 1}{3\times(3-1)}=\frac{1}{3}$；有向网络中节点 B 的度为 3，$CC_B=\frac{1}{3\times(3-1)}=\frac{1}{6}$。

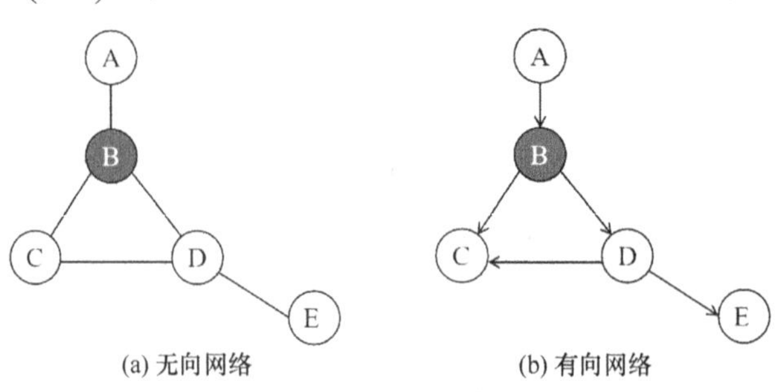

图 10-17　节点聚类系数的示例

3. 路径和最短路径

网络中的路径（path）指的是网络中的一系列节点，其中每一个节点和紧随其后的节点间都有一条边相连。对于有限节点数的路径来说，路径的第一个节点称为起点，最后一个节点称为终点，或两者都可以称为路径的端点。在图 10-18（a）中，节点 A 到节点 D 的路径有 l_1={A，B，D}，l_2={A，B，C，D}，l_3={A，B，E，D}。在无向网络中，将路径的顺序颠倒就可以得到从终点到起点的路径，而在有向网络中，起点和终点是不可逆的。在图 10-18（b）中，节点 A 可以通过路径 l={A，B，D}到达节点 D，但是节点 D 找不到路径可以回到节点 A。一条路径中从起点到终点所经过的边的数目称为路径的长度。起点到终点的所有路径中，长度最短的一条路径称为最短路径（shortest path），最短路径的长度称为两个节点之间的距离。在图 10-18（a）中，节点 A 到 D 的距离为 2。

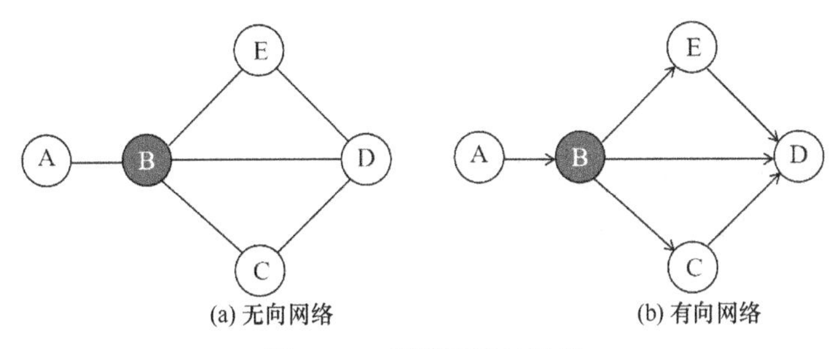

图 10-18　网络路径的示例

4. 平均距离和直径

网络的平均距离（average distance）L 是指网络中节点之间距离的平均值，是一个从整体上反映网络大小的测度，描述了网络中节点之间的平均分离程度，其计算公式为

$$L=\frac{1}{n(n-1)}\sum_{i\neq j}d_{ij} \tag{10-6}$$

其中，d_{ij} 表示节点 v_i 到 v_j 的最短路径长度，n 表示网络中的节点数。

网络的直径（diameter）D 是指网络中任意两个节点之间距离的最大值，反映了网络的最大分离程度，其计算公式为

$$D=\max_{1\leqslant i,j\leqslant n} d_{ij} \tag{10-7}$$

其中，d_{ij} 表示节点 v_i 到 v_j 的最短路径长度。

在图 10-19 中，无向网络直径 D=3，平均距离为 $L=\frac{54}{6\times(6-1)}=\frac{9}{5}$；有向网络中直径 D=3，平均距离为 $L=\frac{22}{6\times(6-1)}=\frac{11}{15}$。

5. 紧密度

节点的紧密度（closeness）是指该节点到网络中其他节点的距离的平均值，是描述一个节点与其他节点之间连接密切程度的指标，是用来衡量节点接近网络中心程度的测度。节点的紧密度越小，表明该节点与网络中其他节点之间的距离越小，节点越接近网络的中

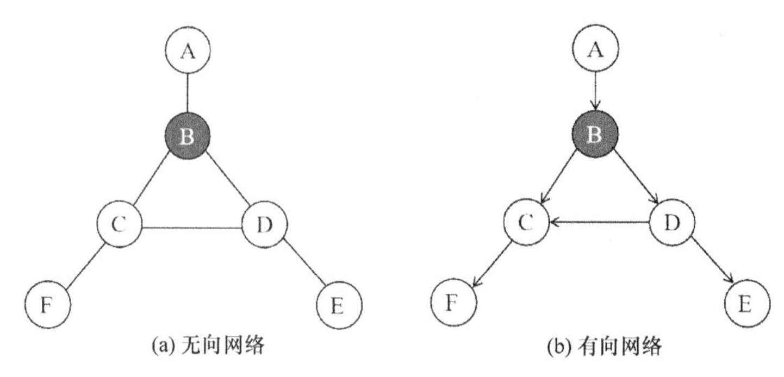

图 10-19 网络平均距离的示例

心。节点 v 的紧密度 C_v 的计算公式为

$$C_v = \frac{1}{\sum_{j \in V} d_{vj}} \tag{10-8}$$

其中，d_{vj} 表示节点 v 到 j 的最短路径长度。

在图 10-20 中，节点 B 到 A、C、D、E 的距离分别为 1、1、1、2，节点 B 的紧密度 C_B=1/5=0.2。

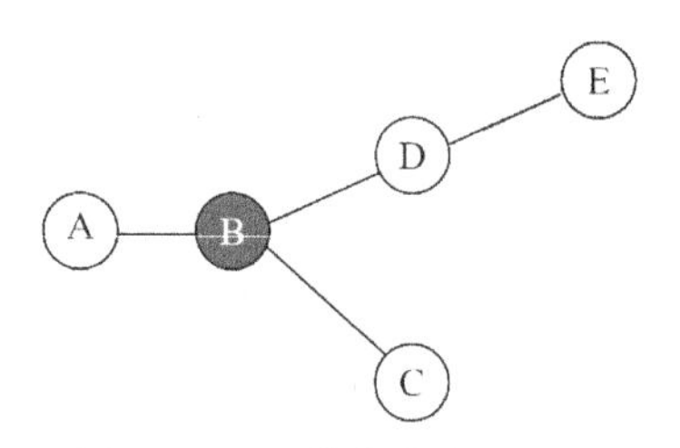

图 10-20 网络紧密度的示例

6. 拓扑系数

节点的拓扑系数（topological coefficient）是该节点与其他节点共享邻居程度的相对度量，可用于估计网络中节点具有共享邻居的趋势。对于节点 v 的拓扑系数 T_v 可以定义为

$$T_v = \frac{\text{avg}(J(v,m))}{k_v} \tag{10-9}$$

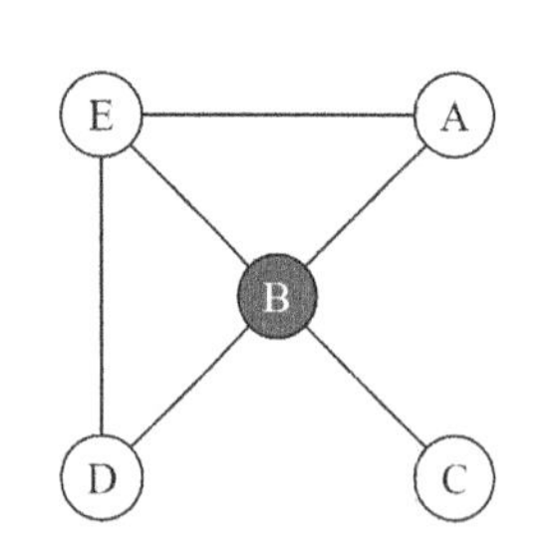

图 10-21 网络拓扑系数的示例

其中，m 是与节点 v 至少共享一个邻居节点的节点，$J(v, m)$ 是节点 v 和 m 之间共享的邻居节点数，若 v、m 是邻居节点，则 $J(v, m)$加 1，k_v 是节点 v 的度。

在图 10-21 中，k_B=4，其共享邻居数分别为 J(B, A)=2，J(B, D)=2，J(B, E)=3，则节点 B 的拓扑系数 $T_B = \frac{\frac{2+2+3}{3}}{4} = \frac{7}{12}$。

7. 介数

节点的介数（betweenness）是指该节点在网络中除去该节点以外的任意两个节点间的最短路径中出现的比例，节点 v 的介数 B_v 的计算公式如下：

$$B_v = \sum_{i \neq j \neq v \in V} \frac{\sigma_{ivj}}{\sigma_{ij}} \tag{10-10}$$

其中，σ_{ij} 表示节点 i 到节点 j 的最短路径的数目，σ_{ivj} 表示节点 i 到节点 j 的最短路径中经过节点 v 的数目。

边的介数是指网络中任意两个节点间的最短路径中通过该边的路径的比例，计算公式如下：

$$B_{ij} = \sum_{l \neq m \in V} \frac{N_{lm}(e_{ij})}{N_{lm}} \tag{10-11}$$

其中，N_{lm} 表示网络中从节点 v_l 到 v_m 的最短路径的数目，$N_{lm}(e_{ij})$ 表示从 v_l 到 v_m 的最短路径中经过边 e_{ij} 的数目。

在图 10-22 中，节点 B 的介数如下。

AC 最短路径（ABC）1 条，经过 B 的路径为 1 条（ABC）。

AD 最短路径（ABD）1 条，经过 A 的路径为 1 条（ABD）。

AE 最短路径（ABCE）（ABDE）2 条，经过 B 的路径为 2 条（ABCE）（ABDE）。

CD 最短路径（CBD）（CED）2 条，经过 B 的路径为 1 条（CBD）。

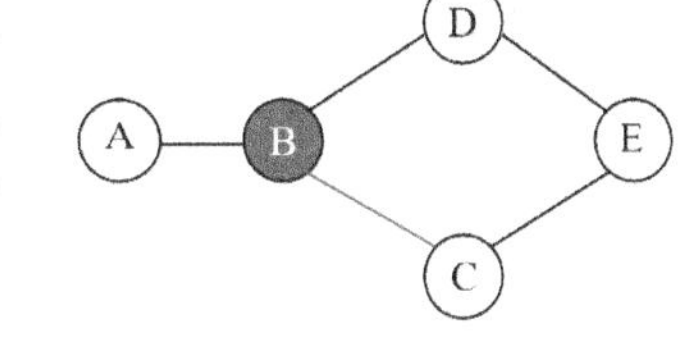

图 10-22　网络介数的示例

CE 最短路径（CE）1 条，经过 B 的路径为 0 条。

DE 最短路径（DE）1 条，经过 B 的路径为 0 条。

所以 B 的介数 B_B=(1/1+1/1+2/2+1/2+0/1+0/1)×2=7。

边 BC 的介数如下。

AB 最短路径（AB）1 条，经过 BC 的路径为 0 条。

AC 最短路径（ABC）1 条，经过 BC 的路径为 1 条（ABC）。

AD 最短路径（ABD）1 条，经过 BC 的路径为 0 条。

AE 最短路径（ABCE）（ABDE）2 条，经过 BC 的路径为 1 条（ABCE）。

BC 最短路径（BC）1 条，经过 BC 的路径为 1 条（BC）。

BD 最短路径（BD）1 条，经过 BC 的路径为 0 条。

BE 最短路径（BCE）（BDE）2 条，经过 BC 的路径为 1 条（BCE）。

CD 最短路径（CBD）（CED）2 条，经过 BC 的路径为 1 条（CBD）。

CE 最短路径（CE）1 条，经过 BC 的路径为 0 条。

DE 最短路径（DE）1 条，经过 BC 的路径为 0 条。

所以 BC 的介数 B_{BC}=(0/1+1/1+0/1+1/2+1/1+0/1+1/2+1/2+0/1+0/1)×2=7。

介数是衡量节点或边在网络中的重要性的测度之一，节点或者边的介数越大，表明该节点或边在保持网络紧密连接中越重要，在网络中处于枢纽的位置。通常，介数比较大的节点称为瓶颈点（bottleneck）。

10.2.3　网络的基本模型

1. 规则网络

规则网络（regular network）是指在结构上有重复模式的网络。常见的规则网络模型有全局耦合网络（globally coupled network）、最近邻耦合网络（nearest-neighbor coupled network）以及星形耦合网络（star coupled network）。

全局耦合网络中任意两个节点之间都有边直接相连。若网络有 N 个节点，则网络中存在 $N(N-1)/2$ 条边，每个节点的度都为 $N-1$，网络的平均度为 $N-1$（图 10-23（a））。

最近邻耦合网络中每个节点都只与其左右 $K/2$ 个邻近节点相连，这里 K 是一个偶数，每个节点的度都为 $K/2$，网络的平均度为 $K/2$（图 10-23（b））。

星形耦合网络中有一个中心点，其余的 $N-1$ 个节点都只与中心点相连，它们之间彼此不连接。网络中中心点的度为 $N-1$，其余节点的度为 1（图 10-23（c））。

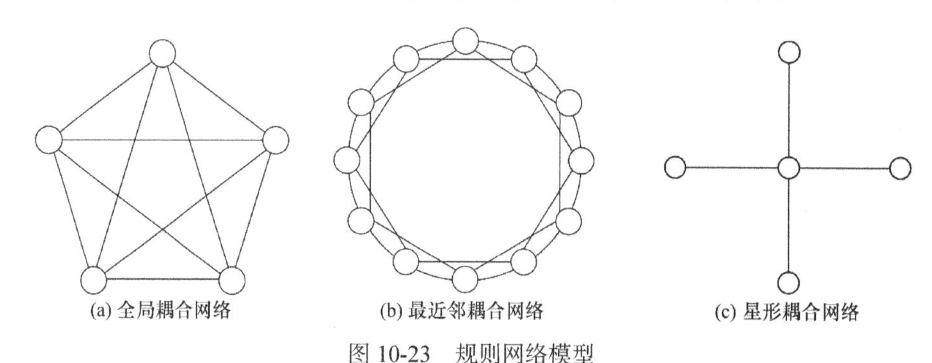

图 10-23　规则网络模型

2. 随机网络

随机网络（random network）是指从由 N 个节点和 C_N^2 条边构成的网络中以一定的概率随机选择 M 条边构成的网络（图 10-24（a））。最典型的随机网络模型是 1959 年由 Paul Erdős 和 Alfréd Rényi 提出来的 ER 随机模型。在 ER 模型中，对于特定的 N 个节点，任意两个节点之间都以相同的概率 P 连接起来，从而构建了一个 $P\times\frac{N(N-1)}{2}$ 条边的 ER 随机网络。网络中节点的度服从泊松分布（图 10-24（c）），这表明大多数节点具有相同数量的边。度分布 $P(k)$ 在 k 较大的区域呈指数下降，这表明度偏离平均值的节点较少。

3. 无标度网络

现实中许多复杂网络节点的度都服从幂律分布（power law），即节点的度为 k 的概率是 $P(k)\sim k^{-\gamma}$，其中 γ 是度指数。该类网络通常被称为无标度网络或无尺度网络（scale-free network）（图 10-24（b））。1999 年，Albert-László Barabási 与 Réka Albert 提出了一个模型来解释复杂网络的无标度特性，即 BA 模型。该模型基于两个假设：①网络通过添加新的节点不断扩大；②新的节点总是优先与已有度大的节点相连。在这种假设下，BA 模型从一个具有 m_0 个节点的较小的网络开始，逐步往这个小网络中加入新节点，每加入一个新节点，在 m_0 个节点中选择 $m(m\ll m_0)$ 个节点与新节点相连，每个新节点与网络中已存在的节点 i 相连接的概率计算如下：

$$\Pi_i = \frac{k_i}{\sum_j k_j} \tag{10-12}$$

其中，k_i 表示网络中已存在节点 i 的度，k_j 表示网络中任意节点的度。BA 模型表明：网络新节点的加入不是随机与原网络中的已有节点相连，而是倾向于与度大的节点相连，经过长时间的演化最终可以用幂律指数为 3 的函数来近似描述（图 10-24（d））。但是 BA 模型并不能完全反映现实网络的真实情况，现实中不同网络的幂律指数也不甚相同，但大部分在 2~3 范围内。

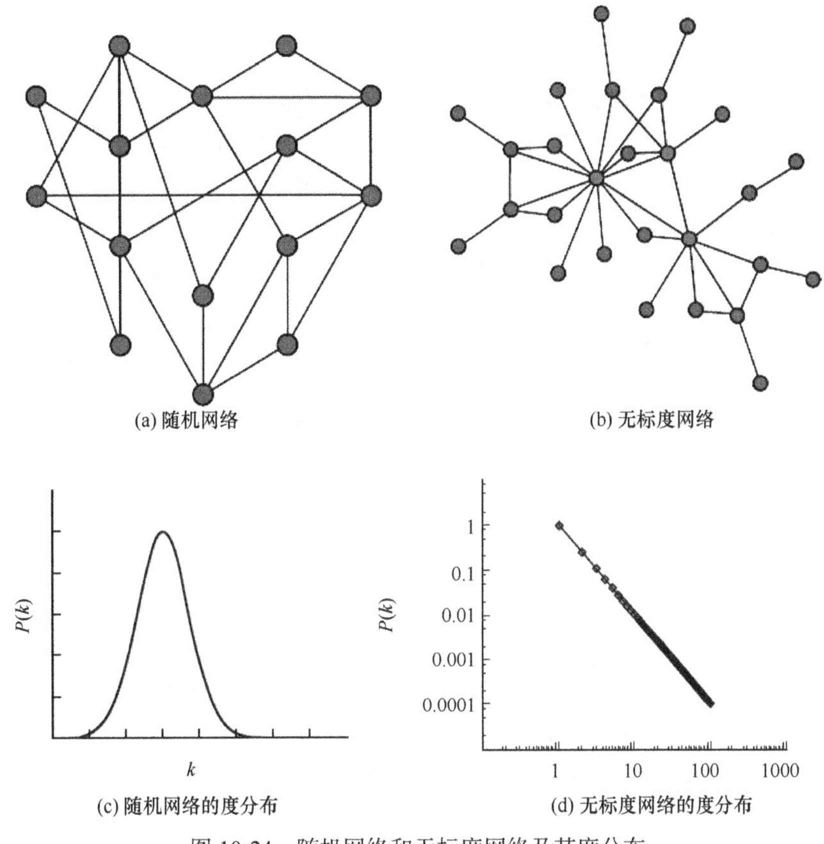

图 10-24　随机网络和无标度网络及其度分布

4. 小世界网络

如果网络中随机选择的两个节点间的距离 L 与网络的节点数 N 的对数成比例增长，即 $L \propto \log N$，且网络的聚类系数较大，则这样的网络称为小世界网络（small-world network）。小世界网络中的大部分节点都不直接相连，但任意给定一个节点的邻居节点之间更倾向于相连，并且绝大多数节点之间经过少数几步就可到达。1998 年，Watts 和 Strogtz 提出一个生成小世界网络的模型：Watts-Strogtz 模型（简称 WS 模型）。该模型从一个规则网络出发，然后以一定的概率将网络中的连接打乱、重新连接。

10.3　网络模块的识别

网络中部分节点和部分边构成的图形称为子图（subgraph）或子网（subnetwork），具有相同或相似生物学功能的子网称为模块（module）。生物分子网络普遍具有模块化特性，部分节点紧密连接在一起形成模块，发挥特定的功能。对于网络模块的识别和功能研究，是网络生物学研究的重要内容之一，对于分子功能预测、疾病分子机理的研究具有重要作用。

10.3.1　模体

若真实网络中的某些结构出现的次数远远超过其在随机网络中出现的次数，则称这种结构为网络的模体（motif）。需要注意的是，网络模体是网络中节点的一种基本的组织形式，并不具体指代特定的节点，而是构成网络的一种基本单位。网络模体广泛存在于各种生物分子网络中。对于某一特定网络模体，具有该结构的特定子图可以看作网络模块，但不能再称为模体，也就是说网络模体具体化后，可以认为是网络模块。

1. 有向网络的模体

有向网络中存在一些特殊的模体结构，如：自调控（autoregulation）、级联反应（cascade）、单输入模体（single input motif, SIM）、前馈环（feed-forward loop, FFL）、反馈环（feedback loop, FBL）和 Bifan 模体等（图 10-25）。

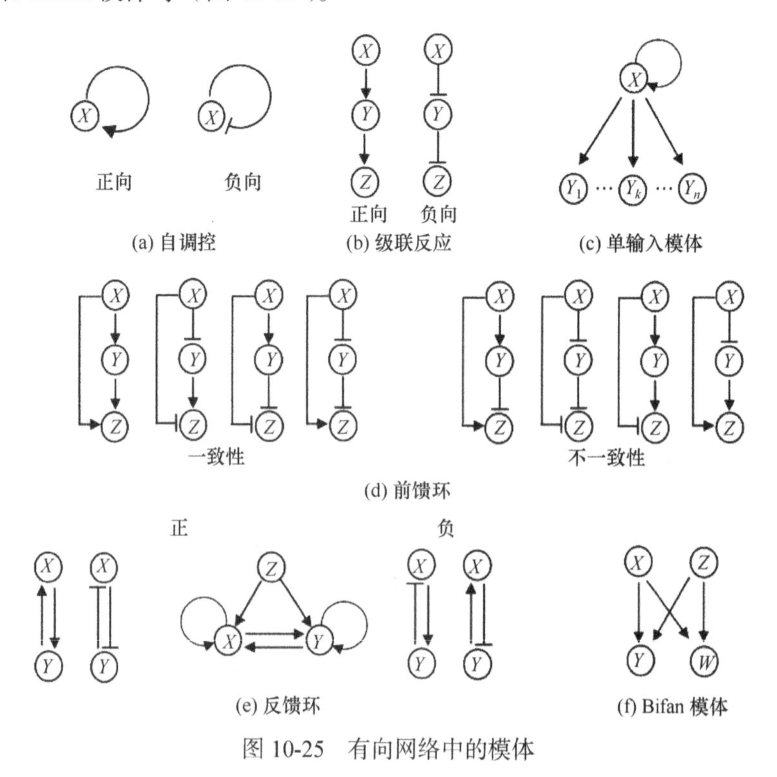

图 10-25　有向网络中的模体

自调控可分为正向自调控和负向自调控（图 10-25（a））。正向自调控是指转录因子促进自身转录，负向自调控是指转录因子抑制自身转录。在大肠杆菌（*E. coli*）的基因调控网络中存在许多自调控模体。

级联反应是指一系列的线性调控事件，根据基因的调控方向，级联反应又可分为正向级联反应和负向级联反应（图 10-25（b））。

单输入模体是指多个基因同时被一个转录因子调控，这个转录因子通常是自调控的，并且所有的调控方向都是相同的（都是正向或都是负向），同时这些基因不受其他转录因子调控（图 10-25（c））。通常转录因子 *X* 对于每个基因具有不同的激活阈值，因此随着转录因子 *X* 的活性逐渐增加时，它所调控的基因按照阈值的高低顺序逐渐被激活（抑制）。激活（抑制）的顺序与蛋白质组装和代谢途径中所需要酶的顺序相匹配。单输入模体在随机网络中很难见到，但是在大肠杆菌的基因调控网络中频繁出现，使蛋白质组装和代谢得以顺利且高效地进行。

前馈环是指转录因子 *X* 调控转录因子 *Y* 和基因 *Z*，同时转录因子 *Y* 也调控基因 *Z*。考虑到转录调控的方向，前馈环通常可以分为一致性（coherent）前馈环和不一致性（incoherent）前馈环。如果 *X* 通过调控 *Y* 进而调控 *Z* 的方向和 *X* 直接调控 *Z* 的方向一致，则称该前馈环为一致性前馈环；否则，称为不一致性前馈环（图 10-25（d））。

其中一致性前馈环共四种：①*X* 正向调控 *Y*，*Y* 正向调控 *Z*，*X* 正向调控 *Z*；②*X* 负向调控 *Y*，*Y* 正向调控 *Z*，*X* 负向调控 *Z*；③*X* 正向调控 *Y*，*Y* 负向调控 *Z*，*X* 负向调控 *Z*；④*X* 负向调控 *Y*，*Y* 负向调控 *Z*，*X* 正向调控 *Z*。一致性前馈环具有过滤噪声的功能，其中最常见的是全部正向调控的一致性的前馈环。

不一致性前馈环也有四种：①*X* 正向调控 *Y*，*Y* 负向调控 *Z*，*X* 正向调控 *Z*；②*X* 负向调控 *Y*，*Y* 负向调控 *Z*，*X* 负向调控 *Z*；③*X* 正向调控 *Y*，*Y* 正向调控 *Z*，*X* 负向调控 *Z*；④*X* 负向调控 *Y*，*Y* 正向调控 *Z*，*X* 正向调控 *Z*。

反馈环也可分为正反馈环和负反馈环（图 10-25（e））。正反馈环通常由两个转录因子组成，它们之间相互调控。具体又可分为双正向反馈环（double positive feedback loop）和双负向反馈环（double negative feedback loop）。如图 10-25（e）所示，双正向反馈环中转录因子 *X* 和 *Y* 互相促进，而双负向反馈环则互相抑制。在某些情况下，双正向反馈环中转录因子 *X* 和 *Y* 也会正向自调控，另外一个转录因子 *Z* 同时正向调控 *X* 和 *Y*，这样就形成了一个调控的双正向反馈环（regulated double positive feedback loop）。负反馈环是指转录因子 *X* 调控 *Y* 的方向与 *Y* 调控 *X* 的方向相反，这就使得 *X* 和 *Y* 始终处于一个相对稳定的水平，既不会太高也不会太低。例如，*X* 开始时激活 *Y*，然后激活的 *Y* 又会抑制 *X*，或者 *X* 开始时抑制 *Y*，然后受抑制的 *Y* 又会激活 *X*（图 10-25（e））。生物体内正是由于负反馈调节的存在，才能更好地保持稳态。

在哺乳动物的信号转导网络和基因调控网络中，Bifan 模体是一种十分常见的有向模体，它由两个上游节点直接交叉调控两个下游靶节点。如图 10-25（f）所示，上游节点 *X* 调节下游的节点 *Y* 和 *W*，同时上游节点 *Z* 也调控下游节点 *Y* 和 *W*。上游的（下游的）节点 *X* 和 *Z*（*Y* 和 *W*）通常是具有相似序列和功能的蛋白质异构体。这种特殊的结构在哺乳动物对抗外界干扰、保持机体稳态的过程中发挥了重要的作用。

在生物分子网络中，不同的模体反映了不同的调控机制，对网络模体的深入研究将帮助人们更好地了解生物分子网络的组织形式、解析生物体内信息交互的控制机理。

2. *无向网络的模体*

无向网络中也存在一些特殊的模体结构，它们出现的频率远远超过随机的情况，其中研究比较广泛的是全连接集（clique，也称为团）。全连接集是指一个子结构中任意的两个点都有边相连。如果全连接集包含 k 个节点，则称为 k-团（k-clique）。图 10-26 展示的分别是 3-团、4-团和 5-团。已有研究发现蛋白质互作网络中，k-团内部的点很少与外部的点相连，说明 k-团具有特定的性质和功能，例如，在研究酵母的蛋白质互作网络中，应用 k-团成功预测了之前未知蛋白质的功能。

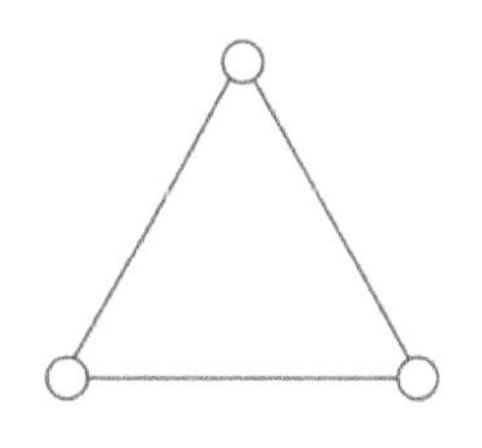
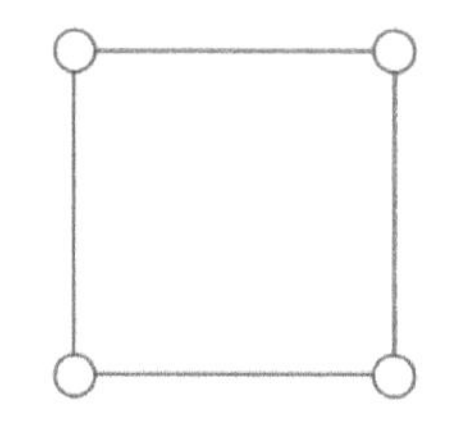
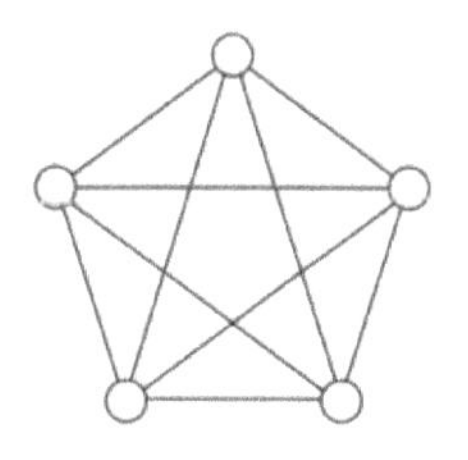

图 10-26　k-团的示意图

10.3.2　模块

在生物分子网络中，相比于模块之间，模块内部的连接通常更为紧密，目前，经典的用于挖掘网络模块的方法主要有以下几种。

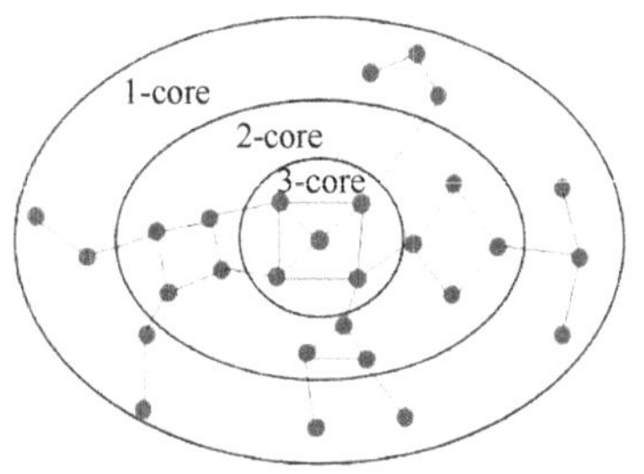

图 10-27　k-核的示意图

图10-27

1. *k-核*

一个网络的 k-核（k-core）是指其中所有节点的度至少为 k 的最大子网，可以通过逐步迭代去掉度小于 k 的节点获得。若一个节点存在于 k-核中，而它在（k+1）核中被去除，则这个节点的核数（coreness）为 k（图 10-27）。网络的核数即网络中节点核数的最大值。节点的核数描述了节点在网络中的深度，核数的最大值表示网络的中心位置。

2. *层次聚类算法*

层次聚类算法是基于网络中节点之间的相似性或距离将节点逐步聚类，形成不同的模块，这些模块以树状结构组织在一起，能够体现模块之间的层次关系。根据初始网络的选择不同，层次聚类算法可以分为分裂算法（divisive algorithm）和凝聚算法（agglomerative algorithm）。分裂算法是一种自上而下的方法，其基本思想是从整个网络开始，逐步对边进行删除，从而形成独立的模块，直到每个节点成为一个模块为止。与分裂算法相反，凝聚算法是一种自下而上的方法，首先将每个节点当成一个模块，然后根据一定的规则逐步合并相应的模块，直到所有节点都属于同一个模块为止。

Girvan-Newman（GN）算法是一种经典的分裂算法，其核心思想是不断从网络中删除介数最大的边，从而将网络分割成独立的子网，即模块（图 10-28）。该算法能够准确识别潜在的网络模块，但比较耗时，通常用于处理小规模的网络。Newman 快速算法是一种启发式的凝聚算法。首先，将网络中的每个节点作为一个模块，然后，在网络模块性

（modularity）指标的指导下依次合并相连的模块。网络模块性是一个评价网络划分质量的指标，好的划分是指模块内部的边尽可能多，而模块间的边尽可能少。与 GN 算法相比，Newman 快速算法能够高效、快速地分析大规模的蛋白质互作网络，但在识别模块的准确性方面不如 GN 算法。

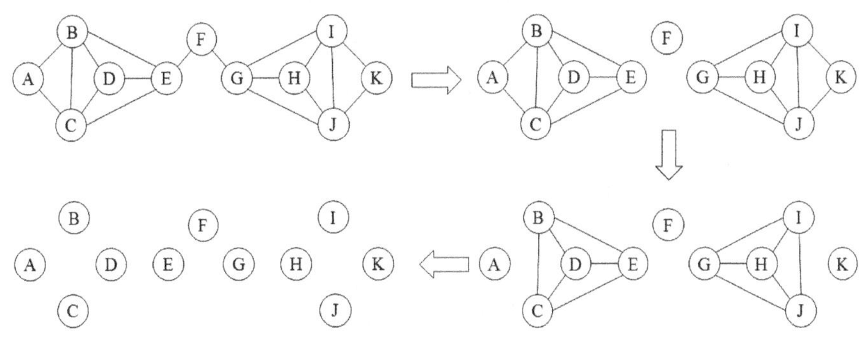

图 10-28　GN 算法的示意图

3. 基于图划分的算法

基于图划分的算法将网络首先划分成预先设定的 k 个子网，然后定义一个评价划分质量的函数，并将其作为目标函数，通过将节点在不同子网中移动，优化目标函数，得到最终对网络的划分，即不同的模块。受限邻居搜索聚类（restricted neighborhood search clustering，RNSC）是一种常用的基于图划分的算法。首先，定义一个衡量模块划分好坏的成本函数，然后，随机地将网络分成 k 个可能的模块，再通过将一个模块中的节点移动到另外一个模块来降低划分的代价值，当这种移动的次数超过设定的阈值但并没有使代价值下降时，模块划分完成。RNSC 算法是一种基于目标函数的局部搜索算法，其划分质量与初始模块密切相关，目标函数容易陷入局部最小值。

4. 基于密度的局部搜索算法

网络的密度（density）通常定义为网络中真实存在的边数占所有可能的边数的比例，如果一个网络的密度为 1，则表明这个网络是个全连接集（团）。经典的团过滤算法（clique percolation method, CPM）就是一种基于密度的局部搜索算法。首先，在网络中识别所有的 k-团，然后，将具有 k–1 个共享节点的 k-团进行合并，形成社团（community）（图 10-29）。常用的网络分析软件 CFinder（http://www.cfinder.org）正是基于 CPM 算法开发的。然而，由于穷举图中所有的团的时间复杂度较大，研究人员又开发了从种子节点通过不断扩充来识别稠密子图（模块）的方法，这类方法不再需要穷举所有的团，其中比较有代表性的方法是分子复合物检测（molecular complex detection，MCODE）算法。该方法包含三个步骤：节点打分、模块预测、后期处理（可选步骤）。首先，基于一个节点的邻居节点中的最大 k-核来评价局部网络密度，并据此对节点进行打分；然后，将得分最大的节点作为种子节点，并向外扩充，依次将打分超过一定阈值的节点包含进来，直到没有更多的节点可以扩充为止，再从没有访问过的节点中选择得分最大的节点作为种子，重复该过程，预测出网络模块；最后，对预测的模块进行过滤，只保留那些至少包含一个 2-核的模块。由于得分大的节点之间的连接不一定稠密，因此，MCODE 算法识别的模块不能保证是稠密的。

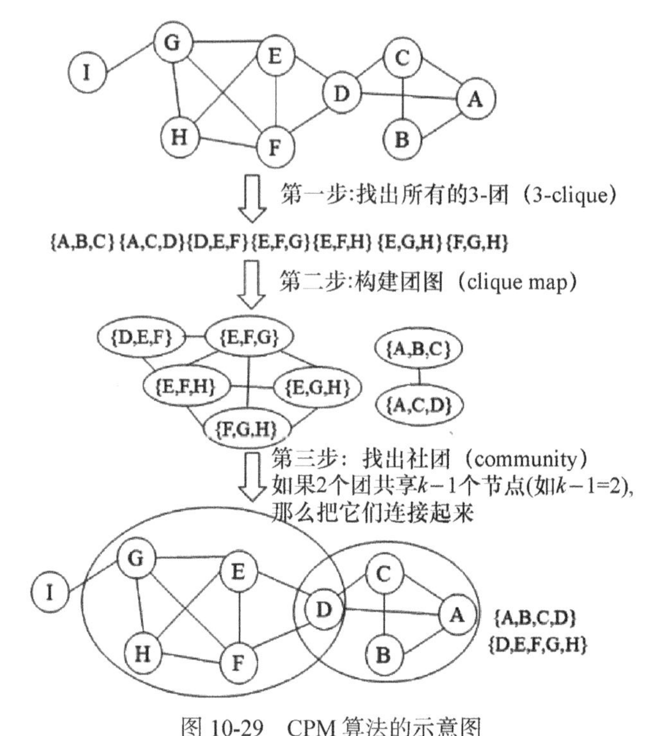

图 10-29　CPM 算法的示意图

5. 其他算法

除了上面提到的几类算法之外，还有许多其他的方法可以用于识别网络模块，并且新的方法也在不断涌现。在此，主要介绍一种马尔可夫聚类算法（Markov cluster algorithm，MCL）。如上所述，位于同一个模块内部的节点，其连接应该比模块间的连接更紧密，因此，如果从网络中的某个节点出发，到达它的邻居节点，此时位于同一个模块中的概率要远大于到达一个新模块的概率。MCL 算法正是基于此思想，在网络中进行多次的随机游走（random walk），从而实现对网络的聚类，预测网络模块，其中随机游走是利用马尔可夫链（Markov chain）计算的（图 10-30）。

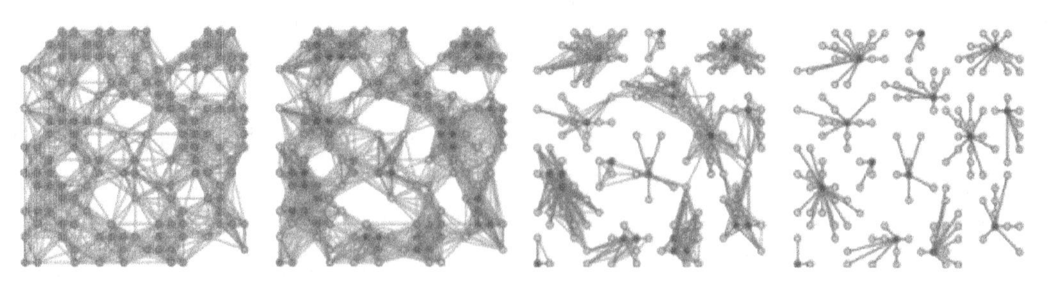

图 10-30　MCL 算法示意图（引自 https://micans.org/mcl）

10.4　生物分子网络重构

在构建生物分子网络的时候，通常是对少量分子以及分子间的关系进行实验验证，然后再将这些分散的分子互作关系进行整合，从而形成复杂的生物分子网络。随着高通量分子检测技术的发展，如基因芯片、新一代测序等，研究人员可以获得海量的不同分子层面的数据，从这些数据出发，利用逆向工程（reverse engineering）的方法重构出分子之间的互作关系，是生物分子网络研究的重要内容之一，对于生物分子间相互关系的预测以及生物分子网络的完善具有重要的推动作用。本节将介绍基因调控网络、基因共表达网络和 ceRNA 网络的构建方法，其中，基因调控网络的逆向重构研究较为深入，已经提出了多种经典重构模型。此外，在生命体中，生物分子的表达水平以及相互作用并不是静态的、一成不变的，而是具有时空特异性的，并且在不断地发生变化。例如：在应激反应中，生物体针对不同的外界刺激开启不同的信号通路予以应对；在人体发育的不同阶段、不同的器官组织、不同的疾病状态下，基因的表达水平也是不断变化的。生物分子网络的动态性体现了生命活动的复杂性，对于网络动态性的研究，有助于预测未知时空下基因的表达、细胞的行为，更加准确地模拟分子间的相互作用，揭示生命体的发育、分化等过程以及疾病的致病机理。本节还将简单介绍基因调控网络的动态性及动态网络的构建方法。

10.4.1　基因调控网络的重构

在基因转录的过程中，转录因子通过与基因的启动子区域结合来调控基因的表达，因此，基因表达之间的变化规律可以在一定程度上反映出基因之间的调控关系。随着基因芯片和新一代测序等高通量检测技术的发展，基因表达的数据呈爆炸式增长，基因调控网络的逆向重构就是从某些特定状态下的基因表达数据中反推出基因之间的调控关系。目前，基因调控网络的逆向重构大都基于基因的时间序列（时序）表达数据，经典的方法主要有线性组合模型、微分方程模型、加权矩阵模型、布尔网络模型、贝叶斯网络模型等。

1. 线性组合模型

线性组合模型将基因之间的调控关系抽象成基因表达数据的线性加权组合的形式，公式如下：

$$X_i(t+1)=\sum_j w_{ij}X_j(t) \tag{10-13}$$

其中，$X_i(t+1)$是基因 i 在 t+1 时刻的表达水平，$X_j(t)$是基因 j 在 t 时刻的表达水平，w_{ij} 表示基因 j 对基因 i 的影响程度，w_{ij} 为正值表示激活作用，为负值表示抑制作用。此外，公式的右边还可以加入影响基因表达的其他因素（如初始表达水平、降解程度、外界影响等），从而更好地反映基因表达调控的真实情况。

基于基因的时序表达数据，求解整个调控系统的线性方程组，计算方程中的所有参数 w_{ij}，确定基因之间的表达调控关系。已有实验表明，线性组合模型能够较好地拟合时序基因表达数据，然而，该模型仅仅揭示了基因调控系统中一定的线性关系，不能获得基因调控的非线性动态特性，当需要详细了解更多细节时，就需要使用更加复杂的模型。

2. 微分方程模型

微分方程模型把基因调控概括为微分方程，通过模拟一段时间后分子的量变，可以详细地描述生物网络的动态性。微分方程模型的一般公式表示如下：

$$\frac{\mathrm{d}x_i}{\mathrm{d}t}=f_i(x),\quad 1\leqslant i\leqslant n \tag{10-14}$$

其中，x_i 表示基因 i 的表达值，基因 i 在 t 时刻的表达变化速率可表示为其他基因表达水平

的函数 $f_i(x)$，$f_i(x)$可以是线性函数也可以是非线性函数，此外，该模型中也可以包含一些影响基因表达的其他因素。

上述公式中的函数 $f_i(x)$表明了基因之间的调控关系，最简单的函数是线性函数，如下所示：

$$\frac{\mathrm{d}x_i}{\mathrm{d}t}=\sum_{j=1}^{k}w_{ij}x_j \tag{10-15}$$

此时，这个方程与上述线性组合模型实际上是等价的，式(10-15)中输出项 $\frac{\mathrm{d}x_i}{\mathrm{d}t}$ 是所有输入 x_j 的加权和，参数 w_{ij} 表示基因 j 对基因 i 的影响程度。由于线性方程无法得到精确的变化速率 $\frac{\mathrm{d}x_i}{\mathrm{d}t}$，因此通常将其转化为如下的差分方程：

$$\frac{x_i(t+\Delta t)-x_i(t)}{\Delta t}=\sum_{j=1}^{k}w_{ij}x_j \tag{10-16}$$

基于基因的时序表达数据，求解上述方程组，确定参数 w_{ij}。当系统处于稳定状态时，变化速率为 0，方程可进一步化简为

$$\sum_{j=1}^{k}w_{ij}x_j=0 \tag{10-17}$$

然而，在大多数情况下，非线性函数 $f_i(x)$可能会更好地反映生物体内真实的基因调控关系。非线性函数 $f_i(x)$可以是连续的函数，包括 sigmoid 函数或双曲线函数等，也可以是不连续的函数，如域函数和分段函数等。非线性函数相对较难解析，通常只能通过数值模拟的方法得到近似解。此外，调控网络的规模较大时，微分方程会涉及大量的参数，此时需要更加高效的算法来学习这些参数。

3. 加权矩阵模型

加权矩阵模型与线性组合模型相似，在该模型中，一个基因的表达值是其他基因表达值的函数。含有 n 个基因的基因表达状态可以用 n 维空间中的向量 $\boldsymbol{u}(t)$表示，$\boldsymbol{u}(t)$的每一个元素代表一个基因在 t 时刻的表达水平。同时，可以用一个加权矩阵 W 表示基因之间的调控关系，W 的每一行代表一个基因的所有调控输入，W_{ij} 代表基因 j 对基因 i 的影响。t 时刻基因 j 对基因 i 的总调控输入 $r_i(t)$可表示为基因 j 的表达水平乘以基因 j 对基因 i 的调控影响程度 W_{ij}，公式为

$$r_i(t)=\sum W_{ij}u_j(t) \tag{10-18}$$

这一形式与线性组合模型相似，若 W_{ij} 为正值，则基因 j 激活基因 i 的表达，而负值表示基因 j 抑制基因 i 的表达，0 表示基因 j 对基因 i 没有作用。与线性组合模型不同的是，基因 i 最终表达响应还需要经过一次非线性映射：

$$u_i(t+1)=\frac{1}{1+\mathrm{e}^{\alpha_i r_i(t)+\beta_i}} \tag{10-19}$$

该函数是神经网络中常用的 sigmoid 函数，其中 α 和 β 是两个常数，规定非线性映射函数曲线的位置和曲度。通过上式可计算出基因 i 在 t+1 时刻的表达水平。与线性组合模

型和微分方程模型类似，基于基因的时序表达数据求解加权矩阵 W_{ij}，确定基因之间的调控关系。

4. 布尔网络模型

1969 年，Kaufman 等提出了布尔网络（Boolean network）模型，它是一种以有向图为基础的离散系统，每个基因的表达值被离散成两种状态，即“开”或“关”，分别用数字“1”和“0”表示。状态“开”表示基因表达，而状态“关”则表示基因不表达。基因之间的相互作用关系被抽象成布尔运算。

布尔网络包含两部分：n 个基因的节点集$\{X_1, X_2, X_3, \cdots, X_n\}$和一个布尔函数列表$\{f_1, f_2, f_3, \cdots, f_n\}$。每个基因的状态是一个布尔变量，一个基因在 t+1 时刻的表达状态完全由 t 时刻所有基因的表达状态根据布尔函数确定。因此，基因 i 在 t+1 时刻的表达状态可以写成：

$$X_i(t+1) = f_i(X_1(t), X_2(t), \cdots, X_n(t)) \tag{10-20}$$

其中，$X_i(t)$表示第 i 个基因在 t 时刻的表达状态，f_i是布尔函数，即每个基因表达状态更新的计算规则。由网络的 n 个节点的状态$\{X_1, X_2, X_3, \cdots, X_n\}$所构成的向量称为布尔网络的状态，由 n 个基因组成的网络，其可能的状态数为 2^n。

如图 10-31（a）所示，布尔网络可以表示为一个有向图 $G(V, F)$，用逻辑运算符“AND”，“NOT”等定义这些基因之间的关系。图 10-31（a）可以转换成图 10-31（b）的形式，用以展示两个时间点的基因表达状态之间的关系。图 10-31（c）显示的是基因在不同时刻的表达状态，集合$\{V_1, V_2, V_3\}$可看成布尔函数 F 的输入，对应的输出集合为$\{V_1', V_2', V_3'\}$。布尔网络的逆向重构是指从时序表达数据中推断这些节点之间的布尔函数 F，该函数确定了基因之间的调控关系。

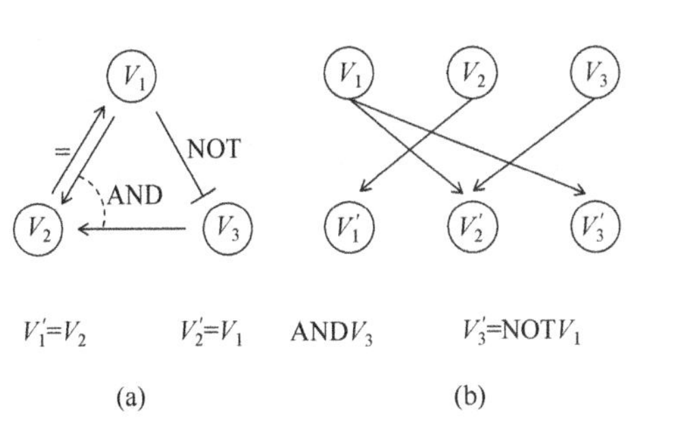

输入			输出		
V_1	V_2	V_3	V_1'	V_2'	V_3'
0	0	0	0	0	1
0	0	1	0	0	1
0	1	0	1	0	1
0	1	1	1	0	1
1	0	0	0	0	0
1	0	1	0	1	0
1	1	0	1	0	0
1	1	1	1	1	0

(c)

图 10-31　布尔网络模型

此外，布尔网络的状态随时间的变化是收敛的，即布尔网络最终都会进入某一个状态或状态圈里，在没有外界扰动的情况下，布尔网络将维持这个状态，很难再发生改变，这个维持不变的状态称为吸引子，所有随时间变化能进入相同吸引子的状态集合称为该吸引子的吸引域。布尔网络中所有不同的吸引域构成了它的状态空间，吸引域中的状态称为暂态（transient state），吸引子的状态称为稳态（stable state）。因此，布尔网络的初始状态决定了系统最终到达哪一个吸引子，通常情况下，单个系统内会有一个或多个吸引子，图 10-32 是一个含有四个节点的随机布尔网络的状态空间，系统从任一状态开始，随着时间的改变最终都将进入吸引子环 1100、0001、0010 和 1111 中。

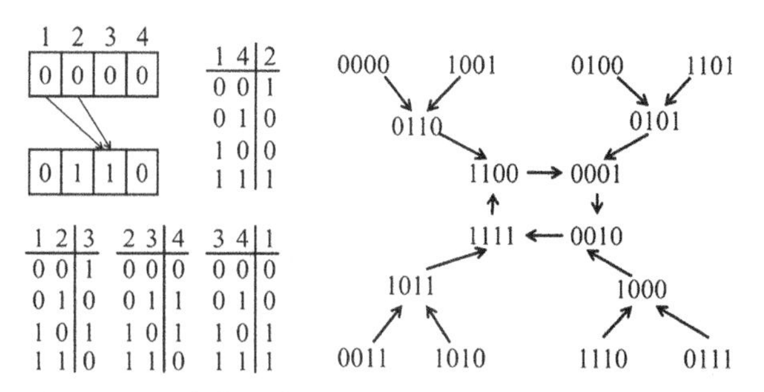

图 10-32　含有 4 个节点的随机布尔网络的状态空间

利用布尔网络重构基因调控网络，能够反映基因调控的动态特性，模拟基因表达的非线性动力学行为，布尔网络已经成功地用于构建酵母和哺乳动物的基因表达调控网络。然而，由于布尔网络中的节点状态是离散的，并不能很好地反映细胞中基因表达的实际情况，例如，布尔网络不能定量反映各个基因表达的差异，不考虑各种基因作用大小的区别等。

5. 贝叶斯网络模型

贝叶斯网络（Bayesian network）又称信念网络（belief network）或因果网络（causal network），由 Judea Pearl 于 1985 年首先提出。贝叶斯网络是一种概率图模型，能够发现变量之间潜在的依赖关系，可以用有向无环图（directed acyclic graph, DAG）表示，图中的节点表示随机变量，可以是观察到的变量或隐变量、未知参数等，有因果关系（或非条件独立）的两个变量或命题用有向边来连接，其中一个节点是“因（parent）”，另一个是“果（child）”，两节点间产生一个条件概率值，边的方向表示这两个随机变量间的因果关系（或非条件独立）。贝叶斯网络在基因调控网络的重构中应用很广泛，其中“因”表示转录因子，“果”表示靶基因。

贝叶斯网络是用图形来表示一系列随机变量 $x=(x_1,x_2,\cdots,x_n)$的联合概率分布，每个变量代表一个基因或蛋白质。贝叶斯网络是基于马尔可夫假设的，即在 x_i 给定的条件下，x_{i+1} 的概率分布和 $x_1,x_2,\cdots,x_{i-1}$ 条件独立，也就是说 x_{i+1} 的概率分布只和 x_i 有关，和其他变量条件独立。这种顺次演变的随机过程称为马尔可夫链（Markov chain）或贝叶斯网络的链式法则。公式如下：

$$P(x_{n+1}=x\,|\,x_0,x_1,x_2,\cdots,x_n)=P(x_{n+1}=x\,|\,x_n) \tag{10-21}$$

在贝叶斯网络中，整个网络的联合概率可表示为

$$P(x)=\prod_i^n P(x_i\,|\,x_{pa(i)}) \tag{10-22}$$

其中，$pa(i)$表示节点 i 的“因”，或称 $pa(i)$是 i 的所有父节点（parents）。

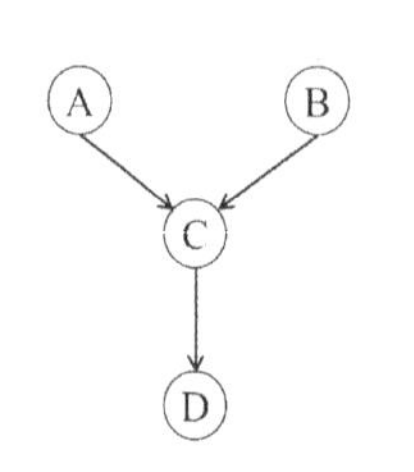

图 10-33　贝叶斯网络示意图

图 10-33 是一个包含了四个基因的调控网络，其中 A 与 B 共同调控 C，而 C 又调控 D。根据贝叶斯网络链式法则，如果知道 A 和 B 的状态，就可以预测 C 的状态，进一步通过 C 也可以预测 D 的状态，但是，当知道 C 的状态的时候，A 和 B 对预测 D 就不能提供额外的信息，因此，可以认为在 C 已知的条件下，D 与 A 和 B 是相互独立的。因

此，该网络的联合概率分布可以表示为 $P(\mathrm{A,B,C,D}) = P(\mathrm{A})P(\mathrm{B})P(\mathrm{C|A,B})P(\mathrm{D|C})$。

贝叶斯网络的构建主要包括：网络变量的确定、网络结构的学习以及参数估计。对于真实的连续基因表达数据，通常需要先对其进行离散化，这样虽然会损失一些信息，但可以减少噪声，使构建的网络更稳定。然后，引入一个评价训练集数据与候选网络结构契合程度的打分函数，进一步搜索与训练集数据最匹配的网络结构，从而将该问题转化为最优化问题。为了提高网络结构的搜索效率，通常可以选择局部最优解。

6. 动态贝叶斯网络

上述介绍的贝叶斯网络方法是基于静态数据，如果要把时间因素考虑进来，就需要用到动态贝叶斯网络（dynamic Bayesian network, DBN）。动态贝叶斯网络能够学习变量间的概率依赖关系及其随时间变化的规律，其主要用于时序数据建模。静态贝叶斯网络反映了一系列变量间的概率依赖关系，没有考虑时间因素对变量的影响，而动态贝叶斯网络是沿时间轴变化的贝叶斯网络。

动态贝叶斯网络可以看作贝叶斯统计与动态模型的结合，既考虑了系统外部的影响因素，又考虑了系统内部的相互关联；既能够反映变量之间的概率依赖关系，又能描述这一系列变量随时间变化的情况，是贝叶斯网络在时间变化过程上的扩展。如图 10-34 所示，每个时间点对应一个静态的贝叶斯网络，每个随机变量的概率分布依赖于上一刻或当前时刻某些随机变量的概率分布。动态贝叶斯网络的联合概率可以表示为

$$P(X,Y) = \prod_{t=1}^{T-1} P(x_t \mid x_{t-1}) \prod_{t=0}^{T-1} P(y_t \mid x_t) P(x_0) \tag{10-23}$$

其中，$X=\{x_0, x_1,\cdots, x_{T-1}\}$为隐状态变量，$Y=\{y_0, y_1,\cdots, y_{T-1}\}$为观测变量，$P(x_t|x_{t-1})$为状态转移的概率密度函数，用于表述状态在时间上的依赖性，$P(y_t|x_t)$为观测的概率密度函数，用来描述某个时间点观测变量之间的依赖性。

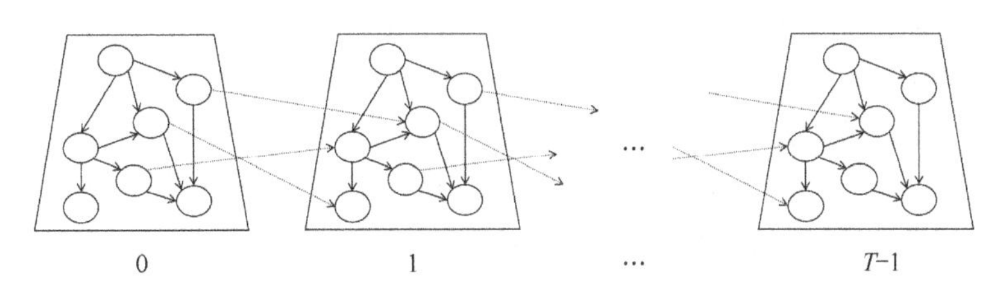

图 10-34　动态贝叶斯网络随时间变化过程示意图

由于基因调控的复杂性，动态分子网络的重构面临许多困难，目前的研究相对较少，并且主要针对特定状态下的小规模子网的构建和分析。然而，生物分子网络的动力学建模对于精确研究生命体中生物分子的动态性变化，如生长、发育、疾病进展等具有重要作用。因此，动态网络的构建和分析是未来生物分子网络研究的重要发展方向之一。

10.4.2 基因共表达网络的重构

基因的共表达网络（co-expression network）反映的是基因之间表达的相似性，可以表示为无向图，其中节点代表基因，边表示基因间的共表达关系。共表达基因具有重要的生物学关联，如可能受相同的转录因子调控、具有相似的生物学功能、处于相同的生物学通

路中、组成相同的蛋白质复合物等，因此，基因共表达网络的构建及分析，对于基因功能的研究以及功能模块的识别具有重要意义。基因共表达网络的构建通常先计算出所有可能的基因对之间的表达相似性，常用的相似性测度有皮尔森线性相关、斯皮尔曼秩相关及互信息等；然后计算表达相似性的统计显著性，通常可以采用随机扰动检验的方法，通过随机扰动基因表达谱数据，重新计算随机情况下基因之间的表达相似性，构建零分布，获得统计学显著的共表达基因对；最后将这些显著的基因对用边连接起来，构成基因共表达网络。

目前，常用的基因共表达网络的构建和分析方法是 WGCNA（weighted gene co-expression network analysis）。WGCNA 将基因表达相关系数的 β 次幂作为衡量基因表达相似性的指标 $a(i,j)=|cor(i,j)|^{\beta}$，以此来放大基因间表达相似性强弱的差异。在加权基因共表达网络中，节点是基因，$a(i,j)$是边的权重。WGCNA 提供几种计算表达相似性的方法，如皮尔森线性相关和斯皮尔曼秩相关等。无标度网络的特性对生物的进化有重要意义，WGCNA 利用 R-square 评估一个网络接近无标度网络的程度，然后确定 R-square 足够大时所对应的 β 值，通常 R-square 取大于 0.8 的值。此外，WGCNA 还提供了模块识别的功能，通过计算拓扑重叠矩阵（topological overlap matrix, TOM）来衡量基因之间的相似性，并进行层次聚类，聚类树的不同分支对应了不同的基因模块，最简单的方法是选取一定的高度将树剪断，从而产生不同的基因模块。WGCNA 方法已经被开发成 R 包，可从如下网址下载 https://horvath.genetics.ucla.edu/html/CoexpressionNetwork/Rpackages/WGCNA。

10.4.3 ceRNA 网络的重构

竞争性内源 RNA（competing endogenous RNA, ceRNA）是一类内源性 RNA 分子，具有 miRNA 结合位点，可以竞争性地与 miRNA 结合，从而间接调控 miRNA 靶基因的表达。ceRNA 通常也被称为 miRNA 海绵（microRNA sponge）。常见的 ceRNA 有 mRNA、lncRNA 和 circRNA 等。ceRNA 假说为 mRNA 和非编码 RNA 赋予了新的、更为广泛的生物学功能。各种 RNA 分子之间可以通过形成 ceRNA 产生间接调控，在生理和疾病过程中发挥重要作用。例如，基因 *ZEB2* 的 mRNA 能够竞争性结合 miR-200b，进而调控 *PTEN* 的表达，在黑色素瘤中，*ZEB2* 表达的上调可导致抑癌基因 *PTEN* 被 miR-200b 激活，从而抑制肿瘤细胞的增殖。目前，候选的 ceRNA 三元组（两个可能存在竞争关系的 RNA 及被竞争结合的 miRNA）的识别方法主要考虑以下两个方面：①两个可能存在竞争关系的 RNA 上是否具有 miRNA 的结合位点以及结合位点的数量；②基因表达的相似性，miRNA 与两个可能存在竞争关系的 RNA 之间是负相关，两个可能存在竞争关系的 RNA 之间是正相关。将所有预测的三元组连接起来就构成了 ceRNA 网络，有时 ceRNA 也可能只包含有潜在竞争关系的 RNA。

10.5 生物分子网络比对

随着高通量分子检测技术的发展，各种层面的分子互作数据越来越丰富。然而，不同物种中或不同生理状态下的生物分子网络通常存在着一定的差异，例如，在生长发育过程中基因表达调控的动态变化。挖掘不同状态下生物分子网络的改变模式、识别不同物种间的保守模块，对于预测基因功能、探究分子演化以及阐释疾病机理等均具有十分重要的意义。

10.5.1　生物分子网络比对基本概念

不同状态下的生物分子网络的比对实际上是基于计算机科学中经典的图匹配（graph matching）方法。图匹配是图论中比较图之间结构相似性的方法，可分为精确匹配和非精确匹配。精确匹配在数学上有着严格的数学描述，常用的方法包括图同构（graph isomorphism）、最大公共子图（maximum common induced subgraph）等。若图 G 和图 H 存在双射 $f:V(G)\rightarrow V(H)$，节点 u 和节点 v 在图 G 中相连，当且仅当 $f(u)$ 和 $f(v)$ 在图 H 中相连，则称这两个图是同构的。在图论中，由于图的不同展示方式往往表现出不同的结构，因此两个直观上有差异的图可能是同构的（图 10-35）。最大公共子图是指图的最大匹配，即在两个图中存在一个最大公共子图（具有尽可能多的顶点），如图 10-36 所示。识别最大公共子图是一个 NP-hard 的求解问题。

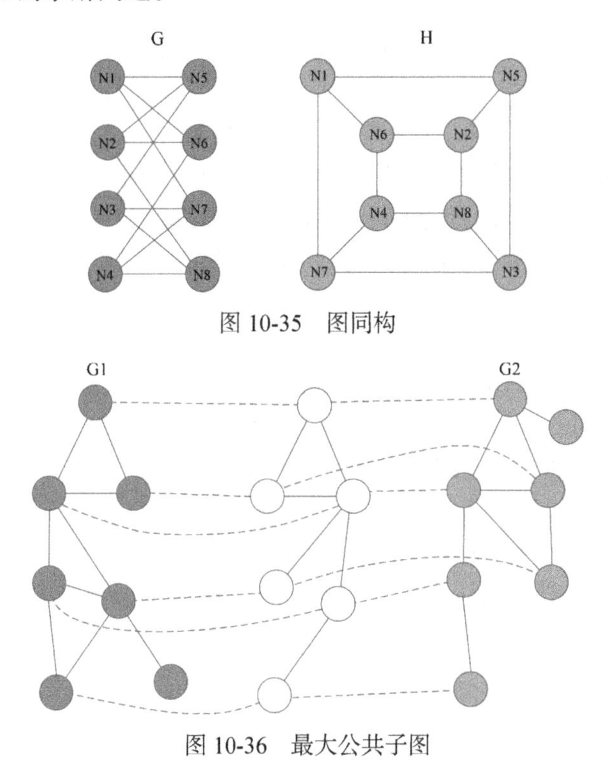

图 10-35　图同构

图 10-36　最大公共子图

生物分子网络的比对问题往往不同于常规的图匹配。生物分子网络比对的目的通常是寻找物种之间分子网络的节点映射，从而发现相似的网络区域。生物分子网络的比对根据不同的研究目的可分为局部比对（local alignment）和全局比对（global alignment）。网络局部比对是为了寻找不同网络中保守的功能模块，而全局比对则试图在两个网络的节点之间找到整体的最佳映射。此外，比对方法还可以分为一对一和多对多比对。一对一比对是指一个节点最多与另一个网络中的一个节点对应，而多对多比对则是指一个或多个节点可以对应到另一个网络中的一个或多个节点上。图 10-37 给出了网络局部比对和全局比对的示意图，其中标记×的节点表示其存在多对多比对，即该节点存在于多个保守模块中。网络比对常常被应用于两个或多个物种间的蛋白质互作网络，用来寻找不同物种之间的功能保守模块，研究蛋白质在不同物种中的功能。

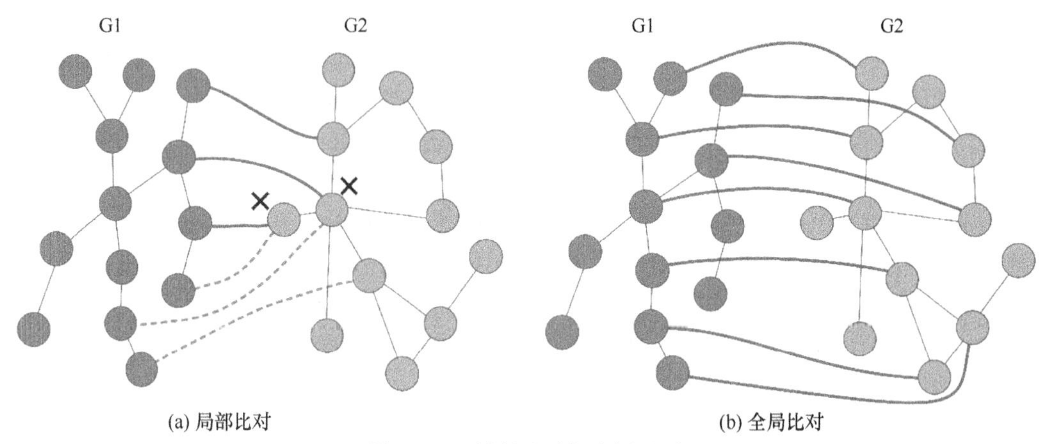

图 10-37　局部比对与全局比对

10.5.2　生物分子网络比对工具

蛋白质互作网络在不同的物种中或不同的状态下具有不同的拓扑结构和性质，蛋白质互作网络比对的基本思想是同源蛋白之间具有高的序列相似性，且在蛋白质互作网络中具有保守的拓扑性质。因此，蛋白质互作网络的比对也是一种预测蛋白质功能和互作的有效方法。

图编辑距离（graph edit distance, GED）是一种最为直观的衡量两个图之间差异的方法。图编辑距离的主要思想是针对网络结构进行两个网络之间的差异分析，两个网络经过一定的图编辑操作（如删除或增加一个节点，删除或增加一条边，修改边的属性）可以实现相互转化。若两个图之间的编辑距离越大，则它们之间的相似度越小，反之亦然。如图 10-38 所示，对无向图 G1 和 G2 进行图编辑距离的计算，首先定义图编辑操作的代价（cost of edit operations），在此，删除或增加边或节点的代价为 1，替换边或节点的代价为 0。图 G1 经过删除节点 N1 和边 E1、E3，增加节点 N7 和边 E9。因此，GED(G1, G2)=5。Ibragimov 等开发的基于图编辑距离的 GEDEVO 方法可用于生物分子网络比对（http://gedevo.mpi-inf.mpg.de），此外，该团队还开发了相应的 Cytoscape 插件 cytoGEDEVO，具有便捷的图形化操作界面。

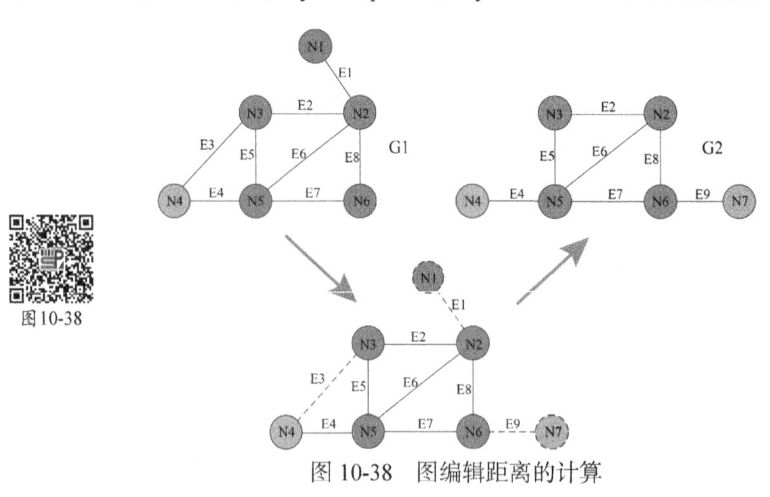

图 10-38　图编辑距离的计算

针对两个物种之间的蛋白质互作网络的比对，Kalaev 等开发了启发式搜索算法 NetworkBLAST，用以挖掘在两个物种的蛋白质互作网络中进化保守的蛋白质复合物。用户可通过访问 http://www.cs.tau.ac.il/~bnet/networkblast.htm 进行在线的网络比对。该工具可输出保守的蛋白质复合物及其互作网络，可进一步利用 Cytoscape 进行可视化，其中虚线连接的节点表示直系同源蛋白，实线表示蛋白质互作，图 10-39 显示的是酵母和果蝇的蛋白质互作网络的比对结果。一些算法除了考虑节点的保守性和拓扑性质，还考虑了边的保守性，如 Vijayan 等开发的 MAGNA++（https://www3.nd.edu/~cone/MAGNA++），在考虑节点比对质量的同时优化边的保守性，相比单独考虑节点保守性的方法，比对性能有明显的提升。

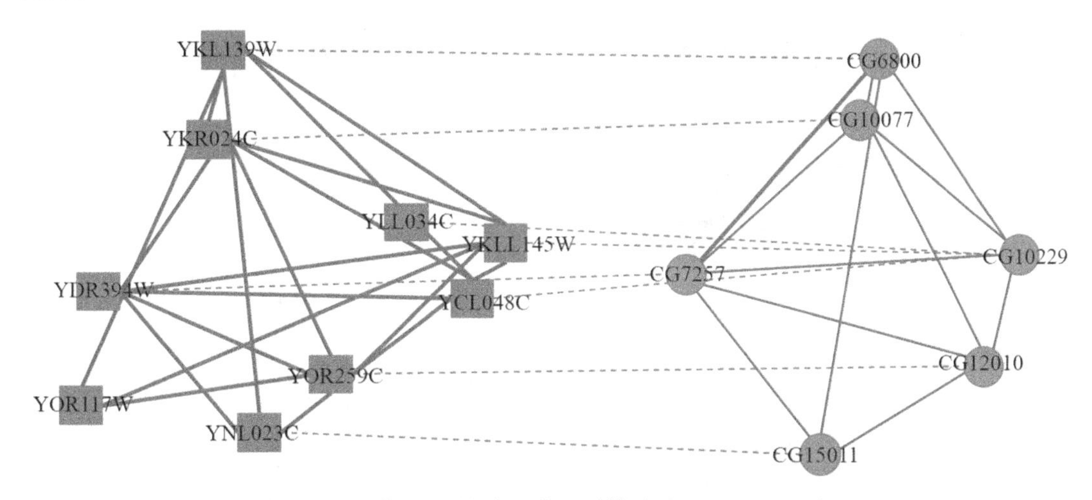

图 10-39　酵母和果蝇的网络比对结果（Kalaev，2008）

在实际应用中，往往需要比较多个物种之间的生物分子网络，此类问题的计算复杂度相对较高。多个网络的局部比对算法可以对多个物种中功能保守的模块进行挖掘。例如，Hu 等开发的 LocalAli 算法，基于最大简约进化模型来识别多个网络中功能保守的模块（局部比对），使用启发式模拟退火方法来识别最优解或近优解；Flannick 等开发的 Græmlin 支持多个生物分子网络的局部和全局比对，考虑了配对节点之间的相似性和边的保守性，该方法消除了之前的保守模块结构的限制，可以应用到大规模的蛋白质互作网络的比对中；Liao 等开发了基于谱聚类（spectral clustering）的生物分子网络比对算法 IsoRankN，该方法具有较好的容错能力和计算性能，IsoRankN 可通过网址 http://isorank.csail.mit.edu 下载使用。

此外，一些多个网络比对的方法考虑了网络的全局特征，针对全局网络比对，能够在最大程度上找到网络中功能保守的蛋白质。例如，Hu 等开发的 NetCoffee 能够快速、准确地进行多个网络的全局比对，并识别网络中在进化上功能保守的蛋白质，该方法采用了类似于 T-Coffee 的三重方法（triplet approach）来构建加权二部图，并利用模拟退火算法最大化目标函数来搜索全局比对的最优解，该方法的源码可从 https://code.google.com/p/netcoffee 网站下载；Hu 等在 NetCoffee 的基础上进一步开发了在线工具 WebNetCoffee（http://www.nwpu-bioinformatics.com/WebNetCoffee），考虑了蛋白质的序列相似性和节点的网络拓扑性质，利用模拟退火搜索全局最优解，能够在多个蛋白质互作网络中进行全局识别功能保守的蛋白质（图 10-40）；Singh 等开发了 IsoRank（http://cb.csail.mit.edu/cb/mna）对蛋白质互作网络进行全局比对，基于相互匹配的蛋白质之间有着相似的序列和拓扑性质，旨在最大化所有输入网络的整体比对结果，即网络的全局比对，该方法与仅基于序列的直系同源预测方法相比提高了比对的一致性和覆盖率；Kalecky 等提出了全局网络比对的方法 PrimAlign（http://web.ecs.baylor.edu/faculty/cho/PrimAlign），基于马尔可夫链和 PageRank 来识别功能保守蛋白质，经过不断地迭代直到收敛到最优解，PrimAlign 不仅考虑了网络的结构，而且考虑了蛋白质的序列相似性。目前还有许多已知的生物分子网络比对的方法和工具，在此不一一列举。

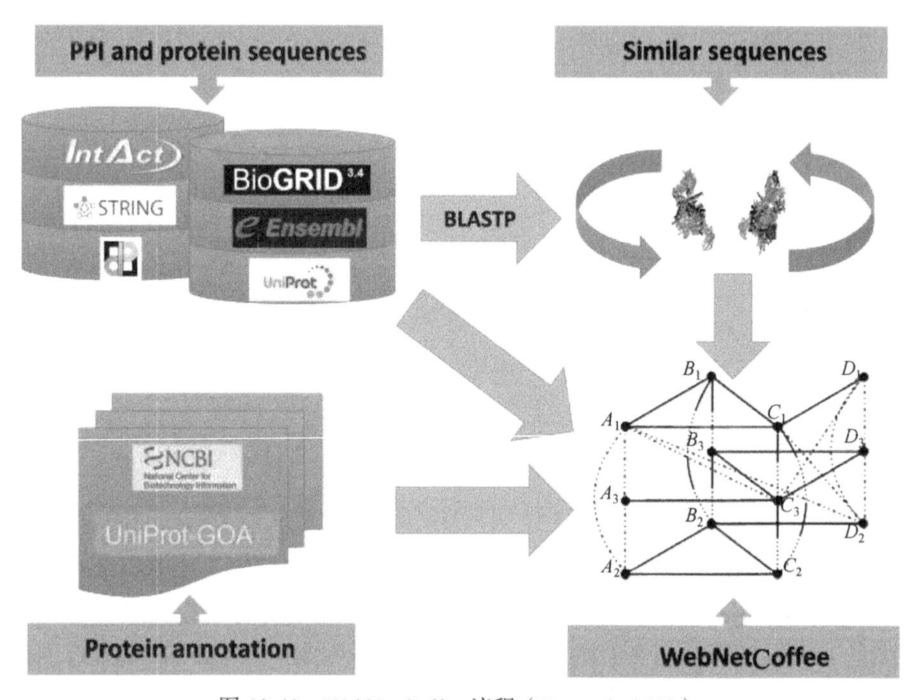

图 10-40　WebNetCoffee 流程（Hu et al., 2018）

10.6　生物分子网络数据库及分析软件

目前，已经有很多大型的分子互作数据库可以帮助我们快速构建各种层面的、较为完善的生物分子网络，如蛋白质互作网络、基因调控网络等。此外，生物信息学家也开发了许多生物分子网络的分析软件，这些软件可以帮助研究人员从网络的角度识别关键分子、标志物以及药物靶点等。

10.6.1　生物分子网络数据库

1. 蛋白质互作关系数据库

（1）HPRD

HPRD（human protein reference database）数据库是印度班加罗尔生物信息学研究所与

美国的霍普金斯大学 Pandey 实验室合作完成的，网址为 http://hprd.org。该数据库记录了人类蛋白质功能相关的信息，包括蛋白质互作、蛋白质翻译后修饰、蛋白质的表达和亚细胞定位等。HPRD 中蛋白质的注释信息是通过阅读、解释和分析已有的文献手动提取的。HPRD 的最新版本（Release 9）的数据统计见表 10-1。

表 10-1 HPRD 数据统计

Entries（条目）	Number（数量）
Protein Entries 蛋白质条目	30047
Protein-Protein Interaction 蛋白质互作	41327
PTMs 蛋白质翻译后修饰	93710
Protein Expression 蛋白质表达	112158
Subcellular Location 亚细胞位置	22490
Domains 结构域	470
Pubmed Links 文献信息	453521

HPRD 中可以通过分子类型、结构域、模体、翻译后修饰类型或位置信息来浏览蛋白质。该数据库还提供了数据下载功能，用户可以下载 XML 格式和 Tab 键分隔的人类蛋白质互作文件以及蛋白质相关信息。

（2）BioGRID

BioGRID（biological general repository for interaction datasets）是一个专门存储主要模式生物和人类蛋白质互作的生物学数据库（https://thebiogrid.org）。在最新版本 3.5.178 中，BioGRID 从 70958 篇已发表文献中挖掘了主要模式生物的 1746922 对蛋白质互作、28093 对化合物-蛋白质互作和 874796 条翻译后修饰信息。其中，人类蛋白质互作信息统计见表 10-2。

表 10-2 BioGRID 中的人类蛋白质互作信息

Experiment Type（实验类型）	Physical（物理）	Genetic（遗传）	Combined（组合）
Raw Interactions 原始互作	527486	7875	535361
Non-Redundant Interactions 非冗余互作	392504	7782	399625
Unique Genes 去重的基因	24167	2727	24519
Unique Publications 去重的文献	30442	339	30576

此外，BioGRID 还提供了数据下载功能，用户可以免费下载不同格式、不同物种的蛋白质互作数据及其相关信息。

（3）STRING

STRING（search tool for the retrieval of interacting genes proteins）是一个收录多个物种已知或者预测的蛋白质互作信息的网络资源和数据库（https://string-db.org）。STRING 中的信息来源于实验证实的数据、预测的数据和文献挖掘的数据，其中预测的数据主要来自以下四个方面：①不同物种中同源蛋白质应具有相似的功能，因此可以基于直系同源从模式生物中转移互作关系；②融合的蛋白质很可能在功能上有相关性，因此将融合蛋白认为是一组蛋白质互作关系；③具有相似功能或者位于同一个通路中的蛋白质应该具有相似的进化谱，因此可以认为它们之间存在相互作用；④通过共表达预测蛋白质之间的关联。STRING还提供了蛋白质功能富集的工具，可以将用户提交的蛋白质富集到相应的 KEGG、GO 和 Pfam 的功能。STRING 也提供了数据的免费下载功能（图 10-41）。

图 10-41　STRING 数据库下载界面

（4）DIP

DIP（database of interacting proteins）是一个记录实验证实的蛋白质互作信息的生物学数据库（http://dip.doe-mbi.ucla.edu）。该数据库通过文献挖掘，整合了不同来源的信息，创建了一致的蛋白质互作集，旨在提供一个整合且全面的工具来浏览生物过程中的蛋白质互作信息。DIP 收录了多个物种的蛋白质互作信息，并且可以免费下载相关数据。截至 2019 年 11 月 10 日，DIP 中各物种的数据统计见表 10-3。

表 10-3　DIP 数据库统计

Organisms（物种）	Proteins（蛋白质）	Interactions（互作）	Experiments（实验）
Saccharomyces cerevisiae 酵母	5221	24918	18229
Drosophila melanogaster 果蝇	7730	23358	23855
Escherichia coli 大肠杆菌	2994	13379	11444
Caenorhabditis elegans 秀丽线虫	2746	4185	4284
Homo sapiens 人	5048	9141	13908
Helicobacter pylori 幽门螺旋杆菌	716	1431	1477
Mus musculus 小鼠	2387	3069	3930
Rattus norvegicus 大鼠	693	717	1097
Bos taurus 牛	297	196	309
Arabidopsis thaliana 拟南芥	440	612	1117

（5）IntAct

IntAct 提供了一个免费、开源的数据库和分析工具，用于存储、呈现和分析蛋白质相互作用（https://www.ebi.ac.uk/intact）。该数据库收录了多个物种实验证实的蛋白质互作信息，并提供免费下载。IntAct 可以对互作蛋白质进行功能富集分析，可以搜索与用户输入的蛋白质（图 10-42（a））互作的蛋白质，并进行可视化（图 10-42（b））。

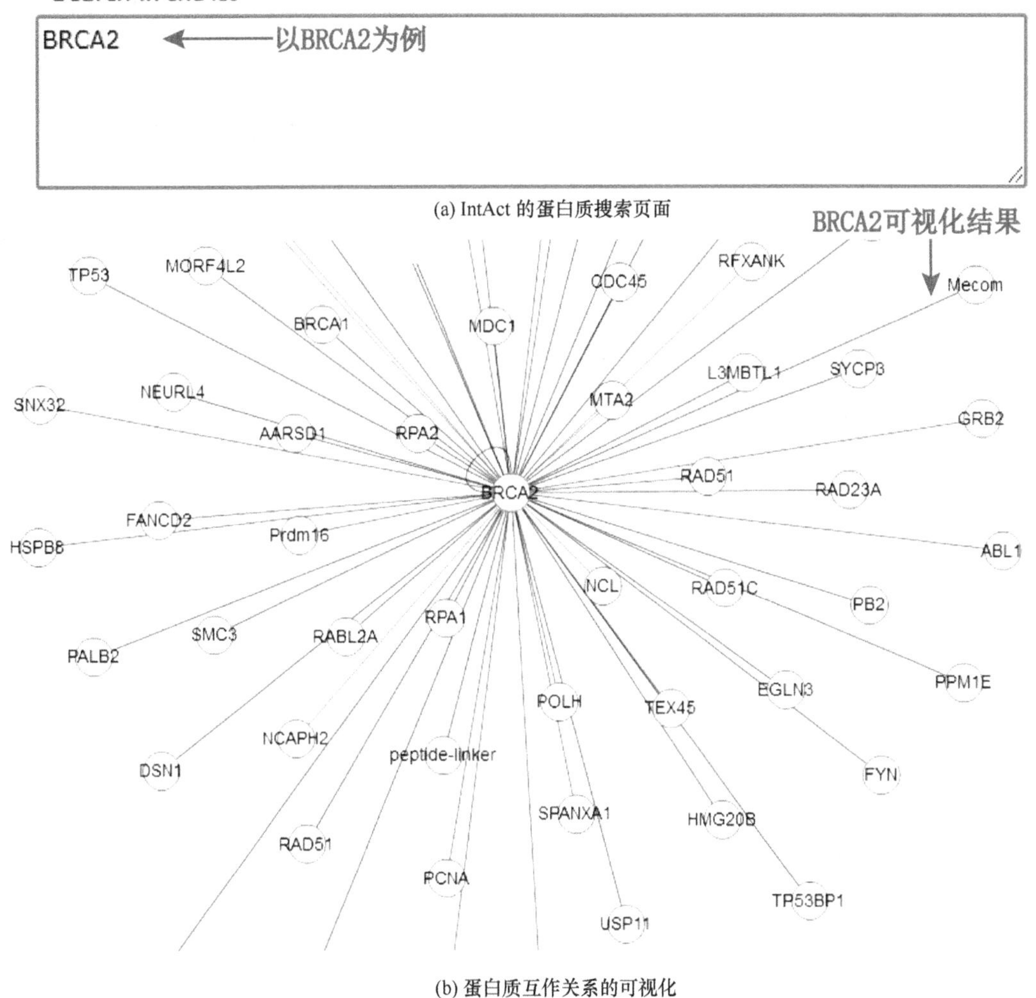

(a) IntAct 的蛋白质搜索页面

(b) 蛋白质互作关系的可视化

图 10-42　IntAct 的蛋白质搜索页面及蛋白质互作关系的可视化

2. 基因调控关系数据库

（1）TRANSFAC

TRANSFAC 记录了真核生物转录因子（transcription factor, TF）、实验证实的转录因子结合位点（transcription factor binding site, TFBS）以及靶基因信息，是基因转录调控的金标准集（http://genexplain.com/transfac）。TRANSFAC 分为学术版（免费）和专业版（付费）两个版本。学术版更新至 2006 年，专业版本则持续不断地更新。与学术版本相比，专业版本加入了 ChIP-chip 数据和 ChIP-seq 数据。此外，TRANSFAC 数据库还提供了 Match 工具，基于位置权重矩阵来预测靶基因启动子区可能的转录因子结合位点。

（2）TRRUST

TRRUST（transcriptional regulatory relationships unraveled by sentence-based text mining）存储了人类和小鼠两个物种的转录因子-靶点互作信息（图 10-43），该信息通过手动挖掘已发表的相关文献获得（https://www.grnpedia.org/trrust）。TRRUST 最新版本（Version 2）收录了 800 个人类转录因子和相应的 8444 条转录因子-靶点关系，828 个小鼠的转录因子和相应的 6552 条转录因子-靶点关系。此外，TRRUST 还提供转录因子的调控模式，即激活作用或抑制作用。在 TRRUST 数据库中，通过搜索特定转录因子，可以得到转录因子的靶点信息、靶向该转录因子的其他转录因子信息、与该转录因子共享靶点的其他转录因子的信息以及与该转录因子相关的疾病或通路信息。最后，TRRUST 也提供了免费下载功能，用户可以免费下载两个物种的转录因子-靶点互作数据。

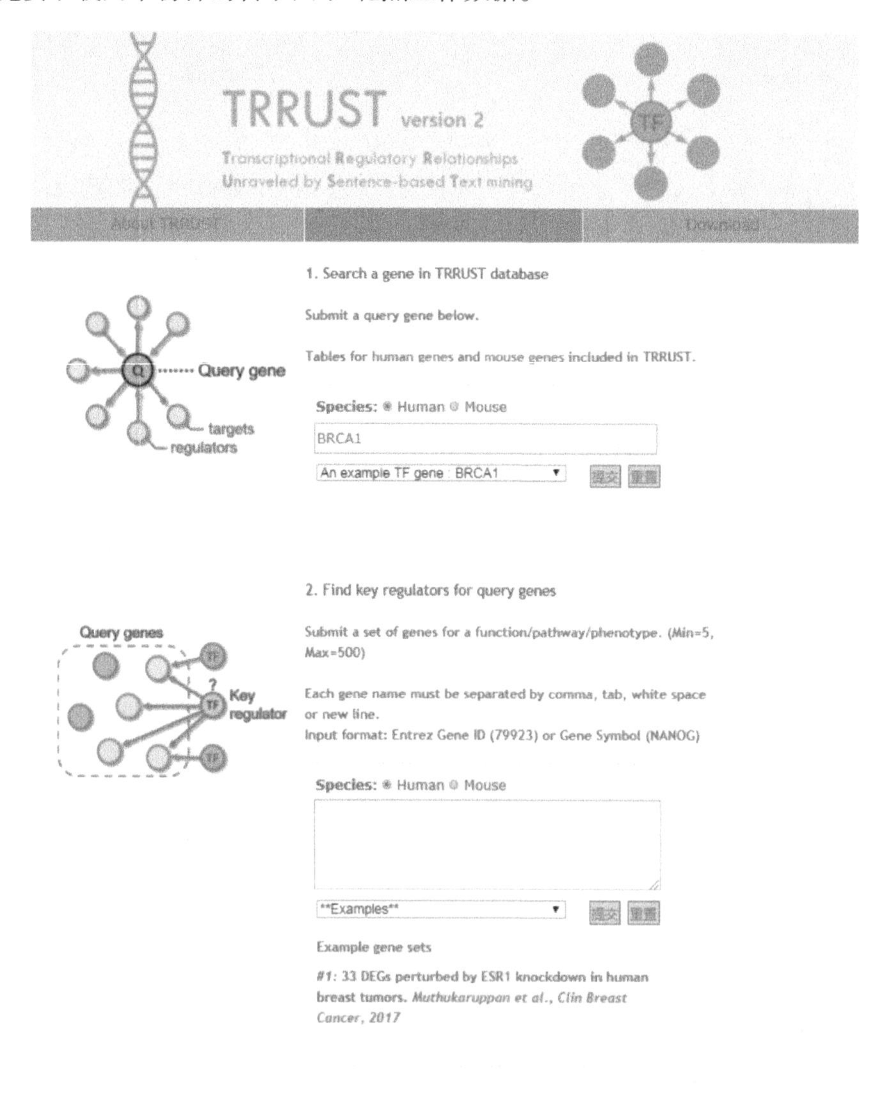

图 10-43　TRRUST 数据库搜索界面

（3）TransmiR

TransmiR 是一个关于转录因子对 miRNA 调控的数据库(http://www.cuilab.cn/transmir)，TransmiR 最新版本(V2)收录了从 1349 篇文献中手动挖掘的 19 个物种的 3730 条 TF-miRNA 调控关系，包括 623 个 TFs 和 785 个 miRNAs。同时，TransmiR 还收录了 5 个物种的从 ChIP-seq 数据获得的 1785998 条 TF-miRNA 调控关系。此外，TransmiR 提供了“Network”模块（图 10-44（a））用来可视化每个 TF 和 miRNA 的 TF-miRNA 调控网络；“Enrichment analysis”模块（图 10-44（b））用于预测靶向用户输入的 miRNA 的转录因子；“Predict”模块（图 10-44（c））可以基于转录因子结合的模体来预测人类的 TF-miRNA 关系。最后，TransmiR 也为用户提供了数据免费下载的功能。

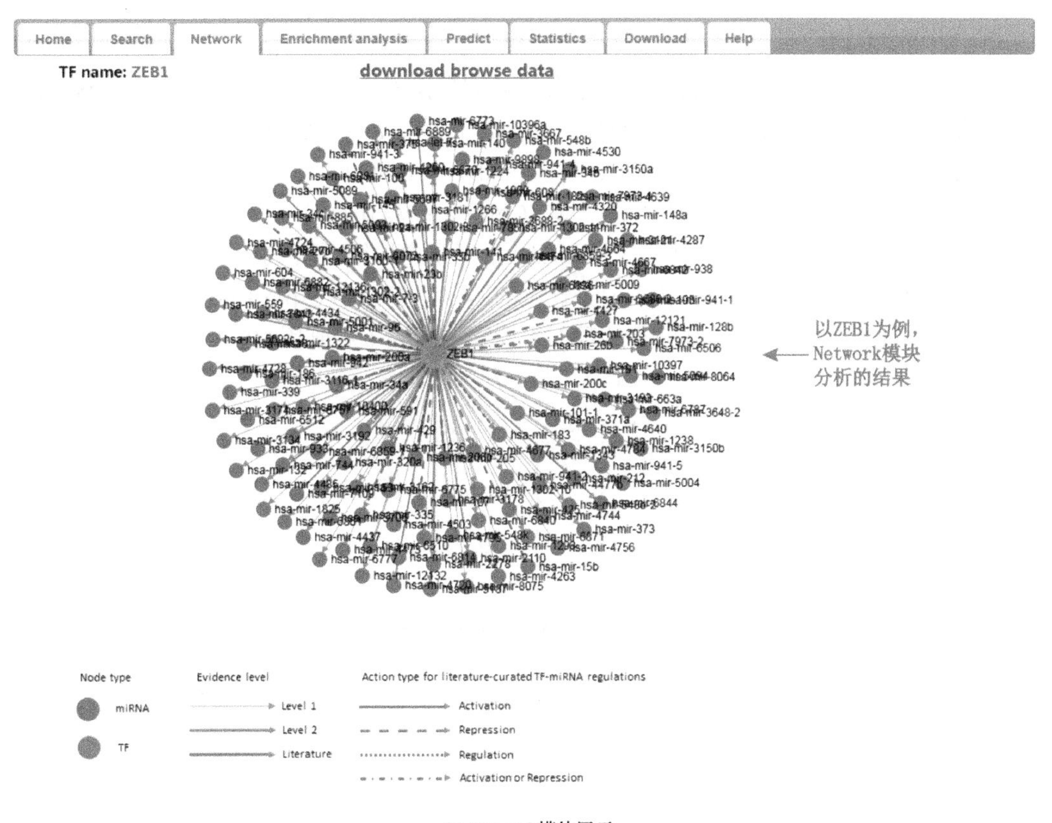

(a) Network模块展示

Home | Search | Network | Enrichment analysis | Predict | Statistics | Download | Help

Enrichment analysis results

Text file of results

Term	Count	Percent	Fold	P-value	Bonferroni	FDR
Category: Transcription factor (281 Items)						
AFF4	3	0.02	3.7154	0.0436	1	0.0943
AHR	2	0.02	2.6393	0.1755	1	0.243
AKT1	1	0.2	32.2	0.0365	1	0.0814
AKT2	1	0.25	40.25	0.0305	1	0.0759

基因集
Enrichment analysis
模块分析的结果

(b) Enrichment analysis模块展示

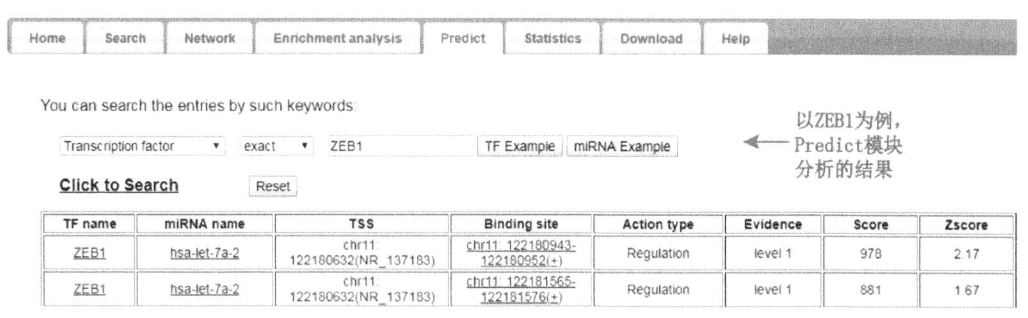

(c) Predict模块展示

图 10-44　TransmiR 数据库三个模块展示

（4）ChIPBase

ChIPBase 是一个用于研究转录因子结合位点的数据库（http://rna.sysu.edu.cn/chipbase）。ChIPBase 从 ChIP-seq 数据解码 lncRNA、miRNA、其他 ncRNA 和蛋白质编码基因的转录调控。该数据库不仅收录了 TF-lncRNA、TF-miRNA、TF-OtherNcRNA、TF-Protein 的调控信息，还包含转录因子结合位点的相关信息。ChIPBase V2.0 收录了 10 个物种（约 10200 个样本）的信息，共包含约 870 个转录因子和 150 个组蛋白修饰（图 10-45）。ChIPBase 还提供了 ChIP-Function 工具，用于预测转录因子靶点的 GO 功能；Co-expression 工具，利用 TCGA 中约 20000 个样本的 RNA-seq 基因表达数据来探索转录因子和基因间的共表达模式。

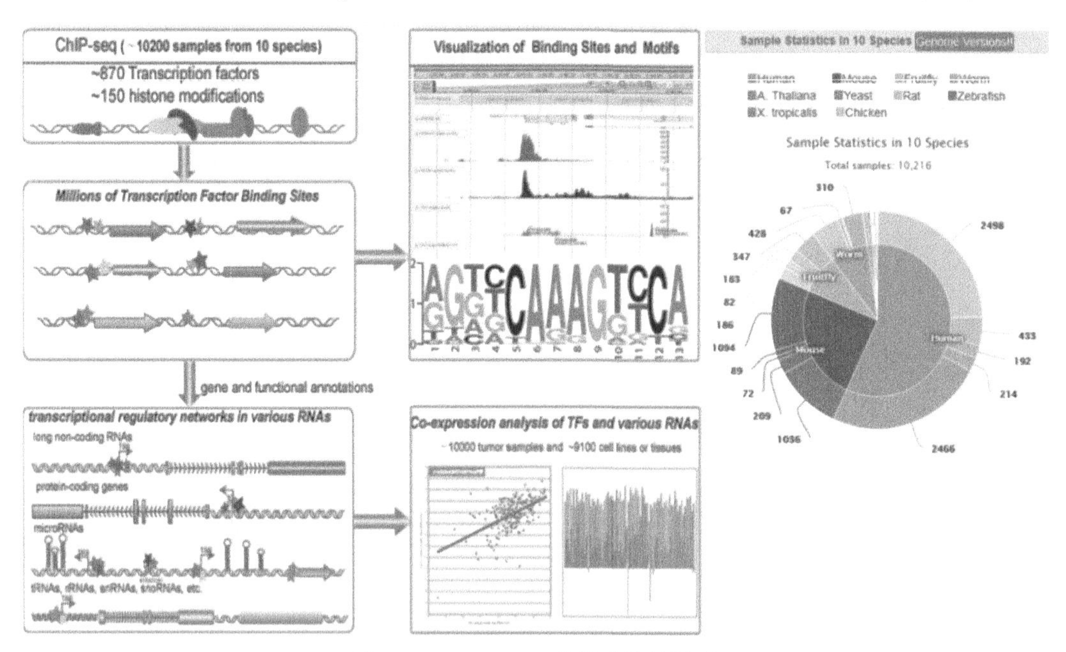

图 10-45　ChIPBase 数据库统计展示

3. 代谢反应数据库

（1）KEGG

KEGG（Kyoto encyclopedia of genes and genomes）是一个整合基因组学、化学和系统功能信息的数据资源（https://www.genome.jp/kegg）。KEGG 是分析基因功能最常用的数据

库之一，详见第 9 章。

（2）BioCyc

BioCyc 是各种特定的通路或者基因组库数据的集合，为成千上万的生物提供了基因组和通路信息的参考（https://biocyc.org）。BioCyc 的最新版本（V23.1）包含了 14735 个通路或基因集。BioCyc 数据库分为三层：第一层是基于文献收集的数据，有 7 个数据库，其中 MetaCyc 是主要数据库之一，记录了不同实验证明的代谢通路，截至 2019 年 11 月，包含了来自 3009 种不同物种的 2722 个通路。MetaCyc 包含了初级和次级代谢的通路及其相关代谢物、反应、酶和基因。第二层和第三层数据库中包含了预测的代谢通路。此外，BioCyc 还开发了许多用于搜索、可视化、比较和分析基因组及通路信息的工具，例如：RouteSearch 工具用于搜索代谢网络中指定代谢物的反应途径（图 10-46（a））；Comparative Analysis 可以进行不同物种或者不同数据库中通路、代谢物、转运蛋白之间的比较(图 10-46(b))。

（3）Reactome

Reactome 是一个免费的生物学通路数据库（图 10-47），主要收集人类的所有生物学过程的结构化信息（https://reactome.org）。Reactome 中的生物学通路包括代谢、信号转导、细胞凋亡和疾病相关通路等。同时，Reactome 还包含了可能在小鼠、大鼠、斑马鱼、蠕虫和其他模式生物中的直系同源分子反应。此外，Reactome 提供了一些可视化工具和分析软件，对于用户输入的基因、小分子、蛋白质等数据进行通路富集、物种比较、组织分布等分析，并将分析结果可视化。

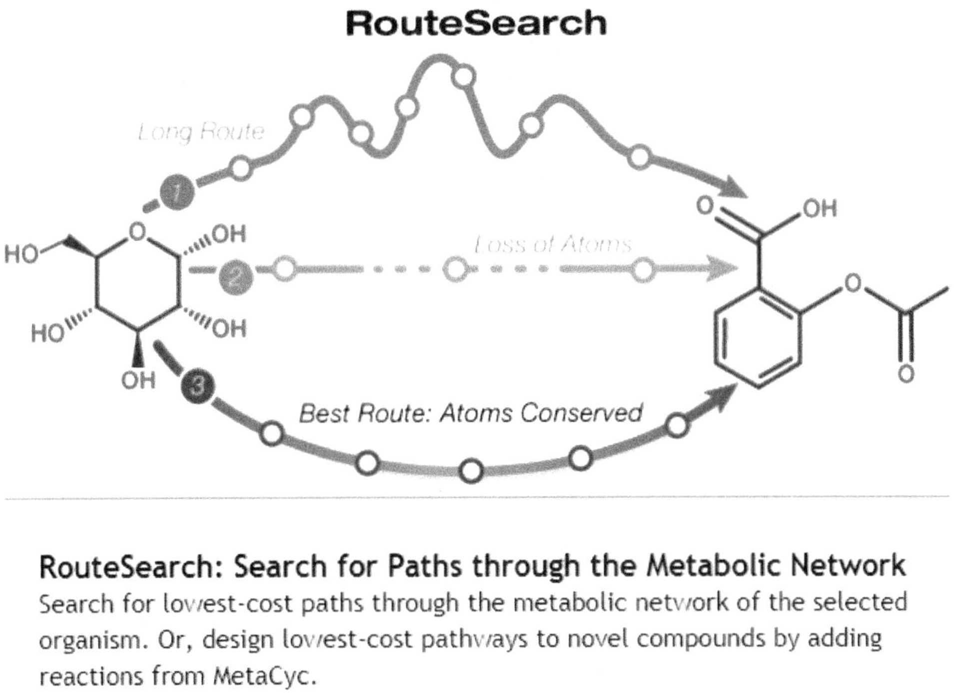

(a) RouteSearch工具

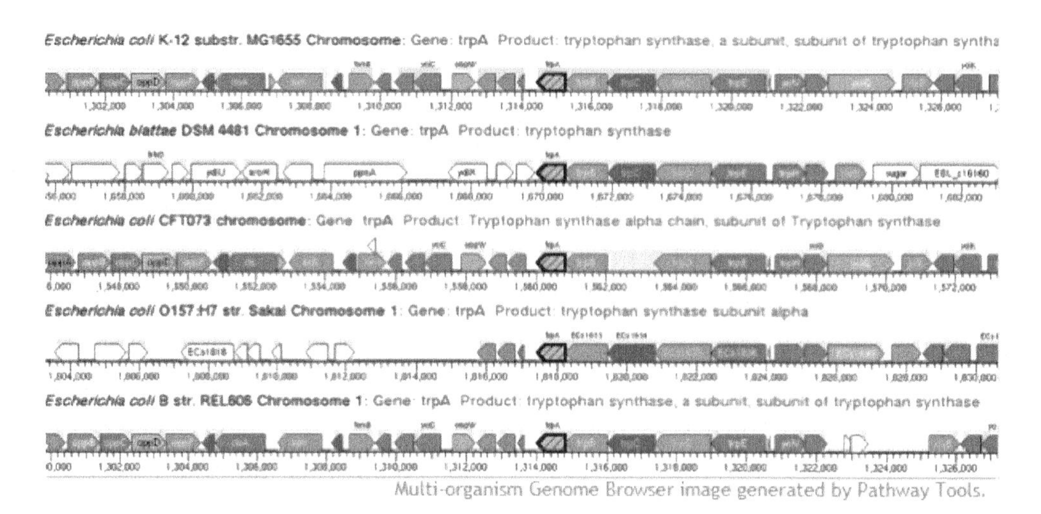

(b) Comparative Analysis工具

图 10-46　BioCyc 数据分析展示

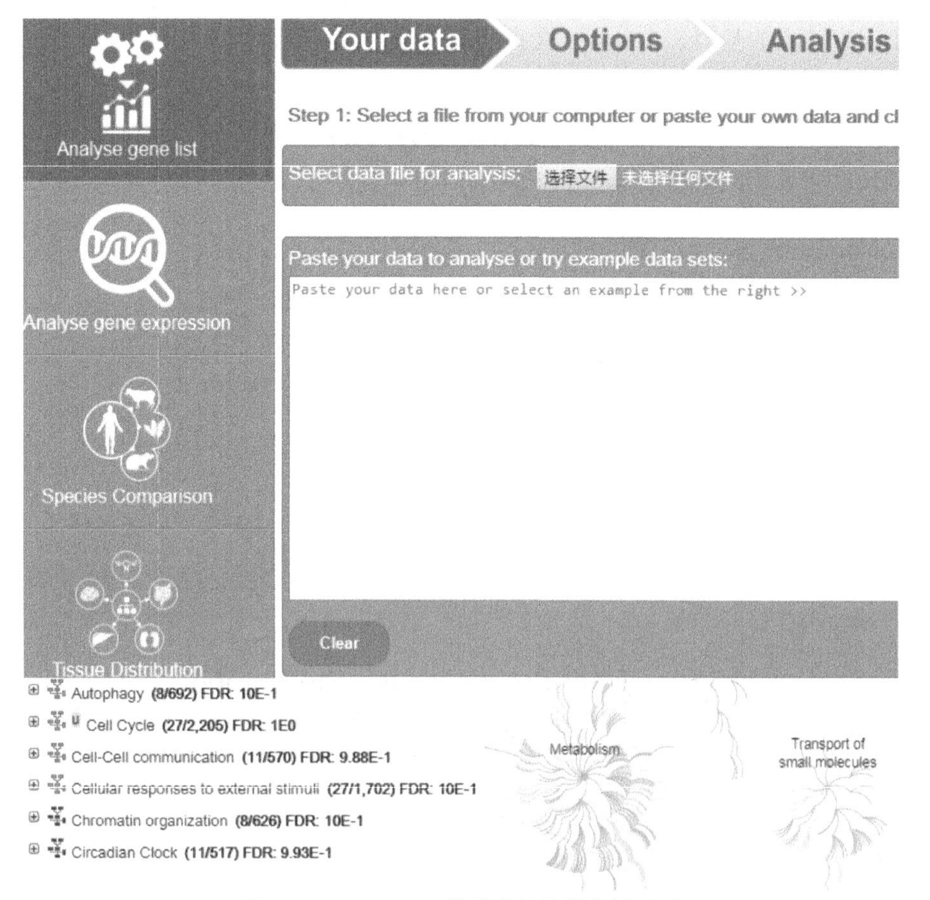

图 10-47　Reactome 数据库的数据分析页面

4. 非编码 RNA 调控数据库

（1）TarBase

TarBase 是一个收录实验证实的 miRNA-靶基因关系的数据库，包含多个物种的相关信息（http://www.microrna.gr/tarbase）。TarBase（V8）收录了超过 100 万个条目，对应超过 670000 条 miRNA-靶基因关系对，这些关系来自 33 种实验方法的数据，涉及 451 种实验条件、约 600 种细胞类型或组织（图 10-48）。TarBase 可以根据用户输入的 miRNA 或靶基因检索相应的靶基因或 miRNA，同时还可以按物种、方法学、细胞类型和组织等进行检索。

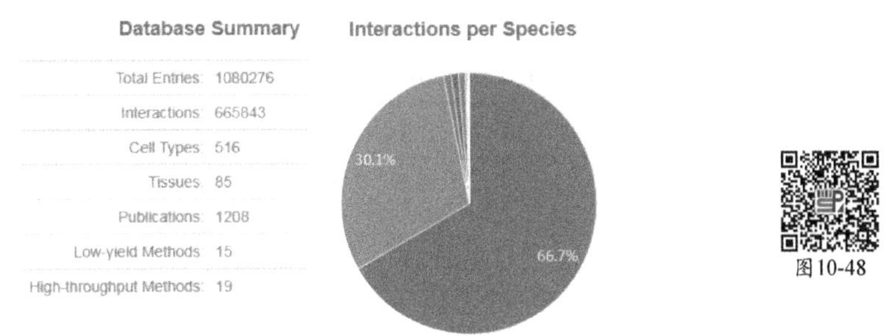

图 10-48　TarBase 的统计页面

（2）miRTarBase

miRTarBase 是一个基于文献挖掘的 miRNA-靶基因信息数据库，其中 miRNA-靶基因的调控是通过荧光素酶报告实验、蛋白质印记、芯片测序和新一代测序等证实的（http://miRTarBase.cuhk.edu.cn）。截至 2019 年 6 月，miRTarBase 从 10906 篇文献中挖掘了 28 个物种的 430392 条 miRNA-靶基因调控关系，包括 4296 个 miRNA 和 23426 个靶基因。此外，miRTarBase 可以通过 miRNA、靶基因、通路、验证方法或文献等来搜索相关信息（图 10-49）。miRTarBase 通过词云提供了 miRNA-疾病信息及 TCGA 中相应 miRNA 的临床信息和表达谱数据，还通过 CLIP-seq 数据来验证 miRNA-靶基因的调控关系。

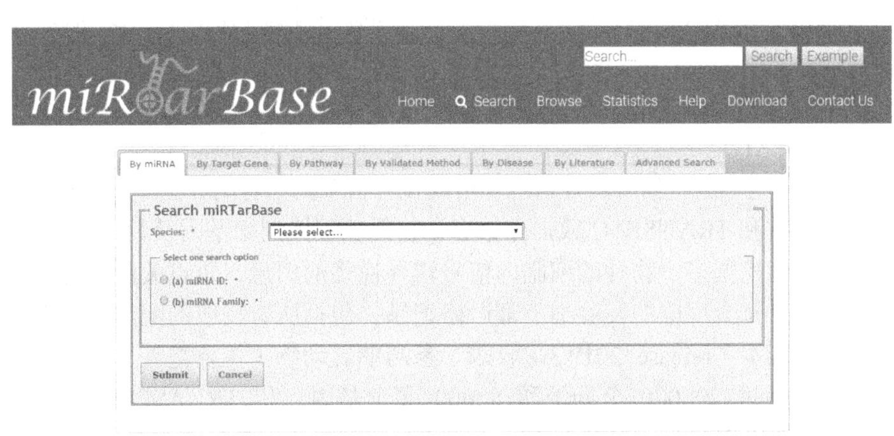

图 10-49　miRTarBase 数据库的搜索页面

（3）starBase

starBase是一个通过CLIP-seq和Degradome-Seq的方法来解码RNA-RNA和蛋白质-RNA相互作用的综合数据库（http://starbase.sysu.edu.cn）。starBase 提供了通路（pathway）分析工具，可以对 miRNA、蛋白质、RNA 结合蛋白（RNA-binding protein，RBP）和 ceRNA 做 KEGG 的功能富集分析。starBase 还开发了泛癌分析平台，通过挖掘从 TCGA 数据库获得的 32 种癌症的临床信息和表达谱数据（表 10-4），来研究 lncRNA、miRNA、ceRNA 和 RBP 在泛癌中的调控关系，并提供了 miRNA、lncRNA、mRNA 和假基因的生存分析及差异表达分析。

表 10-4　starBase V2.0 数据库统计

Data Type（数据类型）	Number（数目）
Species	23 species
CLIP-seq data	>700 datasets
Degradome-seq	100 datasets
RNA-RNA interactome	>30 datasets
RNA-seq data	>10800 samples from 32 cancer types
miRNA-seq data	>10500 samples from 32 cancer types
Disease data	>3236000 mutations from 366 disease types
miRNA-ncRNA（CLIP）	>1100000 interactions
miRNA-mRNA（CLIP）	>2500000 interactions
RBP-mRNA	>1208900 interactions
RBP-ncRNA	>117000 interactions
RNA-RNA	>1530000 interactions
miRNA-ncRNA（degradome）	>32000 interactions
miRNA-mRNA（degradome）	>459000 interactions
ceRNA	>11700000 pairs
function annotation	>19900 functional terms from 15 categories

5. 信号转导通路数据库

（1）TRANSPATH

TRANSPATH 是一个将信号转导信息和可视化分析工具结合的数据库（http://genexplain.com/transpath），它和 TRANSFAC 数据库结合，获得从配体到靶基因及其产物的完整信号。该数据库通过文献挖掘多个物种的细胞内信号转导途径的信息，重点关注哺乳动物，如人类、小鼠和大鼠。每个反应的实验细节都严格记录，包括所有反应的配体和每个分子的分类来源等。最新版本（release 2019.3）收录了参与哺乳动物（主要是人、小鼠和大鼠）信号或代谢通路的超过 298000 个分子和 80000 多个基因。和 TRNASFAC 数据库一样，TRANSPATH 数据库也是需要付费的。

（2）CSNDB

CSNDB（the cell signaling networks database）收录了人类细胞中信号转导通路的信息，

提供了细胞信号的所有生物学特性，包括转移细胞信号的生物反应和通过序列、结构及功能识别的分子特征。CSNDB 与 TRANSFAC 相关联，可以检索信号级联反应下游表达的基因。

6. 疾病基因数据库

（1）OMIM

OMIM（online Mendelian inheritance in man）是人类孟德尔遗传病在线数据库，但目前该数据库不仅包括孟德尔遗传病，也包含了很多人类复杂疾病的信息（https://www.omim.org）。OMIM 特别关注的是基因变异和表型性状之间的关系。截至 2019 年 11 月 8 日，OMIM 收录了由分子变异导致的 6534 种疾病、4176 个致病突变。此外，OMIM 可以通过搜索临床特征、表型和基因等信息来检索相应的基因-表型关系，并提供了相关数据的下载。

（2）CTD

CTD（comparative toxicogenomics database）是一个用于描述药物、基因、疾病、表型、GO 注释、通路之间关系的公共数据库（http://ctdbase.org）。CTD 包含了多个物种的药物、基因、表型的关联信息，用户可以输入化合物、化合物-基因互作、化合物-表型对、基因、疾病、GO 功能、通路等来查询相应的信息（图 10-50）。此外，CTD 还提供多个工具，其中 Batch Query 用于批量下载一组自定义的化学药品、疾病、基因、GO 功能、通路和相关参考信息；Set Analyzer 可以对特定的基因集合进行功能富集分析；MyGeneVenn 可以比较用户提供的基因集合和最多两组化合物或者疾病相关的基因集合之间的差异；MyVenn 用于查看用户提交的化合物、疾病、基因等数据集之间的关系；VennViewer 可以比较最多三组化合物、疾病或基因之间的关联。

图 10-50　CTD 数据库的搜索数据类型

（3）DisNeNET

DisNeNET 是目前可用的人类基因-疾病关联的最大最全面的数据资源之一（http://www.disgenet.org）。DisNeNET（V6.0）收录了 628685 对基因-疾病关联，其中包括 17549 个基因和 24166 种疾病；还包含了 210498 对变异-疾病关联，其中包含 117337 个基因变异和 10358 种疾病。DisNeNET 是一个多功能平台，用户可以通过搜索疾病、基因或者基因变异得到相应的信息，用于研究人类疾病及其并发症的分子机制，进行疾病基因特性分析等（图 10-51）。此外，DisNeNET 还提供了 Cytoscape App 应用程序来可视化、查询和分析基因-疾病网络和变异-疾病网络。

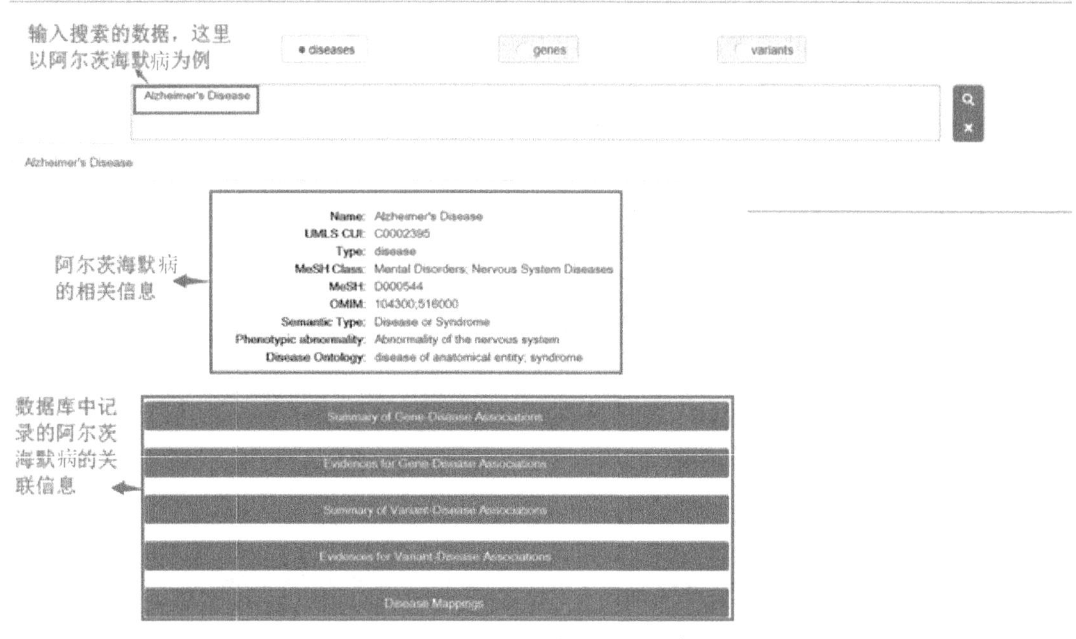

图 10-51　DisNeNET 数据库的搜索页面

7. 药物靶点数据库

（1）DrugBank

DrugBank 是一个全面、可自由访问的在线数据库（https://www.drugbank.ca），包含药物和药物靶点的相关信息。该数据库中记录的药物可分为六类，分别是批准的药物、实验药物、营养品（Nutraceuticals）、非法药物、撤回药物和正在研究的药物。DrugBank 是一部药物的百科全书，整合了详细的药物（药学、药理学）数据与药物靶点（序列、结构和通路）的信息。DrugBank 的最新版本（版本 5.1.4）包含 13433 种药物，其中包括 2621 种批准的小分子药物、1346 种批准的生物技术（蛋白质/肽）药物、130 种营养品和超过 6334 种实验药物，以及 5157 个与这些药物相关的非冗余蛋白质（即药物靶标/酶/转运蛋白/载体）。DrugBank 的每条记录都包含 200 多个数据字段，其中一半信息专用于描述药物数据，另一半信息专用于记录药物靶点或蛋白质数据。

（2）CancerResource

CancerResource 是一个整合癌症相关化合物和靶点关系的数据库（http://data-analysis.charite.de/care），其中的信息有三个来源，分别是文献挖掘、通过外部资源数据库的补充、基因和细胞效应的基本实验的支持信息。此外，CancerResource 还收录了基因表达数据和突变数据。该数据库可以通过化合物、靶点、表达和突变信息来进行查询，并提供了 Pathway 模块，用于寻找特定通路中的药物-靶点关系信息。截至 2019 年 11 月，CancerResource 收录的数据统计见表 10-5。

表 10-5　CancerResource 数据库统计

Term（条目）	Number（数目）
Compounds 化合物	48404
Cancer-relevant protein targets 癌症相关的蛋白质靶点	3387
Compound-target interactions 化合物-靶点互作	90744
Cell lines 细胞系	2037
Genes （mutations）突变的基因	19834
Mutations 突变	872658
Genes （expression）表达的基因	23016

（3）TTD

TTD（therapeutic target database）收录了药物、药物靶蛋白、蛋白质参与的通路以及治疗的疾病等信息（http://bidd.nus.edu.sg/group/cjttd）。TTD 与相关数据库相连接，包含了靶蛋白参与的功能、序列、3D 结构、配体、药物结构、治疗类别和临床状态等信息。TTD 可以通过靶点序列相似性和药物结构相似性进行高级搜索，并提供了靶点的表达谱和药物的耐药相关突变。此外，TTD 还收录了批准上市药物的临床实验、临床前实验及其物种来源等相关信息。

（4）ChEMBL

ChEMBL 收录了从大量文献中手动提取的各种靶点以及具有药物特性的生物活性分子（https://www.ebi.ac.uk/chembl）。ChEMBL 整合了化学、生物活性和基因组数据，以帮助研究人员将基因组信息转化为有效的新药。截至 2018 年 12 月，ChEMBL 从 72271 篇文献中搜集了 1879206 个化合物、12482 个靶点。用户可以查询化合物图像和活性信息、靶点的活性信息和序列等，还可以进行相似搜索、子结构搜索。

10.6.2　生物分子网络分析软件

1. Cytoscape

Cytoscape 是一个开源的生物信息学软件平台（图 10-52），用于可视化分子互作网络和生物通路，并将这些网络与注释、基因表达谱和其他状态的数据相结合。该软件支持多种网络描述格式，如 GML 格式、TSV（也支持以 Tab 键分隔）、CSV（逗号分隔）和 XML 格式文件。Cytoscape 可以导入网络节点或边的属性文件，用不同的形状、颜色等来描述相应的特征，还可以调整网络的布局。此外，数据导出可以是网络文件、表格文件或者图片文件。Cytoscape 将数据整合、分析和可视化一体化，并且可以利用自身以及第三方开发的大量功能插件对网络进行分析。例如，在 Cytoscape 3.0 以后集成了 NetworkAnalyzer 插件，这个插件可以方便地计算常用的拓扑属性。Motif-Discovery 插件能够快速地识别网络中指定大小的模体。Mclique 插件可以便捷地搜索网络所有≥3 的团，并且用户可以选择将数据导出。MCODE 插件可以识别网络的模块。下载网址为 https://cytoscape.org。

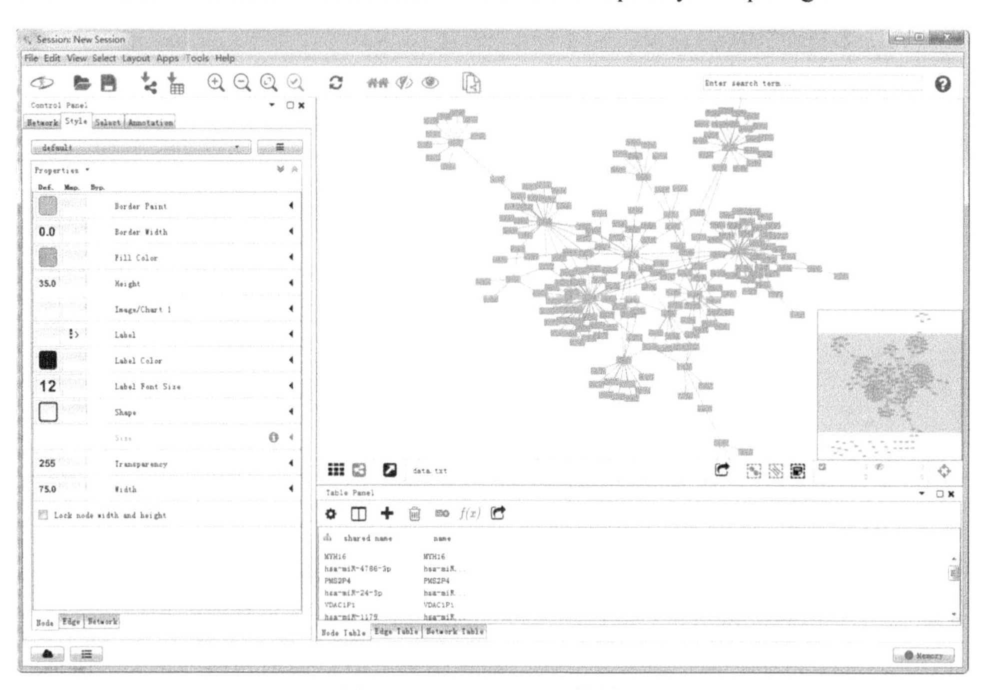

图 10-52　Cytoscape 工作界面

2. CFinder

CFinder 是在无向网络中基于团过滤算法（clique percolation method, CPM）进行网络团搜索和可视化的分析软件。通过用户定义的全连接集合的大小，能够快速定位和可视化无向图中 k 个紧密相连的节点组，并通过共享节点组合形成更大的节点社区。CFinder 可以检测任意 k 值的团，但是建议 k 取 4～6。该软件允许非营利性用户免费使用，下载地址为 http://www.cfinder.org。

3. MFinder

MFinder 是一个用于检测有向网络和无向网络中模体的软件。为了检测到网络中的模体，MFinder 通过穷举法和抽样法来比较两种网络中的结构，并计算获取的相应的模体出现的频率的显著性水平。MFinder 支持检测最多由 8 个节点组成的网络模体，是以命令行形式进行操作，并且供用户免费使用。下载地址为 http://www.weizmann.ac.il/mcb/ UriAlon/download/network-motif-software。

4. BGL

BGL（The Boost Graph Library）是一个网络拓扑性质分析的软件，能够通过不同的方法，如广度优先算法、深度优先算法等，快速计算出复杂网络的节点之间的距离、最短路径、平均距离等多种拓扑属性。BGL 是基于 C++编写的，下载地址为 https://www.boost.org/doc/libs/1_70_0/libs/graph/doc/index.html。此外，Matlab 也有相应的工具箱 MatlabBGL，下载地址为 https://ww2.mathworks.cn/matlabcentral/fileexchange/10922-matlabbgl。

5. PathwayStudio

PathwayStudio 是一款可以对疾病机制、基因表达和蛋白质组学和代谢组学数据进行分析及可视化的软件，可以通过不同的模式绘制不同的生物学通路，并且详细地描述了分子、细胞过程和疾病之间的相互作用。PathwayStudio 是一款商业分析软件，不对用户免费开放。

6. VisANT

VisANT 是一个生物分子网络可视化和分析的工具（图 10-53），该工具还整合了多种数据库资源（如 GO、KEGG 等）用于对网络中生物分子或模块进行功能研究。VisANT 是一种基于 Java 的独立于平台的工具。此外，VisANT 还可以对网络进行拓扑分析，计算常用的拓扑属性，识别网络模体，如前馈环和反馈环等。下载地址为 http://www.visantnet.org。

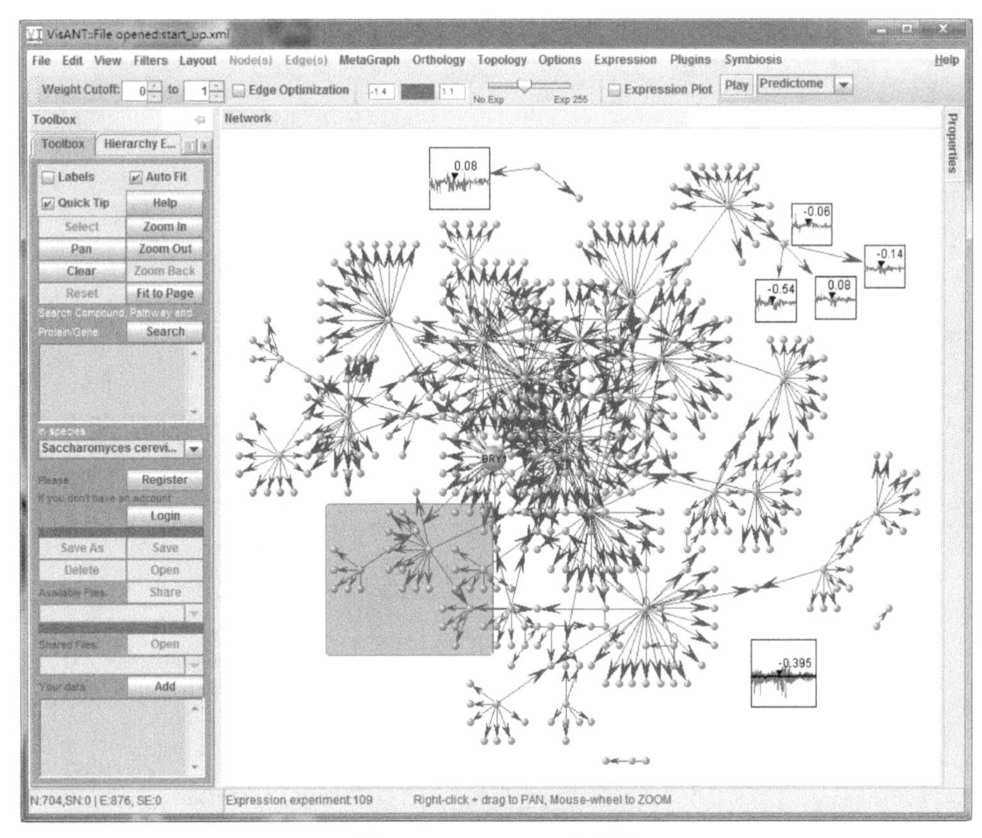

图 10-53　VisANT 工作界面

7. ChiBE

ChiBE 是一个开源软件应用程序，具有用户友好的多视图显示（图 10-54）。以功能丰富的格式呈现通路视图，并且可以使用最先进的可视化方法进行布局和编辑，包括用于可视化细胞室和分子复合物的嵌套结构。用户可以通过集成的 Pathway Commons 查询工具轻松查询和可视化通路，并分析通路上下游的分子概况。下载地址为 http://code.google.com/p/chibe。

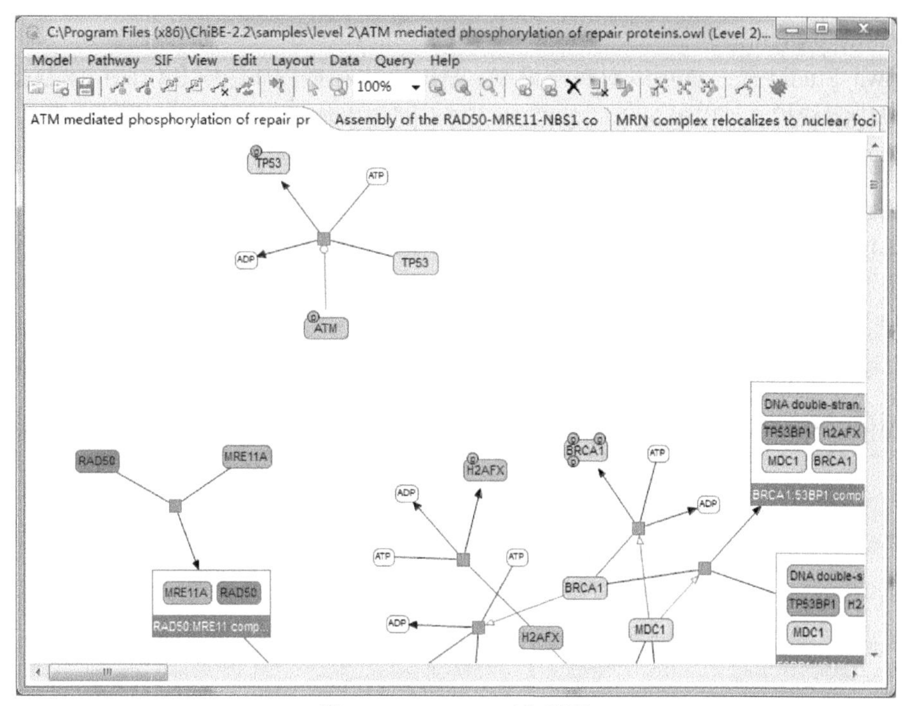

图 10-54　ChiBE 工作界面

8. FANMOD

FANMOD 是一款快速的网络模体检测工具（图 10-55），拥有用户界面并能将

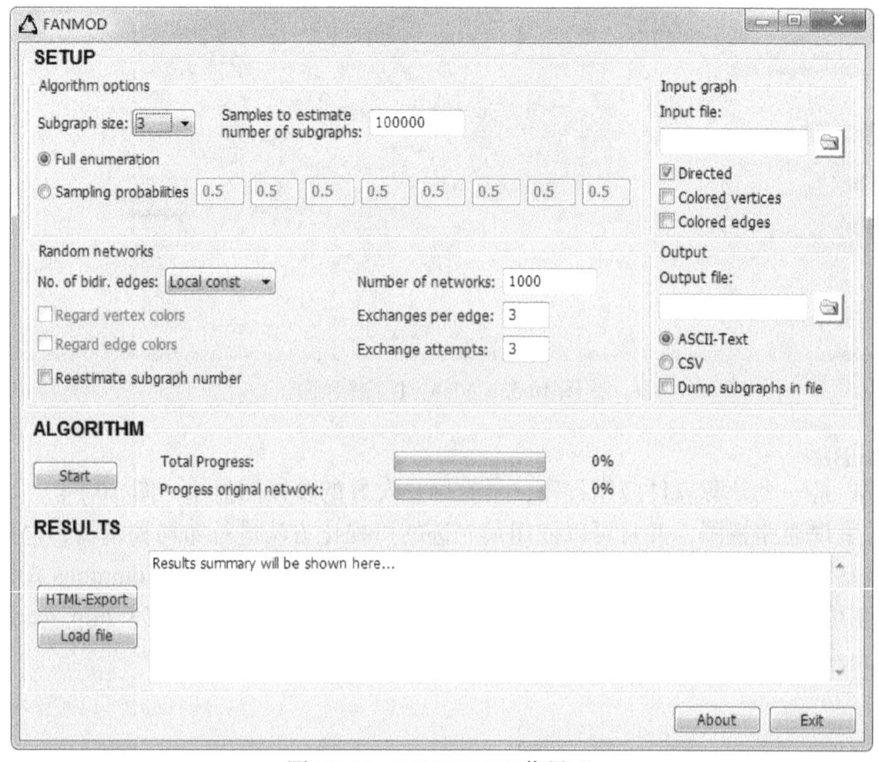

图 10-55　FANMOD 工作界面

结果导出为各类可读文件，如以逗号分隔的文件和 HTML 等。FANMOD 最多可以检测及分析有向网络和无向网络中的 8 个节点的网络模体。对于用户输入的网络，FANMOD 枚举给定大小的所有模体并对其采样，最后确定用户指定模体的频率并计算其显著性。相较于其他网络模体识别工具，FANMOD 子图枚举和采样所用的算法相对较快。下载地址为 http://theinf1.informatik.uni-jena.de/motifs。

9. BioLayout Express^{3D}

BioLayout Express^{3D} 是一个专门用于生物分子网络的整合、可视化和分析的应用程序，可以在二维（图 10-56（a））或三维（图 10-56（b））空间上展示超大型网络，从而以高度交互的形式呈现生物分子网络。此外，该软件可以基于马尔可夫聚类算法 MCL 对图形进行聚类，还能对网络中的节点进行功能分析。下载地址为 https://biolayout-express-3d.software. informer.com/download。

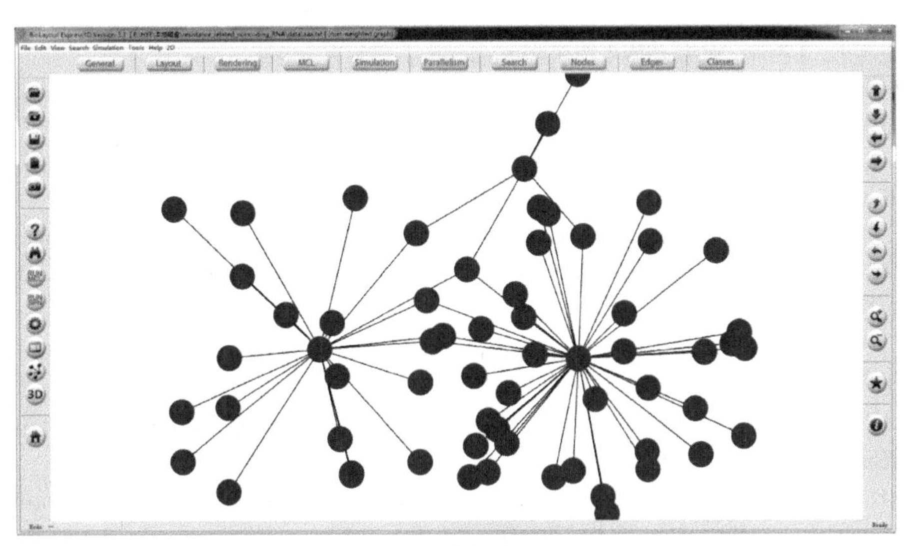

(a) 二维展示

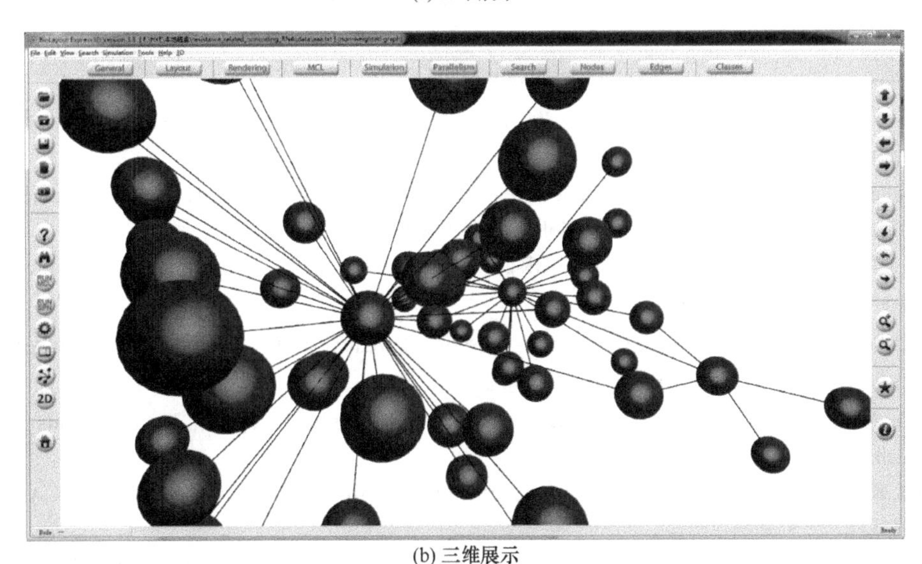

(b) 三维展示

图 10-56　BioLayout Express^{3D} 工作界面

参 考 文 献

Barciszewski J, Erdmann V A, 2008. 非编码 RNA. 郑晓飞, 译. 北京: 化学工业出版社.

陈德钊, 1998. 多元数据处理. 北京: 化学工业出版社.

程坚, 刘红旗, 彭大新, 等, 2001. 两株 h9 亚型禽流感病毒 ha 基因序列分析. 扬州大学学报(农业与生命科学版), 22(01): 70-73.

郝柏林, 张淑誉, 2000. 生物信息学手册. 上海: 上海科学技术出版社.

胡松年, 薛庆中, 2003. 基因组数据分析手册. 杭州: 浙江大学出版社.

Krane D E, Raymer M L, 2004. 生物信息学概论. 孙啸, 等译. 北京: 清华大学出版社.

孙啸, 陆祖宏, 谢建明, 2005. 生物信息学基础. 北京: 清华大学出版社.

Twyman R M, 2007. 蛋白质组学原理. 王恒樑, 等译. 北京: 化学工业出版社.

翟中和, 王喜忠, 丁明孝, 2007. 细胞生物学. 3 版. 北京: 高等教育出版社.

张惟杰, 2008. 生命科学导论. 北京: 高等教育出版社.

张自立, 王振英, 2009. 系统生物学. 北京: 科学出版社.

Alsberg B K, Kell D B, Goodacre R, 1998. Variable selection in discriminant partial least-squares analysis. Analytical Chemistry, 70(19): 4126-4133.

Amberger J S, Bocchini C A, Schiettecatte F, et al., 2015. OMIM. org: Online Mendelian Inheritance in Man(OMIM®), an online catalog of human genes and genetic disorders. Nucleic Acids Research, 43(Database issue): D789-D798.

Andersen J S, Mann M, 2006. Organellar proteomics: turning inventories into insights. EMBO Rep, 7(9): 874-879.

Apweiler R, Bairoch A, Wu C H, et al., 2004. UniProt: the universal protein knowledgebase. Nucleic Acids Research, 32(Database issue): D115-D119.

Babur O, Dogrusoz U, Demir E, et al., 2010. ChiBE: interactive visualization and manipulation of BioPAX pathway models. Bioinformatics, 26(3): 429-431.

Bandettini W P, Kellman P, Mancini C, et al., 2012. MultiContrast Delayed Enhancement (MCODE) improves detection of subendocardial myocardial infarction by late gadolinium enhancement cardiovascular magnetic resonance: a clinical validation study. J Cardiovasc Magn Reson, 14(1): 83.

Bannai H, Tamada Y, Maruyama O, et al., 2002. Extensive feature detection of N-terminal protein sorting signals. Bioinformatics, 18(2): 298-305.

Bao Y, White C L, Luger K, 2006. Nucleosome core particles containing a poly(dA:dT) sequence element exhibit a locally distorted DNA structure. J Mol Biol, 361: 617-624.

Barabási A L, Oltvai Z N, 2004. Network biology: understanding the cell's functional organization. Nature Reviews Genetics, 5(2): 101-113.

Bendtsen J D, Jensen L J, Blom N, et al., 2004. Feature-based prediction of non-classical and leaderless protein secretion. Protein Eng Des Sel, 17(4): 349-356.

Benson D A, Karsch-Mizrachi I, Lipman D J, et al., 2004. GenBank: update. Nucleic Acids Research, 32(Database issue): D23-D26.

Berger A J, Koo T W, Itzkan I, et al., 1998. An enhanced algorithm for linear multivariate calibration. Anal Chem, 70: 623-627.

Berman H M, Westbrook J, Feng Z, et al., 2000. The protein data bank. Nucleic Acids Research, 28: 235-242.

Bernstein F C, Koetzle T F, Williams G J, et al., 1977. The protein data bank: a computer-based archival file for macromolecular structures. J Mol Biol, 112: 535-542.

Blake J A, Chan J, Kishore R, et al., 2015. Gene ontology consortium: going forward. Nucleic Acids Research, 43(Database issue): D1049-D1056.

Blom N, Gammeltoft S, Brunak S, 1999. Sequence and structure-based prediction of eukaryotic protein phosphorylation sites. Journal of Molecular Biology, 294(5): 1351-1362.

Boeckmann B, Bairoch A, Apweiler R, et al., 2003. The SWISS-PROT protein knowledgebase and its supplement TrEMBL in 2003. Nucleic Acids Research, 31(1): 365-370.

Borodovsky M, Mcininch D, 1993. Parallel gene recognition for both DNA strands comp. Chem, 17: 123-133.

Breiman L, 2001. Random forests. Machine Learning, 45 (1): 5-32.

Brohee S, van Helden J, 2006. Evaluation of clustering algorithms for protein-protein interaction networks. BMC Bioinformatics, 7: 488.

Butte A J, Kohane I S, 2000. Mutual information relevance networks: functional genomic clustering using pairwise entropy measurements. Pacific Symposium on Biocomputing, 5: 418-429.

Camacho C, Coulouris G, Avagyan V, et al., 2009. Blast+: architecture and applications. Bmc Bioinformatics, 10(1): 421.

Caserta M, Agricola E, Churcher M, et al., 2009. A translational signature for nucleosome positioning *in vivo*. Nucleic Acid Res, 37(16): 5309-5321.

Caspi R, Billington R, Fulcher C A, et al., 2016. The MetaCyc database of metabolic pathways and enzymes and the BioCyc collection of pathway/genome databases. Nucleic Acids Research, 44(Databaseissue): D471-D480.

Cedano J, Aloy P, Josep A, et al., 1997. Relation Between Amino Acid Composition and Cellular Location. Journal of Molecular Biology, 266(3): 594-600.

Chen K, Meng Q, Ma L, et al., 2008. DNA sequence periodicity decodes nucleosome positioning. Nucleic Acids Research, 36: 6228-6236.

Chen X, Ji Z L, Chen Y Z, 2002. TTD: Therapeutic Target Database. Nucleic Acids Research, 30(1): 412-415.

Chou C H, Shrestha S, Yang C D, et al., 2018. miRTarBase update 2018: a resource for experimentally validated microRNA-target interactions. Nucleic Acids Research, 46(D1): D296-D302.

Chou K C, 2000. Prediction of protein subcellular locations by incorporating quasi-sequence-order effect. Biochem Biophys Res Commun, 278(2): 477-483.

Chou K C, 2001. Prediction of protein cellular attributes using pseudo-amino acid composition. Proteins: Structure, Function, and Genetics, 43: 246-255.

Chou K C, Cai Y D, 2002. Using functional domain composition and support vector machines for prediction of protein subcellular location. J Biol Chem, 277(48): 45765-45769.

Chou K C, Cai Y D, 2003. Prediction and classification of protein subcellular location-sequence-order effect and pseudo amino acid composition. Journal of Cellular Biochemistry, 90(6): 1250-1260.

Claros M G, Vincens P, 1996. Computational method to predict mitochondrially imported proteins and their targeting sequences. Eur J Biochem, 241(3): 779-786.

Crooks G E, Hon G, Chandonia J M, et al., 2004. WebLogo: a sequence logo generator. Genome Research, 14(6): 1188-1890.

Daniel R H, Trong N, Kevin T B R, et al., 2000. System, method and article of manufacture for managing transactions in a high availability system. Santa Clara: VeriFone, Inc.

Das M K, Dai H K, 2007. A survey of DNA motif finding algorithms. BMC Bioinformatics, 8: S21.

Delcher A L, Douglas H, Simon K, et al., 1999. Improved microbial gene identification with glimmer. Nucleic Acids Research, 27: 4636-4641.

Dong X, Hao Y, Wang X, et al., 2016. LEGO: a novel method for gene set over-representation analysis by incorporating network-based gene weights. Scientific Reports, 6: 18871.

Dufraigne C, Fertil B, Lespinats S, et al., 2005. Detection and characterization of horizontal transfers in prokaryotes using genomic signature. Nucleic Acids Research, 33(1): e6.

Emanuelsson O, Nielsen H, Brunak S, et al., 2000. Predicting subcellular localization of proteins based on their N-terminal amino acid sequence. J Mol Biol, 300(4): 1005-1016.

Emanuelsson O, Nielsen H, Heijne G V, 1999. ChloroP, a neural network-based method for predicting chloroplast transit peptides and their cleavage sites. Protein Science, 8(5): 978-984.

Emerson A I, Andrews S, Ahmed I, et al., 2015. *K*-core decomposition of a protein domain co-occurrence network reveals lower cancer mutation rates for interior cores. J Clin Bioinforma, 5: 1.

Eng J K, McCormack A L, Yates J R Ⅲ, 1994. An approach to correlate tandem mass spectral data of peptides with amino acid sequences in a protein database. J Am Soc Mass Spectrom, 5:976-989.

Fabregat A, Jupe S, Matthews L, et al., 2018. The reactome pathway knowledgebase. Nucleic Acids Research, 46(D1): D649-D655.

Fang Z Y, Tian W D, Ji H B, 2012. A network-based gene-weighting approach for pathway analysis. Cell Research, 22(3): 565-580.

Felsenfeld G, Groudine M, 2003. Controlling the double helix. Nature, 421(6921): 448-453.

Flannick J, Novak A, Srinivasan B S, et al., 2006. Graemlin: General and robust alignment of multiple large interaction networks. Genome Research, 16(9): 1169-1181.

Fölsch H, Guiard B, Neupert W, et al., 1996. Internal targeting signal of the BCS1 protein: a novel mechanism of import into mitochondria. Embo Journal, 15(3): 479-487.

Friedländer M R, Mackowiak S D, Li N, et al., 2012. Mirdeep2 accurately identifies known and hundreds of novel microRNA genes in seven animal clades. Nucleic Acids Research, 40(1): 37-52.

Frohlich H, Speer N, Poustka A, et al., 2007. GOSim-an R-package for computation of information theoretic GO similarities between terms and gene products. BMC Bioinformatics, 8: 166.

Gabaldón T, Huynen M A, 2004. Prediction of protein function and pathways in the genome era. Cellular & Molecular Life Sciences, 61(7-8): 930-944.

Gao Y, Zhao F Q, 2018. Computational strategies for exploring circular RNAs. Trends in Genetics, 34(5): 389-400.

Gaulton A, Hersey A, Nowotka M, et al., 2017. The ChEMBL database in 2017. Nucleic Acids Research, 45(D1): D945-D954.

Geladi P, Kowalski B R, 1986. Partial least-squares regression: a tutorial. Analytica Chimica Acta, 185: 1-17.

Girvan M, Newman M E, 2002. Community structure in social and biological networks. Proc Natl Acad Sci USA, 99(12): 7821-7826.

Glaab E, Baudot A, Krasnogor N, et al., 2012. EnrichNet: network-based gene set enrichment analysis. Bioinformatics, 28(18): i451-i457.

Gohlke B O, Nickel J, Otto R, et al., 2016. CancerResource-updated database of cancer-relevant proteins, mutations and interacting drugs. Nucleic Acids Research, 44(D1): D932-D937.

Golub T, Slomin D, Tamayo P, et al., 1999. Molecular classification of cancer: class discovery and class prediction by gene expression monitoring. Science, 286: 531-537.

Graves A, Mohamed A R, Hinton G, 2013. Speech recognition with deep recurrent neural networks. In Proc. International Conference on Acoustics, Speech and Signal Processing: 6645-6649.

Griffiths-Jones S, Saini H K, van Dongen S, et al., 2008. miRBase: tools for microRNA genomics. Nucleic Acids Research, 36(Database issue): D154-D158.

Guda C, Fahy E, Subramaniam S, 2004. MITOPRED: a genome-scale method for prediction of nucleus-encoded mitochondrial proteins. Bioinformatics, 20(11): 1785-1794.

Guyon I, Weston J, Barnhill S, et al., 2002. Gene selection for cancer classification using support vector machines. Machine Learning, 46: 389-422.

Halic M, Beckmann R, 2005. The signal recognition particle and its interactions during protein targeting. Current Opinion in Structural Biology, 15(1): 116-125.

Han H, Cho J W, Lee S, et al., 2018. TRRUST v2: an expanded reference database of human and mouse transcriptional regulatory interactions. Nucleic Acids Research, 46(D1): D380-D386.

Han J D, Bertin N, Hao T, et al., 2004. Evidence for dynamically organized modularity in the yeast protein-protein interaction network. Nature, 430(6995): 88-93.

Harris M, Deegan J, Lomax J, et al., 2008. The gene ontology project in 2008. Nucleic Acids Research, 36(Database issue): D440-D444.

Heazlewood J L, Tonti-Filippini J S, Gout A M, et al., 2004. Experimental analysis of the Arabidopsis mitochondrial proteome highlights signaling and regulatory components, provides assessment of targeting prediction programs, and indicates plant-specific mitochondrial proteins. Plant Cell, 16(1): 241-256.

Heidelberg J F, Eisen J A,Nelson W C,et al., 2000. DNA Sequence of both chromosomes of the cholera pathogen vibrio cholerae. Nature, 406: 477-483.

Hill S T, Kuintzle R, Teegarden A, et al., 2018. A deep recurrent neural network discovers complex biological rules to decipher RNA protein-coding potential. Nucleic Acids Research, 46(16): 8105-8113.

Hobert O, 2008. Gene regulation by transcription factors and micrornas. Science, 319(5871): 1785-1786.

Hochreiter S, Schmidhuber J, 1997. Long short-term memory. Neural Comput, 9: 1735-1780.

Hofacker I, Bernhart S, Stadler P, 2004. Alignment of rna base pairing probability matrices. Bioinformatics, 20(14): 2222.

Horton P, Park K J, Obayashi T, et al., 2007. WoLF PSORT: protein localization predictor. Nucleic Acids Res, 35(Web Server issue): W585-W587.

Hsu S D, Tseng Y T, Shrestha S, et al., 2014. miRTarBase update 2014: an information resource for experimentally validated miRNA-target interactions. Nucleic Acids Research, 42(Database issue): D78-D85.

Hu J, Gao Y, He J, et al., 2018. WebNetCoffee: a web-based application to identify functionally conserved proteins from multiple PPI networks. BMC Bioinformatics, 19(1): 422.

Hu J, Kehr B, Reinert K, 2014. NetCoffee: a fast and accurate global alignment approach to identify functionally conserved proteins in multiple networks. Bioinformatics, 30(4): 540-548.

Hu J, Reinert K, 2015. LocalAli: an evolutionary-based local alignment approach to identify functionally conserved modules in multiple networks. Bioinformatics, 31(3): 363-372.

Hu Z, Chang Y C, Wang Y, et al., 2013. VisANT 4.0: Integrative network platform to connect genes, drugs, diseases and therapies. Nucleic Acids Research, 41(Web Server issue): W225-231.

Hua S, Sun Z, 2001. Anovel method of protein secondary structure prediction with high segment overlap measure: support vector machine approach. J Mol Biol, 308: 397-407.

Huang T H, Fan B, Rothschild M F, et al., 2007. MiRFinder: an improved approach and software implementation for genome-wide fast microRNA precursor scans. BMC bioinformatics, 8(1): 341.

Hubel D H, Wiesel T N, 1962. Receptive fields, binocular interaction, and functional architecture in the cat's visual cortex. J Physiol, 160: 106-154.

Huber W, Carey V J, Gentleman R, et al., 2015. Orchestrating high-throughput genomic analysis with bioconductor. Nature Methods, 12: 115-121.

Huber W, Reyes A, 2011. Data package with per-exon and per-gene read counts of RNA-seq samples of pasilla knock-down by Brooks et al., Genome Research 2011. http://www.bioconductor.org/packages/release/data/experiment/html/pasilla.html.

Huber W, Reyes A, 2011. pasilla: Data package with per-exon and per-gene read counts of RNA-seq samples of Pasilla knock-down by Brooks et al. Genome Research: 100.

Inza I, Larranaga P, Blanco R, et al., 2004. Filter versus wrapper gene selection approaches in DNA microarray domains. Artificial Intelligence in Medicine, 31(2): 91-103.

Jeong H, Mason S P, Barabási A L, 2001. Lethality and centrality in protein networks. Nature, 411(6833):41-42.

Jin Y, Dunbrack R L, 2005. Assessment of disorder predictions in CASP6. Proteins, 61(Supplement 7): 167-175.

Jöreskog K G, Sörbom D, 1982. Recent developments in structural equation modeling. Journal of Marketing Research, 19(4): 404-416.

Jöreskog K G, Wold H O A, 1982. Systems under indirect observation: Causality, Structure, Prediction. Part Ⅰ, Ⅱ. Amsterdam: North Holland Publishing Co.

Jr D G, Sherman B T, Hosack D A, et al., 2003. DAVID: Database for Annotation, Visualization, and Integrated Discovery. Genome Biology, 4(9): 1-11.

Kabsch W, Sander C, 1983. How good are predictions of protein secondary structure? FEBS Letters, 155(2): 179-182.

Kalaev M, Smoot M, Ideker T, et al., 2008. NetworkBLAST: comparative analysis of protein networks. Bioinformatics, 24(4): 594-596.

Kalecky K, Cho Y R, 2018. PrimAlign: PageRank-inspired Markovian alignment for large biological networks. Bioinformatics, 34(13): 537-546.

Kanehisa M, Furumichi M, Tanabe M, et al., 2017. KEGG: new perspectives on genomes, pathways, diseases and drugs. Nucleic Acids Research, 45(D1): D353-D361.

Kanehisa M, Sato Y, Furumichi M, et al., 2019. New approach for understanding genome variations in KEGG. Nucleic Acids Research, 47(D1): D590-D595.

Karagkouni D, Paraskevopoulou M D, Chatzopoulos S, et al., 2018. DIANA-TarBase v8: a decade-long collection of experimentally supported miRNA-gene interactions. Nucleic Acids Research, 46(D1): D239-D245.

Karlin S, Cardon L R, 1994. Computational DNA sequence analysis. Annu Rev Microbiol, 48: 619-654.

Khatri P, Sirota M, Butte A J, 2012. Ten years of pathway analysis: current approaches and outstanding challenges. PLoS Comput Biol, 8(2): e1002375.

Kimura M, 1980. A simple method for estimating evolutionary rates of base substitutions through comparative studies of nucleotide sequences. Journal of molecular evolution, 16(2): 111-120.

King A D, Przulj N, Jurisica I, 2012. Protein complex prediction with RNSC. Methods Mol Biol, 804: 297-312.

Kitano H, 2002a. Computational systems biology. Nature, 420(6912): 206-210.

Kitano H, 2002b. Systems biology: a brief overview. Science, 295(5560): 1662-1664.

Klose J, 1975. Protein mapping by combined isoelectric focusing and electrophoresis of mouse tissues: a novel approach to testing for induced point mutations in mammals. Humangenetik, 26: 231-243.

Koren S, Walenz B P, Berlin K, et al., 2017. Canu: scalable and accurate long-read assembly via adaptive *k*-mer weighting and repeat separation. Genome Research, 27(5):722-736.

Krull M, Voss N, Choi C, et al., 2003. TRANSPATH: an integrated database on signal transduction and a tool for array analysis. Nucleic Acids Research, 31(1): 97-100.

Kumar M, Verma R, Raghava G P, 2006. Prediction of mitochondrial proteins using support vector machine and hidden Markov model. J Biol Chem, 281(9): 5357-5363.

la Cour T, Gupta R, Rapacki K, et al., 2003. NESbase version 1.0: a database of nuclear export signals. Nucleic Acids Research, 31(1): 393-396.

LeCun Y, Bengio Y, Hinton G, 2015. Deep learning. Nature, 521: 436-444.

Lee H K, Hsu A K, Sajdak J, et al., 2004. Coexpression analysis of human genes across many microarray data sets. Genome Research, 14(6):1085-1094.

Lee S K, 1999. Four consecutive arginine residues at positions 836-839 of EBV gp110 determine intracellular localization of gp110. Virology, 264(2): 350-358.

Li J H, Liu S, Zhou H, et al., 2014. starBase v2.0: decoding miRNA-ceRNA, miRNA-ncRNA and protein-RNA interaction networks from large-scale CLIP-Seq data. Nucleic Acids Research, 42(D1): D92-D97.

Liao C S, Lu K, Baym M, et al., 2009. IsoRankN: spectral methods for global alignment of multiple protein networks. Bioinformatics, 25(12): i253- i258.

Liao Y, Wang J, Jaehnig E J, et al., 2019. WebGestalt 2019: gene set analysis toolkit with revamped UIs and APIs. Nucleic Acids Research, 47(W1): W199-W205.

Liebler D C, 2009. Introduction to proteomics. Clifton: Humana Press.

Lin C J, 2001. On the convergence of the decomposition method for support vector machines. IEEE Transactions on Neural Networks, 12(6): 1288-1298.

Liu H D, Wu J S, Xie J M, et al., 2008. Characteristics of nucleosome core DNA and their applications in predicting nucleosome positions. Biophys J, 94(12): 4597-4604.

Liu Q, Fang L, Yu G, et al., 2019. Detection of DNA base modifications by deep recurrent neural network on Oxford nanopore sequencing data. Nat Commun, 10: 1-11.

Lord P W, Stevens R D, Brass A, et al., 2003. Investigating semantic similarity measures across the gene ontology: the relationship between sequence and annotation. Bioinformatics, 19(10):1275-1283.

Love M I, Huber W, Anders S, 2014. Moderated estimation of fold change and dispersion for RNA-seq data with DESeq2. Genome Biology, 15(12): 550.

Lund O, Frimand K, Gorodkin J, et al., 1997. Protein distance constraints predicted by neural networks and probability density functions. Protn Eng,(11): 1241-1248.

Malek M, Ibragimov R, Albrecht M, et al., 2016. CytoGEDEVO-global alignment of biological networks with cytoscape. Bioinformatics, 32(8): 1259-1261.

Mamoshina P, Vieira A, Putin E, et al., 2016. Applications of deep learning in biomedicine. Mol Pharmaceutics, 13: 1445-1454.

Maria P, Lorena L, Tommy I, et al., 2015. Micrornas in the cholangiopathies: pathogenesis, diagnosis, and treatment. Journal of Clinical Medicine, 4(9): 1688-1712.

McCarthy D J, Chen Y, Smyth G K, 2012. Differential expression analysis of multifactor RNA-Seq experiments with respect to biological variation. Nucleic Acids Research, 40: 4288-4297.

Memczak S, Jens M, Elefsinioti A, et al. 2013. Circular RNAs are a large class of animal RNAs with regulatory potency. Nature, 495(7441): 333-338.

Nair R, Rost B, 2002. Sequence conserved for subcellular localization. Protein Science, 11: 2836-2847.

Nelson K E, Fleischmann R D, Deboy R T, et al., 2003. Complete genome sequence of the oral pathogenic bacterium *Prophyromonas gingivalis* strain W83. J Bacteriology, 185: 5591-5601.

Nielsen R, 1998. Maximum likelihood estimation of population divergence times and population phylogenies under the infinite sites model. Theoretical Population Biology, 53(2): 143-151.

Niklas N, Hafenscher J, Barna A, et al., 2015. cFinder: definition and quantification of multiple haplotypes in a

mixed sample. BMC BMC Research Notes, 8: 422.
Nussinov R, 1984. Strong doublet preferences in nucleotide sequences and DNA geometry. Mol Evol, 20: 111-119.
O'Brien J, Hayder H, Zayed Y, et al., 2018. Overview of microRNA biogenesis, mechanisms of actions, and circulation. Frontiers in endocrinology, 9: 402.
O'Farrell P H, 1975. High resolution two-dimensional electrophoresis of proteins. J Biol Chem, 250: 4007-4021.
Obenauer J C, Cantley L C, Yaffe M B, 2003. Scansite 2.0: proteome-wide prediction of cell signaling interactions using short sequence motifs. Nucleic Acids Research, 31(13): 3635-3641.
Oughtred R, Stark C, Breitkreutz B J, et al., 2019. The BioGRID interaction database: 2019 update. Nucleic Acids Research, 47(D1): D529-D541.
Page M J, Amess B, Townsend R R, et al., 1999. Proteomic definition of normal human luminal and myoepithelial breast cells purified from reduction mammoplasties. Proc Natl Acad Sci U S A, 96(22): 12589-12594.
Perkins D N, Pappin D J, Creasy D M, et al., 1999. Probability-based protein identification by searching database using mass spectrometry data. Electrophoresis, 20(18): 3551-3567.
Petsalaki E I, Bagos P G, Litou Z I, et al., 2006. PredSL: a tool for the N-terminal sequence-based prediction of protein subcellular localization. Genomics Proteomics Bioinformatics, 4(1): 48-55.
Pinero J, Bravo À, Queralt-Rosinach N, et al., 2017. DisGeNET: a comprehensive platform integrating information on human disease-associated genes and variants. Nucleic Acids Research, 45(D1): D833-D839.
Pisarello M J, Loarca L, Ivanics T, et al., 2015. MicroRNAs in the cholangiopathies: pathogenesis, diagnosis, and treatment. J Clin Med, 4(9): 1688-1712.
Platt J C, 1998. Sequential minimal optimization: a fast algorithm for training support vector machines. Technical Report MSR-TR-98-14, Microsoft Research.
Qu S, Yang X, Li X, et al., 2015. Circular RNA: a new star of noncoding RNAs. Cancer letters, 365(2): 141-148.
Radivojac P, Vacic V, Haynes C, et al., 2010. Identification, analysis, and prediction of protein ubiquitination sites. Protns Structure Function & Bioinformatics, 78(2): 365-380.
Reeck G R, De Haen C, Teller D C, et al., 1987. "Homology" in proteins and nucleic acids: a terminology muddle and a way out of it. Cell, 50(5): 667.
Reinhardt A, Hubbard T, 1998. Using neural networks for prediction of the subcellular location of proteins. Nucleic Acids Res, 26(9): 2230-2236.
Robinson M D, McCarthy D J, Smyth G K, 2010. edgeR: a bioconductor package for differential expression analysis of digital gene expression data. Bioinformatics, 26: 139-140.
Rost B, Sander C, 1993. Prediction of secondary structure at better than 70% accuracy. J Mol Biol, 232: 584-599.
Salzberg S L, Delcher A L, Kasif S, et al., 1998. Microbial gene identification using interpolated Markov models. Nucleic Acids Research, 26(2): 544-548.
Saraph V, Milenkovic T, 2014. MAGNA: maximizing accuracy in global network alignment. Bioinformatics, 30(20): 2931-2940.
Satchwell S C, Drew H R, Travers A A, 1986. Sequence periodicities in chicken nucleosome core DNA. J Mol Biol, 191: 659-675.
Schneider J S , Kaaden O, Copeland T D, et al., 1986. Shedding and interspecies type sero-reactivity of the envelope glycopolypeptide gp120 of the human immunodeficiency virus. Journal of General Virology, 67(11): 2533-2538.
Schneider T D, Stephens R M, 1991. Sequence logos: a new way to display consensus sequences. Nucleic Acids

Research, 18: 6097-6100.

Scott C, Ioannou Y A, 2004. The NPC1 protein: structure implies function. Biochim Biophys Acta, 1685(1-3): 8-13.

Segal E, Fondufe-Mittendorf Y, Chen L, et al., 2006. A genomic code for nucleosome positioning. Nature, 442: 772-778.

Shannon P, Markiel A, Ozier O, et al., 2003. Cytoscape: a software environment for integrated models of biomolecular interaction networks. Genome Research, 13(11): 2498-2504.

Sharan R, Ulitsky I, Shamir R, 2007. Network-based prediction of protein function. Molecular Systems Biology, 3: 88.

Sharp P M, Tuohy T M F, Mosurski K R, 1986. Codon usage in yeast: cluster analysis clearly differentiates highly and lowly expressed genes. Nucleic Acids Research, 14: 5125-5143.

Shendure J, Balasubramanian S, Church G M, et al., 2017. DNA sequencing at 40: past, present and future. Nature, 550(7676): 345-353.

Shen-Orr S S, Milo R, Mangan S, et al., 2002. Network motifs in the transcriptional regulation network of *Escherichia coli.* Nature genetics, 31(1): 64-68.

Shoval O, Alon U, 2010. SnapShot: network motifs. Cell, 143(2): 326-326.e1.

Singh R, Xu J, Berger B, 2008. Global alignment of multiple protein interaction networks with application to functional orthology detection. Proc Natl Acad Sci USA, 105(35): 12763-12768.

Sinha S, Tompa M, 2000. A statistical method for finding transcription factor binding sites. Proc Int Conf Intell Syst Mol Biol, 8: 344-354.

Small I, Peeters N, Legeai F, et al., 2004. Predotar: A tool for rapidly screening proteomes for N-terminal targeting sequences. Proteomics, 4(6): 1581-1590.

Song X, Zhang N, Han P, et al., 2016. Circular RNA profile in gliomas revealed by Identification tool UROBORUS. Nucleic Acids Research, 44(9): e87.

Subramanian A, Tamayo P, Mootha V K, et al., 2005. Gene set enrichment analysis: a knowledge-based approach for interpreting genome-wide expression profiles. Proc Natl Acad Sci USA, 102(43): 15545-15550.

Teng H, Cao M D, Hall M B, et al. 2018. Chiron: translating nanopore raw signal directly into nucleotide sequence using deep learning. GigaScience, 7(5): giy037.

Theocharidis A, van Dongen S, Enright A J, et al., 2009. Network visualization and analysis of gene expression data using BioLayout Express(3D). Nat Protoc, 4(10): 1535-1550.

Tong Z, Cui Q, Wang J, et al., 2019. TransmiR v2.0: an updated transcription factor-microRNA regulation database. Nucleic Acids Research, 47(D1): D253-D258.

Trapnell C, Pachter L, Salzberg S L, 2009. TopHat: discovering splice junctions with RNA-Seq. Bioinformatics, 25(9): 1105-1111.

Tung C W, Ho S Y, 2008. Computational identification of ubiquitylation sites from protein sequences. BMC Bioinformatics, 9: 310.

Van den Berge K, Roux de Bézieux H, Street K, et al., 2020. Trajectory-based differential expression analysis for single-cell sequencing data. Nature Communications, 11: 1201.

Vapnik V N, 1995. The nature of statistical learning theory. New York: Springer.

Vollmers J, Frentrup M, Rast P, et al., 2017. Untangling genomes of novel planctomycetal and verrucomicrobial species from monterey bay kelp forest metagenomes by refined binning. Frontiers in Microbiology. https://doi.org/10.3389/fmicb.2017.00472.

Vollmers J, Wiegand S, Kaster A K, 2017. Comparing and evaluating metagenome assembly tools from a microbiologist's perspective - not only size matters!. PLoS ONE, 12(1): e0169662.

Wahid F, Shehzad A, Khan T, et al., 2010. MicroRNAs: synthesis, mechanism, function, and recent clinical trials. Biochimica et Biophysica Acta (BBA)-Molecular Cell Research, 1803(11): 1231-1243.

Wang G, Yu T, Zhang W, 2005. WordSpy: identifying transcription factor binding motifs by building a dictionary and learning a grammar. Nucleic Acids Research, 33(suppl_2): W412-W416.

Wang J Z, Du Z, Payattakool R, et al., 2007. A new method to measure the semantic similarity of GO terms. Bioinformatics, 23(10): 1274-1281.

Wang J, Liu B, Li M, et al., 2010. Identifying protein complexes from interaction networks based on clique percolation and distance restriction. BMC Genomics, 11(Suppl 2): S10.

Wang S, Wu F, 2013. Detecting overlapping protein complexes in PPI networks based on robustness. Proteome Sci, 11(Suppl 1): S18.

Wasinger V C, Cordwell S J, Cerpa-Poljak A, et al., 1995. Progress with gene-product mapping of the Mollicutes: Mycoplasma genitalium. Electrophoresis, 16(7): 1090-1094.

Watts D J, Strogatz S H, 1998. Collective dynamics of 'small-world' networks. Nature, 393(6684): 440-442.

Wernicke S, Rasche F, 2006. FANMOD: a tool for fast network motif detection. Bioinformatics, 22(9): 1152-1153.

Widlund H R, Kuduvalli P N, Bengtsson M, et al., 1999. Nucleosome structural features and intrinsic properties of the TATAAACGCC repeat sequence. J Biol Chem, 274: 31847-31852.

Wilkins M R, Sanchez J C, Gooley A A, et al., 1996. Progress with proteome projects: why all proteins expressed by a genome should be identified and how to do it. Biotechnology & Genetic Engineering Reviews, 13(1): 19-50.

Wilusz J E, Sunwoo H, Spector D L, 2009. Long noncoding RNAs: functional surprises from the RNA world. Genes & Development, 23(13): 1494-1504.

Wingender E, Chen X, Hehl R, et al., 2000. TRANSFAC: an integrated system for gene expression regulation. Nucleic Acids Research, 28(1): 316-319.

Worning P, Jensen L J, Nelson K E, et al., 2000. Structural analysis of DNA sequence: evidence for lateral gene transfer in *Thermotoga maritima.* Nucleic Acids Research, 28: 706-709.

Xenarios I, Rice D W, Salwinski L, et al., 2000. DIP: the database of interacting proteins. Nucleic Acids Research, 28(1): 289-291.

Xu J Z, Li Y J, 2006. Discovering disease-genes by topological features in human protein-protein interaction network. Bioinformatics, 22(22): 2800-2805.

Yan Z, Zak R, Zhang Y, et al., 2004. Distinct classes of proteasome-modulating agents cooperatively augment recombinant adeno-associated virus type 2 and type 5-mediated transduction from the apical surfaces of human airway epithelia. J Virol, 78(6): 2863-2874.

Yang Z H, 2007. PAML 4: phylogenetic analysis by maximum likelihood. Mol Biol Evol, 24(8): 1586-1591.

Yang Z, 1993. Maximum-likelihood estimation of phylogeny from DNA sequences when substitution rates differ over sites. Molecular biology and evolution, 10(6): 1396-1401.

Yıldırım M A, Goh K I, Cusick M E, et al., 2007. Drug-target network. Nature Biotechnology, 25: 1119-1126.

Yu G C, Li F, Qin Y D, et al., 2010. GOSemSim: an R package for measuring semantic similarity among GO terms and gene products. Bioinformatics, 26(7): 976-978.

Yuan Z, 1999. Prediction of protein subcellular locations using Markov chain models. Febs Letters, 451(1): 23-26.

Zemla A, Česlovas Venclovas, Fidelis K, et al., 1999. A modified definition of Sov, a segment - based measure for protein secondary structure prediction assessment. Proteins: Structure, Function, and Bioinformatics,

34(2): 220-223.

Zhang B, Horvath S, 2005. A general framework for weighted gene co-expression network analysis. Stat Appl Genet Mol Biol, 4(1): Article17.

Zhang L R, Luo L F, 2003. Splice site prediction with quadratic discriminant analysis using diversity measure. Nucleic Acids Research, 31(21): 6214-6220.

Zhang X B, Cui J, Nilsson D, et al., 2010. The trypanosoma brucei mitocarta and its regulation and splicing pattern during development. Nucleic Acids Research, 38(21): 7378-7387.

Zhang X O, Dong R, Zhang Y, et al., 2016. Diverse alternative back-splicing and alternative splicing landscape of circular RNAs. Genome Research, 26(9): 1277-1287.

Zhang X O, Wang H B, Zhang Y, et al., 2014. Complementary sequence-mediated exon circularization. Cell, 159(1): 134-147.

Zhao J, Song X F, Wang K, 2016. lncScore: alignment-free identification of long noncoding RNA from assembled novel transcripts. Scientific Reports, 6: 34838.

Zhou F F, Olman V, Xu Y, 2008. Barcodes for genomes and applications. Bmc Bioinformatics, 9(1): 546.

Zhou K R, Liu W, Sun W J, et al., 2017. ChIPBase v2.0: decoding transcriptional regulatory networks of non-coding RNAs and protein-coding genes from ChIP-seq data. Nucleic Acids Research, 45(D1): D43-D50.

Zuker M, Stiegler P, 1981. Optimal computer folding of large RNA sequences using thermodynamics and auxiliary information. Nucleic Acids Research, 9(1):133-148.